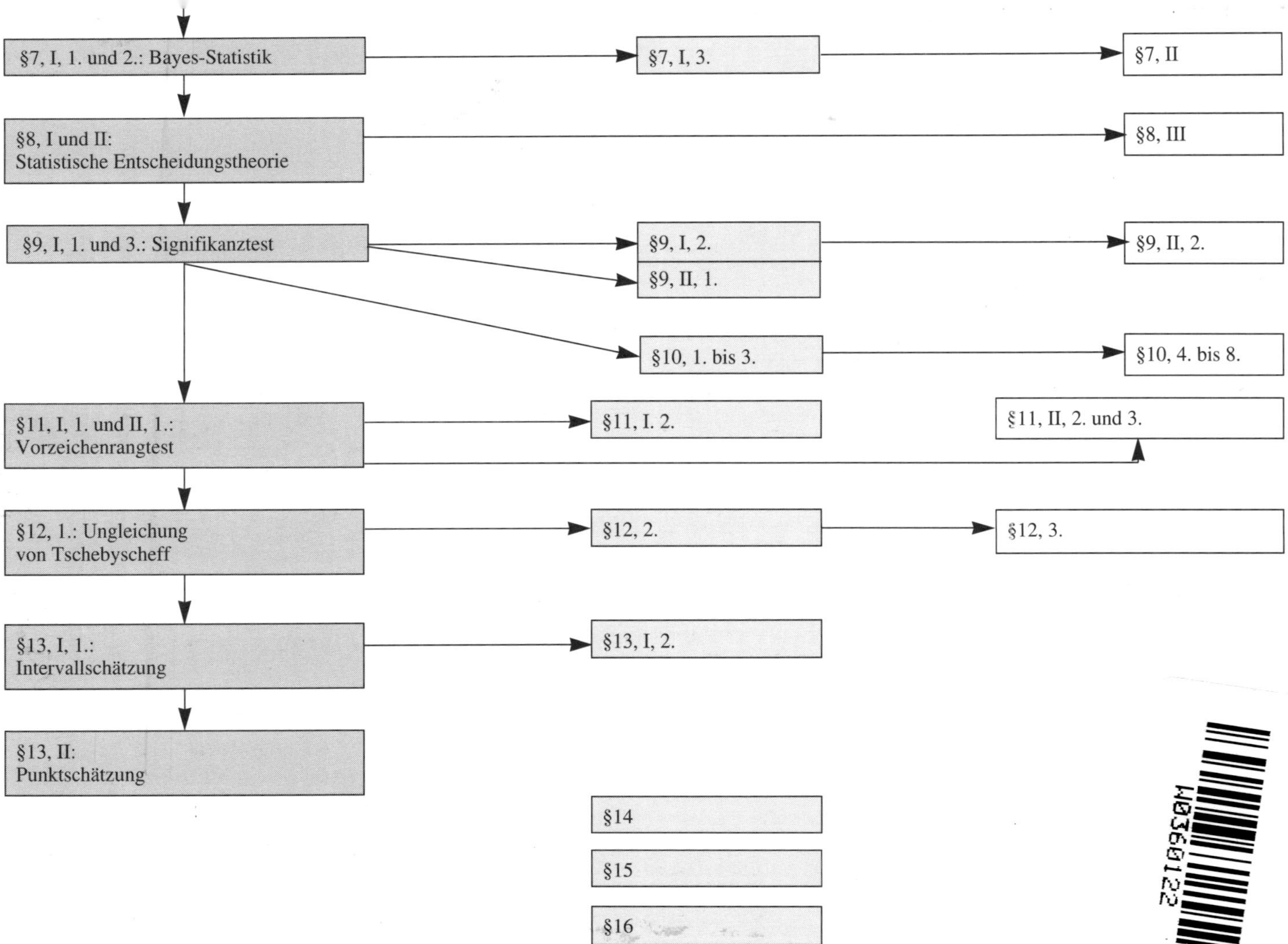

§7, I, 1. und 2.: Bayes-Statistik
§7, I, 3.
§7, II
§8, I und II:
Statistische Entscheidungstheorie
§8, III
§9, I, 1. und 3.: Signifikanztest
§9, I, 2.
§9, II, 1.
§9, II, 2.
§10, 1. bis 3.
§10, 4. bis 8.
§11, I, 1. und II, 1.:
Vorzeichenrangtest
§11, I. 2.
§11, II, 2. und 3.
§12, 1.: Ungleichung
von Tschebyscheff
§12, 2.
§12, 3.
§13, I, 1.:
Intervallschätzung
§13, I, 2.
§13, II:
Punktschätzung
§14
§15
§16

Mathematik

Sekundarstufe II

Stochastik

Erarbeitet von
Dr. Raphael Diepgen
Wilhelm Kuypers
Dr. Karlheinz Rüdiger

Herausgegeben von
Oberstudiendirektor Wilhelm Kuypers

Cornelsen

Zu diesem Buch sind Disketten mit Rechnerprogrammen zum Stochastikunterricht erhältlich.
Einen Eindruck von der angebotenen Software vermittelt § 16.

Computergestützte Stochastik V 3.0
Begleitende Disketten zum Buch „Stochastik"
Diskette 3,5″ für IBM-PC und kompatible Rechner, Best.-Nr. 123710
2 Disketten 5,25″ für IBM-PC und kompatible Rechner, Best.-Nr. 123729

Bildnachweis:

S. 6	G.P.A., München
S. 7	Mathias Wosczyna, Rheinbreitbach
S. 22	Archiv für Kunst und Geschichte, Berlin
S. 54	Baden-Württembergische Wertpapierbörse, Stuttgart
S. 56	Springer Verlag, Berlin
S. 94	Archiv für Kunst und Geschichte, Berlin
S. 108	David, F. N.: Games, gods and gambling, London 1962
S. 109	Archiv für Kunst und Geschichte, Berlin
S. 153	Springer Verlag, Berlin (Bilder 9.10 und 9.11)
S. 153	Royal Society, London
S. 162	Phillip Leonian, New York
S. 192	Interfoto, München

Grafik und Fotos: Wolfgang Mattern, Bochum
Einbandgestaltung: Wenzel Schmidt, Essen
Satz: Brühlsche Universitätsdruckerei, Gießen

Cornelsen online http://www.cornelsen.de

1. Auflage € Druck 8 7 6 Jahr 04 03

Alle Drucke dieser Auflage können im Unterricht nebeneinander verwendet werden

Druck: CS-Druck Cornelsen Stürtz, Berlin

ISBN 3-590-12320-6

Bestellnummer 123206

gedruckt auf säurefreiem Papier, umweltschonend hergestellt aus chlorfrei gebleichten Faserstoffen

Inhaltsverzeichnis

Vorwort

Das vorliegende Lehrbuch behandelt die Stochastik vor allem aus der Perspektive der Anwendung, und zwar gerade auch in nicht naturwissenschaftlichen Zusammenhängen. Sein Schwerpunkt liegt daher weniger auf der Untersuchung verschiedener Wahrscheinlichkeitsverteilungen, sondern mehr auf der gründlichen Entwicklung inferenzstatistischer Konzepte mit Hilfe vornehmlich der einfachen Binomialverteilung. Der Darstellung der wahrscheinlichkeitstheoretischen Grundlagen (§§ 1 bis 6) folgen daher recht umfassende Ausführungen über die Grundideen statistischen Hypothesentestens (§§ 7 bis 11; § 14), die aus verschiedenen Blickwinkeln beleuchtet werden.

Als Anregung für die Stoffauswahl und die Schwerpunktsetzung durch den Lehrer dient im vorderen Einband ein Wegweiser. Der Grundkurs kann sich auf die dort genannten „Kernstücke" aus den §§ 1 bis 6 sowie 8 und 9 beschränken. § 7 ist – abgesehen von § 14 – für das weitere Verständnis nicht unbedingt notwendig; aber auch im Grundkurs ist es sinnvoll, die traditionelle Sichtweise durch die bayessche Perspektive zu kontrastieren. §§ 10 bis 15 bieten schließlich eine Palette weitgehend voneinander unabhängiger Erweiterungen und Vertiefungen vor allem für den Leistungskurs; lediglich die §§ 12 und 13 bauen dabei logisch aufeinander auf. Das vorliegende Buch liefert also genügend Bausteine für die Konstruktion vielfältiger Unterrichtsgänge.

In § 10 findet sich ein Exkurs über das interessante, aber leider noch wenig bekannte sequentielle Hypothesentesten: Dieser Exkurs kann – falls noch Zeit bleibt – den Unterricht über das statistische Hypothesentesten reizvoll abrunden, denn das sequentielle Testen lässt noch einmal den Charakter jedweden statistischen Hypothesentestens besonders deutlich und verständlich werden. § 11 über den Vorzeichenrangtest als Alternative zum Vorzeichentest lenkt die Aufmerksamkeit auf die eher deskriptiv-statistische Problematik der Informationsextraktion aus Daten. Zur Abrundung und wissenschaftstheoretischen Vertiefung kontrastiert § 14 an einem illustrativen Beispiel die grundlegende Unterschiedlichkeit der klassischen und der bayesschen Denkweise in der Stochastik. § 16 erläutert die zu diesem Lehrbuch auf Diskette angebotenen Computerprogramme: Gerade der Stochastikunterricht bietet vielfältige Gelegenheit zum sinnvollen Einsatz von programmierbaren Rechnern. § 17 schließlich erleichtert die gezielte Vorbereitung auf die schriftliche Prüfung.

Stochastikunterricht ist ein „sprachintensiver" Unterricht, vor allem wenn die Anwendung im Vordergrund steht. Die Lehrtexte dieses Buches sind daher – ganz im Sinne eines mathematischen „Lesebuches" – sehr ausführlich gehalten, um aus sich heraus möglichst verständlich zu sein.

Unter vielen Unterabschnitten finden sich sogenannte „Ergänzungen": Diese enthalten – gelegentlich auch schwierigere – Fragen und Anregungen zur Vertiefung, Anreicherung oder Problematisierung des im Lehrtext Erarbeiteten.

Das vorliegende Buch ist eine Erweiterung des Buches „Stochastik Grundkurs", zu dem es im Unterricht problemlos parallel verwendet werden kann, da die meisten Teile, nämlich neben der Einführung die Paragraphen 1 bis 10, also die Seiten 9 bis 176, völlig unverändert geblieben sind.

Zur Einführung

1. Stochastik und Wahrscheinlichkeitsrechnung

Das viel gelesene Büchlein „Triffst du Buddha unterwegs..." des amerikanischen Psychotherapeuten *Sheldon B. Kopp* endet in einem „Auszug aus dem Register der 927 (oder waren es 928?) ewigen Wahrheiten". Es finden sich dort „Wahrheiten" wie: „5. Nichts ist von Dauer." Oder: „9. Es gibt keinen Grund dafür, dass du einige Dinge, die du ersehnst, einfach nicht erreichst." Oder: „14. Du kannst niemanden zwingen, dich zu lieben." Weiter hinten lesen wir dann:

„32. Wir müssen in der Unsicherheit teilweiser Freiheit, teilweiser Macht und teilweisen Wissens leben."
„33. Alle wichtigen Entscheidungen müssen auf der Basis unzureichender Daten gefällt werden."
„34. Und doch sind wir verantwortlich für alles, was wir tun."

Diese drei letzten „ewigen Wahrheiten", in denen sich Problematik und Faszination menschlichen Lebens gleichzeitig auszudrücken scheinen, sind Grundlage für dieses Buch über **Stochastik**. Stochastik nämlich meint ursprünglich – sich herleitend vom altgriechischen Wort „στοχάζομαι" (ich vermute) – die Kunst des vernünftigen Vermutens, und zwar des vernünftigen Vermutens in den für menschliches Leben offensichtlich so typischen Situationen, in denen es an sicherem und zureichendem Wissen mangelt. „Ars conjectandi", also „Kunst des Vermutens" – so lautet auch der lateinische Titel eines der frühesten Werke zur Stochastik aus der Feder des Mathematikers *Jakob Bernoulli* (1654–1705).

Stochastik hat es also mit Vermutungen, mit Annahmen oder **Hypothesen** zu tun, die nicht sicher sind, sondern (nur) mehr oder minder wahr scheinen, also mehr oder minder wahrscheinlich sind. **Wahrscheinlichkeit** ist damit der zentrale Grundbegriff der Stochastik, ein überaus schillernder und schwer zu fassender Begriff übrigens, sobald man über ihn nachdenkt, und **Wahrscheinlichkeitsrechnung** (oder **Wahrscheinlichkeitstheorie**) ist die Grundlage und damit das erste Hauptgebiet moderner Stochastik. Ihre historische Wurzel hat diese Wahrscheinlichkeitsrechnung in Überlegungen von Mathematikern zu Glücksspielen, also zu bestimmten **stochastischen Situationen**, d.h. zu Situationen, in denen das Handeln einerseits Gewinn oder Verlust nach sich zieht, andererseits sich nicht auf Wissen, sondern nur auf Vermuten stützen kann.

Beim Werfen eines Würfels etwa gibt es kein sicheres Wissen darüber, welche Augenzahl beim nächsten Wurf auftreten wird. Aber die Vermutung, diese Augenzahl werde eine gerade Zahl sein – also eine Zwei oder Vier oder Sechs –, ist offensichtlich „wahrscheinlicher" als etwa die Vermutung, diese Augenzahl werde genau eine Sechs sein. Es scheint sinnvoll, beiden Vermutungen und damit den beiden möglichen **Ereignissen** „Augenzahl gerade" und „Augenzahl Sechs" unterschiedliche Wahrscheinlichkeiten zuzuordnen – und sich dann im Spiel entsprechend zu verhalten, um möglichst viel zu gewinnen oder wenig zu verlieren.

Solche **stochastischen Vorgänge**, bei denen sich Ereignisse nicht mit Sicherheit vorhersagen lassen, die uns also immer wieder in stochastische Situationen führen, gibt es offensichtlich auch außerhalb der interessanten Glücksspiele in nahezu allen menschlichen Lebensbereichen, etwa in der Wirtschaft, der Politik, der Medizin, der Technik und in vielen Wissenschaften, vom Privatleben ganz zu schweigen. Es mag sogar der Eindruck berechtigt sein, gegenüber stochastischen Vorgängen seien mit Sicherheit vorhersagbare Vorgänge, also **deterministische Vorgänge**, eher selten.

Wenn wir hier von einem stochastischen Vorgang reden, so meinen wir damit lediglich, dass uns ein solcher Vorgang in eine stochastische Situation bringt, in der wir also nicht genug für die sichere Vorhersage wissen. Es bleibt offen, ob dieses Wissen prinzipiell nicht oder nur für uns in der betreffenden Situation nicht vorhanden ist. Denken wir etwa an den Wurf mit einem Würfel: Es dürfte durchaus möglich sein, mit großem technischen und apparativen Aufwand und unter Anwendung der bekannten physikalischen Gesetzmäßigkeiten der Mechanik den Wurf mit einem Würfel so zu organisieren – etwa in Form einer komplizierten Würfelmaschine –, dass das Ergebnis des Wurfs mit Sicherheit voraussagbar und berechenbar ist; wir hätten es dann mit einem deterministischen Vorgang zu tun. Trotz dieser grundsätzlichen Determiniertheit ist für uns in der normalen Spielpraxis der Wurf mit dem Würfel ein stochastischer Vorgang, weil dort eben das für die Vorhersage notwendige Wissen nicht zur Verfügung steht, das Ergebnis des Wurfs für uns also in diesem Sinne *zufällig* ist.

„Stochastisch" ist also ein Vorgang für uns zunächst nicht aufgrund seiner „Natur", sondern nur aufgrund unserer Unwissenheit in der konkreten Situation. Die Redeweise von stochastischen Vorgängen ist daher sinnvoll auch noch auf der Basis eines deterministischen Weltbildes, also auf der Basis der philosophischen Überzeugung, die Welt sei vollständig durch Gesetzmäßigkeiten festgelegt und nirgendwo zufällig. Die Quantenphysik allerdings, dies sei hier kurz erwähnt, scheint diese philosophische Überzeugung erschüttert zu haben, denn sie hat mit Vorgängen zu tun, die prinzipiell nicht mit Sicherheit vorhersagbar sind. Für diese moderne Physik ist damit die Wahrscheinlichkeitsrechnung ein überaus wichtiges Hilfsmittel.

Ergänzungen

1. Versuche zu klären, in welch unterschiedlichem Sinne man das Wort „wahrscheinlich" gebraucht. Stelle jeweils typische Beispiele zusammen und erläutere jeweils den Sinn des Wortes „wahrscheinlich".

2. Wieso eigentlich ist es „wahrscheinlicher", beim einmaligen Wurf mit einem Würfel eine gerade Zahl zu erhalten, als dabei eine Sechs zu erhalten?

2. Stochastik und Statistik

Das nach der Wahrscheinlichkeitsrechnung zweite wichtige Hauptgebiet moderner Stochastik ist die **Statistik**. Sie hat ganz andere historische Wurzeln als die Wahrscheinlichkeitsrechnung.
Statistik nämlich war ursprünglich das Bemühen, durch Zählungen und Erhebungen und vor allem durch geschickte Zusammenfassung der dabei erhaltenen Daten den Zustand eines Staates – lateinisch: „status rei publicae" – zu erfassen und zu charakterisieren.

Statistik war also ursprünglich auf Daten gegründete „Staatskunde", die der Regierung die für ihr Handeln notwendigen Informationen aufbereiten sollte. (Die Angelsachsen nannten diese Statistik daher auch lange Zeit „political arithmetic".)

Neben der Erhebung der entsprechenden Daten – etwa durch Volkszählungen und amtliche Befragungen – war vor allem die angemessene Zusammenfassung der gewonnenen Datenflut ein Problem der Statistik. Denn einer Regierung, die sich beispielsweise ein Bild über die Einkommenslage der Bevölkerung machen will, kann der Statistiker nicht die Einkommen aller Bürger im Einzelnen mitteilen – so viele Informationen könnten überhaupt nicht sinnvoll verarbeitet werden –, sondern nur einige wenige Angaben, die diese unüberschaubar vielen Einkommen in möglichst vernünftiger und treffender Weise charakterisieren. So könnte der Statistiker aus allen Einkommen den Durchschnitt berechnen – und nur diesen Durchschnitts- oder Mittelwert weitergeben. Die möglichst sinnvolle und treffende Charakterisierung vieler Daten durch wenige Angaben (sogenannte „Statistiken") ist nach wie vor wichtige Aufgabe auch der modernen Statistik, und zwar der **Beschreibenden** oder **Deskriptiven Statistik** (Bild 0.1).

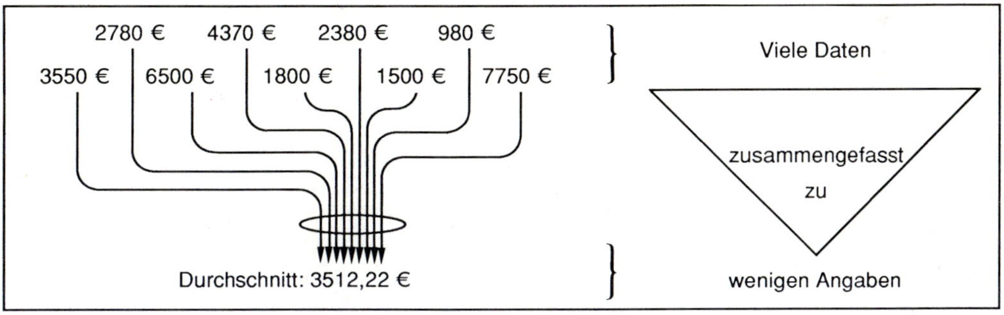

Bild 0.1

Es dürfte klar sein, dass die Charakterisierung vieler Daten durch wenige Angaben einen zwar unumgänglichen, zugleich aber auch heiklen Verlust an Information bedeutet – heikel deshalb, weil dieser Verlust an Informationen zugleich jene Manipulation ermöglicht, die der (deskriptiven) Statistik immer wieder einmal den Vorwurf einbringt: „Statistik lügt!" Viele Daten durch wenige Angaben zu charakterisieren, dies – und damit die Deskriptivstatistik – ist heute nun nicht nur für die Regierung und Verwaltung eines Staates notwendig, sondern in allen Bereichen, die es mit Vielzahlen zu tun haben: wie ein Unternehmen mit der Vielzahl potentieller Käufer, wie der Meinungsforscher mit der Vielzahl von Bürgern, wie ein Fernsehsender mit der Vielzahl der Fernsehzuschauer, wie eine Versicherung mit der Vielzahl der Versicherten, wie ein Schulbuchautor mit der Vielzahl von Lehrern und Schülern.

Statistik im Sinne dieser Deskriptivstatistik hat zunächst nichts mit stochastischen Situationen, also mit Ungewissheit und fehlendem Wissen zun tun. Eher im Gegenteil: Der Statistiker weiß gleichsam zu viel und er ist gezwungen, dieses viele Wissen – unter Verzicht auf Information – auf wenige Angaben zusammenzufassen. (Nach dieser Zusammenfassung können sich dann allerdings stochastische Situationen ergeben. Der Politiker, der das Durchschnittseinkommen der Bevölkerung kennt, weiß damit noch nicht, wie viel der Herr Meier verdient, der so auffallend geringe Parteibeiträge zahlt.)

Der Bezug der Statistik zur Wahrscheinlichkeitsrechnung und Stochastik erklärt sich erst so: In der Regel ist es für den Statistiker viel zu aufwendig – wenn nicht sogar gänzlich unmöglich –, bei jedem einzelnen Mitglied der ihn interessierenden Vielzahl, in der Fachsprache übrigens **Population** (oder **Grundgesamtheit**) genannt, Daten zu erheben. Statt einer solchen **Vollerhebung** wird sich der Statistiker zumeist mit der Erhebung einer kleineren **Stichprobe** aus der Population bescheiden müssen.
Um etwa das Durchschnittseinkommen der Bevölkerung zu erfassen, könnte der Statistiker aus den Millionen Bürgern einige Hundert (zufällig) aussuchen und nur diese Stichprobe nach ihrem Einkommen befragen. Erhebt der Statistiker nur eine Stichprobe, dann muss er von Befunden in seiner Stichprobe auf die Verhältnisse in der ihn eigentlich interessierenden Population schließen (Bild 0.2). Dass ein solcher Schluss von der Stichprobe auf die Population – ein sogenannter **Inferenzschluss** (von lateinisch „inferre": hineintragen) – kein völlig sicherer, kein logisch zwingender, sondern nur ein „wahrscheinlicher" Schluss sein kann, dies dürfte offensichtlich sein. Denn es ist ja immer mit gewissen Wahrscheinlichkeiten möglich, gleichsam „wenn es der Zufall will", dass sich Stichprobe und Population unterscheiden. Diese Wahrscheinlichkeiten im Zusammenhang der Inferenzschlüsse von Stichprobe auf Population sind das Thema der sogenannten **Schließenden Statistik** oder **Inferenzstatistik** oder **Mathematischen Statistik**. Diese Statistik muss sich dabei, es geht ja um bestimmte Wahrscheinlichkeiten, ausführlich der Methoden und Erkenntnisse der Wahrscheinlichkeitsrechnung bedienen.

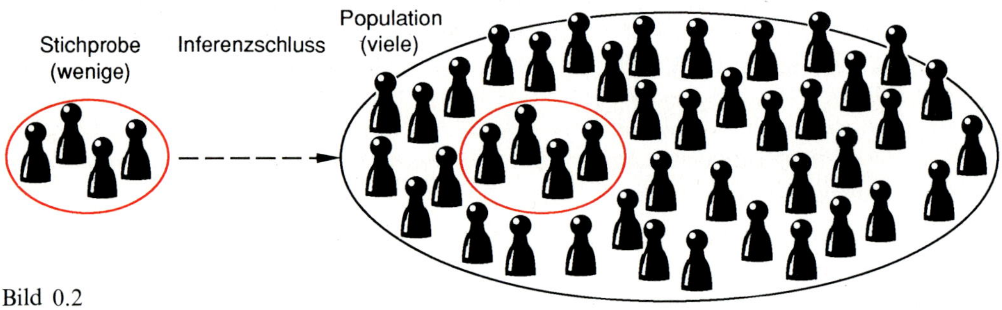

Bild 0.2

Dieses Buch über Stochastik wird daher im ersten Teil grundlegende Elemente der Wahrscheinlichkeitsrechnung aufarbeiten, um sich dann im zweiten Teil ausführlich der Schließenden Statistik zuwenden zu können. Zunächst aber wird der grundlegende Begriff „Wahrscheinlichkeit" untersucht.

Ergänzungen

1. Überlege dir, inwiefern in folgenden Bereichen Inferenzschlüsse von einer Stichprobe auf eine Population eine Rolle spielen. Gib dabei jeweils an, woraus eigentlich die Population besteht:
a) Meinungs- und Marktforschung (Demoskopie),
b) Qualitätskontrolle in der Industrie,
c) Wirkungskontrolle neuer Medikamente,
d) Messung der Fähigkeiten einer Person durch einen Test.

2. Erkundige dich, welcherart Statistiken von amtlicher Seite geführt werden. Dokumentiert sind solche Statistiken zumeist in „Statistischen Jahrbüchern", die von den entsprechenden Stellen, nämlich den Kommunen, den Ländern und dem Bund, herausgegeben werden.

§ 1 *Wahrscheinlichkeit I*

I. Der klassische Wahrscheinlichkeitsbegriff: Einführung

1. Ergebnisräume

Beginnen auch wir – wie die Geschichte der Wahrscheinlichkeitsrechnung – mit Überlegungen zu Glücksspielen. Der Name dieser Spiele sagt es schon: Hier spielt der Zufall (hoffentlich, so denkt jeder Spieler für sich, in Form des Glücks) eine wesentliche Rolle. Ein Glücksspiel ist ein stochastischer Vorgang, weil der Spieler über den kommenden Spielverlauf in Ungewissheit ist. Einen solchen stochastischen Vorgang nennt man in der Wahrscheinlichkeitsrechnung der Zufälligkeit wegen ein **Zufallsexperiment**

Betrachten wir als allgemein vertrautes Beispiel den Wurf mit einem normalen sechsseitigen Würfel. Für einen solchen Wurf sind sechs Ausgänge möglich, nämlich die Augenzahlen „Eins", „Zwei", „Drei", „Vier", „Fünf" und „Sechs". (Wir idealisieren ein wenig, indem wir in unserem theoretischen „Modell" des Würfelwurfs von bestimmten, hier aber uninteressanten Aspekten der Realität absehen: So könnte ja ein Würfel in Wirklichkeit auch „auf der Kippe" stehen bleiben, beim Wurf gar entzwei oder schließlich unauffindbar verloren gehen. Ohne idealisierende „Modellbildung" ist Stochastik – wie Mathematik überhaupt – nicht möglich.) Man sagt auch: Das Zufallsexperiment „Wurf mit einem Würfel" hat sechs mögliche **Ergebnisse**. Es ist üblich, die Ergebnisse eines Zufallsexperimentes zu einer Menge Ω zusammenzufassen und diese **Menge Ω** dann **Ergebnisraum** (oder **Ergebnismenge**) des Zufallsexperimentes zu nennen. Bei unserem Wurf mit einem Würfel erhalten wir also als Ergebnisraum

$\Omega=\{$„geworfene Augenzahl eins", „geworfene Augenzahl zwei", …, „geworfene Augenzahl sechs"$\}$

oder einfacher

$$\Omega=\{1, 2, 3, 4, 5, 6\}.$$

Beispiel

Bei einem Münzwurf sind zwei Ergebnisse möglich, nämlich „Kopf oder Zahl". Hier ergibt sich daher als Ergebnisraum $\Omega=\{$Kopf, Zahl$\}$.

Anmerkung: Wir werden in diesem Buch – von Ausnahmen abgesehen – nur endliche Ergebnisräume betrachten, also nur Zufallsexperimente mit endlich vielen möglichen Ausgängen. Denn die Untersuchung von Ergebnisräumen mit unendlich vielen Elementen erfordert komplizierte Methoden und Begriffe der Analysis. Unendliche Ergebnisräume lassen sich überdies – für praktische Zwecke durchaus genügend – durch endliche, allerdings recht große Ergebnisräume annähern oder „approximieren", insbesondere mit Hilfe moderner Computer.

2. Ereignisräume

Wir interessieren uns nun für die Wahrscheinlichkeiten, mit denen in unserem Zufallsexperiment, also beim Werfen mit einem Würfel, bestimmte Ereignisse eintreten. So könnte es für uns von Interesse sein zu wissen, mit welcher Wahrscheinlichkeit eine gerade

Zahl geworfen wird – etwa, wenn wir nach den Spielregeln nur bei geraden Augenzahlen gewinnen. Dieses Ereignis „geworfene Augenzahl gerade" bedeutet, dass unser Zufallsexperiment in einem der drei Ergebnisse 2 oder 4 oder 6 endet. Wir können ein **Ereignis E** offensichtlich immer als Menge von Ergebnissen auffassen, in unserem Beispiel also $E=\{2,4,6\}$. Eine solche Menge ist immer eine Teilmenge des Ergebnisraumes Ω. Ein Ereignis E **tritt ein** – so sagt man dann weiter –, wenn das Zufallsexperiment ein Ergebnis erbringt, das Element von E ist. Unser Ereignis E: „Augenzahl gerade" tritt also ein, wenn wir eine 2 oder 4 oder 6 werfen.

Ist E übrigens leer, so kann E nicht eintreten: Die leere Menge $\emptyset$ nennen wir daher auch **unmögliches Ereignis**. Unmöglich wäre etwa beim Würfeln das Ergebnis „geworfene Augenzahl gerade und zugleich ungerade".
Enthält E umgekehrt alle möglichen Ergebnisse, ist also $E=\Omega$, so tritt E mit Sicherheit ein: Ω heißt daher auch **sicheres Ereignis**. Sicher wäre beim Würfeln das Ereignis „geworfene Augenzahl kleiner oder gleich sechs".

Die Menge aller möglichen Ereignisse nennt man **Ereignisraum**. Der Ereignisraum besteht also aus all den Mengen, die man aus den möglichen Ergebnissen eines Zufallsexperimentes zusammenstellen kann. Der Ereignisraum beim Würfelwurf besteht offensichtlich aus recht vielen Elementen, denn es lassen sich aus den Ergebnissen 1, 2, 3, 4, 5 oder 6 viele Mengen, also viele Ereignisse, zusammenstellen. Beispielsweise: $\emptyset$, $\{1\}$,$\{6\}$, $\{1,4\}$, $\{2,4\}$, $\{1,3,5\}$, $\{2,3,4\}$, $\{1,4,5,6\}$, $\{1,2,5,6\}$, $\{1,2,3,4,5\}$, $\{1,2,3,4,6\}$, $\{1,2,3,4,5,6\}$. Und so weiter und so fort.

Diejenigen Ereignisse schließlich, die jeweils nur genau ein Ergebnis als Element enthalten, heißen naheliegenderweise **Elementarereignisse**. Beim üblichen Wurf mit einem Würfel wären dies also die sechs Ereignisse $\{1\}$, $\{2\}$, $\{3\}$, $\{4\}$, $\{5\}$ und $\{6\}$, also alle einelementigen Teilmengen der Ergebnismenge $\{1,2,3,4,5,6\}$.

Beispiel

Beim Münzwurf mit dem Ergebnisraum $\Omega=\{\text{Kopf, Zahl}\}$ – in Kurzschreibweise $\Omega=\{K,Z\}$ – ergibt sich als Ereignisraum die Menge $\{\emptyset, \{K\}, \{Z\}, \Omega\}$. Hier gibt es nur die zwei Elementarereignisse $\{K\}$ und $\{Z\}$.

Die modellhafte Beschreibung von ursprünglich in Worten gefassten Ereignissen durch Mengen erweist sich häufig – durchaus nicht immer – als Vereinfachung. Insbesondere lassen sich so umgangssprachliche Verknüpfungen von Ereignisbeschreibungen durch Worte wie „und", „oder" u. dgl. in die aus der Mengenlehre bekannten entsprechenden Verknüpfungen übersetzen. Stellen wir die wichtigsten noch einmal am Beispiel des Würfelwurfs zusammen. Wir wählen dazu die Ereignisse

$A=\{1, 2, 3\}$, also „Augenzahl kleiner vier",
$B=\{1, 3, 5\}$, also „Augenzahl ungerade",
$C=\{6\}$, also das Elementarereignis „Augenzahl gleich sechs".

1) Das Ereignis „Augenzahl nicht kleiner vier" entspricht der Negation von A, also „*Nicht A*", auch **Gegenereignis** zu A genannt und mit $\bar{A}$ bezeichnet (Bild 1.1). Es ist

$\bar{A}=\{4, 5, 6\}$.

Offensichtlich gilt $A\cap\bar{A}=\emptyset$ und $A\cup\bar{A}=\Omega$. A und $\bar{A}$ „ergänzen" sich also zu Ω. $\bar{A}$ heißt daher auch **komplementäre Menge** oder einfach **Komplement** von A bezüglich Ω (von lateinisch „complementum“: Ergänzung). Nimmt man aus Ω die Elemente von A heraus, so erhält man Ā. Dafür schreibt man dann auch: $\bar{A} = \Omega \setminus A$ (sprich „Ω *ohne* A“).

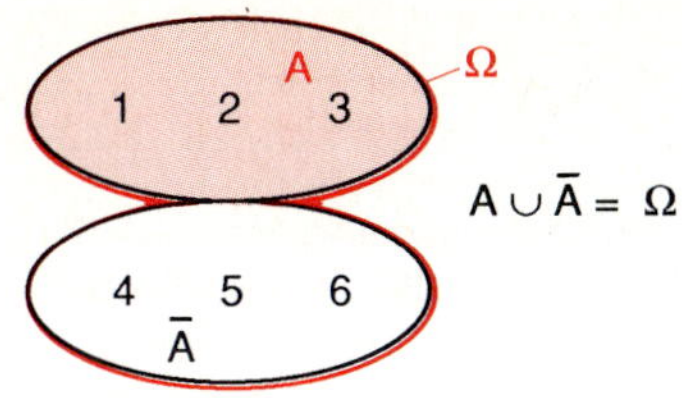

Bild 1.1

2) Das Ereignis „Augenzahl kleiner vier *und* ungerade“, also „A *und* B“, entspricht der Schnittmenge $A \cap B = \{1, 3\}$ von A und B, also der Menge aller Ergebnisse, die zu A und B, also sowohl zum Ereignis A als auch zum Ereignis B gehören (Bild 1.2).

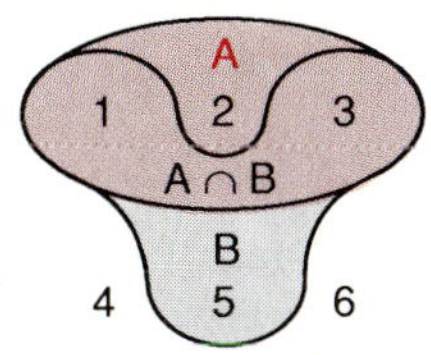

Bild 1.2

3) Das Ereignis „Augenzahl kleiner vier *oder* ungerade“, also „A *oder* B“, entspricht schließlich der Vereinigungsmenge $A \cup B = \{1, 2, 3, 5\}$ von A und B, also der Menge aller Ergebnisse, die zu A oder B gehören, also mindestens zu einem dieser Ereignisse (Bild 1.3).

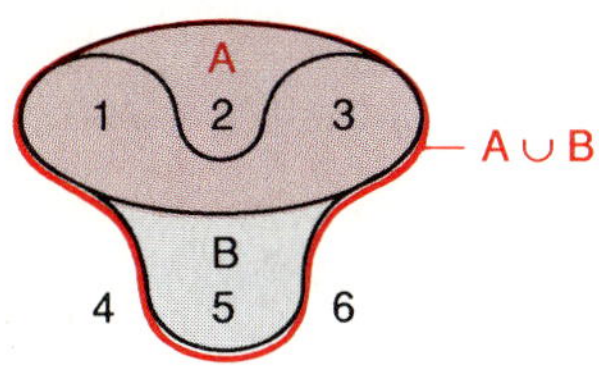

Bild 1.3

4) Die Ereignisse „Augenzahl kleiner vier“ und „Augenzahl sechs“, also die Ereignisse A und C, können nicht zugleich eintreten (Bild 1.4). „Augenzahl kleiner vier und Augenzahl sechs“ ist ein unmögliches Ereignis, die Schnittmenge $A \cap C$ ist leer. Man sagt: Die Ereignisse A und C sind **unvereinbar** (oder **disjunkt**). Weiter sind insbesondere ein Ereignis und sein Gegenereignis stets unvereinbar.

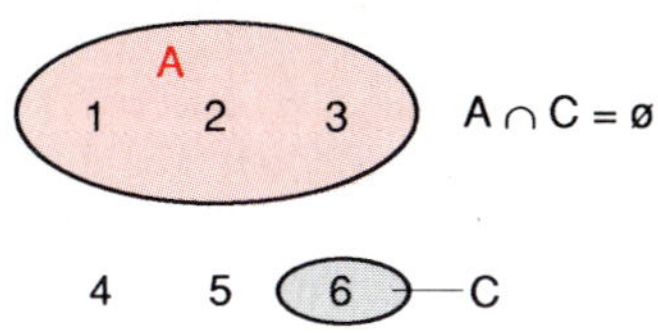

Bild 1.4

Insgesamt bleibt festzuhalten, dass sich die Begriffe der Mengenlehre recht gut zur Beschreibung und Untersuchung von Zufallsexperimenten eignen. Wir stellen die Ausdrücke der Mengenlehre in der folgenden Tabelle (siehe auch Seite 16) den entsprechenden Ausdrücken der Stochastik abschließend noch einmal gegenüber.

Mengen		**Zufallsexperimente**	**Symbol**	**Veranschaulichung**
Grundmenge Element der Grundmenge leere Menge	↔ ↔ ↔	Ergebnismenge Ergebnis unmögliches Ereignis	Ω $\omega \in \Omega$ $\emptyset$	
Teilmenge der Grundmenge	↔	Ereignis	$E \subseteq \Omega$	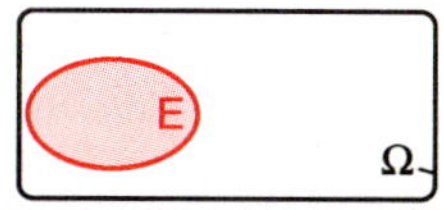
komplementäre Menge	↔	Gegenereignis	$\bar{E}$	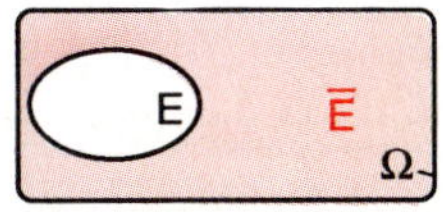

Mengen		**Zufallsexperimente**	**Symbol**	**Veranschaulichung**
Vereinigungsmenge von A und B	↔	Ereignis „A oder B“	$A \cup B$	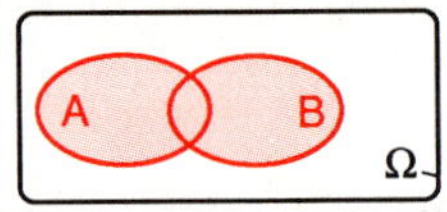
Schnittmenge von A und B	↔	Ereignis „A und B“	$A \cap B$	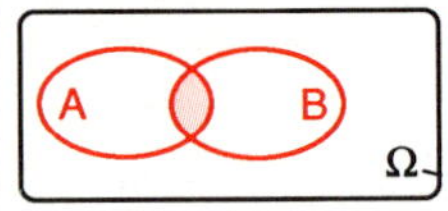
elementefremd	↔	unvereinbar	$A \cap B = \emptyset$	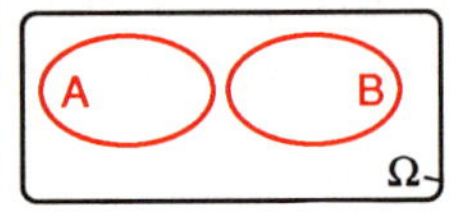

3. Gleichwahrscheinlichkeit und klassische Wahrscheinlichkeit

Wie lassen sich nun die Wahrscheinlichkeiten der möglichen Ergebnisse beim Würfelwurf sinnvoll fassen und durch Zahlen ausdrücken?
Nach allem, was wir über Würfel und das Würfeln wissen, haben wir normalerweise keinen Grund dafür anzunehmen, dass irgendeine Augenzahl mit größerer oder kleinerer Wahrscheinlichkeit auftritt als irgendeine andere Augenzahl. Unser Vorwissen über Würfel, etwa über ihre symmetrische Form und ihren zentralen Schwerpunkt, lässt uns jedes der sechs Ergebnisse in gleicher Weise „möglich“, die sechs Elementarereignisse $\{1\}$, $\{2\}$, $\{3\}$, $\{4\}$, $\{5\}$ oder $\{6\}$ also **gleich wahrscheinlich** erscheinen. (Genau das meinen wir ja auch, wenn wir von einem Würfel verlangen, er solle *fair* sein: Ein fairer Würfel gibt nämlich allen sechs möglichen Augenzahlen die gleiche „Chance“, also die gleiche Wahrscheinlichkeit.)

Wir müssen also allen Elementarereignissen die gleiche – noch näher zu bestimmende – Wahrscheinlichkeit, nennen wir sie zunächst a, zuordnen. Wir halten fest:

(1) $P(\{1\}) = P(\{2\}) = \ldots = P(\{6\}) = a.$
(P steht für „probability“, also „Wahrscheinlichkeit“)

Weiterhin erscheint folgende Forderung plausibel: Die Wahrscheinlichkeit für das Ereignis „Augenzahl zwei oder drei“ sollte doppelt so groß – also 2a – sein wie die Wahrscheinlichkeit a für ein Elementarereignis, etwa „Augenzahl zwei“; wir haben nämlich, wenn wir eine „Zwei oder Drei“ würfeln wollen, doppelte Chance. Wollen wir „eine Zwei oder Drei oder Vier“ würfeln, also irgendeine von drei möglichen Augenzahlen, so haben wir offensichtlich sogar dreifache Chance. Die Wahrscheinlichkeit für dieses Ereignis sollte daher 3a betragen. Und so weiter. Allgemein formuliert: Ist $|E|$ – sprich **„Mächtigkeit“** von E – die Anzahl der Elemente eines Ereignisses E, also die Anzahl der Ergebnisse, die zu E gehören, dann sollte die Wahrscheinlichkeit von E genau $|E| \cdot a$ betragen. $|E|$ gibt uns offensichtlich die Anzahl der „Chancen“ für das Ereignis E an, nämlich die Anzahl der Ergebnisse, bei denen das Ereignis E eintritt. Formal:

(2) $P(E) = |E| \cdot a.$

Beispiele

1. Für das Ereignis E: „Augenzahl gerade" ergibt sich somit die Wahrscheinlichkeit 3a, denn es gibt eben genau drei mögliche Ergebnisse beim Würfelwurf, die zu E gehören, nämlich die drei Augenzahlen 2, 4 und 6.

2. Für das Ereignis „Augenzahl kleiner drei" ergibt sich die Wahrscheinlichkeit 2a, denn es gibt genau zwei Ergebnisse – nämlich die Augenzahlen eins und zwei –, die zu diesem Ereignis gehören.

Eine letzte Forderung: Das sichere Ereignis, also Ω selbst, sollte offensichtlich die größtmögliche Wahrscheinlichkeit zugeordnet bekommen. Es ist üblich, dafür den Wert 1 – oder, wie man gelegentlich auch sagt, 100% – festzulegen. Also:

(3) $\mathbf{P}(\Omega)=1.$

Das sichere Ereignis tritt, wie man ja auch in der Umgangssprache sagt, mit „hundertprozentiger" Wahrscheinlichkeit ein.

Wollen wir die drei plausiblen Forderungen (1), (2) und (3) erfüllen, so müssen wir nun offensichtlich die noch unbestimmte Wahrscheinlichkeit a aller Elementarereignisse auf $\frac{1}{6}$ festlegen. Denn es gilt $P(\Omega)=|\Omega|\cdot a$ nach Gleichung (2) und zugleich $P(\Omega)=1$ nach Gleichung (3), also $1=|\Omega|\cdot a$ und damit

$$a=\frac{1}{|\Omega|}=\frac{1}{6}.$$

Nun können wir für die Wahrscheinlichkeit eines beliebigen Ereignisses E die Gleichung (2) umschreiben:

(4) $$P(E)=|E|\cdot\frac{1}{|\Omega|}=\frac{|E|}{|\Omega|}.$$

Diese Formel ordnet nun allen möglichen Ereignissen ihre Wahrscheinlichkeit zu, nämlich jeweils den Quotient aus der Anzahl der zum Ereignis gehörenden Ergebnisse und der Anzahl aller möglichen Ergebnisse.
Diesen Quotienten nennt man auch **klassische Wahrscheinlichkeit**.

Beispiele

1. Beim Würfelwurf, bei dem $|\Omega|=6$ gilt:
P(„Augenzahl gerade") $=P(\{2, 4, 6\})=\frac{3}{6}=\frac{1}{2}=0{,}500$,
P(„Augenzahl höchstens 5") $=P(\{1, 2, 3, 4, 5\})=\frac{5}{6}\approx 0{,}833$,
P(„Augenzahl 6") $=P(\{6\})=\frac{1}{6}\approx 0{,}167$,
P(„Augenzahl 1 und 2 zugleich") = P(unmögliches Ereignis) $=P(\emptyset)=P(\{\ \})=\frac{0}{6}=0$.

2. Beim Münzwurf, bei dem $|\Omega|=|\{K, Z\}|=2$ gilt:
$P(\{K\})=P(\{Z\})=\frac{1}{2}=0{,}5$; $P(\{K \text{ und } Z\})=P(\emptyset)=\frac{0}{2}=0$; $P(\Omega)=P(\{K, Z\})=\frac{2}{2}=1$.

3. Ein Skatspiel hat 32 Karten, also gibt es 32 mögliche Ergebnisse, eine bestimmte Karte aus dem Skatspiel zu ziehen. Es gilt $|\Omega|=32$. Für das Ereignis E: „Die gezogene Karte ist ein Ass" gibt es vier mögliche Ergebnisse, also $|E|=4$. Insgesamt gilt:

$$P(E)=P(\{\text{Kreuz Ass, Pik Ass, Herz Ass, Karo Ass}\})=\frac{|E|}{|\Omega|}=\frac{4}{32}=\frac{1}{8}=0{,}125.$$

Übungen und Aufgaben

Ergebnisräume

1. Gib für die folgenden stochastischen Situationen jeweils einen Ergebnisraum Ω an.
a) Welche Zahl fällt beim nächsten Roulettspiel?
b) Welches Geschlecht wird das Neugeborene haben?
c) Welche Note bekomme ich in der nächsten Klausur?
d) Welche Partei wird bei den nächsten Bundestagswahlen die meisten Zweitstimmen auf sich vereinigen?
e) Welches Alter werde ich erreichen?
f) Welche Seiten werden oben liegen, wenn ich gleichzeitig einen Pfennig und einen Groschen werfe?

2. Bei einer Umfrage wird festgestellt, ob die befragte Person ledig, verheiratet, verwitwet oder geschieden ist. Ermittle den Ergebnisraum dieses Zufallsexperiments.

3. Bei einem Schützenfest wird auf eine Scheibe geschossen, deren Ringe von 1 bis 12 beziffert sind. Welchen Ergebnisraum hat dieses Zufallsexperiment?

4. Von zwei zufällig ausgewählten Schülern eines Jahrganges wird deren Altersunterschied in Tagen festgestellt. Welchen Ergebnisraum hat dieses Zufallsexperiment?

5. Eine Münze wird so lange geworfen, bis zum ersten Mal Kopf fällt, höchstens jedoch achtmal. Wie lautet der zugehörige Ergebnisraum?

6. Denke dir ein Zufallsexperiment aus, welches den Ergebnisraum Ω hat.
a) $\Omega=\{1, 2, 3\}$ **b)** $\Omega=\{1, 2, 3, 4\}$ **c)** $\Omega=\{A, B, C, D, E, F\}$

7. Eine Urne enthält 3 schwarze, 4 weiße und 6 rote Kugeln (Bild 1.5). Der Urne werden nacheinander ohne Zurücklegen zwei Kugeln entnommen. Gib den Ergebnisraum an.

8. Gib drei Beispiele für Experimente an, die keine Zufallsexperimente sind.

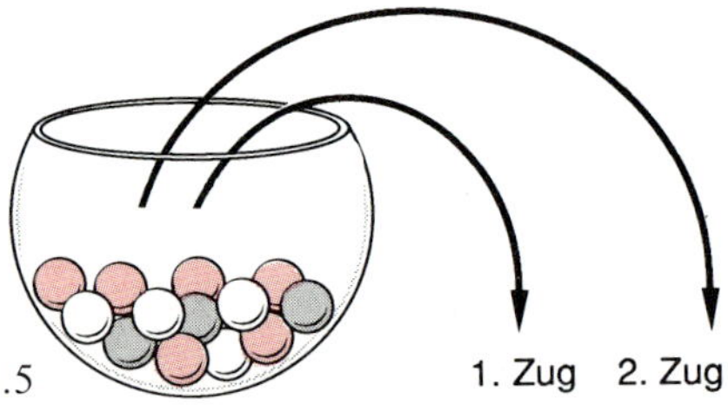

Bild 1.5

Ereignisräume

9. Sind Elementarereignisse grundsätzlich untereinander unvereinbar?

10. Gib für das Zufallsexperiment „Werfen einer Münze mit den beiden Seiten ‚Kopf' und ‚Zahl'" den Ergebnis- und den Ereignisraum an.

11. Das Zufallsexperiment bestehe darin, zwei Münzen – einen Euro und einen Cent – gleichzeitig zu werfen.
a) Gib den Ergebnisraum in geeigneter Form an.
b) Gib den Ereignisraum vollständig an.
c) Beschreibe das Ereignis „Euro zeigt Zahl" als Teilmenge des Ergebnisraumes.
d) Gib in der Mengenschreibweise das Gegenereignis an zu „beide Münzen zeigen Zahl".

12. Stelle folgende Ereignisse beim Wurf eines Würfels als Mengen dar:
a) „Augenzahl kleiner als drei",
b) „Augenzahl größer als drei und kleiner als fünf",
c) „Augenzahl kleiner als zwei oder größer als fünf",
d) „Augenzahl größer oder gleich eins",
e) „Augenzahl größer als sechs",
f) „Augenzahl ist keine Primzahl".

13. Ein Würfel wird zweimal geworfen. Stelle die folgenden Ereignisse als Teilmenge des Ergebnisraumes dar:
a) Die Augensumme beträgt höchstens 5.
b) Die Augensumme beträgt genau 4.
c) Die Augensumme ist gerade.
d) Die Augensumme ist größer als 6.
e) Das Produkt der Augenzahlen beträgt 12.
f) Das Produkt der Augenzahlen beträgt mindestens 7.
Nenne zu diesen Ereignissen die Gegenereignisse. Stelle auch die Gegenereignisse als Teilmenge des Ergebnisraumes dar.

14. Einer Urne, die 3 rote und 4 weiße gleichartige Kugeln enthält (Bild 1.6), werden nacheinander ohne Zurücklegen einzelne Kugeln entnommen. Ermittle die folgenden Ereignisse:
a) Spätestens nach dem 4. Zug sind alle roten Kugeln gezogen worden.
b) Nach dem 5. Zug ist noch eine weiße Kugel in der Urne.

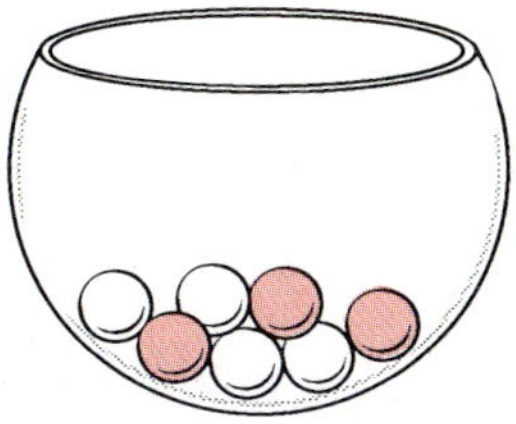
Bild 1.6

15. Bei einer Qualitätskontrolle werden vier produzierte Stücke der Reihe nach darauf untersucht, ob sie brauchbar (b) oder unbrauchbar (u) sind. Ermittle die folgenden Ereignisse und deren Gegenereignisse:
a) Das zweite Stück ist unbrauchbar.
b) Mindestens zwei Stücke sind unbrauchbar.
c) Genau drei Stücke sind unbrauchbar.
d) Genau das zweite Stück ist brauchbar.
e) Das erste oder das zweite Stück ist brauchbar.
f) Das zweite und das vierte Stück sind unbrauchbar.

16. Die Schüler Frank, Ralph und Stephan kandidieren als Schülersprecher oder dessen Stellvertreter. Ermittle die folgenden Ereignisse und deren Gegenereignisse:
a) Stephan wird Schülersprecher.
b) Frank wird Schülersprecher oder Stellvertreter.
c) Ralph wird nicht Schülersprecher.

17. Ein Würfel wird einmal geworfen. E_1 sei das Ereignis „die Augenzahl ist kleiner als 3", E_2 bedeute das Ereignis „die Augenzahl ist eine ungerade Zahl". Ermittle die folgenden Ereignisse. Welche der Ereignisse sind gleich?

a) $E_1 \cap E_2$ **b)** $E_1 \cup E_2$ **c)** $\bar{E}_1 \cap \bar{E}_2$ **d)** $\bar{E}_1 \cup \bar{E}_2$ **e)** $\overline{E_1 \cap E_2}$

f) $\overline{E_1 \cup E_2}$ **g)** $E_1 \cap \bar{E}_2$ **h)** $\bar{E}_1 \cap E_2$ **i)** $E_1 \cup \bar{E}_2$ **j)** $\overline{\bar{E}_1 \cup E_2}$

18. Eine Münze wird dreimal geworfen. E_1 sei das Ereignis, dass zwei- oder dreimal hintereinander „Zahl" erscheint und E_2 das Ereignis, dass alle drei Würfe gleich ausfallen. Ermittle die folgenden Ereignisse:

a) $E_1 \cap E_2$ **b)** $E_1 \cup E_2$ **c)** $E_1 \cap \bar{E}_2$ **d)** $\bar{E}_1 \cap E_2$ **e)** $\bar{E}_1 \cup E_2$

f) $E_1 \cup \bar{E}_2$ **g)** $\overline{E_1 \cup E_2}$ **h)** $\overline{E_1 \cap E_2}$ **i)** $\overline{\bar{E}_1 \cap \bar{E}_2}$ **j)** $\overline{E_1 \cup \bar{E}_2}$

19. Zwei unterscheidbare Münzen und ein Würfel werden gleichzeitig geworfen.
a) Welchen Ergebnisraum hat dieses Zufallsexperiment, wenn zuerst die Ereignisse der Münzwürfe und dann das Würfelergebnis aufgezählt werden?
b) Gib die folgenden Ergebnisse in der Mengenschreibweise an:
1) E_1: Es erscheint zweimal Kopf und eine ungerade Zahl. 2) E_2: Es erscheint die Zahl drei. 3) E_3: Es erscheint genau einmal Kopf und eine durch zwei teilbare Zahl.
c) Ermittle die folgenden Ereignisse:
1) Das Ereignis „E_1 oder E_2" tritt ein. 2) Das Ereignis „E_1 und E_2" tritt ein. 3) Das Ereignis „E_1 oder E_2" tritt ein, aber nicht das Ereignis E_3. 4) Höchstens zwei der Ereignisse E_1, E_2, E_3 treten ein.

20. Gib einen Term an, der folgende Verknüpfungen der Ereignisse E_1 und E_2 erfasst:
a) Es tritt das Ereignis E_1, aber nicht das Ereignis E_2 ein.
b) Es tritt das Ereignis „E_1 oder E_2" ein, aber nicht das Ereignis „E_1 und E_2".

Gleichwahrscheinlichkeit

21. Wie wahrscheinlich ist es, dass beim gleichzeitigen Wurf eines Centstücks und eines Euros beide Seiten dasselbe zeigen, also beide Seiten Wappen oder beide Seiten Zahl?

22. Beim Roulett fällt die Kugel mit gleicher Wahrscheinlichkeit in eine der 37 von 0 bis 36 durchnummerierten Felder. Über die Setzmöglichkeiten und die Gewinne gibt Bild 1.7 Auskunft. Berechne die Wahrscheinlichkeit für folgende Ereignisse:
a) „Gerade" **b)** „Rot" **c)** „Gerade und Rot" **d)** „12^P" **e)** „13, 14 oder 15" **f)** „0" **g)** „Rot oder Schwarz" **h)** „weder Rot noch Schwarz"

Setzmöglichkeit	Beispiel	Auszahlungsbetrag
(1) einzelne Zahl	13	36facher Einsatz
(2) 2 verbundene Zahlen	5, 6	18facher Einsatz
(3) eine Querreihe	19, 20, 21	12facher Einsatz
(4) ein Zahlenviereck	31, 32, 34, 35	9facher Einsatz
(5) 2 verbundene Querreihen	25 bis 30	6facher Einsatz
(6) Zahlenspalte	2, 5, 8,..., 35	3facher Einsatz
(7) 12^P (1 bis 12) 12^M (13 bis 24) 12^D (25 bis 36)	1 bis 12 (12^P)	3facher Einsatz
(8) Gerade (ohne 0) Ungerade	Ungerade	2facher Einsatz
(9) Manque (1 bis 18) Passe (19 bis 36)	Manque	2facher Einsatz
(10) Rot Schwarz	Rot	2facher Einsatz

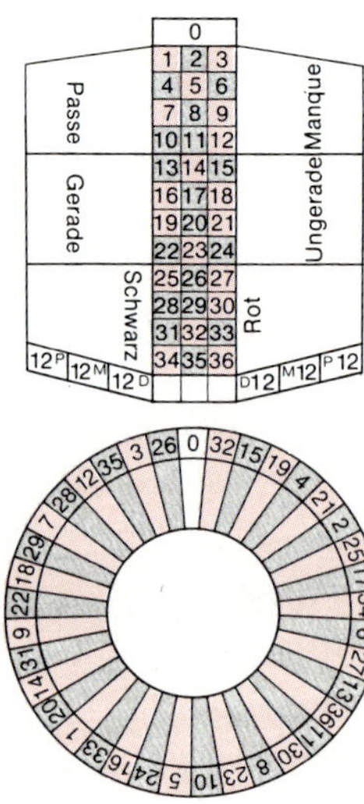

Bild 1.7: Einsatzmöglichkeiten und Spielbrett beim Roulett

23. Beim Werfen mit zwei unterscheidbaren Würfeln (z. B. einem weißen und einem schwarzen Würfel) ist die Wahrscheinlichkeit dafür gesucht, wenigstens eine „Sechs" zu werfen.

24. Einem Skatspiel (Bild 1.8) wird eine Karte entnommen. Berechne die Wahrscheinlichkeiten für die folgenden Ereignisse. Die gezogene Karte ist

a) ein Bild,

b) eine Dame oder ein König,

c) weder eine Dame noch ein König.

Bild 1.8

25. Für jeden der 26 Buchstaben des Alphabets liegt eine Karte in einer Urne. Wie groß ist die Wahrscheinlichkeit, eine Karte mit einem Vokal zu ziehen?

26. Bei einer Tombola gibt der Veranstalter bekannt, dass jedes 10. Los 20 €, jedes 15. Los 50 € und jedes 20. Los 100 € gewinnt.

a) Berechne die einzelnen Gewinnwahrscheinlichkeiten.

b) Berechne die Wahrscheinlichkeit, mindestens 50 € zu gewinnen.

c) Wie groß ist die Wahrscheinlichkeit nichts zu gewinnen?

27. Eine Münze wird dreimal geworfen. Mit welcher Wahrscheinlichkeit fällt wenigstens einmal Kopf?

II. Der klassische Wahrscheinlichkeitsbegriff: Ergänzungen

1. Laplace-Wahrscheinlichkeit

Die Definition der klassischen Wahrscheinlichkeit eines Ereignisses E wurde bereits 1812 von *Pierre Simon Marquis de Laplace* (1749–1827, Bild 1.9) gegeben, und zwar in der Formulierung:

$$P(E) = \frac{|E|}{|\Omega|} = \frac{\text{Anzahl der für E günstigen Ergebnisse}}{\text{Anzahl aller möglichen Ergebnisse, sofern sie gleich möglich sind}}$$

Heute nennt man diesen Quotienten daher nicht nur „klassische Wahrscheinlichkeit", sondern auch **Laplace-Wahrscheinlichkeit**. Der zugehörige Ereignisraum heißt auch **laplacescher Ereignisraum**. Der (Bei-)Name Laplace steht heute in der Wahrscheinlichkeitsrechnung für Begriffe, die sich letztlich auf die „Gleichmöglichkeit" aller Ergebnisse, also die Gleichwahrscheinlichkeit aller Elementarereignisse stützen.
Stochastische Vorgänge, bei denen solche Gleichwahrscheinlichkeit gegeben scheint, heißen daher **Laplace-Experimente** oder **Laplace-Versuche**. Ihre Untersuchung erweist sich als wichtig, denn sehr viele reale Phänomene lassen sich – zumindest angenähert – sinnvoll als Laplace-Experimente auffassen – und zwar, wie wir in diesem Buch immer

wieder sehen werden, auch außerhalb der etwas unernsten, gleichwohl faszinierenden „Kunstwelt" der Glücksspiele. Fällt beim Münzwurf „Zahl" oder „Kopf"? Und: Wird das erwartete Kind ein Mädchen oder Junge? Beide stochastischen Situationen werden in ähnlicher Weise – jedenfalls angenähert – von einem laplaceschen Ereignisraum beschrieben.

Bild 1.9: *Marquis de Laplace*

Wir haben durch unsere bisherigen Überlegungen allen möglichen Ereignissen bei einem Laplace-Experiment in eindeutiger Weise Wahrscheinlichkeiten zugeordnet. Eine eindeutige Zuordnung nennt man in der Mathematik häufig Funktion. Werden – wie hier – Wahrscheinlichkeiten zugeordnet, so spricht man auch von einer **Wahrscheinlichkeitsfunktion**. Der Definitionsbereich einer Wahrscheinlichkeitsfunktion ist immer ein Ereignisraum, die Funktionswerte – also die Ereigniswahrscheinlichkeiten – sind reelle Zahlen.

Beispiel

Beim Münzwurf sind die möglichen Ergebnisse „Kopf" und „Zahl", abgekürzt mit K und Z. Der Ergebnisraum Ω ist $\{K, Z\}$. Der Ereignisraum ist dann die Menge $\{\emptyset, \{K\}, \{Z\}, \{K, Z\}\}$.

„Kopf" und „Zahl" sind gleich möglich oder gleich wahrscheinlich; der klassische Wahrscheinlichkeitsbegriff ist also angemessen.
Durch die Vorschrift

$$P(E) = \frac{|E|}{|\Omega|}$$

wird die folgende laplacesche Wahrscheinlichkeitsfunktion P festgelegt (Bild 1.10).

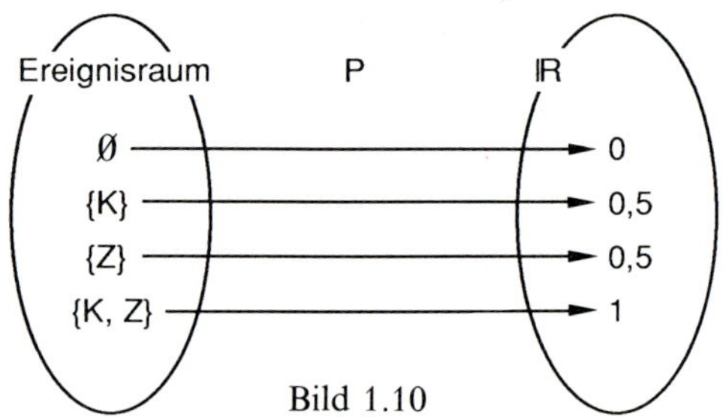

Bild 1.10

Statt von einer Wahrscheinlichkeitsfunktion spricht man gelegentlich auch von einer **Wahrscheinlichkeitsverteilung**, weil eine Wahrscheinlichkeitsfunktion Wahrscheinlichkeiten auf die Ereignisse „verteilt". Einen Ergebnisraum, einen zugehörigen Ereignisraum und eine darauf definierte Wahrscheinlichkeitsfunktion bzw. -verteilung zusammengenommen nennt man schließlich auch **Wahrscheinlichkeitsraum**.

Ergänzung

Warum ist es wenig zweckmäßig, für den Wurf eines Würfels die Wahrscheinlichkeitsfunktion in Form einer Wertetabelle anzugeben, indem man also für jedes einzelne Ereignis die zugehörige Wahrscheinlichkeit notiert?

2. Eigenschaften laplacescher Wahrscheinlichkeit

Für spätere Betrachtungen wollen wir drei wichtige einfache Eigenschaften klassischer Wahrscheinlichkeit festhalten und benennen, die sich unmittelbar aus den Gleichungen (3) und (4) des vorigen Abschnitts I. ergeben.
Die klassische Wahrscheinlichkeit ist nach Gleichung (4) ein Quotient aus natürlichen Zahlen und damit sicherlich nicht negativ.
Wir halten diese Eigenschaft der **Nichtnegativität** fest:

Die Wahrscheinlichkeit eines Ereignisses ist nicht negativ:
$\mathbf{P(E) \geq 0}$.

Gleichung (3) regelt oder „normiert" (von lateinisch „norma": Regel) die Wahrscheinlichkeit von Ω. Diese Eigenschaft heißt **Normiertheit**:

Die Wahrscheinlichkeit des sicheren Ereignisses ist auf 1 festgelegt:
$\mathbf{P(\Omega) = 1}$.

Sind E und F unvereinbar, so gibt es kein Ergebnis, das sowohl zu E als auch zu F gehört. Daraus ergibt sich aber unmittelbar, dass $|E \cup F| = |E| + |F|$ ist. (Beim Zusammenzählen kommt sozusagen kein Element „doppelt" vor.) Und damit gilt nach Gleichung (4) von Abschnitt I.:

$$P(E \cup F) = \frac{|E \cup F|}{|\Omega|} = \frac{|E| + |F|}{|\Omega|} = \frac{|E|}{|\Omega|} + \frac{|F|}{|\Omega|} = P(E) + P(F).$$

Diese wichtige Eigenschaft nennen wir **Additivität**:

Sind zwei Ereignisse E und F unvereinbar, so addieren sich ihre Wahrscheinlichkeiten zu der Wahrscheinlichkeit, dass E oder F eintritt.
Ist $E \cap F = \emptyset$, so ist $P(E \cup F) = P(E) + P(F)$.

Beispiel

Beim Würfelwurf:
Die Ereignisse E: „Augenzahl gerade", also $E = \{2, 4, 6\}$, und F: „Augenzahl eins", also $F = \{1\}$, sind unverträglich. Also gilt:
P(„Augenzahl gerade oder eins") $= P(E \cup F) = P(E) + P(F) = \frac{3}{6} + \frac{1}{6} = \frac{4}{6} = \frac{2}{3}$.

Ergänzungen

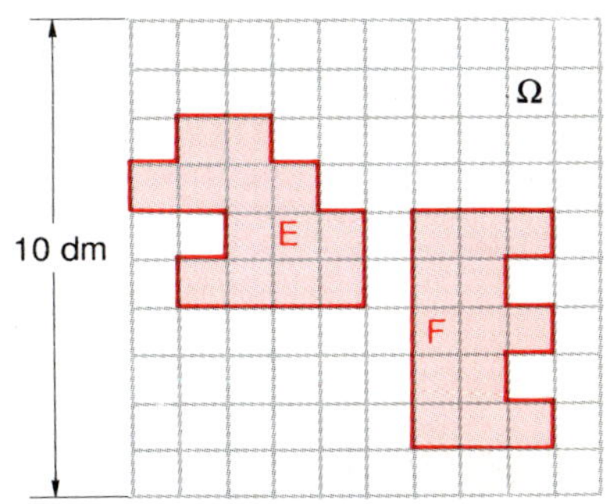

Bild 1.11

1. Betrachte folgendes Mengendiagramm (Bild 1.11). Es zeigt eine Menge Ω mit zwei elementefremden Teilmengen E und F. Zur Berechnung der Flächeninhalte dieser Mengenbilder ist ein Maßstab angegeben. Berechne jeweils die Flächeninhalte $A(\Omega)$, $A(E)$ und $A(F)$ in dm^2.

2. Jeder Menge wird oben der Flächeninhalt ihres Mengenbildes zugeordnet. Man könnte dies eine Flächeninhaltsfunktion nennen. Gelten für diese Flächeninhaltsfunktion auch vergleichbare Eigenschaften wie Nichtnegativität, Normiertheit und Additivität? Gibt es also eine Beziehung zwischen Wahrscheinlichkeit und Flächeninhalt?

3. Kombinatorik

In einem laplaceschen Ereignisraum lassen sich Wahrscheinlichkeiten durch Abzählen der „günstigen" und der „möglichen" Ergebnisse bestimmen. So einfach dies in dem betrachteten Beispiel des einmaligen Würfel- oder Münzwurfes war, so schwierig kann dies in komplexeren Zufallsexperimenten sein.

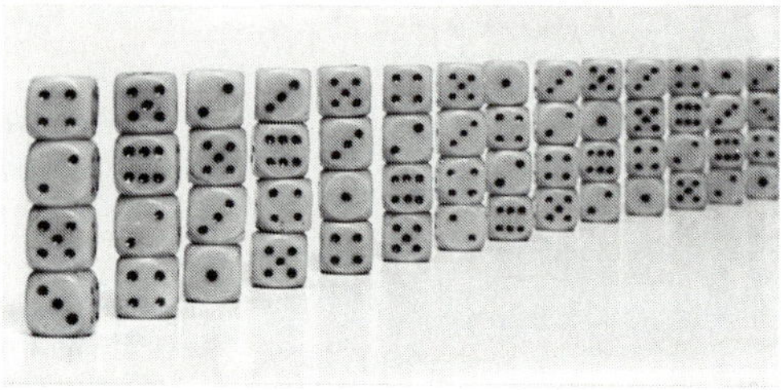

Bild 1.12

Wie viele „mögliche" Ergebnisse gibt es etwa bei der Lottoziehung „6 aus 49"? Oder wie viele „mögliche" Ergebnisse gibt es beim Würfeln, wenn wir nicht nur mit einem Würfel würfeln, sondern gleichzeitig mit vier Würfeln (Bild 1.12)? Solche gelegentlich recht verzwickten Abzählprobleme sind Thema der sogenannten **Kombinatorik**, der wir uns – ihrer Bedeutung für laplacesche Wahrscheinlichkeitsberechnungen wegen – im folgenden Paragraphen kurz zuwenden werden. Die Kombinatorik löst solche Abzählprobleme vor allem durch geschickte, manchmal geradezu „trickreiche" Zusammenstellung und Verbindung, also durch „Kombination" (von lateinisch „combinare": zusammenstellen, verbinden). Erst nach diesem Abstecher in die Kombinatorik werden wir unsere Überlegungen zum Wahrscheinlichkeitsbegriff fortsetzen; denn der klassische Wahrscheinlichkeitsbegriff von Laplace trägt nicht weit genug. Es gibt sicherlich stochastische Situationen, in denen keine „Gleichwahrscheinlichkeit" vorausgesetzt werden kann.

4. Definitionsprobleme der klassischen Wahrscheinlichkeit

Wir verstehen die laplacesche Definition der Wahrscheinlichkeit eines Ereignisses nur dann, wenn wir schon wissen, was „gleich wahrscheinlich" heißt. (Laplace selbst redete zwar von „gleich möglich", meinte damit aber vermutlich dasselbe wie „gleich wahrscheinlich".) Insofern ist die laplacesche Definition zirkulär: Wir definieren den Begriff „Wahrscheinlichkeit" mit Hilfe eines bestimmten Begriffes von „Wahrscheinlichkeit", nämlich mit Hilfe der „Gleichwahrscheinlichkeit". Diese „Gleichwahrscheinlichkeit" – oder eben auch „Gleichmöglichkeit" – bleibt damit ein – zumindest formal – undefinierter Grundbegriff der klassischen Wahrscheinlichkeitskonzeption.
Unbeschadet dieser formalen Definitionsschwierigkeiten erweist sich der Begriff der „Gleichwahrscheinlichkeit" als höchstplausibel. Wer möchte schon bezweifeln, dass beim

Bild 1.13

Wurf eines unverfälschten Würfels alle sechs Augenzahlen (zumindest annähernd) „gleich wahrscheinlich“ sind? Indessen, oft ist die Frage nach der Gleichwahrscheinlichkeit nicht so einfach zu beantworten. Denken wir etwa an den gleichzeitigen Wurf mit zwei Würfeln: Möglich sind hier offensichtlich die Augensummen 2 bis 12, summiert jeweils aus den Augenzahlen beider Würfel. Sind nun aber diese elf möglichen Augensummen gleich wahrscheinlich oder nicht (Bild 1.13)?

Übungen und Aufgaben

Laplace-Wahrscheinlichkeit

1. Eine Münze wird dreimal geworfen. Berechne die Wahrscheinlichkeit für die folgenden Ereignisse.
a) Es fällt mindestens einmal Zahl.
b) Es fällt genau einmal Zahl.
c) Beim ersten oder dritten Wurf fällt Zahl.
d) Es fällt höchstens einmal Zahl.
e) Es fällt mindestens einmal Kopf oder mindestens einmal Zahl.

2. Zwei unterscheidbare Würfel werden geworfen. Berechne die Wahrscheinlichkeit für die folgenden Ereignisse.
a) Die Augensumme beträgt 7.
b) Die Augensumme ist größer oder gleich 12.
c) Wenigstens bei einem Würfel fällt eine ungerade Augenzahl.
d) Für das Produkt z der Augenzahlen gilt: $12 < z < 18$.
e) Die Augensumme ist ungerade.
f) Die Augensumme ist gerade.
g) Es fällt eine gerade und eine ungerade Augenzahl.
h) Es fällt ein Pasch.
i) Die Augenzahlen sind verschieden.

3. In einem Flugzeug befinden sich 24 Deutsche, 12 Amerikaner und 18 Franzosen. Beim Zoll wird zufällig eine dieser Personen ausgewählt. Berechne die Wahrscheinlichkeit dafür, dass diese Person
a) ein Deutscher, **b)** ein Franzose,
c) ein Amerikaner, **d)** ein Deutscher oder ein Amerikaner ist.

4. Von den 68 Schülern einer Jahrgangsstufe 12 nehmen 18 am Leistungskurs Mathematik, 15 am Leistungskurs Deutsch und 7 an beiden Leistungskursen teil. Ein Schüler wird zufällig ausgewählt. Berechne die Wahrscheinlichkeit dafür, dass er
a) Mathematik und Deutsch,
b) Mathematik oder Deutsch,
c) weder Mathematik noch Deutsch gewählt hat.

5. Eine Lostrommel enthält 10000 Lose, die von 1 bis 10000 durchnummeriert sind. Jedes Los, dessen Nummer mit 77 endet, gewinnt einen Hauptpreis. Berechne die Wahrscheinlichkeit dafür, dass auf ein zufällig gezogenes Los ein Hauptpreis entfällt.

6. Bei einer Produktionskontrolle von 10 000 Stahlbolzen wurden der Durchmesser und die Länge der Stahlbolzen gemessen. Es ergab sich, dass 100 Stahlbolzen einen falschen Durchmesser und eine falsche Länge hatten, 250 nur falsche Durchmesser und 200 nur falsche Längen besaßen.

a) Berechne die Wahrscheinlichkeit dafür, dass ein der Produktion zufällig entnommener Stahlbolzen einen falschen Durchmesser und eine falsche Länge hat.

b) Berechne die Wahrscheinlichkeit dafür, dass ein zufällig entnommener Stahlbolzen in Ordnung ist.

7. Ein Würfel, dessen Oberfläche gleichartig gefärbt ist, wird in 1000 kleine Würfel einheitlicher Größe zerlegt und diese werden dann gemischt (Bild 1.14).
Mit welcher Wahrscheinlichkeit hat ein zufällig ausgewählter Würfel genau zwei gefärbte Seiten?

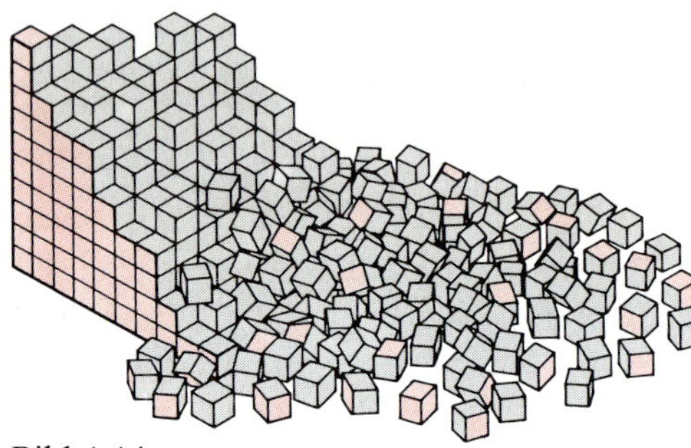
Bild 1.14

8. Zwei Spieler A und B werfen abwechselnd mit einer Münze. Liegt „Kopf“ oben, so erhält A einen Punkt, liegt „Zahl“ oben, so erhält B einen Punkt. Wer zuerst fünf Punkte erzielt, gewinnt den Einsatz. Nach sieben Würfen hat A 4 Punkte, B 3 Punkte erzielt. Das Spiel muss dann wegen eines unvorhergesehenen Ereignisses abgebrochen werden. Wie ist der Einsatz gerecht zu verteilen? (2. Problem des französischen Schriftstellers und Philosophen *Chevalier Antoine Gombaud de Méré* (1607–1684)).

§ 2 Kombinatorik und Laplace-Experimente

I. Das Zählprinzip

1. Das Problem: Chancen beim Lotto

In die Kombinatorik, also die Kunst des geschickten Abzählens, lässt sich an Hand verschiedener praktischer Beispiele einführen. Wir werden hier die Kombinatorik durchgängig an einem Leitbeispiel, dem Lotto, erarbeiten. Wem dieser Bezug zum Lotto nicht behagt, der kann aber auch jeden der folgenden kombinatorischen Sätze jeweils mit Hilfe eines weiteren Beispiels erarbeiten, das ihm im Text unmittelbar folgt.

Wie wahrscheinlich ist es, im üblichen Zahlenlotto „6 aus 49" sechs „Richtige" zu erhalten? Wir haben während der Woche auf einem Lottoschein einen Tip abgegeben, indem wir auf einem Feld mit den Zahlen 1 bis 49 irgendwelche sechs Zahlen angekreuzt haben (Bild 2.1). Nehmen wir zum Beispiel der Einfachheit halber an, wir hätten die ersten sechs Zahlen, also die Zahlen 1, 2, 3, 4, 5 und 6 angekreuzt. Nun warten wir am Samstagabend vor dem Fernsehbildschirm gespannt auf die Lottoziehung. Aus einem Behälter mit 49 – von 1 bis 49 durchnummerierten – Kugeln werden nach und nach sechs Kugeln zufällig gezogen und dann abgelegt. Das Ergebnis „sechs Richtige" tritt ein, wenn alle sechs gezogenen Kugeln eine Nummer aus den sechs Zahlen unseres Tips tragen, wenn also in unserem Beispiel die sechs gezogenen Kugeln eine Nummer von 1 bis 6 haben. Offensichtlich passt hier der laplacesche Wahrscheinlichkeitsbegriff: Denn alle möglichen Ziehungen, d.h. alle möglichen Folgen von sechs gezogenen Nummern, sind gleich wahrscheinlich. Zur Wahrscheinlichkeitsbestimmung müssen wir nach Laplace die Anzahl der für das Ereignis „sechs Richtige" günstigen Lottoziehungsergebnisse sowie die Anzahl der möglichen Ergebnisse feststellen. Wir müssen also geschickt abzählen; dabei werden wir uns eines einfachen Zählprinzips bedienen, auf dem die gesamte Kunst des Abzählens, also die Kombinatorik, letztlich beruht.

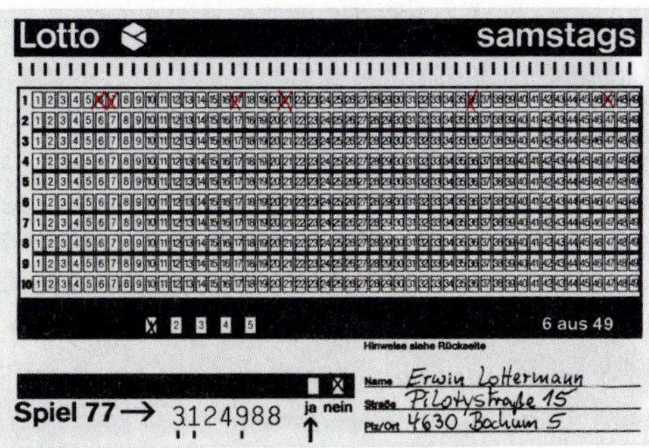

Bild 2.1: Tipschein beim Lotto

2. Das Zählprinzip und Tupel ohne Wiederholung

Beginnen wir mit der Anzahl der möglichen Ergebnisse. Für die erste gezogene Kugel gibt es am Samstagabend offensichtlich 49 Möglichkeiten. Es kann ja jede der 49 Kugeln als erste gezogen werden. Zu *jeder* dieser 49 Möglichkeiten für die erste gezogene Kugel gibt es nun *jeweils* 48 Möglichkeiten für die Ziehung der zweiten Kugel. Denn nach Ziehung der ersten Kugel befinden sich nunmehr nur noch 49–1, also 48 Kugeln in dem Ziehungsbehälter. Insgesamt gibt es demnach $49 \cdot 48$, das sind 2352 Möglichkeiten für den Verlauf der Ziehung der ersten beiden Kugeln. Und so geht es weiter: Zu jeder dieser

49 · 48 Möglichkeiten gibt es nun 47 Möglichkeiten, die dritte Kugel zu ziehen. Und zu jeder dieser nunmehr 49 · 48 · 47, also 110 544 Möglichkeiten im Ziehungsverlauf der ersten drei Kugeln gibt es wiederum 46 Möglichkeiten, die vierte Kugel zu ziehen. Wenn wir diese Überlegungen bis zur sechsten und damit letzten gezogenen Kugel fortsetzen, so wird offenbar: Es gibt bei der samstagsabendlichen Lottoziehung „6 aus 49" genau

$$49 \cdot 48 \cdot 47 \cdot 46 \cdot 45 \cdot 44 = 49 \cdot (49-1) \cdot (49-2) \cdot \ldots \cdot (49-5) = 10\,068\,347\,520$$

Möglichkeiten für den Ziehungsverlauf der sechs Kugeln (Bild 2.2).

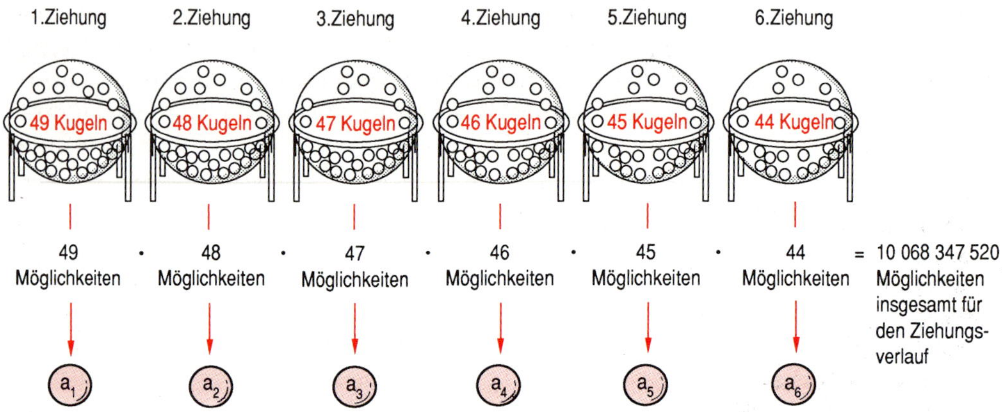

Bild 2.2: Ziehungsmöglichkeiten beim Lotto

Verallgemeinerung: Eine Anordnung von k Elementen $a_1, a_2, \ldots, a_k$ heißt auch ein **k-Tupel**. Jeder mögliche Ziehungsverlauf beim Lotto ergibt also ein 6-Tupel aus den Zahlen 1 bis 49. Benutzt haben wir bei unseren Überlegungen das *allgemeine Zählprinzip*, das gelegentlich auch *Produktregel der Kombinatorik* genannt wird.

Allgemeines Zählprinzip

Gibt es für die Besetzung der ersten Stelle a_1 eines k-Tupels n_1 Möglichkeiten,
gibt es (dann) für die Besetzung der zweiten Stelle a_2 des k-Tupels n_2 Möglichkeiten,
gibt es (dann) für die Besetzung der dritten Stelle a_3 des k-Tupels n_3 Möglichkeiten,
. . . . . und
gibt es (dann) für die Besetzung der k-ten Stelle a_k des k-Tupels n_k Möglichkeiten,
so lassen sich $n_1 \cdot n_2 \cdot \ldots \cdot n_k$ verschiedene k-Tupel bilden.

Beispiele

1. Wie viele sechsstellige Zahlen mit den Ziffern 0 bis 9 gibt es?
Eine sechsstellige Zahl ist ein 6-Tupel. Für die erste Stelle a_1 des 6-Tupels gibt es 9 Möglichkeiten – die 0 kann ja nicht am Anfang einer Zahl stehen –, für die verbleibenden Stellen a_2 bis a_6 gibt es jeweils 10 Möglichkeiten. Insgesamt gibt es also $9 \cdot 10 \cdot 10 \cdot 10 \cdot 10 \cdot 10$, also 900 000 sechsstellige Zahlen.

2. Allmorgendlich steht Herr Beau vor einem schwierigen Entscheidungsproblem: Er muss aus seiner Garderobe von 5 Anzügen, 7 Paar Schuhen und 10 Krawatten eine Auswahl für den Tag treffen, also eine Kombination von einem Anzug,

einem Paar Schuhe und einer Krawatte wählen. Zwischen wie viel Möglichkeiten muss er wählen?
Gesucht ist die Anzahl der 3-Tupel, bei denen es für die erste Stelle (Anzug) 5 Möglichkeiten, für die zweite Stelle (Schuhe) 7 Möglichkeiten und für die dritte Stelle (Krawatte) 10 Möglichkeiten gibt. Herr Beau muss sich also zwischen $5 \cdot 7 \cdot 10$, das sind 350 Möglichkeiten entscheiden.

Mit Hilfe des allgemeinen Zählprinzips konnten wir problemlos die möglichen Ziehungsverläufe beim Lotto abzählen. Wir haben dabei berücksichtigt, dass eine schon gezogene Nummer nicht mehr ein zweites Mal gezogen werden, sich also nicht wiederholen konnte. Ein Tupel, in dem sich kein Element wiederholt, nennen wir auch **Tupel ohne Wiederholung**. Wir haben also vorhin alle möglichen 6-Tupel ohne Wiederholung aus der Menge der Nummern 1 bis 49 abgezählt. Ergebnis: $49 \cdot (49-1) \cdot \ldots \cdot (49-5)$. Durch Verallgemeinerung erhalten wir:

Satz über k-Tupel ohne Wiederholung

Die Anzahl möglicher k-Tupel ohne Wiederholung aus einer n-elementigen Menge beträgt $n \cdot (n-1) \cdot (n-2) \cdot \ldots \cdot (n-(k-1))$.

Beispiele

1. Acht Athleten kämpfen um drei Medaillen. Wie viele Möglichkeiten für die Medaillenverteilung gibt es?
Gesucht ist die Anzahl der 3-Tupel ohne Wiederholung aus einer 8-elementigen Menge; denn es müssen genau 3 Medaillengewinner aus den 8 Athleten bestimmt werden, wobei jeder Athlet höchstens eine Medaille erhalten kann. Hierfür gibt es $8 \cdot 7 \cdot 6$, also 336 Möglichkeiten.

2. Wie groß ist die Wahrscheinlichkeit, aus einem gut gemischten Skatspiel zuerst den Kreuz- und dann den Pikbuben zu ziehen?
Die Anzahl der Möglichkeiten, zwei Karten – natürlich ohne Zurücklegen – aus den 32 Karten des Skatspiels zu entnehmen, beträgt $32 \cdot 31$, das sind 992. Die gesuchte Wahrscheinlichkeit ist demnach $\frac{1}{992}$, also ungefähr 0,001.

Statt von „k-Tupeln ohne Wiederholung" spricht man gelegentlich auch von **„geordneten Stichproben vom Umfang k ohne Zurücklegen"**, eine Sprechweise, die sich aus unseren bisherigen Überlegungen zum Lotto gut erklärt: „Geordnet" heißen diese Stichproben, weil die Reihenfolge, in der die Elemente gezogen werden, in unserer *bisherigen* Betrachtung des samstäglichen Ziehungsverlaufs beim Lotto eine Rolle spielte. (Ob diese Reihenfolge allerdings auch für das Ziehungsergebnis eine Rolle spielt, darüber werden wir uns noch Gedanken machen müssen.) „Ohne Zurücklegen" bedeutet, dass ein gezogenes Element nicht wieder in den Ziehungsbehälter zurückgelegt wird; es kann also kein Element wiederholt gezogen werden.

Ergänzung

Bei einem Pferderennen laufen zehn Rennpferde. Beim Buchmacher werden Wetten abgegeben, und zwar darauf, welches Pferd auf Platz 1, welches auf Platz 2 und welches auf Platz 3 einläuft. Gewettet wird also auf die Reihenfolge der ersten drei einlaufenden Pferde.

a) Wie viele mögliche Ergebnisse gibt es hier?
b) Wie wahrscheinlich wäre ein Gewinn der Wette, vorausgesetzt, alle möglichen Ergebnisse wären gleich wahrscheinlich?
c) In welcher Situation ist hier die Annahme der Gleichwahrscheinlichkeit wie in b) sinnvoll? Warum ist diese Annahme für den sachkundigen Wetter bei Pferderennen kaum sinnvoll?

3. Tupel mit Wiederholung

Stellen wir uns vor, bei einem „illusionären" Lotto würde – anders als beim tatsächlichen Lotto – jede gezogene Kugel, nachdem ihre Nummer notiert wurde, sofort wieder in den Ziehungsbehälter zurückgelegt. Dann könnte eine Kugel offensichtlich wiederholt gezogen werden. Wir hätten es dann also mit **„6-Tupeln mit Wiederholung"** oder **„geordneten Stichproben vom Umfang 6 mit Zurücklegen"** zu tun. Hier gäbe es mehr mögliche Ziehungsverläufe, weil hier jede Kugel, auch noch die letzte, immer aus dem ungeschmälerten Gesamtvorrat aller 49 Kugeln gezogen würde. Also gäbe es hier offensichtlich insgesamt $49 \cdot 49 \cdot 49 \cdot 49 \cdot 49 \cdot 49$, das sind 49^6 mögliche Ziehungsverläufe (Bild 2.3).

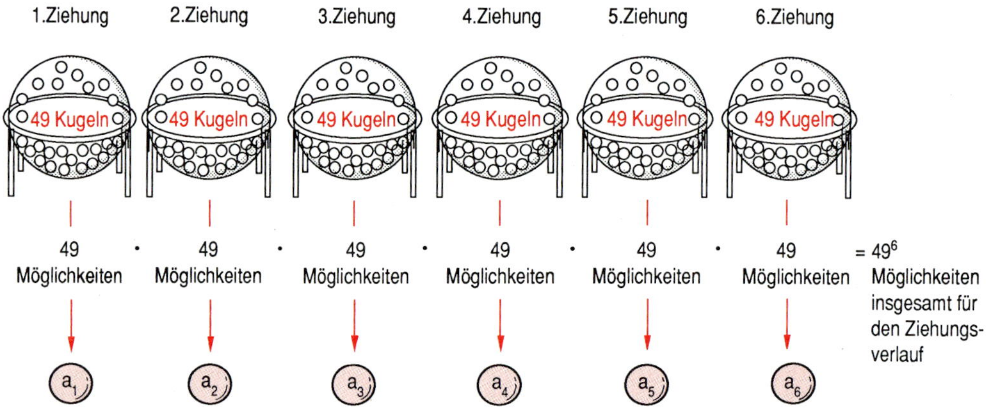

Bild 2.3: Ziehungsmöglichkeiten beim „illusionären" Lotto (mit jeweiligem Zurücklegen gezogener Kugeln in den Ziehungsbehälter)

Auch dies halten wir allgemein fest:

Satz über k-Tupel mit Wiederholung

Die Anzahl möglicher k-Tupel mit Wiederholung aus einer n-elementigen Menge beträgt n^k.

Beispiel

Sechs Personen besteigen einen Zug mit 7 Wagen. Wie viele Möglichkeiten gibt es, die Personen auf die Wagen zu verteilen?
Jede der $k = 6$ Personen hat $n = 7$ Auswahlmöglichkeiten für einen Wagen, also gibt es insgesamt 7^6, das sind 117 649 Möglichkeiten.

Ergänzungen

1. Computer arbeiten bekanntlich im Binärsystem. Das heißt, sie können zunächst nur zwei Zustände, etwa „Strom an" und „Strom aus", symbolisch 1 und 0, unterscheiden. Jede Information muss daher im Computer durch viele solche 1–0-Unterscheidungen dargestellt werden. Die kleinste Informationseinheit, also eine einzige 1–0-Unterscheidung, heißt auch ein *Bit*. Mit zwei Bit können also vier Zustände unterschieden werden, nämlich 11, 10, 01 und 00. Mit zwei Bit könnten wir also etwa die Zahlen 1 bis 4 im Computer unterscheiden. Wie viele Zustände können **a)** mit 4 Bit **b)** mit 8 Bit **c)** mit 16 Bit **d)** mit k Bit unterschieden werden?

2. Ein 0,1 mm dickes Blatt Briefpapier wird in der Mitte gefaltet. Das zusammengefaltete Blatt hat dann die Gesamtdicke 0,2 mm. Nun wird das gefaltete Blatt in der Mitte wiederum gefaltet. Das zweifach gefaltete Blatt hat nun die Dicke 0,4 mm. Wie dick wäre das Papier, wenn es insgesamt 50-mal gefaltet würde?

4. Permutationen

Kehren wir aber zum „normalen" Lotto und unserer Ausgangsfragestellung zurück. Wir haben auf unserem Tipschein, so lautet unser Beispiel, die Nummern 1 bis 6 angekreuzt. Wir haben damit darauf getippt, dass in der samstäglichen Lottoziehung diese sechs Zahlen gezogen werden, aber wir haben mit diesem Tip *nicht* die Reihenfolge genannt, in der die sechs Zahlen gezogen werden sollen. Für das Ergebnis einer Lottoziehung ist nämlich die Reihenfolge, mit der die Zahlen gezogen werden, unwichtig: Es kommt nur darauf an zu tippen, *welche* sechs Zahlen überhaupt – also egal in welcher Reihenfolge – gezogen werden. Das aber bedeutet: Alle diejenigen Ziehungsverläufe, in denen dieselben sechs Zahlen, wenngleich in unterschiedlicher Reihenfolge, gezogen werden, bedeuten im Lotto nur ein und dasselbe Ergebnis. Wie viel verschiedene Ziehungsverläufe ergeben aber jeweils dasselbe Ergebnis?

Dies lässt sich mit unseren erarbeiteten Kenntnissen leicht beantworten. Wir müssen nämlich nur klären, auf wie viel verschiedene Weisen sich jeweils sechs Nummern, oder allgemeiner die Elemente einer sechselementigen Menge, hintereinander anordnen, also in eine Reihenfolge bringen lassen. Für die Besetzung des ersten Platzes haben wir sechs Möglichkeiten, für die Besetzung des zweiten Platzes haben wir fünf Möglichkeiten, ..., für die Besetzung des sechsten und letzten Platzes haben wir noch eine Möglichkeit: Insgesamt erhalten wir damit $6 \cdot 5 \cdot 4 \cdot 3 \cdot 2 \cdot 1$, das sind 720 verschiedene Möglichkeiten, 6 Elemente anzuordnen (Bild 2.4).

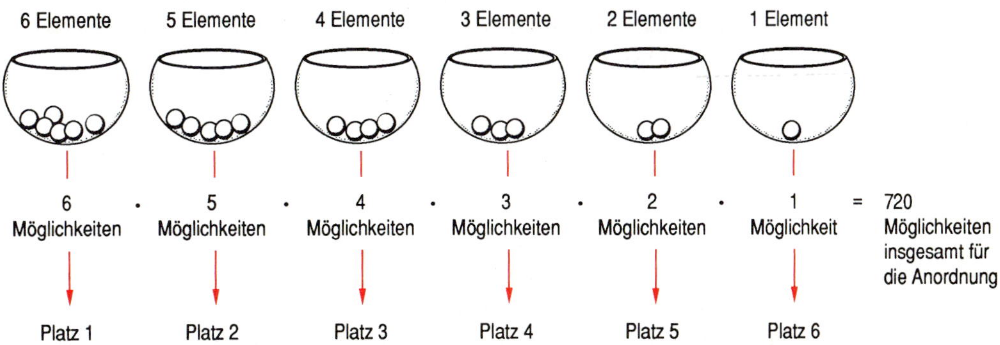

Bild 2.4: Möglichkeiten der Anordnung von sechs Elementen (auf sechs Plätzen)

Allgemein formuliert gilt: Die n Elemente einer n-elementigen Menge lassen sich auf $n \cdot (n-1) \cdot (n-2) \cdot \ldots \cdot 2 \cdot 1 = 1 \cdot 2 \cdot 3 \cdot \ldots \cdot (n-1) \cdot n$ verschiedene Weisen hintereinander anordnen. Eine solche Anordnung heißt auch **Permutation** (von lateinisch „permutare“: verändern, wechseln, vertauschen).

Den Ausdruck $\mathbf{1 \cdot 2 \cdot 3 \cdot \ldots \cdot n}$ kürzt man auch mit **n!** (sprich: „n Fakultät“) ab:

$1 \cdot 2 \cdot 3 \cdot 4 \cdot \ldots \cdot (n-2) \cdot (n-1) \cdot n = n!$
Sonderfälle sind: $0! = 1$ und $1! = 1$.

Mit dieser abkürzenden Definition können wir allgemein festhalten:

Satz über Permutationen

Die Elemente einer n-elementigen Menge lassen sich auf $1 \cdot 2 \cdot 3 \cdot \ldots \cdot n = n!$ verschiedene Weisen anordnen. Zu einer n-elementigen Menge gibt es n! verschiedene Permutationen.

Beispiele

1. Eine Gesellschaft besteht aus fünf Personen. Wie viele Möglichkeiten gibt es, diese fünf Personen auf fünf Plätze an einem Tisch zu verteilen?
Lösung: Die Anzahl der Möglichkeiten ergibt sich als: $5 \cdot 4 \cdot 3 \cdot 2 \cdot 1 = 5! = 120$.

2. In einer Urne befinden sich 3 weiße, 4 rote und 2 schwarze Kugeln (Bild 2.5). Diese Kugeln werden zufällig der Reihe nach gezogen und in der Ziehungsreihenfolge nebeneinander abgelegt. Wie groß ist die Wahrscheinlichkeit dafür, dass die Kugeln gleicher Farbe nebeneinander liegen?

Bild 2.5

Lösung: Die drei Farben Weiß, Rot und Schwarz kann man auf 3! Arten anordnen. Unter sich kann man die Kugeln der einzelnen Farben ebenfalls permutieren; für die weißen gibt es 3!, für die roten 4!, für die schwarzen 2! Möglichkeiten. Insgesamt gibt es also $3! \cdot 3! \cdot 4! \cdot 2!$, das sind 1728 verschiedene Möglichkeiten dafür, dass die Kugeln gleicher Farbe nebeneinander liegen. Die Gesamtzahl aller möglichen Anordnungen der insgesamt 9 Kugeln beträgt 9!, also 362880. Damit ergibt sich die gesuchte Wahrscheinlichkeit

$P(\text{„Kugeln gleicher Farbe liegen nebeneinander“}) = \frac{1728}{362880} \approx 0{,}00476.$

Aber zurück zum Lotto! Jeweils 6!, also 720 verschiedene Ziehungsverläufe ergeben ein und dasselbe Ziehungsergebnis. (Anders ausgedrückt: Die sechs Zahlen, die wir auf unserem Tipschein angekreuzt haben, lassen sich am Samstagabend in $6! = 720$ verschiedenen Reihenfolgen ziehen.) Wir müssen also jeweils die $6! = 720$ verschiedenen Ziehungsverläufe als ein einziges Ziehungsergebnis betrachten. Das aber heißt: Wir müssen die Anzahl $49 \cdot 48 \cdot 47 \cdot 46 \cdot 45 \cdot 44$, also 10068347520 möglicher Ziehungsverläufe durch $1 \cdot 2 \cdot 3 \cdot 4 \cdot 5 \cdot 6$, das sind 720, dividieren, um die Anzahl der möglichen Ziehungsergebnisse beim Lotto „6 aus 49“ zu erhalten.

Wir erhalten als Ergebnis:

$$\frac{10\,068\,347\,520}{720} = 13\,983\,816.$$

Damit haben wir für unsere Ausgangsfragestellung nach der Wahrscheinlichkeit für „sechs Richtige im Lotto" die Anzahl der möglichen Ergebnisse abgezählt. „Günstig" für das Ereignis „sechs Richtige" ist nur genau eines dieser möglichen Ergebnisse. Wir können jetzt also die gesuchte Wahrscheinlichkeit für den Hauptgewinn im Lotto berechnen:

$$P(\text{„sechs Richtige"}) = \frac{1}{13\,983\,816} \approx 0{,}0000000715.$$

Wahrlich keine sonderlich große Wahrscheinlichkeit!

Ergänzung

Kombinatorik ist nicht nur ein wichtiges Hilfsmittel in der Stochastik zur Untersuchung von Laplace-Experimenten. Kombinatorik erhellt auch in anderen Bereichen; vor allem verhilft sie häufig zur desillusionierenden Einsicht in die Größe von Problemen. Dazu ein Beispiel:

Bild 2.6

Frau K., von Beruf Vertreterin, hat sich sehr zum Ärger ihres verständnislosen Mannes einen Computer gekauft. Zur Besänftigung ihres Mannes bedarf es nun eines „sinnvollen" berufsbezogenen Einsatzes dieses Gerätes. Deshalb entwickelt Frau K. ein Programm, das ihr nach Eingabe der Städte, die in der nächsten Woche zu besuchen sind, und deren Entfernungen untereinander, die optimale Reiseroute berechnet, also die Reihenfolge, in der sie die Städte zu besuchen hat, um insgesamt mit dem kürzesten Weg auszukommen. Das Programm berechnet konkret – nach Eingabe der Liste der zu besuchenden Städte und der Entfernungen dieser Städte untereinander und zum Wohnort von Frau K. – für alle möglichen Reiserouten die Gesamtreiseweglänge und gibt am Ende des Programmlaufs die Reiseroute aus, die die kleinste Gesamtreiseweglänge hat. Die Kapazitäten des Rechners erlauben es, pro Sekunde 100 Reiserouten durchzurechnen. Frohgemut gibt Frau K. also am Freitagabend die Liste der 15 Städte ein, die sie in der nächsten Woche zu besuchen hat, und startet ihr Programm.

a) Wie viele Entfernungsangaben muss sie dem Computer eingeben?

b) Ungefähr wie viel Laufzeit benötigt das Computerprogramm?

c) Wie viel Laufzeit würde dasselbe Programm an einem Hochleistungsrechner benötigen, der pro Sekunde 10 000 Reiserouten durchrechnen könnte?

d) Wie könnte ein sinnvolleres Programm für diese Problematik aussehen? Oder gibt es vielleicht gar keine realisierbare Möglichkeit, das Problem zu lösen?

5. Tupel ohne Wiederholung und Teilmengen

Die Chancen auf einen Hauptgewinn im Lotto, also für „sechs Richtige", sind also äußerst niedrig. Wir wollen nun die Fragestellung auf die anderen Gewinne erweitern und fragen: Wie wahrscheinlich ist es, genau „fünf Richtige" im Lotto zu erzielen – und damit einen geringeren, aber doch noch ansehnlichen Gewinn?

Bevor wir in die Problemlösung für die Wahrscheinlichkeit für „fünf Richtige" einsteigen, wollen wir in diesem Unterabschnitt noch die letzten Zwischenüberlegungen allgemein formulieren und festhalten. Zunächst formulieren wir mit der Abkürzung n! unseren Satz über k-Tupel ohne Wiederholung um. Es gilt nämlich für deren Anzahl $n \cdot (n-1) \cdot \ldots \cdot (n-k+1)$ nach Erweiterung mit dem Produkt $1 \cdot 2 \cdot 3 \cdot \ldots \cdot (n-k)$, also $(n-k)!$:

$$n \cdot (n-1) \cdot (n-2) \cdot \ldots \cdot (n-(k-1))$$
$$= \frac{1 \cdot 2 \cdot 3 \cdot \ldots \cdot (n-k-1) \cdot (n-k) \cdot (n-k+1) \cdot \ldots \cdot (n-1) \cdot n}{1 \cdot 2 \cdot 3 \cdot \ldots \cdot (n-k-1) \cdot (n-k)} = \frac{n!}{(n-k)!}.$$

Wir notieren also neu:

Satz über k-Tupel ohne Wiederholung (zweite Version)

Die Anzahl möglicher k-Tupel ohne Wiederholung aus einer n-elementigen Menge beträgt $\mathbf{\frac{n!}{(n-k)!}}$.

Der samstagabendliche Ziehungs*verlauf* beim Lotto erbringt zunächst sechs verschiedene Zahlen aus der Zahlenmenge 1 bis 49, und zwar in einer bestimmten Ziehungsreihenfolge. Mathematisch sind diese Ziehungsverläufe 6-Tupel aus einer 49-elementigen Menge ohne Wiederholung. Für das Ziehungs*ergebnis* beim Lotto interessiert aber nur, *welche* sechs aus den 49 Zahlen gezogen werden – egal in welcher Reihenfolge. Mathematisch geht es also darum, welche *Teilmenge* von sechs Zahlen aus der Menge der Zahlen 1 bis 49 gezogen wird. In Mengen nämlich kommt es bekanntlich auf die Reihenfolge der Elemente nicht an; $\{1, 2, 3, 4, 5, 6\}$ ist dieselbe Menge wie etwa $\{3, 2, 4, 1, 6, 5\}$. Die Anzahl der 6-elementigen Teilmengen der 49-elementigen Zahlenmenge haben wir nun ermittelt, indem wir die Anzahl der 6-Tupel aus der 49-elementigen Zahlenmenge ohne Wiederholung multipliziert haben gerade mit der Anzahl 6! der Tupel, die jeweils, wenn man von der Reihenfolge ihrer Elemente absieht, dieselbe Teilmenge ergeben.
Damit ergibt sich allgemein: Die Anzahl der k-elementigen Teilmengen einer n-elementigen Menge ergibt sich als Quotient aus der Anzahl der k-Tupel aus dieser n-elementigen Menge, also $\frac{n!}{(n-k)!}$, und der Anzahl der k-Tupel, die jeweils aus denselben Elementen bestehen, also jeweils Permutationen derselben k-elementigen Teilmenge darstellen, also k!.
Auch für diesen in der Kombinatorik wichtigen Quotienten gibt es eine nahe liegende Abkürzung:

$$\frac{n!}{(n-k)!} : k! = \frac{n!}{k! \cdot (n-k)!} = \binom{n}{k} \text{ (sprich: „k aus n")}.$$

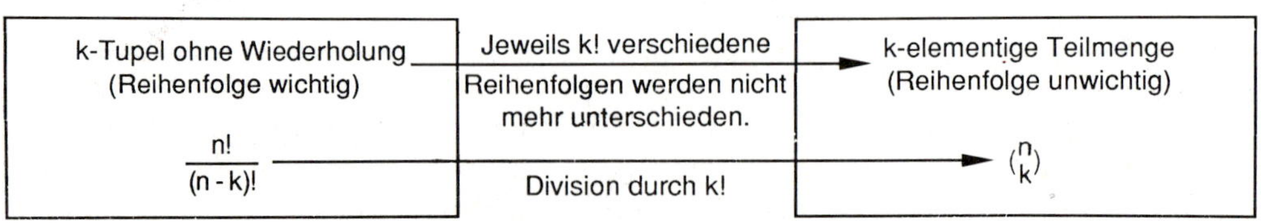

Bild 2.7

Damit können wir unsere Zwischenüberlegungen allgemein festhalten (Bild 2.7):

Satz über k-elementige Teilmengen

Eine n-elementige Menge hat $\binom{n}{k}$ verschiedene k-elementige Teilmengen.

Beispiel

Die Mutter der vier Kinder A, B, C und D bekommt drei Kinokarten geschenkt und muss diese nun unter den Kindern verteilen. Wie viele Möglichkeiten hat sie dafür? Sie muss offensichtlich aus der vierelementigen Menge ihrer Kinder eine dreielementige Teilmenge auswählen. Hierfür berechnen wir mit n = 4 und k = 3 genau $\binom{4}{3} = \frac{4!}{3! \cdot 1!} = 4$ Möglichkeiten. (Vgl. Bild 2.8! Natürlich geht es – wie so oft in der Stochastik – auch anders: Die Mutter braucht ja nur das eine von den vier Kindern auszuwählen, das leider nicht mit ins Kino gehen kann.)

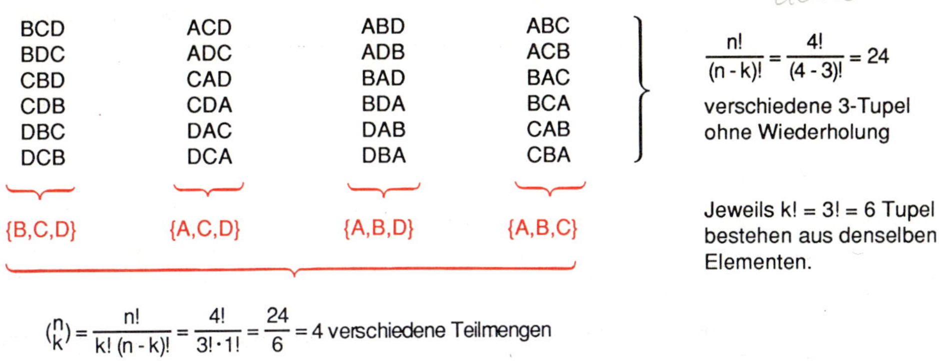

Bild 2.8: 3-elementige Teilmengen aus der 4-elementigen Menge {A, B, C, D}

Statt von einer „k-elementigen Teilmenge" kann man sinnvollerweise auch von einer **„ungeordneten Stichprobe vom Umfang k ohne Zurücklegen"** reden. Beim Lotto „6 aus 49" gibt es – dies wollen wir jetzt festhalten – also $\binom{49}{6}$ mögliche Ziehungsergebnisse.

6. Problemlösung: Chancen für „fünf Richtige" beim Lotto

Nun aber zurück zur Fragestellung: Wie wahrscheinlich sind fünf „Richtige" im Lotto? Es bleibt nur noch die Anzahl der für das Ereignis „fünf Richtige" günstigen Ergebnisse abzuzählen. Wie viele der – nach unseren bisherigen Überlegungen insgesamt $\binom{49}{6}$ – möglichen Ziehungsergebnisse enthalten genau fünf unserer sechs getippten Zahlen? Nun: Es gibt $\binom{6}{5}$ verschiedene 5-elementige Teilmengen aus der Menge unserer 6 getippten Zahlen. Es gibt also $\binom{6}{5}$ Möglichkeiten, eine Menge von 5 Zahlen aus der Menge unserer 6 getippten Zahlen zu ziehen. Zu jeder dieser Mengen muss noch eine sechste Zahl gezogen werden, jetzt aber aus der „Restmenge" der von uns nicht getippten Zahlen; diese Restmenge umfasst 49–6, also 43 Zahlen. Also gibt es zu jeder der $\binom{6}{5}$ Möglichkeiten, zunächst 5 Zahlen aus unseren 6 getippten Zahlen zu ziehen, genau $\binom{43}{1}$, also 43 Möglichkeiten, die sechste Zahl aus den 43 nicht getippten Zahlen zu ziehen. Insgesamt erhalten wir damit als Anzahl der für das Ereignis „fünf Richtige“ günstigen Ergebnisse $43 \cdot \binom{6}{5}$, also 258 (vgl. Bild 2.9). Eingesetzt in die Formel von Laplace ergibt sich endlich die gesuchte – und immer noch enttäuschend niedrige – Wahrscheinlichkeit:

$$P(\text{„Genau 5 Richtige“}) = \frac{\binom{43}{1} \cdot \binom{6}{5}}{\binom{49}{6}} = \frac{258}{13\,983\,816} \approx 0{,}0000184.$$

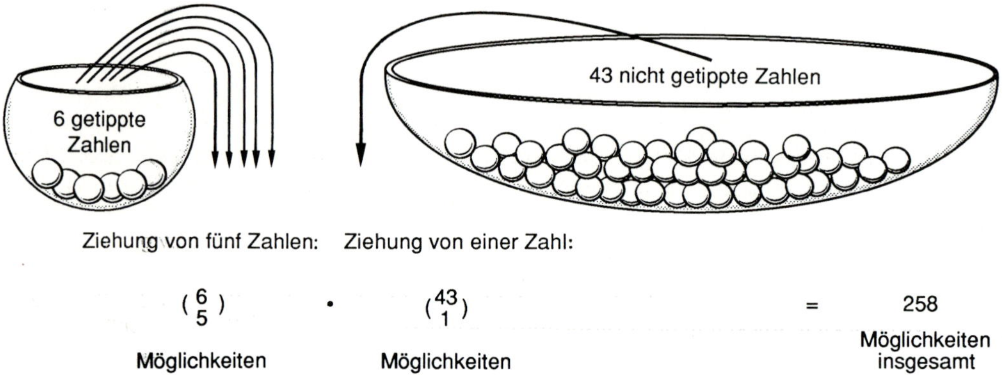

Bild 2.9: Anzahl der Lottoergebnisse mit „fünf Richtigen“

7. Ein weiteres Beispiel: Qualitätskontrolle

Für die Qualitätskontrolle in der Industrie ist es in der Regel zu aufwendig, alle hergestellten Produkte zu kontrollieren. Man muss sich vielmehr auf stichprobenartige Kontrollen beschränken. Aus einer Tagesproduktion von 1000 Stück werden etwa nach Zufall 10 Stück entnommen und geprüft. Wenn in der Tagesproduktion der Ausschussanteil 5% beträgt, wenn also von den am Tag produzierten 1000 Stücken genau 50 defekt sind, wie groß ist dann die Wahrscheinlichkeit, dass in der Prüfstichprobe genau 2 Stücke defekt sind? (Vgl. Bild 2.10)

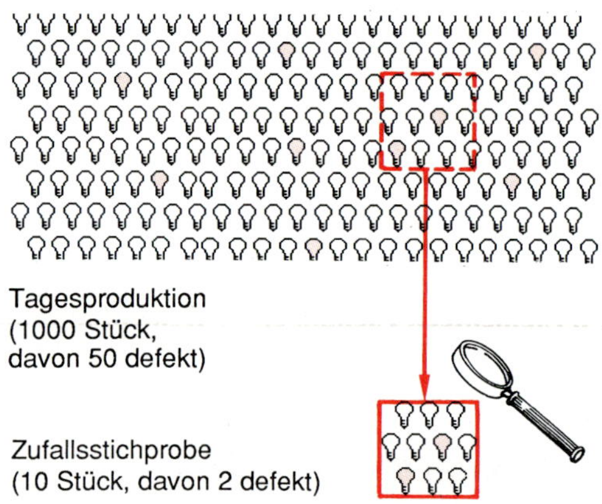

Bild 2.10: Stichprobenartige Qualitätskontrolle

Lösung: Die Reihenfolge bei der Ziehung der 10 Prüfstücke scheint unwichtig, gezogene Prüfstücke werden natürlich nicht wieder in den „Ziehungstopf“ zurückgelegt. Die Ziehung der 10 Prüfstücke ergibt also eine 10-elementige Teilmenge der 1000-elementigen Tagesproduktion. Also gibt es $\binom{1000}{10}$ mögliche Prüfstichproben. Alle diese möglichen Prüfstichproben sind gleich wahrscheinlich, weil nach Zufall gezogen wird. Wie viele Prüfstichproben haben nun genau 2 defekte Stücke? Es gibt offensichtlich $\binom{50}{2}$ Möglichkeiten, die 2 defekten Stücke der Prüfstichprobe aus der Menge der, so hatten wir vorausgesetzt, 50 defekten Stücke der Tagesproduktion zu ziehen. Zu jeder dieser $\binom{50}{2}$ Möglichkeiten, 2 defekte Stücke zu ziehen, gibt es nun genau $\binom{950}{8}$ Möglichkeiten, die restlichen 10–2, also 8 Stücke der Prüfstichprobe aus der Menge der 1000–50, also 950 nicht defekten Stücken der Tagesproduktion zu ziehen. Also gibt es insgesamt $\binom{50}{2}\cdot\binom{950}{8}$ Möglichkeiten, eine Prüfstichprobe mit genau 2 defekten (und damit 8 nicht defekten) Stücken zu ziehen. Damit erhalten wir nach Laplace:

$$P(\text{„2 defekte Prüfstücke“}) = \frac{\binom{50}{2}\cdot\binom{950}{8}}{\binom{1000}{10}} \approx 0{,}0074.$$

Ergänzungen

1. Du bist für die Qualitätskontrolle in einer Firma verantwortlich. Die Qualität der Produktion unterliegt Tagesschwankungen. Pro Tag werden 200 Stück hergestellt. Geprüft werden täglich 5 zufällig aus der Tagesproduktion gezogene Stücke. Wenn die Ausschussquote des Tages genau 10% beträgt, wie wahrscheinlich ist es, dass in der Prüfstichprobe **a)** zwei Stücke defekt sind, **b)** drei Stücke defekt sind, **c)** k Stücke defekt sind (mit $0 \le k \le 5$)?

2. Die Firmenleitung (vgl. Ergänzung 1.) hält eine Ausschussquote von höchstens 10% für tragbar, um den Ruf hoher Qualität aufrecht zu erhalten. Übersteigt die Ausschussquote diese Grenze von 10%, so sollte die betreffende Tagesproduktion nicht als reguläre Ware verkauft werden. Bei wie viel defekten Stücken in der Prüfstichprobe würdest du diesen Schritt empfehlen?

8. Zusammenfassung zur Kombinatorik

Alle bisherigen kombinatorischen Überlegungen und Formeln basieren letztlich auf dem allgemeinen Zählprinzip. Es empfiehlt sich häufig, auch konkrete kombinatorische Probleme direkt mit diesem Zählprinzip zu bearbeiten. Gelegentlich mag es freilich bequemer sein, sich der aus diesem allgemeinen Prinzip abgeleiteten besonderen Formeln zu bedienen. Diese Formeln seien daher noch einmal übersichtlich aufgelistet.
Es werden aus n Elementen k Elemente herausgegriffen und zusammengestellt. Die Anzahl der Möglichkeiten dazu hängt erstens davon ab, ob es auf die Reihenfolge der Zusammenstellung ankommt, und zweitens, ob ein und dasselbe Element wiederholt herausgegriffen werden kann. Damit ergibt sich folgendes Schema:

n Elemente, k Ziehungen	Reihenfolge wichtig	Reihenfolge beliebig
ohne Wiederholung	$\frac{n!}{(n-k)!}$ „Tupel ohne Wiederholung“ „geordnete Stichproben ohne Zurücklegen“ Sonderfall $n=k$: $n!$ „Permutationen“	$\binom{n}{k} = \frac{n!}{k!(n-k)!}$ „Teilmengen“ „ungeordnete Stichproben ohne Zurücklegen“
mit Wiederholung	n^k „Tupel mit Wiederholung“ „geordnete Stichproben mit Zurücklegen“	$\binom{n+k-1}{k}$ (Vgl. Anmerkung.)

Bild 2.11 veranschaulicht die Aussagen der Tabelle mit Hilfe des Urnenmodells.

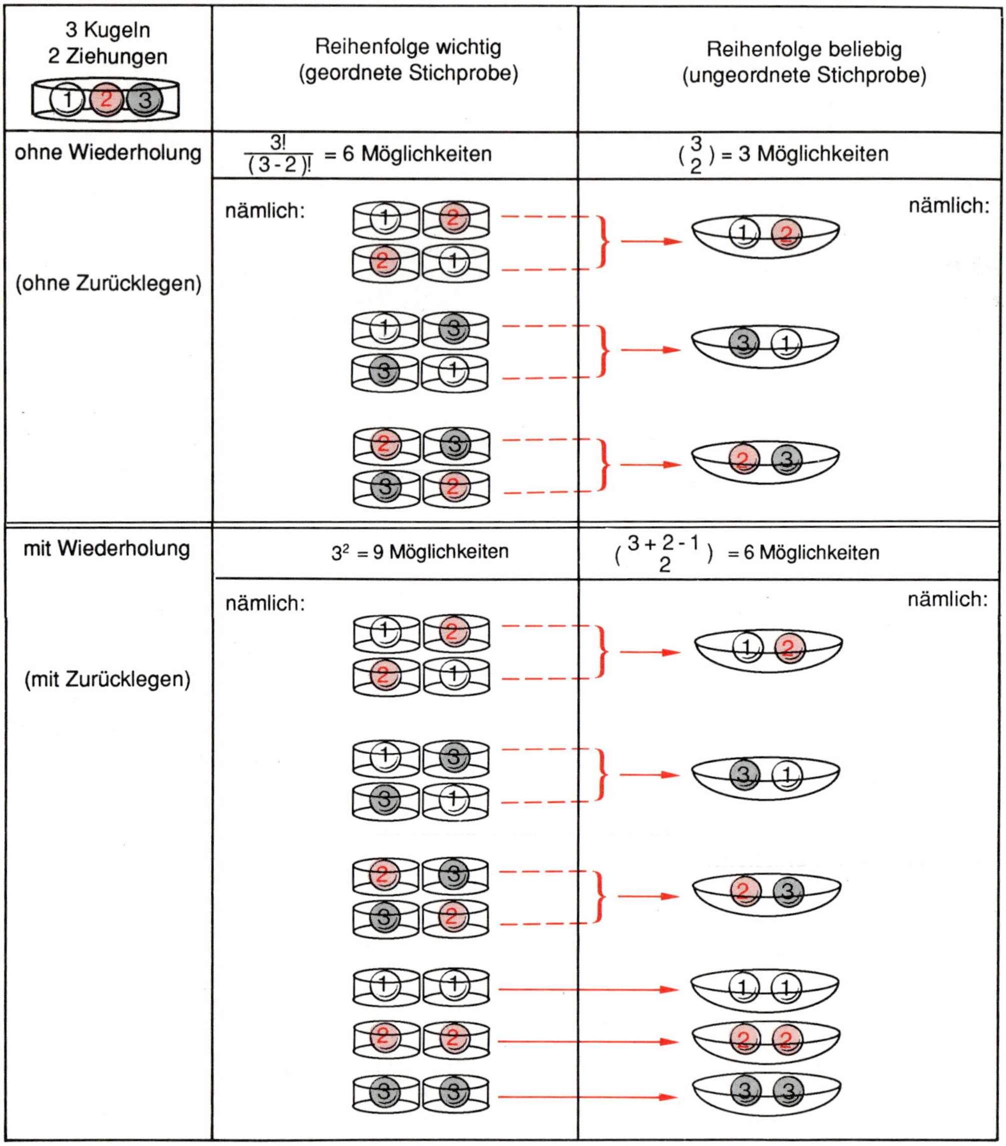

Bild 2.11: Ziehung von $k=2$ Kugeln aus einer Urne mit $n=3$ verschiedenen Kugeln.

Anmerkung: Im zusammenfassenden Schema ist das Feld rechts unten noch nicht erläutert, weil wir dazu noch keine Überlegungen angestellt haben. In diesem Feld geht es offensichtlich um „ungeordnete Stichproben mit Zurücklegen". Es sei hier der Vollständigkeit halber mitgeteilt: Es gibt genau $\binom{n+k-1}{k}$ ungeordnete Stichproben vom Umfang k aus einer n-elementigen Menge. Für Interessierte sei der Beweis kurz skizziert:
Es sei $\{a_1, a_2, \ldots, a_{n-1}, a_n\}$ die Menge, aus der gezogen wird. Wir können nun jede Ziehung einer ungeordneten Stichprobe mit Zurücklegen aus dieser Menge dadurch charakterisieren, dass wir in dem Schema

$$a_1, a_2, a_3, a_4, \ldots, a_{n-1}, a_n$$

jedes Zeichen „a_i" ersetzen durch eine Folge von Pluszeichen, die angibt, wie oft das Element a_i gezogen wird. Das Schema

$$+++,+,\quad,++,\ldots,+,++++$$

würde zum Beispiel eine Ziehung symbolisieren, bei der a_1 dreimal, a_2 einmal, a_3 keinmal, ..., a_{n-1} einmal und a_n viermal gezogen wird. Jede mögliche Ziehung wird also eindeutig charakterisiert durch ein solches Schema von $n-1$ Kommata und k Pluszeichen. Wie viele Möglichkeiten gibt es aber nun, k Pluszeichen auf die insgesamt $n+k-1$ Plätze eines solchen Schemas zu verteilen, also für die Pluszeichen k Plätze aus den insgesamt $n+k-1$ Plätzen auszuwählen? Dafür gibt es nach unseren Überlegungen oben genau $\binom{n+k-1}{k}$ Möglichkeiten.

Übungen und Aufgaben

Das Zählprinzip und Tupel ohne Wiederholung

1. Bei einem Spielautomaten drehen sich zwei Scheiben, auf denen jeweils die Ziffern von 0 bis 9 angebracht sind (Bild 2.12).

a) Ermittle die Anzahl der möglichen Zahlenkombinationen.

b) Berechne die Laplace-Wahrscheinlichkeit für zwei gleiche (verschiedene) Ziffern.

c) Berechne die Laplace-Wahrscheinlichkeit dafür, dass die erste Scheibe eine gerade Zahl und die zweite Scheibe eine ungerade Zahl zeigt.

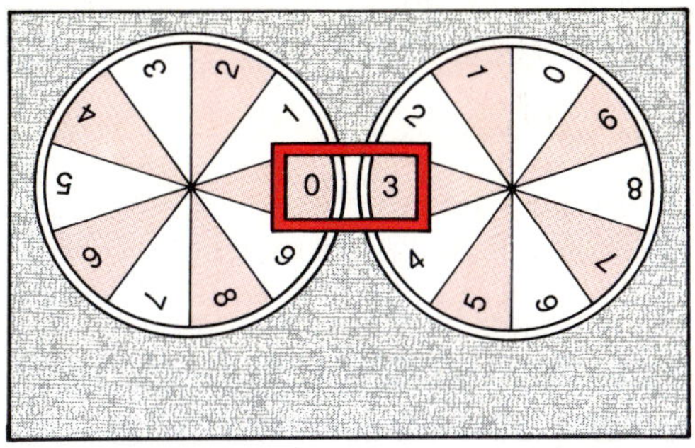

Bild 2.12

d) Berechne die Laplace-Wahrscheinlichkeit dafür, dass verschiedene Ziffern oder ein Vielfaches von 8 erscheinen.

2. a) In einer Urne befinden sich sechs gleichartige Kugeln, die von 1 bis 6 nummeriert sind. Drei Kugeln werden nacheinander ohne Zurücklegen der Urne entnommen. Ermittle die Anzahl der möglichen verschiedenen Ziehungen.

b) Wie groß ist die Laplace-Wahrscheinlichkeit dafür, dass die Zahlen 1, 2, 3 in beliebiger Reihenfolge gezogen werden?

c) Die sechs Kugeln aus a) werden nun auf drei Urnen U_1, U_2 und U_3 verteilt, so dass in U_1 die Kugeln 1 und 2, in der Urne U_2 die Kugeln 3 und 4 und in der Urne U_3 die Kugeln 5 und 6 liegen (Bild 2.13). Aus jeder Urne wird eine Kugel gezogen. Ermittle die Anzahl der möglichen Ziehungen. Wie groß ist die Wahrscheinlichkeit, die Zahlen 2, 3 und 5 zu ziehen? Vergleiche das Ergebnis mit dem Ergebnis aus a).

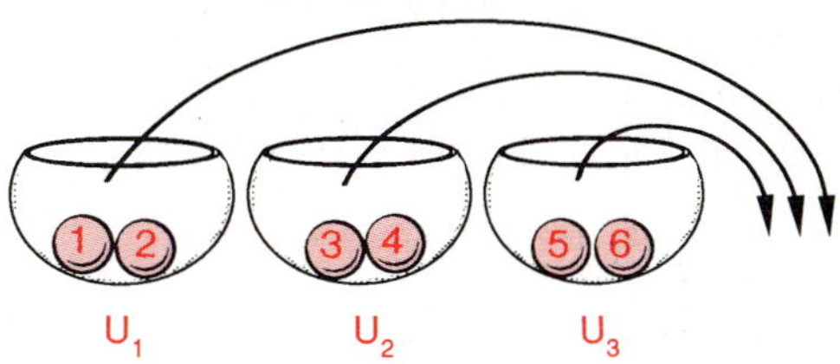

Bild 2.13

3. Wie viele dreistellige Zahlen mit verschiedenen Ziffern gibt es, die größer als 721 sind?

4. Ein Auto hat das Kennzeichen KR-AD 941. Wie viele Krefelder Autos können die Buchstaben A und D und die Ziffern der Zahl 941 haben?

5. Die Codierung eines deutschen Personalausweises besteht aus einer Zahl mit 10 Ziffern, von denen die erste ungleich Null ist. Wie viele verschiedene Personalausweise können mit diesem Code ausgestellt werden?

6. 6 Personen, die sich täglich an einem runden Tisch treffen, wollen an jedem Tag in einer anderen Anordnung sitzen. Reicht ein Jahr aus, um alle Möglichkeiten auszuprobieren?

7. In einem Korb mit 20 Eiern sind vier beschädigt. Wie groß ist die Wahrscheinlichkeit, bei zufälliger Auswahl von 5 Eiern kein beschädigtes Ei zu erhalten?

8. Drei Postkarten kann man auf sechs Briefumschläge verteilen.
a) Wie viele Möglichkeiten gibt es, wenn in jedem Umschlag höchstens eine Postkarte liegen darf?
b) Wie viele Möglichkeiten gibt es, wenn die Postkarten beliebig in die Briefumschläge gelegt werden dürfen?
c) Wie viele Möglichkeiten hat man, wenn in jedem Briefumschlag höchstens zwei Postkarten liegen dürfen?

9. Eine Klasse besteht aus m Mädchen und n Jungen. Wie viele Tanzpaare lassen sich auf einem Klassenfest bilden? **a)** $m=13$; $n=13$ **b)** $m=10$; $n=12$

Tupel mit Wiederholung

10. Es wird gleichzeitig mit vier Würfeln gewürfelt. Wie viel mögliche Ergebnisse gibt es bei diesem Zufallsexperiment?

11. Wie viele Möglichkeiten gibt es, 12 Gegenstände auf 8 Fächer zu verteilen?

12. Wie viele Tototips gibt es, wenn der Spielplan 11 Spiele enthält und bei jedem Spiel drei Möglichkeiten angekreuzt werden können (Bild 2.14)?

13. Bei einem fünfstelligen Ziffernschloss können an jedem der 5 Rädchen die Ziffern zwischen 1 und 9 eingestellt werden (Bild 2.15). Wie viel Zeit benötigt man, um alle Einstellungen auszuprobieren, wenn man für eine Einstellung durchschnittlich 4 Sekunden braucht?

14. Wie viele Wörter kann man aus genau vier (höchstens 4) Buchstaben bilden, wenn die 26 Buchstaben des Alphabets zur Verfügung stehen und dabei auch sinnlose Wörter entstehen dürfen?

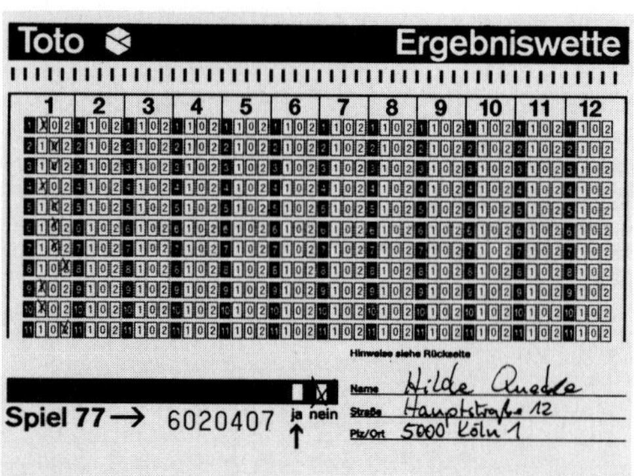

Bild 2.14

Bild 2.15

15. In einer Großstadt sind die Telefonnummern siebenstellig. Wie viele Telefonanschlüsse sind möglich, wenn die Ziffern von 0 bis 9 zur Verfügung stehen, die erste Ziffer aber keine 0 sein darf?

16. Einem Skatspiel werden drei Karten mit Zurücklegen entnommen. Wie viele Möglichkeiten der Entnahme gibt es?

17. Eine Münze wird achtmal geworfen. Wie groß ist die Wahrscheinlichkeit dafür, dass abwechselnd Zahl und Kopf oder umgekehrt erscheinen?

18. Wie viele fünfstellige Zahlen gibt es, die nur ungerade Ziffern haben?

19. Das Morsealphabet besteht aus einer Folge der Elemente Punkt und Strich (kurz und lang) (Bild 2.16).
a) Wie viele Folgen kann man schreiben, wenn eine Folge aus genau 5 (höchstens 5) Elementen besteht?

a	· —	i	· ·	1	· — — — —
ä	· — · —	j	· — — —	2	· · — — —
b	— · · ·	k	— · —	3	· · · — —
c	— · — ·	l	· — · ·	4	· · · · —
ch	— — — —	m	— —	5	· · · · ·
d	— · ·	n	— ·	6	— · · · ·

Bild 2.16

b) Aus den beiden Elementen Punkt und Strich sollen genau 30 Zeichen gebildet werden. Aus wie vielen Elementen darf dann ein Zeichen höchstens bestehen?

Permutationen

20. Bei einem Pferderennen laufen acht Pferde. Wie viele verschiedene Reihenfolgen sind für den Zieleinlauf möglich?

21. a) Ermittle die Anzahl der Wörter mit 6 (3) Buchstaben, die man aus den 6 Buchstaben des Wortes *Zensur* ohne Rücksicht auf den Duden bilden kann.
b) Warum kann man aus diesen Buchstaben ebenso viele Wörter mit sechs Buchstaben wie mit fünf Buchstaben bilden?

22. Drei Deutsche, zwei Engländer und vier Franzosen sollen so auf eine Bank verteilt werden, dass Personen gleicher Nationalität nebeneinander sitzen.
a) Ermittle die Anzahl der möglichen Sitzordnungen.
b) Wie ändert sich das Ergebnis aus a), wenn die Personen sich an einen runden Tisch setzen und zyklische Vertauschungen ausgeschlossen sind?

23. a) Wie viele Möglichkeiten gibt es, fünf Jungen und fünf Mädchen so in eine Reihe zu setzen, dass nie zwei Jungen oder zwei Mädchen nebeneinander sitzen?
b) Wie viele Möglichkeiten gibt es, wenn je ein bestimmter Junge und ein bestimmtes Mädchen zusammensitzen wollen?
c) Wie viele Möglichkeiten gibt es, wenn ein bestimmter Junge und ein bestimmtes Mädchen nicht zusammensitzen wollen?

24. Wie viele Permutationen besitzen die 26 Buchstaben des Alphabets? Bestimme die Größenordnung dieser Zahl.

25. Berechne die Wahrscheinlichkeiten für die folgenden Ereignisse.
a) Sieben Personen haben an verschiedenen Wochentagen Geburtstag.
b) Zwölf zufällig ausgewählte Personen sind in verschiedenen Monaten geboren worden.
c) Genau zwei von 26 Personen haben am gleichen Tag Geburtstag.
d) 22 (23) Personen haben an verschiedenen Tagen Geburtstag.
e) 6 Personen haben innerhalb von genau 2 Monaten Geburtstag.

26. Bei einer Party sollen 8 Personen an einem runden Tisch Platz nehmen, wobei die Tischordnung ausgelost wird. Mit welcher Wahrscheinlichkeit sitzen zwei bestimmte Personen nebeneinander?

Tupel ohne Wiederholung und Teilmengen

27. Eine Firma schreibt drei Stellen aus. Es bewerben sich auf diese Stellen 100 Personen.
a) Wie viele Möglichkeiten hat die Firma, aus diesen Bewerbern drei auszuwählen?
b) Wie hoch sind die Einstellungschancen, wenn die Firma rein zufällig auswählt?

28. Wie viele Möglichkeiten hast du, 3 Bücher aus insgesamt 8 verschiedenen Büchern auszuwählen?

29. Du kannst zu einem Geburtstagsessen fünf Personen aus dem Kreis deiner insgesamt 20 Freunde und Bekannten einladen. Wie viele Möglichkeiten hast du?

30. Das Alphabet hat 26 Buchstaben mit 5 Vokalen. Wie viel Wörter mit 6 Buchstaben erhält man mit 4 verschiedenen Konsonanten und 2 verschiedenen Vokalen?

31. Aus 13 Schülern und 17 Schülerinnen sollen vier Schüler und fünf Schülerinnen für ein Schulkomitee ausgewählt werden. Wie viele Auswahlmöglichkeiten gibt es?

32. Ein Bauer kauft 2 Kühe, 3 Schweine und 4 Legehennen von einem Viehhändler, der 7 Kühe, 5 Schweine und 10 Legehennen besitzt. Wie viele Auswahlmöglichkeiten hat der Bauer?

33. Auf zwei Parkhäuser sind 50 Autos verteilt. Wie groß ist die Wahrscheinlichkeit, in einem der Parkhäuser 25 Autos vorzufinden?

34. Ein Skatspieler bekommt als erster von den 32 Karten nacheinander 3 Karten. Mit welcher Wahrscheinlichkeit sind es lauter Kreuzkarten?

35. Aus einer Gruppe von 9 Jungen und 7 Mädchen werden zufällig 5 (7) ausgewählt. Mit welcher Wahrscheinlichkeit sind darunter 3 (4) Jungen?

36. Aus 24 Deutschen, 12 Amerikanern und 18 Franzosen werden zufällig zwei Personen ausgewählt.
a) Auf wie viele Arten ist das möglich?
b) Wie groß ist die Wahrscheinlichkeit dafür, dass die zwei ausgewählten Personen 1) Deutsche, 2) Amerikaner, 3) Franzosen, 4) ein Amerikaner und ein Deutscher, 5) von verschiedener Nationalität sind?

37. Ein Fahrschüler muss bei der Prüfung 8 von 12 Fragen beantworten.
a) Wie viele Auswahlmöglichkeiten hat er?
b) Wie viele Möglichkeiten bleiben, wenn er die ersten 4 Fragen beantworten muss?
c) Wie viele Möglichkeiten bleiben ihm, wenn er genau 4 (mindestens 4) von den ersten 7 Fragen beantworten muss?

38. Wie viele Händedrücke gibt es, wenn 7 Personen sich begrüßen und jeder jedem nur einmal die Hand gibt?

Berechnung von Wahrscheinlichkeiten

39. Unter 20 Glühlampen sind 5 schadhaft. Es werden 6 Glühlampen ausgewählt und geprüft. Wie groß ist die Wahrscheinlichkeit, dabei 6 gute zu finden?

40. a) Zeige, dass die Wahrscheinlichkeit, beim Lottospiel r richtige Ergebnisse (mit $0 \leq r \leq 6$) zu haben, gegeben ist durch:

$$p_r = \frac{\binom{6}{r} \cdot \binom{43}{6-r}}{\binom{49}{6}}.$$

b) Berechne für $r = 0, 1, \ldots, 5$ die Zahlenwerte von p_r.

41. a) Ermittle für das Doppelkopfspiel (Bild 2.17) (4 Spieler; von jeder Farbe je 2 Buben, 2 Damen, 2 Könige, 2 Asse, 2 Zehnen, 2 Neunen) die Anzahl der möglichen Blätter.

b) Berechne die Wahrscheinlichkeit dafür, dass ein Spieler beim Doppelkopfspiel alle Damen (das sind 8 Karten) erhält.

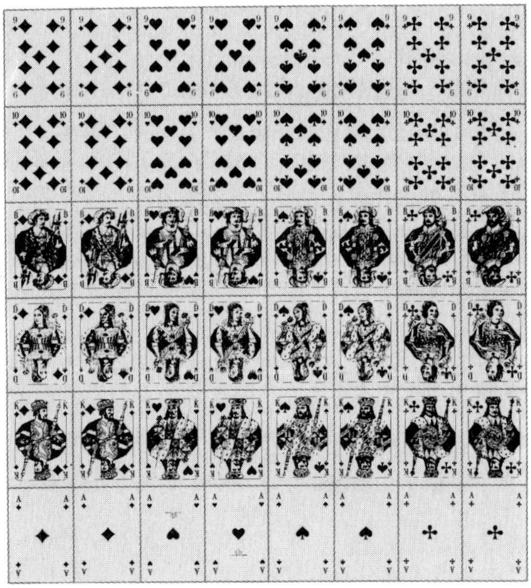

Bild 2.17

42. In einer Lostrommel befinden sich 30 Nieten, 30 Lose für Trostpreise mit einem Wert unter dem Lospreis und 20 Lose für Gewinne mit einem Wert, der über dem Lospreis liegt. Wie groß ist die Wahrscheinlichkeit, eine Niete bzw. ein Gewinnlos zu ziehen?

43. Wie groß ist die Wahrscheinlichkeit dafür, aus einem Skatspiel genau eine Dame (ein Bild, eine bestimmte Farbe) zu ziehen?

44. Aus 6 Ehepaaren werden zufällig zwei Personen ausgewählt. Wie groß ist die Wahrscheinlichkeit, dass ein verheiratetes Paar ausgewählt wird?

45. Berechne beim Skatspiel die Wahrscheinlichkeit der folgenden Ereignisse.
a) Der Spieler in der Vorhand bekommt genau drei (mindestens drei) Buben.
b) Einer der Skatspieler bekommt genau drei (mindestens drei) Buben.
c) Der Spieler in der Mittelhand bekommt alle Herzkarten und zwei Pikkarten.
d) Jeder der Spieler bekommt mindestens einen Buben.

II. Vermischte Aufgaben

1. Fünf Personen sollen auf sieben Zimmer verteilt werden. Berechne die Wahrscheinlichkeiten für die folgenden Ereignisse.
a) In jedem Zimmer befindet sich höchstens eine Person.
b) In genau einem Zimmer befinden sich zwei Personen.

2. Zehn Personen wählen mit Wiederholung jeweils eine Zahl aus der Menge $M = \{1, 2, \ldots, 20\}$ aus. Wie groß ist die Wahrscheinlichkeit dafür, dass 10 verschiedene Zahlen ausgewählt werden?

3. Wie groß ist die Wahrscheinlichkeit dafür, dass zwei zufällig ausgewählte Personen an verschiedenen Tagen (am gleichen Tag) Geburtstag haben?

4. a) Eine Münze wird zehnmal geworfen. Berechne die Wahrscheinlichkeit dafür, dass genau fünfmal Kopf fällt.

b) Ein Würfel wird viermal geworfen. Berechne die Wahrscheinlichkeit dafür, dass verschiedene Augenzahlen auftreten.

5. Berechne die Wahrscheinlichkeit dafür, dass bei zehnmaligem Werfen eines Würfels genau dreimal die Augenzahl 6 auftritt.

6. Eine Urne enthält 5 gelbe, 3 blaue und 4 rote Kugeln. Es wird der Urne eine ungeordnete Stichprobe vom Umfang 5 ohne Zurücklegen entnommen. Berechne die Wahrscheinlichkeiten für die folgenden Ereignisse. Die Stichprobe enthält genau

a) 2 rote Kugeln, **b)** 2 blaue und 3 gelbe Kugeln,

c) 5 gelbe Kugeln, **d)** 3 rote und 2 blaue Kugeln.

7. An Herrn Schmitz und Herrn Müller werden zufällig 20 Theaterkarten verteilt, von denen 8 für das Hochparkett und 12 für die 1. Reihe sind. Herr Schmitz erhält 9 und Herr Müller erhält 11 Karten.

Wie groß ist die Wahrscheinlichkeit dafür, dass Herr Müller höchstens zwei Karten für das Hochparkett erhält?

8. Berechne beim Doppelkopfspiel die Wahrscheinlichkeiten für die folgenden Ereignisse.

a) Jeder Spieler erhält mindestens eine Dame.

b) Ein Spieler erhält beide Herzzehnen, beide Kreuzdamen und die beiden Füchse (das sind die beiden Karo-Asse).

c) Ein Spieler erhält alle 8 Damen und die beiden Herzzehnen.

9. Eine Stahlkette zur Kräfteübertragung besteht aus 25 Kettengliedern, von denen aus Versehen 4 (5) aus einem falschen Material bestehen. Mit welcher Wahrscheinlichkeit befinden sich die 4 (5) fehlerhaften Kettenglieder nebeneinander?

10. In einer Klasse mit 16 Jungen und 13 Mädchen werden jede Woche je zwei Personen für den Tafeldienst und für den Klassenraumdienst ausgelost. Berechne die Wahrscheinlichkeiten für die folgenden Ereignisse.

a) Jörg und Michael haben Tafeldienst, Petra und Andrea haben Klassenraumdienst.

b) Jörg und Michael haben Tafeldienst.

c) Jörg und Michael haben Tafeldienst, Andrea und ein weiteres Mädchen haben Klassenraumdienst.

d) Jörg hat Tafeldienst.

e) Zwei Jungen haben Tafeldienst und zwei Mädchen haben Klassenraumdienst.

11. Aus einer Sendung von 50 Glühlampen, von denen erfahrungsgemäß 10% defekt sind, werden zufällig drei Glühlampen ausgewählt. Berechne die Wahrscheinlichkeiten für die folgenden Ereignisse.

a) Keine der drei ausgewählten Glühlampen ist defekt.

b) Genau eine der drei ausgewählten Glühlampen ist defekt.

c) Mindestens eine der drei ausgewählten Glühlampen ist defekt.

12. Ein Kaufhaus erhält jede Woche eine große Sendung Taschenrechner. Die Sendung wird angenommen, wenn bei einer Stichprobe von 10 Taschenrechnern bei 50 Stück höchstens einer defekt ist. Berechne die Wahrscheinlichkeit dafür, dass eine Sendung mit 4 (10) defekten Taschenrechnern angenommen wird.

13. Bei einem Klassenfest hat jeder der 26 Schüler zwei (drei) Geschenke mitgebracht, die verlost werden sollen. Wie groß ist die Wahrscheinlichkeit dafür, dass die ersten beiden (die ersten drei) Geschenke von demselben Schüler sind?

14. Bei einem 100-m-Lauf starten acht Läufer, unter denen sich 2 (3) Läufer desselben Vereins befinden. Die Startplätze werden ausgelost. Mit welcher Wahrscheinlichkeit starten die Läufer desselben Vereins nebeneinander?

15. Berechne beim Skatspiel die Wahrscheinlichkeiten dafür, dass ein Spieler
a) die vier Buben oder die vier Asse,
b) sieben Herz oder vier Buben erhält.

16. Zehn Schüler haben sich zufällig in einer Reihe aufgestellt. Mit welcher Wahrscheinlichkeit haben sich die Schüler alphabetisch aufgestellt?

17. Bei einer Fahrprüfung werden aus 20 vorgegebenen Fragen von den Prüfern stets 10 Fragen zufällig ausgewählt. Berechne die Wahrscheinlichkeit für folgende Ereignisse.
a) Zwei Prüflinge haben an verschiedenen Tagen dieselben Prüfungsfragen.
b) Zwei Prüflinge haben an verschiedenen Tagen 8 (7; 6) gleiche Fragen.

18. An einem Pferderennen nehmen 16 Pferde teil. Wie groß ist für den Unkundigen die Wahrscheinlichkeit, die folgenden Ergebnisse richtig zu tippen?
a) Die ersten drei Pferde in der Reihenfolge des Einlaufes.
b) Die ersten drei Pferde ohne Berücksichtigung des Einlaufes.

19. Welche Augensumme hat beim Werfen zweier unterscheidbarer Würfel die größte (kleinste) Wahrscheinlichkeit für ihr Eintreten?

20. Drei unterscheidbare Würfel werden gleichzeitig geworfen. Berechne die Wahrscheinlichkeit für die folgenden Ereignisse. Die Augensumme beträgt
a) 9, **b)** 12, **c)** 10, **d)** 11, **e)** 9 oder 12, **f)** 10 oder 11.
g) Galilei wurde einst gefragt, warum beim Werfen dreier Würfel die Augensummen 9 und 12 weniger häufig auftreten als die Augensummen 10 und 11. Kannst du die Frage beantworten?

21. Jemand weiß, dass von seinen vier Freunden A, B, C und D genau zwei im gleichen Monat Geburtstag haben. Berechne die Wahrscheinlichkeit dafür, dass
a) dies A und B sind, **b)** C einer der beiden ist,
c) A oder B einer der beiden ist, **d)** D keiner der beiden ist.
Wie ändern sich die Wahrscheinlichkeiten, wenn bekannt ist, dass mindestens zwei der vier Freunde im gleichen Monat Geburtstag haben?

22. Für ein Schulfest soll aus 12 Mitgliedern der Schülerverwaltung ein vierköpfiger Festausschuss gebildet werden.
a) Wie viele Möglichkeiten gibt es, den Festausschuss zusammenzusetzen?
b) Wie viele Möglichkeiten gibt es für die Zusammensetzung des Festausschusses, wenn zwei bestimmte Schüler der 12 Mitglieder auf keinen Fall zusammen im Festausschuss mitarbeiten wollen?

23. Untersuche, welche der folgenden Wetten wahrscheinlicher sind. (1. Problem des *Chevalier de Méré*)
a) Bei vier Würfen mit einem Würfel fällt wenigstens eine Sechs.
b) Bei 24 Würfen mit zwei Würfeln fällt wenigstens einmal eine Doppelsechs.

III. Die Pfadregeln

1. Ergebnisse in mehrstufigen Zufallsexperimenten

Das für die Berechnung von Laplace-Wahrscheinlichkeiten grundlegende kombinatorische Zählprinzip beruht letztlich darauf, dass wir die Ergebnisse eines Zufallsexperimentes als eine – durch ein k-Tupel beschriebene – Abfolge mehrerer Geschehnisse auffassen können. Bei der Lottoziehung wird zuerst die erste Kugel gezogen, dann die zweite Kugel, dann die dritte Kugel usw. Das Zufallsexperiment „Ziehung von 6 Kugeln beim Lotto" erfolgt also in mehreren Schritten oder Stufen. Ein solches Zufallsexperiment nennen wir daher **mehrstufig**.

Betrachten wir als einfaches Beispiel für ein solches mehrstufiges Zufallsexperiment den dreifachen Wurf einer Münze. Eine Münze – mit den beiden gleich wahrscheinlichen Seiten „Kopf" und „Zahl" – wird dreimal geworfen. Auf jeder Stufe dieses dreistufigen Zufallsexperimentes gibt es nun jeweils zwei Möglichkeiten, nämlich „K(opf)" oder „Z(ahl)". Zu jeder der beiden Möglichkeiten auf der ersten Stufe gibt es zwei Möglichkeiten auf der zweiten Stufe. Und zu jeder der $2 \cdot 2$, also 4 Möglichkeiten für den Verlauf des Experimentes in den beiden ersten Stufen gibt es wiederum zwei Möglichkeiten auf der dritten Stufe; insgesamt gibt es also – dem Allgemeinen Zählprinzip gemäß – $2 \cdot 2 \cdot 2$, das sind 8 mögliche Ergebnisse dieses dreistufigen Zufallsexperimentes. Die Wahrscheinlichkeit eines jeden Elementarereignisses beträgt daher $\frac{1}{2 \cdot 2 \cdot 2}$, also $\frac{1}{8}$. Die acht möglichen Ergebnisse lassen sich in Form eines **Baumdiagrammes** übersichtlich darstellen (Bild 2.18).

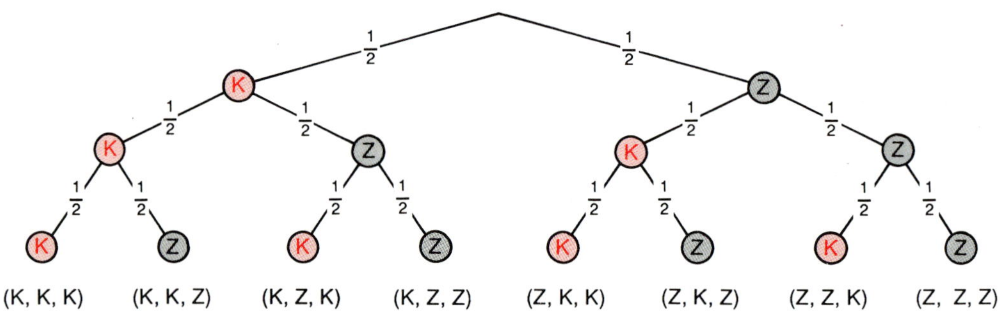

Bild 2.18: Baumdiagramm zum dreifachen Münzwurf

Auf jeder Stufe des Experimentes „verästelt" sich das Baumdiagramm. Jedes mögliche Ergebnis des mehrstufigen Zufallsexperimentes wird durch einen **Pfad** von oben nach unten in diesem Baumdiagramm dargestellt. An den Endpunkten dieser acht verschiedenen möglichen Pfade sind die entsprechenden Ergebnisse noch einmal in Form von 3-Tupeln angegeben.

Auf jeder Stufe des Experimentes gibt es für jeden Pfad zwei Verzweigungen, denn es gibt bei jedem Wurf erneut zwei gleich wahrscheinliche Möglichkeiten. Für jedes Teilstück dieser dreifach verzweigten Pfade ist im Baumdiagramm die zugehörige Wahrscheinlichkeit, dass der Zufallsversuch auf der betreffenden Stufe gerade über dieses Teilstück „läuft", angegeben – hier also überall $\frac{1}{2}$. Multiplizieren wir diese Wahrscheinlichkeiten längs eines Pfades miteinander, so erhalten wir die Wahrscheinlichkeit für das diesem Pfad entsprechende Elementarereignis.

Beispiel

Die Wahrscheinlichkeit, erst Kopf, dann Zahl und schließlich wieder Kopf zu werfen, also P({(K, Z, K)}), beträgt: $\frac{1}{2} \cdot \frac{1}{2} \cdot \frac{1}{2} = \frac{1}{8} = 0{,}125$.

Wir formulieren diese – dem allgemeinen Zählprinzip entsprechende – Erkenntnis als sogenannte „1. Pfadregel":

1. Pfadregel

Die Wahrscheinlichkeit eines Elementarereignisses in einem mehrstufigen Zufallsexperiment ist gleich dem Produkt der Wahrscheinlichkeiten entlang des Pfades, der diesem Elementarereignis im Baumdiagramm entspricht.

2. Ereignisse in mehrstufigen Zufallsexperimenten

Wie wahrscheinlich ist nun beim dreifachen Münzwurf das Ereignis „es fällt keine Seite zweimal hintereinander"?
Im Baumdiagramm entsprechen diesem Ereignis nur die beiden Pfade (K, Z, K) und (Z, K, Z). Die beiden Elementarereignisse, die diesen beiden Pfaden entsprechen, sind – wie grundsätzlich alle Elementarereignisse – unvereinbar. Wir erhalten damit aufgrund der Additivität der Laplace-Wahrscheinlichkeit:

P („es fällt keine Seite zweimal hintereinander")
$= P(\{(K, Z, K)\} \cup \{(Z, K, Z)\}) = \frac{1}{8} + \frac{1}{8} = \frac{2}{8} = 0{,}25.$

Sprechen wir verkürzt von „Wahrscheinlichkeit eines Pfades" statt von „Wahrscheinlichkeit des durch einen Pfad im Baumdiagramm dargestellten Elementarereignisses", so können wir auch diese Gesetzmäßigkeit in kurzer Form als sogenannte „2. Pfadregel" festhalten:

2. Pfadregel

Die Wahrscheinlichkeit eines Ereignisses ist gleich der Summe der Wahrscheinlichkeiten der Pfade, die im Baumdiagramm dieses Ereignis bilden.

Beispiel

Wie wahrscheinlich ist es beim dreifachen Münzwurf (vgl. Bild 2.18), dass wenigstens zweimal hintereinander dieselbe Seite fällt?
Wir summieren gemäß der 2. Pfadregel die Wahrscheinlichkeiten für die fünf entsprechenden Pfade, nämlich (K, K, K), (K, K, Z), (K, Z, Z), (Z, K, K), (Z, Z, K) und (Z, Z, Z), also $\frac{1}{8} + \frac{1}{8} + \frac{1}{8} + \frac{1}{8} + \frac{1}{8} + \frac{1}{8}$, und erhalten die gesuchte Wahrscheinlichkeit $\frac{6}{8}$.

Anmerkung: Beide Pfadregeln bedeuten gegenüber dem allgemeinen Zählprinzip und der Additivität eigentlich nichts Neues; sie formulieren nur anders. Aber diese Umformulierung führt zu einer sehr klar strukturierten Darstellung und Untersuchung von mehrstufigen Zufallsexperimenten – und ist daher für die praktische Arbeit sehr nützlich. Darüber hinaus erweisen sich die Pfadregeln – wie wir noch sehen werden – als gültig und nützlich auch dann, wenn keine laplaceschen Gleichwahrscheinlichkeiten mehr zugrunde liegen.

Übungen und Aufgaben

1. Es wird mit zwei Würfeln gewürfelt. Wie wahrscheinlich ist eine Doppelsechs?

2. Wie groß ist beim zweimaligen Werfen eines Würfels die Wahrscheinlichkeit, dass erst eine Sechs und dann eine Eins fällt?

3. Berechne die Wahrscheinlichkeit für die folgenden Ereignisse beim dreifachen Münzwurf:
a) Im ersten Wurf fällt Kopf und im zweiten Wurf fällt Zahl.
b) Es fällt keine Seite dreimal.
c) Es fällt höchstens zweimal Zahl.
d) Es fällt mindestens einmal Kopf.

4. In einer Urne befinden sich drei rote und drei schwarze Kugeln. Zwei Kugeln werden der Urne nacheinander ohne Zurücklegen entnommen. Wie groß ist die Wahrscheinlichkeit dafür, dass man eine rote und eine schwarze Kugel zieht? Wie ändert sich diese Wahrscheinlichkeit, wenn man die zuerst gezogene Kugel wieder zurücklegt (Bild 2.19)?
Hinweis: Unterscheide die drei roten Kugeln durch R_1, R_2, R_3 und die schwarzen Kugeln durch S_1, S_2, S_3. Ermittle einen geeigneten Ergebnisraum, der alle Zugmöglichkeiten berücksichtigt.

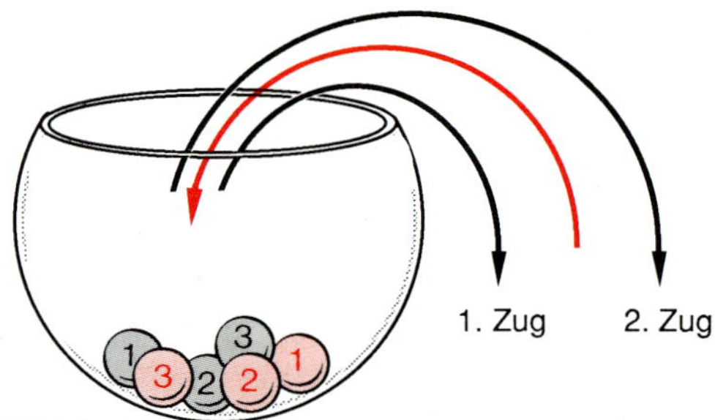

Bild 2.19

5. Zwei Personen werfen abwechselnd eine Münze. Es gewinnt derjenige, der zuerst Kopf wirft. Bestimme die Gewinnwahrscheinlichkeit für jeden Spieler.

6. Ein seinen jungen Sohn über alles liebender arabischer Scheich sorgt sich darum, ob es zukünftig in seinem Scheichtum auch genügend junge und hübsche Frauen geben werde, um seinem Sohn einen angemessenen Harem schaffen zu können. Er bittet daher seinen Großwesir, für dieses Problem eine Lösung zu suchen.
Der Großwesir meint, man solle dafür sorgen, dass in dem Scheichtum in Zukunft mehr Mädchen als Jungen geboren werden, um damit einen Frauenüberschuss zu schaffen, aus dem dann für den Harem ausgewählt werden könne. Auf die Frage des Scheichs, wie dies denn zu bewerkstelligen sei, macht der Großwesir folgenden Vorschlag: „Erlasse ein Gesetz, nach dem jede Familie nur noch höchstens einen Sohn bekommen darf. Hat also ein Paar einen Sohn bekommen, so darf es kein weiteres Kind mehr zeugen. Dann wird es keine Familie mehr mit mehreren Söhnen geben, aber nach wie vor – wie bisher – viele Familien mit mehreren Töchtern. Also wird es insgesamt mehr Mädchen als Jungen geben."
Der Scheich ist beeindruckt von diesem weisen Vorschlag, fragt aber, um letzte Zweifel zu beseitigen, auch noch seine Hofmathematikerin um Rat. Was wird diese – die der Absicht des Scheichs sowieso sehr skeptisch gegenübersteht – wohl raten?

§ 3 Wahrscheinlichkeit II

I. Der statistische Wahrscheinlichkeitsbegriff

1. Relative Häufigkeit und Wahrscheinlichkeit

Wir wollen unsere Überlegungen aus § 1, was denn Wahrscheinlichkeit sei, fortsetzen. Der klassische Wahrscheinlichkeitsbegriff taugt offensichtlich nur für solche stochastischen Situationen, in denen wir vor „gleich möglichen" oder „gleich wahrscheinlichen" Alternativen stehen, also nur dann, wenn – wie es *Laplace* formulierte – „uns nichts veranlasst zu glauben, dass einer der Fälle leichter eintreten muss als die anderen, was sie für uns gleich möglich macht". Es gibt nun aber sicherlich viele stochastische Situationen, in denen uns sehr wohl etwas veranlasst zu glauben, dass eine der Alternativen leichter eintreten wird als die anderen.

Eine Privatpilotin chartert am 9. August für den 23. August ein Sportflugzeug, um an diesem Tag mit ihrem Freund – er hat nämlich dann Geburtstag – in ein kleines Städtchen im Elsaß zu fliegen, in dem man wundervoll französisch essen gehen kann. Sie steht dabei in einer stochastischen Situation mit zwei Möglichkeiten: Entweder wird es am 23. August leider so schlechtes Wetter geben, dass sie nicht fliegen kann, oder aber es wird ausreichend gutes Flugwetter für den geplanten Flug geben. Sicherlich hat die Pilotin guten Grund zu glauben, dass „einer der Fälle leichter eintreten" wird. Sie weiß nämlich aus langer eigener und fremder Erfahrung, dass in unseren Breiten an Spätsommertagen eher mit gutem als mit schlechtem Flugwetter zu rechnen ist. „Gleichwahrscheinlichkeit" ist hier aufgrund dieser Erfahrungen überhaupt nicht plausibel. In solchen – für das Leben recht typischen – stochastischen Situationen hilft daher der klassische Wahrscheinlichkeitsbegriff nicht weiter.
Stattdessen wird sich eine Bestimmung von Wahrscheinlichkeiten in solchen stochastischen Situationen irgendwie auf Erfahrung stützen müssen. Erfahrung gewinnen wir durch die vielfache Wiederholung der stochastischen Situation. Unsere Privatpilotin kann auf Erfahrung zurückgreifen, weil sich die stochastische Situation „vermutliches Wetter an einem Tag Ende August" schon vielfach wiederholt hat. Diese Erfahrung dürfte etwa in „Statistiken" der Flugwetterwarten schriftlich festgehalten sein. So könnten wir dort vielleicht nachlesen, dass von den 400 Spätaugusttagen der letzten vierzig Jahre lediglich an 44 Tagen ein Wetter geherrscht hat, bei dem Überlandflüge mit Sportflugzeugen nicht möglich gewesen sind. In Kenntnis dieser statistischen Daten aus der Wetterstatistik der Flugwetterwarte könnte die Pilotin die *relative Häufigkeit* dieser Schlechtwettertage unter den Spätaugusttagen der vierzig Jahre, also den Quotienten $\frac{44}{400}$, das sind etwa 0,11, als (ungefähre) „Wahrscheinlichkeit" betrachten dafür, dass es mit dem Geburtstagsflug für ihren Freund schlechten Wetters wegen nichts wird.

Betrachten wir wiederholbare stochastische Situationen näher und damit die Beziehung zwischen relativer Häufigkeit und Wahrscheinlichkeit eines Ereignisses: Nehmen wir wieder als Beispiel das Zufallsexperiment des Würfelns mit einem sechsseitigen Würfel. Wir haben den Verdacht, dass der Würfel unseres Mitspielers unfair ist und insbesondere die gewinnträchtige „Sechs" mit höherer Wahrscheinlichkeit erbringt als die anderen

Augenzahlen. Wie können wir diesen Verdacht überprüfen? Offensichtlich doch wohl, indem wir mit dem zweifelhaften Würfel des Mitspielers viele Male zur Probe würfeln und dabei über die Ergebnisse Protokoll oder „Statistik" führen. Wir gehen nämlich davon aus, dass sich die relative Häufigkeit für das Ereignis „Augenzahl sechs" in sehr vielen Würfen, also nach vielfacher Wiederholung des Zufallsexperimentes, „ungefähr" bei der Wahrscheinlichkeit für das Ereignis „Augenzahl sechs" einpendeln wird.

Die **relative Häufigkeit $h_n(E)$** eines Ereignisses E bei n Wiederholungen eines Zufallsexperimentes berechnen wir als Quotient aus der **absoluten Häufigkeit $H_n(E)$** dieses Ereignisses E, also aus der Anzahl der Wiederholungen, bei denen E eintritt, und der Gesamtzahl der Wiederholungen, also n.

$$h_n(E) = \frac{H_n(E)}{n}$$

Beispiel

Haben wir in 600 Würfen genau 96-mal die „Sechs" geworfen, so beträgt die relative Häufigkeit für das Ereignis „Augenzahl sechs" $\frac{96}{600}$, also 0,16. Bild 3.1 zeigt den Verlauf dieser relativen Häufigkeiten für das Ereignis „Augenzahl sechs" während unserer Probewürfe, jeweils abhängig von der Anzahl n der durchgeführten Würfe.

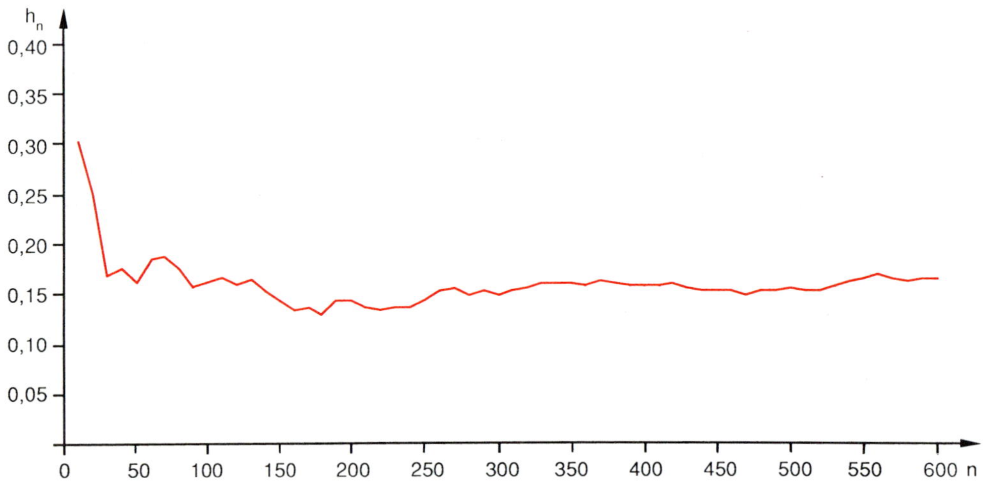

Bild 3.1: Relative Häufigkeit für das Ereignis „Augenzahl sechs" bei n Würfen eines Würfels

Es fällt auf, dass sich die relativen Häufigkeiten des Ereignisses für wachsendes n um einen bestimmten Wert einzupendeln, zu stabilisieren scheinen. Es ist nahe liegend, diesen Wert als „ungefähre" Wahrscheinlichkeit für das Ereignis zu nehmen. In unserem Beispiel dürfte diese Wahrscheinlichkeit ungefähr bei 0,16 bis 0,17 liegen, also durchaus in der Nähe des Wertes $\frac{1}{6}$, das ist ungefähr 0,167, der Laplace-Wahrscheinlichkeit für die Augenzahl „Sechs" beim fairen Würfel. Unser Verdacht, der Würfel sei zugunsten der „Sechs" verfälscht, hat sich also in dieser Versuchsserie nicht bestätigt.
Vollends sicher sind wir dessen allerdings auch nicht: Denn es ist ja durchaus möglich – wenngleich wiederum mit höchst geringer „Wahrscheinlichkeit" –, dass auch bei vielen Versuchsdurchgängen „zufälligerweise" das fragliche Ereignis so „außergewöhnlich" häufig oder selten auftritt, dass sich seine relativen Häufigkeiten (noch) nicht bei seiner

Wahrscheinlichkeit einpendeln. „Wenn es der Zufall will", können wir auch mit einem vollkommen fairen Würfel noch bei 600 oder gar 6000 Würfen die „Sechs" erheblich häufiger als in 16,7% der Würfe erhalten.

Erhebliche Abweichungen zwischen der Wahrscheinlichkeit eines Ereignisses und der relativen Häufigkeit dieses Ereignisses bei n-facher Versuchsdurchführung werden – auch dies ist unmittelbar plausibel – um so unwahrscheinlicher, je größer n ist, je mehr Versuche wir also machen. Insofern könnte man die Wahrscheinlichkeit P(E) eines Ereignisses auch als eine Art „Grenzwert" der relativen Häufigkeiten $h_n(E)$ dieses Ereignisses in n-facher Versuchswiederholung für n gegen Unendlich betrachten. Indessen ist hier „Grenzwert" nicht in dem Sinne gemeint, wie dieser Begriff in der Analysis definiert ist (vgl. Anmerkung und Ergänzung 4).

Zur Demonstration zeigt Bild 3.2 den Verlauf der relativen Häufigkeiten für das Ereignis „Augenzahl sechs" bis n = 600, nun aber für 20 solcher Versuchsserien. Es fällt auf, dass sich die Verlaufskurven mit wachsendem n tendenziell einander – und zugleich dem Wert $\frac{1}{6}$ – annähern.

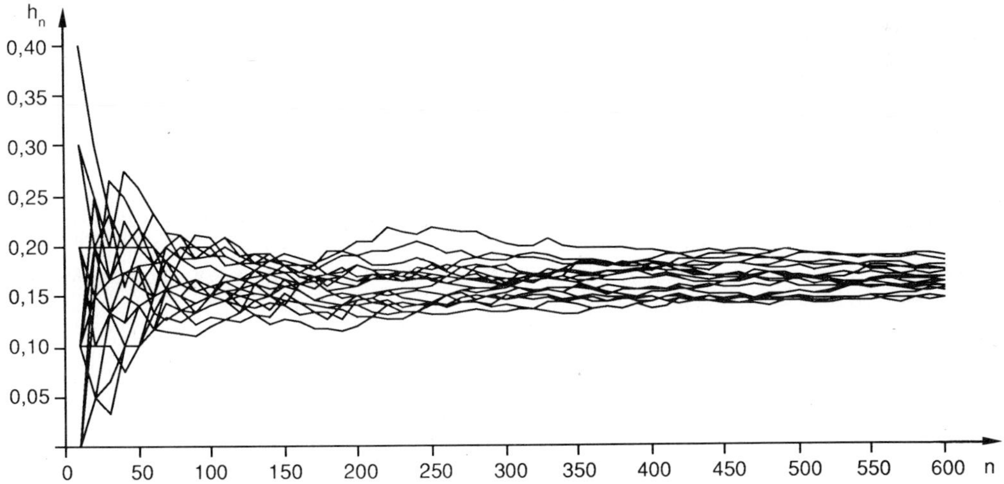

Bild 3.2

Anmerkung: Es wäre vielleicht sinnvoll, angesichts der auch bei beliebig großem n immer noch möglichen, wenn auch sehr unwahrscheinlichen Abweichungen der relativen Häufigkeit eines Ereignisses von seiner Wahrscheinlichkeit von einem „wahrscheinlichen", oder von einem „höchstwahrscheinlichen Grenzwert" zu reden. Auch hier stoßen wir bei Definitionsversuchen wieder auf einen Zirkelschluss: Wir definieren „Wahrscheinlichkeit", indem wir uns auf „(höchst)-wahrscheinliche" Stabilisierung oder „Konvergenz" der relativen Häufigkeiten bei vielfacher Versuchswiederholung beziehen.

Ergänzungen

1. Wirf einen Würfel 50-mal und notiere die Wurfergebnisse. Berechne für folgende Ereignisse die relativen Häufigkeiten: **a)** „Augenzahl sechs", **b)** „Augenzahl nicht sechs", **c)** „Augenzahl fünf", **d)** „Augenzahl fünf oder sechs", **e)** „Augenzahl größer oder gleich eins".

2. Setze Aufgabe 1 fort und wirf weitere 150-mal, bis du insgesamt 200 Würfe ausgewertet hast.

3. Sammelt die relativen Häufigkeiten für „Augenzahl sechs“, die du und deine Mitschüler in Aufgabe 1 und 2 erhalten habt. Fällt dir dabei ein Unterschied auf zwischen den Ergebnissen aus der 50fachen und der 200fachen Wiederholung des Zufallsexperimentes „Würfelwurf“?

4. In Analogie zur Definition eines Grenzwertes einer Folge, wie sie in der Analysis gebräuchlich ist, könnte man die statistische Wahrscheinlichkeit P(E) eines Ereignisses E als Grenzwert der Folge der relativen Häufigkeiten $h_n(E)$ so definieren:
Eine Zahl P(E) heißt „Wahrscheinlichkeit des Ereignisses E“, wenn für jede noch so kleine positive reelle Zahl ε eine natürliche Zahl N_ε existiert, so dass für alle natürlichen Zahlen $n \geq N_\varepsilon$ gilt:

$$|P(E) - h_n(E)| < \varepsilon.$$

Warum ist diese Definition nicht sinnvoll?

2. Das empirische Gesetz der großen Zahlen und die statistische Wahrscheinlichkeit

Trotz mancher formaler Definitionsschwierigkeiten wird durch das Phänomen der Stabilisierung der relativen Häufigkeiten $h_n(E)$ eines Ereignisses mit zunehmender Anzahl der Wiederholungen des Zufallsexperimentes sinnvoll die Wahrscheinlichkeit P(E) des Ereignisses erklärt. Das Phänomen der Stabilisierung kennen wir aus vielfacher Erfahrung mit Zufallsexperimenten; es heißt deshalb in der Stochastik auch das **empirische Gesetz der großen Zahlen**. „Empirisch“ heißt dieses Gesetz deshalb, weil es auf unserer Erfahrung beruht, nicht etwa auf einem mathematischen Beweis. Es erlaubt in der Praxis, weil immer nur endlich viele Wiederholungen des Zufallsexperimentes möglich sind, lediglich die ungefähre Bestimmung von Wahrscheinlichkeiten.

Dieser Wahrscheinlichkeitsbegriff unterscheidet sich deutlich vom klassischen Wahrscheinlichkeitsbegriff. In Anspielung auf das Führen von statistischen Aufzeichnungen während der vielen Wiederholungen des Zufallsexperimentes wird häufig auch von einem **statistischen Wahrscheinlichkeitsbegriff** gesprochen – gelegentlich aber auch von einem **frequentistischen Wahrscheinlichkeitsbegriff**, um den Bezug zur relativen Häufigkeit auszudrücken (lateinisch „frequens“: häufig).

Ergänzung

Versuche anhand entsprechender Statistiken folgende Wahrscheinlichkeiten abzuschätzen. Wie wahrscheinlich ist es, dass ein erwachsener Deutscher **a)** arbeitslos ist, **b)** binnen eines Jahres im Straßenverkehr zu Tode kommen wird, **c)** binnen eines Jahres Selbstmord begehen wird?
Inwiefern ist hier der statistische Wahrscheinlichkeitsbegriff angemessen? Und wie aussagekräftig erscheinen dir die zugrunde liegenden „Statistiken“?

3. Eigenschaften statistischer Wahrscheinlichkeit

Hat auch dieser statistische Wahrscheinlichkeitsbegriff die Eigenschaften Nichtnegativität, Normiertheit und Additivität wie der klassische Wahrscheinlichkeitsbegriff?
Da wir statistische Wahrscheinlichkeit als ungefähren „Grenzwert“ relativer Häufigkeit definiert haben, müssen wir zeigen, dass die relative Häufigkeit diese Eigenschaften hat. Dies ist aber sofort einzusehen.

Nichtnegativität: $h_n(E) \geq 0$,
denn: h_n ist der Quotient von (nicht negativen) Anzahlen.

Normiertheit: $h_n(\Omega) = 1$,
denn das sichere Ereignis Ω tritt immer ein, also bei jeder Wiederholung des Zufallsexperimentes.

Additivität: Ist $E \cap F = \emptyset$, so ist $h_n(E \cup F) = h_n(E) + h_n(F)$,
denn da in der Versuchsreihe die unvereinbaren Ereignisse E und F niemals gleichzeitig, also in derselben Versuchsdurchführung, eintreten können, ergibt sich für die absoluten Häufigkeiten: $H_n(E \cup F) = H_n(E) + H_n(F)$.

Da diese Eigenschaften der relativen Häufigkeiten h_n für jedes beliebige n gelten, müssen sie auch für den „Grenzwert" dieser relativen Häufigkeiten gelten. Wir halten also fest: Auch die statistische Wahrscheinlichkeit hat die Eigenschaften Nichtnegativität, Normiertheit und Additivität.

4. Erwartungen „auf lange Sicht"

Der statistische Wahrscheinlichkeitsbegriff liefert auch eine Interpretation für klassische Wahrscheinlichkeiten, also für Wahrscheinlichkeiten, die nicht auf einer Versuchsserie, sondern auf Gleichwahrscheinlichkeitsannahmen beruhen.

Beispiel

Berechne ich im laplaceschen Wahrscheinlichkeitsraum des Würfelwurfs die klassische Wahrscheinlichkeit, eine ungerade Augenzahl zu würfeln, als 0,5, so bedeutet dies im Sinne statistischer Wahrscheinlichkeitskonzeption: Wenn wir viele Male würfeln, so wird sich bei etwa 50% der Würfe eine ungerade Augenzahl ergeben. Wir können „auf lange Sicht" – oder „in the long run", wie Angelsachsen sagen – mit einer relativen Häufigkeit von 0,5 für ungerade Augenzahlen rechnen, und zwar mit desto mehr Gewißheit, je „länger" diese „Sicht" ist.

Ergänzung

Bei einem Glücksspiel mit einem fairen Würfel wird für jeden Wurf als Einsatz 1 € gezahlt. Dieser Einsatz ist verloren, es sei denn, man würfelt eine Sechs. Fällt eine Sechs, so erhält man 5 € zurück. Lohnt sich das Spiel für den Spieler? Argumentiere ausführlich und mache deutlich, inwiefern du dich dabei auf die „lange Sicht" beziehst. Würdest du dieses Spiel spielen? Begründung!

II. Der subjektive Wahrscheinlichkeitsbegriff

Der klassische Wahrscheinlichkeitsbegriff hat einen Sinn nur in stochastischen Situationen, in denen wir schon von Gleichwahrscheinlichkeit ausgehen können. Der statistische Wahrscheinlichkeitsbegriff wiederum setzt die Wiederholbarkeit der stochastischen Situation voraus. Beide Wahrscheinlichkeitsbegriffe machen damit starke Voraussetzungen. Es gibt nämlich sicherlich viele stochastische Situationen, in denen weder Gleichwahrscheinlichkeit noch Wiederholbarkeit gegeben sind, in denen die Rede von Wahrscheinlichkeiten aber durchaus Sinn hat. „Wahrscheinlich schaffe ich das Abitur", „wahrscheinlich ist der Gärtner der Mörder", „wahrscheinlich wird die Welt in den nächsten fünfzig Jahren keinen Atomkrieg erleben", „wahrscheinlich liebt mich meine Freundin wirklich", „wahrscheinlich wird es gegen diese Krankheit auf absehbare Zeit keinen Impfstoff geben", „wahrscheinlich wird die Partei XYZ die nächsten Wahlen gewinnen", „wahrscheinlich ist Depressivität nicht angeboren", „wahrscheinlich wird der Hengst Fridolin im nächsten Rennen unter den ersten Drei sein", „wahrscheinlich werden die Aktien dieser Firma auch im kommenden Jahr im Kurswert erheblich steigen" – all diese Sätze markieren offensichtlich stochastische Situationen, also Situationen, in denen mehr oder minder große Ungewissheit herrscht. Weder aber ist in diesen – für unser Handeln offensichtlich doch durchaus relevanten – Situationen die Gleichwahrscheinlichkeit der Alternativen wie beim klassischen Wahrscheinlichkeitsbegriff plausibel noch sind diese stochastischen Situationen wiederholbar im Sinne der beliebigen Wiederholbarkeit eines Zufallsexperimentes in der statistischen Wahrscheinlichkeitskonzeption.

Bild 3.3

Nichtsdestoweniger scheint hier die Redeweise von „Wahrscheinlichkeit" dennoch sinnvoll: Wahrscheinlichkeit meint hier nämlich so etwas wie die Stärke des Glaubens an einen bestimmten Sachverhalt, die Stärke der Überzeugtheit von der Richtigkeit einer Aussage oder das Ausmaß der Plausibilität einer bestimmten Hypothese. Man könnte eine solche Wahrscheinlichkeit beispielsweise auch zu erfassen versuchen über den Betrag, den jemand auf das Eintreten eines bestimmten Ereignisses zu wetten bereit wäre; Wahrscheinlichkeit wäre hier ein Maß für Wettbereitschaft.

Wahrscheinlichkeit ist hier also ein Maß dafür, inwieweit eine Vermutung „wahr scheint". Wahrscheinlichkeit in diesem Sinne ist mehr oder minder subjektiv: Was für den einen hohe Plausibilität hat, das hat für den anderen möglicherweise nur geringe Plausibilität – etwa weil er von ganz anderen Voraussetzungen ausgeht. Weil Wahrscheinlichkeit in diesem Sinne offensichtlich von vielen mehr oder minder subjektiven Einflussgrößen abhängt, spricht man hier auch von **subjektiver Wahrscheinlichkeit**.

Es ist nahe liegend, auch solche subjektiven Wahrscheinlichkeiten – bezogen immer auf eine bestimmte Person – durch Zahlen zwischen 0 und 1 auszudrücken, ganz nach dem Vorbild der klassischen und der statistischen Wahrscheinlichkeitskonzeption. Es ist weiterhin nahe liegend, wenngleich im Detail etwa schwieriger zu begründen, auch für diesen subjektiven Wahrscheinlichkeitsbegriff die Eigenschaften der Nichtnegativität, Normiertheit und Additivität zu unterstellen. Wir werden daher auch in diesem Buch gelegentlich subjektive Wahrscheinlichkeiten behandeln – und zwar ganz besonders im §7. Dort wird nämlich ein statistisches Verfahren erarbeitet, mit dessen Hilfe wir in vernünftiger Weise unsere subjektiven Wahrscheinlichkeiten verändern können, sobald wir relevante „objektive" Informationen erhalten. Es sei allerdings einschränkend erwähnt: Ob und inwieweit subjektive Wahrscheinlichkeiten in der Wissenschaft, die sich der Objektivität verpflichtet fühlt, einen berechtigten Platz haben, dies ist umstritten.

Ergänzungen

1. Welche Rolle spielen subjektive Wahrscheinlichkeiten an der Börse? Vor allem: Welche Rolle spielen dort subjektive Wahrscheinlichkeiten für Hypothesen, die sich ihrerseits wiederum auf subjektive Wahrscheinlichkeiten anderer Leute beziehen?

2. Oft stehen Wissenschaftler vor Forschungsfragen, in denen es mehrere miteinander konkurrierende Hypothesen gibt. Solange zu der Forschungsfrage noch keine einschlägigen Untersuchungen vorliegen, sollten die Wissenschaftler – so wird gelegentlich empfohlen – prinzipiell allen konkurrierenden Hypothesen die gleiche (subjektive) Wahrscheinlichkeit zuordnen. Man nennt dieses Prinzip auch **Indifferenzprinzip**, weil die Wahrscheinlichkeiten zwischen den Hypothesen nicht differieren, sich also nicht unterscheiden.
a) Denke dir Beispielsituationen dafür aus.
b) Erscheint dir dieses Indifferenzprinzip sinnvoll?
c) Beschreibe die Gemeinsamkeiten zwischen klassischem und subjektivem Wahrscheinlichkeitsbegriff.

3. Überlege und beschreibe im Lichte der bisher unterschiedenen Wahrscheinlichkeitsbegriffe das Lotto einerseits, das Toto andererseits. Inwiefern unterscheiden sich Toto und Lotto, was die Wahrscheinlichkeiten angeht?

III. Der axiomatische Wahrscheinlichkeitsbegriff

1. Mathematik und Axiome

Mathematik gilt als Wissenschaft der logisch zwingenden Schlussfolgerungen. Diese lassen sich nur auf der Basis exakt definierter, klarer und präziser Begriffe begründen. Mathematiker sind daher in ihrer Liebe für solche begriffliche Exaktheit dazu übergegangen, ihre Begriffe nicht mehr „explizit“ durch umgangssprachliche Bedeutungsangaben zu definieren, sondern „implizit“, indem sie lediglich die Beziehungen zwischen den mathematischen Begrifflichkeiten – also nur innerhalb eines Systems – festlegen. (Vergleichbar ist dies etwa mit einem Schachspiel: Die Bedeutung der Schachfiguren „Bauer“, „Pferd“, „Turm“ usw. kann man nur angeben durch die Regeln, die die Beziehungen zwischen diesen Figuren festlegen.) Solcher Festlegung dienen vor allem **Axiome** (von griechisch „ἀξίωμα“: Verlangen), d.h. mathematische Sätze, deren Geltung nicht bewiesen, sondern nur verlangt wird. So definieren die Mathematiker in der Geometrie nicht explizit, was denn eigentlich Punkte und Geraden sind, sondern sie beschränken sich darauf zu verlangen, dass zwischen Punkten und Geraden bestimmte Beziehungen herrschen. (Etwa: Durch zwei Punkte führt genau eine Gerade. Oder: Zwei Geraden schneiden sich in höchstens einem Punkt.) Natürlich werden solche Axiome sinnvollerweise so festgelegt, dass die axiomatisch definierten Begriffe in ihren Beziehungen untereinander möglichst die Beziehungen widerspiegeln, die zwischen umgangssprachlich vertrauten Begriffen herrschen. Andernfalls würden die mathematischen Begrifflichkeiten nichts mehr mit der außermathematischen Welt zu tun haben; Mathematik wäre dann nur noch ein künstlich-formales Spiel ohne irgendwelche Anwendungsmöglichkeit.

Anmerkung: Ein System von Axiomen sollte also einen bestimmten Teil der außermathematischen „Welt“ modellhaft widerspiegeln und dabei zugleich jene sprachlich-begriffliche Präzision gewährleisten, die für logisch zwingende Schlussfolgerungen und Beweise Voraussetzung ist. Natürlich dürfen sich Axiome untereinander nicht widersprechen; sie müssen *widerspruchsfrei* sein.

Darüber hinaus ist es zweckmäßig, dass kein Axiom aus den anderen Axiomen sich als logische Schlussfolgerung ergibt; dieses Axiom wäre dann nämlich, weil beweisbar, als Axiom überflüssig. Man sagt dazu auch: Die Axiome sollten voneinander (logisch) *unabhängig* sein. Und schließlich sollte das System der Axiome *vollständig* sein, so dass sich alle wahren Sätze über einen Gegenstandsbereich allein aus den Axiomen beweisen lassen.

Ergänzungen

1. Von einem Axiomensystem fordert man Widerspruchsfreiheit, Unabhängigkeit und Vollständigkeit. Sind diese Forderungen ebenbürtig oder unterschiedlich wichtig?

2. Der Logiker *Kurt Gödel* (1906–1978, Bild 3.4) hat im Jahre 1931 mit einem erschütternden Beweis die Zuversicht der Mathematiker zerstört, in den Axiomensystemen allein eine ausreichende Grundlage für die Mathematik gewonnen zu haben. Gödel konnte nämlich beweisen, dass man grundsätzlich nicht beweisen kann, dass die in der Mathematik üblichen Axiomensysteme sowohl der Forderung nach Widerspruchsfreiheit als auch der Forderung nach Vollständigkeit genügen. Warum war dies „erschütternd"?

Bild 3.4: *Kurt Gödel*

2. Das Axiomensystem von Kolmogorow

Für den Gegenstandsbereich der Wahrscheinlichkeitstheorie hat der sowjetische Mathematiker *Andrei Nikolajewitsch Kolmogorow* (1903–1987, Bild 3.5) 1933 ein heute allgemein akzeptiertes Axiomensystem vorgeschlagen.
Auch wir werden in diesem Buch unsere Beweise auf dieses Axiomensystem – eingeschränkt allerdings nur auf endliche Ergebnisräume – beziehen. Das Axiomensystem lautet:

Bild 3.5: *A. N. Kolmogorow*

Axiomensystem der Wahrscheinlichkeitstheorie von Kolmogorow

Eine Funktion P, die jeder Teilmenge A einer endlichen (Ergebnis-)Menge Ω eine reelle Zahl P(A) zuordnet, heißt Wahrscheinlichkeitsfunktion oder Wahrscheinlichkeitsverteilung, wenn sie folgenden Bedingungen genügt:

Axiom 1 (Nichtnegativität): $P(A) \geq 0$,
Axiom 2 (Normiertheit): $P(\Omega) = 1$,
Axiom 3 (Additivität): $P(A \cup B) = P(A) + P(B)$, falls $A \cap B = \emptyset$.

3. Der Sinn des Axiomensystems von Kolmogorow

In diesem kolmogorowschen Axiomensystem der Wahrscheinlichkeitstheorie finden sich augenscheinlich jene Eigenschaften wieder, die wir in unseren umgangssprachlich begründeten Überlegungen zum klassischen, statistischen und subjektiven Wahrscheinlichkeitsbegriff bereits herausgearbeitet haben. Diese wenigen Eigenschaften – Nichtnegativität, Normiertheit und Additivität – reichen als Grundlage für alle wahrscheinlichkeitstheoretischen Beweise aus. Bei exakter Beweisführung können wir uns daher immer nur auf diese drei Eigenschaften, also das kolmogorowsche Axiomensystem beziehen. Mit diesem kolmogorowschen Axiomensystem haben wir für Beweisführungen in der Stochastik eine formal präzise Grundlage gefunden. Jede Anwendung allerdings von – auf dieser axiomatischen Grundlage logisch zwingend abgeleiteten – wahrscheinlichkeitstheoretischen Sätzen in der außermathematischen Welt büßt an Präzision wieder ein: Denn der bloß axiomatische Begriff der Wahrscheinlichkeitsverteilung muss für jede Anwendung im Sinne formal weniger präziser Wahrscheinlichkeitsbegriffe interpretiert werden, nämlich im Sinne des klassischen, des statistischen oder des subjektiven Wahrscheinlichkeitsbegriffes.

Ergänzung

a) Betrachte nebenstehendes Bild 3.6. Es zeigt eine quadratische Fläche mit der Seitenlänge 1 m. Um den linken unteren Eckpunkt ist zusätzlich ein Viertelkreis mit dem Radius 1 m abgetragen. Stelle dir nun vor, diese Fläche liegt im Freien und es regnet. Mit welcher Wahrscheinlichkeit trifft ein Tropfen, der diese quadratische Fläche trifft, innerhalb des Viertelkreises auf?

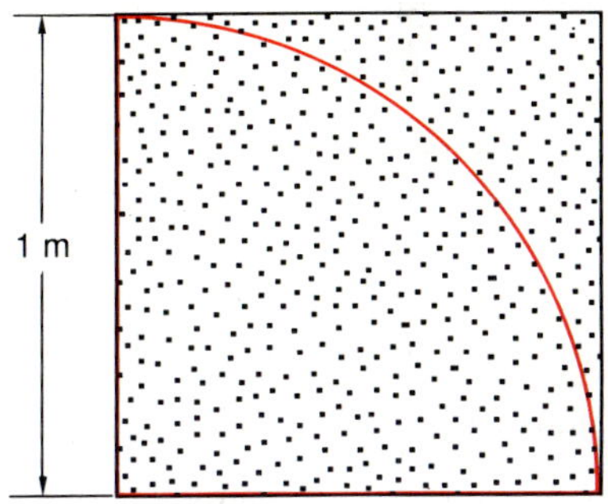

Bild 3.6

b) Wenn du deine Lösung zu a) reflektierst, so wird dir klar, dass ihr streng genommen weder der klassische noch der statistische noch der subjektive Wahrscheinlichkeitsbegriff zugrunde liegt. Man spricht hier deshalb von **geometrischer Wahrscheinlichkeit**.

c) Beim geometrischen Wahrscheinlichkeitsbegriff wird eine Wahrscheinlichkeit als Quotient von Flächeninhalten bestimmt. Zeige, dass auch dieser geometrische Wahrscheinlichkeitsbegriff den Axiomen Kolmogorows genügt.

4. Einige Anwendungen des Axiomensystems von Kolmogorow

Wir beweisen zur Demonstration zwei nützliche Sätze der Wahrscheinlichkeitstheorie, und zwar unter direktem Rückgriff auf das kolmogorowsche Axiomensystem.

Satz über die Wahrscheinlichkeit des Gegenereignisses

Für beliebige Ereignisse $A \subseteq \Omega$ gilt: $P(\bar{A}) = 1 - P(A)$.

Beweis: Nach Definition des Gegenereignisses $\bar{A} = \Omega \setminus A$ ergibt sich sofort, da sich die Menge A und ihre komplementäre Menge $\bar{A}$ zu Ω ergänzen:

$\Omega = A \cup \bar{A}$ sowie $A \cap \bar{A} = \emptyset$.

Ω ist also die Vereinigung der unvereinbaren Ereignisse A und $\bar{A}$ (Bild 3.7). Daraus folgt:

$$P(\Omega) = P(A \cup \bar{A}) = P(A) + P(\bar{A}) \text{ nach Axiom 3 (Additivität).}$$

Zugleich gilt Axiom 2 (Normiertheit), also

$$P(\Omega) = 1.$$

Insgesamt erhalten wir:

$$P(A) + P(\bar{A}) = 1.$$

Daraus folgt sofort die behauptete Beziehung

$$P(\bar{A}) = 1 - P(A).$$

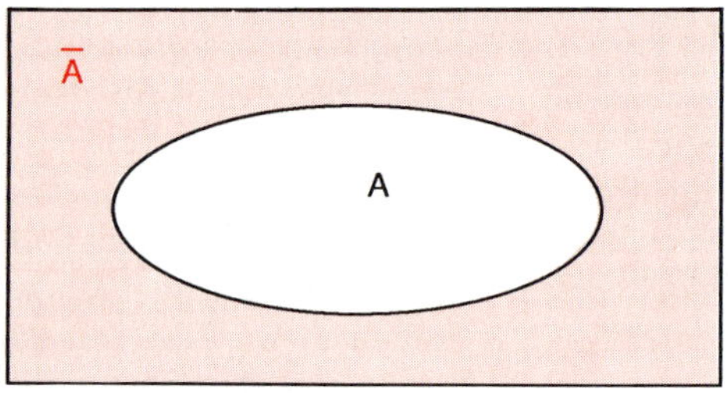

Bild 3.7

Naheliegenderweise nennt man den Ausdruck $1 - P(A)$ auch **Gegenwahrscheinlichkeit**.

Beispiel

Die Wahrscheinlichkeit, beim Würfeln eine Sechs zu würfeln, beträgt $\frac{1}{6}$. Die Wahrscheinlichkeit, keine Sechs zu würfeln, beträgt demnach: $1 - \frac{1}{6} = \frac{5}{6}$.

Bei manchen konkreten Fragestellungen lässt sich die Gegenwahrscheinlichkeit $P(\bar{A})$ eines Ereignisses A leichter berechnen als die Wahrscheinlichkeit P(A) des Ereignisses A selbst; hier ist es dann zweckmäßig, zunächst die Gegenwahrscheinlichkeit zu berechnen und dann mit $1 - P(\bar{A})$ die gesuchte Ereigniswahrscheinlichkeit zu erhalten.

Beispiel

Wie wahrscheinlich ist es, beim Werfen zweier Würfel eine Augensumme von mindestens 3 zu erhalten?
Gesucht ist die Wahrscheinlichkeit für das Ereignis A: „Augensumme mindestens 3". Einfacher zu berechnen ist die Gegenwahrscheinlichkeit dazu, also die Wahrscheinlichkeit für das Gegenereignis $\bar{A}$: „Augensumme höchstens 2". Das Gegenereignis $\bar{A}$ tritt nämlich genau dann ein, wenn beide Würfel eine 1 zeigen. Dies geschieht mit einer Wahrscheinlichkeit: $P(\bar{A}) = \frac{1}{6} \cdot \frac{1}{6} = \frac{1}{36}$. Die gesuchte Wahrscheinlichkeit ergibt sich dann als

$$P(A) = 1 - \frac{1}{36} = \frac{35}{36} \approx 0{,}9722.$$

Additionssatz

Für beliebige Ereignisse $A \subseteq \Omega$ und $B \subseteq \Omega$ gilt:

$$\mathbf{P(A \cup B) = P(A) + P(B) - P(A \cap B).}$$

Beweis: A und B sind hier nicht notwendig unvereinbar (!). Wir können aber – wie auch Bild 3.8 veranschaulicht – folgende Zerlegungen in jeweils unvereinbare Ereignisse vornehmen:

$$\begin{aligned} A \cup B &= (A \cap B) \cup (A \cap \bar{B}) \cup (\bar{A} \cap B) \\ A &= (A \cap B) \cup (A \cap \bar{B}) \\ B &= (\bar{A} \cap B) \cup (A \cap B). \end{aligned}$$

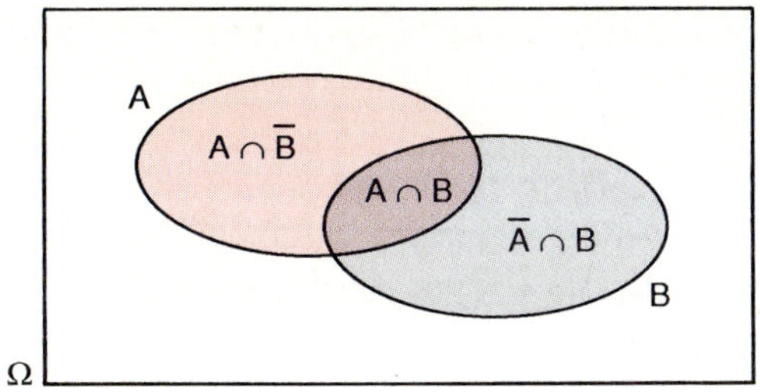

Bild 3.8

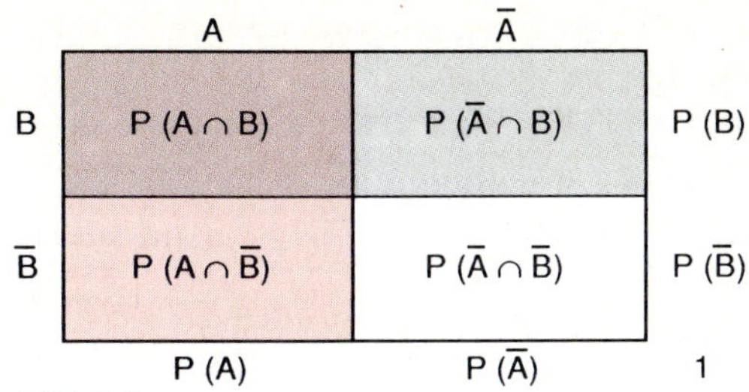

Bild 3.9

Jeweils unter Anwendung des Axioms 3 (Additivität) ergibt sich dann (vgl. Bild 3.9):

$$\begin{aligned} P(A \cup B) &= P(A \cap B) + P(A \cap \bar{B}) + P(\bar{A} \cap B) \\ P(A) &= P(A \cap B) + P(A \cap \bar{B}) \\ P(B) &= P(\bar{A} \cap B) + P(A \cap B). \end{aligned}$$

Damit folgt sodann:

$$P(A) + P(B) = \underbrace{P(A \cap B) + P(A \cap \bar{B}) + P(\bar{A} \cap B)} + P(A \cap B),$$

also:

$$P(A) + P(B) \quad = \quad P(A \cup B) \quad + \quad P(A \cap B).$$

Hieraus ergibt sich sofort der behauptete Additionssatz.

Beispiel

Eine gerade Zahl (Ereignis A) hat beim Würfeln die Wahrscheinlichkeit $\frac{1}{2}$, eine durch 3 teilbare Zahl (Ereignis B) die Wahrscheinlichkeit $\frac{1}{3}$. Nur die Sechs ist gerade *und* zugleich durch 3 teilbar, also gilt: $P(A \cap B) = \frac{1}{6}$. Nach dem Additionssatz ergibt sich daher für die Wahrscheinlichkeit, dass die gewürfelte Zahl durch 2 *oder* durch 3 teilbar ist (Ereignis „A oder B" bzw. $A \cup B$):

P (gewürfelte Zahl ist durch 2 *oder* 3 teilbar) $= \frac{1}{2} + \frac{1}{3} - \frac{1}{6} = \frac{2}{3}$.

Übungen und Aufgaben

Der axiomatische Wahrscheinlichkeitsbegriff

1. Auf der Ergebnismenge $\Omega = \{1; 2; 3; 4\}$ sei eine Wahrscheinlichkeitsfunktion P erklärt. Berechne

a) $P(\{1\})$ aus $P(\{2\}) = \frac{1}{2}$, $P(\{3\}) = \frac{1}{4}$ und $P(\{4\}) = \frac{1}{12}$;

b) $P(\{1\})$ und $P(\{2\})$ aus $P(\{3\}) = \frac{1}{6}$; $P(\{4\}) = \frac{1}{8}$ und $P(\{1\}) = 3 \cdot P(\{2\})$;

c) $P(\{1\})$ aus $P(\{2; 3\}) = \frac{1}{2}$ und $P(\{4\}) = \frac{1}{6}$;

d) $P(\{1\})$ aus $P(\{2; 3\}) = \frac{2}{3}$, $P(\{3; 4\}) = \frac{3}{4}$ und $P(\{2\}) = \frac{1}{6}$.

2. Beim Roulett tätigt ein Spieler bei einem Spiel gleich zwei Einsätze: Er setzt 10 € auf „Pair", also das Ereignis „gerade Zahl", und zugleich weitere 10 € auf das Ereignis „12^P", also das Ereignis „Zahl aus dem ersten Dutzend". Wie wahrscheinlich ist es nun, dass der Spieler bei diesem Spiel Geld verliert?
(*Hinweis:* Berechne zunächst die Gegenwahrscheinlichkeit.)

3. Für zwei Ereignisse E_1 und E_2 gilt: $P(E_1)=\frac{7}{16}$, $P(E_2)=\frac{1}{4}$ und $P(E_1 \cap E_2)=\frac{1}{8}$. Berechne hieraus die Wahrscheinlichkeiten der folgenden Ereignisse.

a) $E_1 \cup E_2$ **b)** $\bar{E}_1$ **c)** $\bar{E}_2$ **d)** $\bar{E}_1 \cap \bar{E}_2$ **e)** $\bar{E}_1 \cup \bar{E}_2$

f) $E_1 \cap \bar{E}_2$ **g)** $E_1 \cup \bar{E}_2$ **h)** $\bar{E}_1 \cap E_2$ **i)** $\bar{E}_1 \cup E_2$ **j)** $\overline{E_1 \cap E_2}$

Hinweis zu f): Aus $E_1=(E_1 \cap \bar{E}_2) \cup (E_1 \cap E_2)$ folgt wegen der Unvereinbarkeit der Ereignisse $E_1 \cap \bar{E}_2$ und $E_1 \cap E_2$: $P(E_1)=P(E_1 \cap \bar{E}_2)+P(E_1 \cap E_2)$, also $P(E_1 \cap \bar{E}_2)=P(E_1)-P(E_1 \cap E_2)$.

4. Ein Würfel sei so beschaffen, dass für die Wahrscheinlichkeit, die Augenzahl k zu werfen, gilt:
$P(k)=k \cdot P(1)$ mit $1 \leq k \leq 6$.
a) Berechne für $k \in \{1;2;\ldots;6\}$ die Wahrscheinlichkeit $P(k)$.
b) Die Ereignisse E_1, E_2, E_3, E_4 sind wie folgt erklärt:
E_1: Die Augenzahl ist ungerade.
E_2: Die Augenzahl ist durch 2 teilbar.
E_3: Die Augenzahl ist eine Primzahl.
E_4: Die Augenzahl ist eine Primzahl kleiner als 5.
Berechne die Wahrscheinlichkeiten $P(E_i)$ (mit $1 \leq i \leq 4$).
c) Berechne die Wahrscheinlichkeiten der folgenden Ereignisse.
1) Es wird eine ungerade Zahl oder eine Primzahl kleiner als 5 geworfen.
2) Es wird eine ungerade Primzahl geworfen.
d) Formuliere das Ereignis $E_1 \cap \bar{E}_4$ mit Worten und berechne $P(E_1 \cap \bar{E}_4)$.
e) Berechne $P(E_2 \cap \bar{E}_3)$ und $P(E_3 \cap \bar{E}_4)$.

5. Bei einem Würfel fällt eine ungerade Augenzahl mit der Wahrscheinlichkeit $p_1=0{,}45$ und die Augenzahl 5 mit der Wahrscheinlichkeit $p_2=0{,}2$. Berechne die Wahrscheinlichkeit dafür, dass mit diesem Würfel eine von der Augenzahl 5 verschiedene ungerade Augenzahl fällt.

6. a) Ein Ereignis E tritt mit der Chance 3:1 (5:7) ein. Berechne die Wahrscheinlichkeit von E.
b) Ein Ereignis E tritt mit der Chance a:b (mit $a, b \in \mathbb{N}$) ein. Berechne die Wahrscheinlichkeit von E.

7. a) Zeige, dass die Wahrscheinlichkeit für das Ereignis E_n: „von n Personen (mit $n \leq 365$) haben wenigstens zwei am gleichen Tag Geburtstag" gegeben ist durch

$$P(E_n)=1-\frac{365 \cdot 364 \cdot \ldots \cdot (365-n+1)}{365^n}.$$

b) Begründe, weshalb $P(E_n)$ monoton steigend ist, und berechne $P(E_{22})$ sowie $P(E_{23})$. Interpretiere das Ergebnis.

8. Zeige: Aus $P(A)<P(B)$ folgt $P(\bar{A})>P(\bar{B})$.

9. a) Zeige, dass für drei Ereignisse E_1, E_2, $E_3 \subseteq \Omega$ gilt:

$$P(E_1 \cup E_2 \cup E_3)$$
$$=P(E_1)+P(E_2)+P(E_3)-P(E_1 \cap E_2)-P(E_1 \cap E_3)-P(E_2 \cap E_3)+P(E_1 \cap E_2 \cap E_3).$$

b) Drei Herren geben vor einer Theatervorstellung an der Garderobe ihre Hüte ab. Die Hüte werden nach der Vorstellung zufällig zurückgegeben. Wie groß ist die Wahrscheinlichkeit dafür, dass mindestens ein Herr seinen eigenen Hut bekommt?

§ 4 *Erwartung-mal-Wert-Rechnung*

I. Der Erwartungswert

1. Problemstellung

Eingangs hieß es, Situationen seien stochastisch, wenn das Handeln in der Situation einerseits Gewinn oder Verlust, in welchem Sinne auch immer, nach sich ziehe, andererseits sich aber nicht auf Wissen, sondern nur auf Vermuten – über die Konsequenzen des Handelns – stützen könne. Bislang haben wir uns nur mit dem „Vermuten" beschäftigt, also der Kalkulation der Wahrscheinlichkeit von Ereignissen. Thema war also, welche Ereignisse wir in welchem Ausmaß „erwarten" können. Was aber diese Ereignisse für uns „wert" sind, was sie uns also an Gewinn oder Verlust – in welchem Sinne auch immer – bringen, dies wird erst jetzt zum Gegenstand, nämlich zum Gegenstand der sogenannten Erwartung-mal-Wert-Rechnung. Auch hier werden wir uns zunächst der Einfachheit des laplaceschen Wahrscheinlichkeitsbegriffes wegen wieder an einem Glücksspiel orientieren, diesmal am faszinierend-schillernden Roulett. Unsere Erkenntnisse lassen sich allerdings wieder auch auf ganz andere und möglicherweise wichtigere stochastische Situationen übertragen.

2. Zufallsvariablen

Kann man auf Dauer vom Roulettspiel leben? Denken wir uns einen Spieler, der beim Roulett immer wieder einen Einsatz von 10 € auf das erste Dutzend setzt, also auf den Eintritt des Ereignisses $E = \{1, 2, 3, \ldots, 12\}$. Da der Ergebnisraum $\Omega = \{0, 1, 2, 3, \ldots, 36\}$ aus 37 „gleich möglichen" Ergebnissen besteht, tritt E mit einer Wahrscheinlichkeit von $\frac{12}{37}$ ein. Es gilt: $P(E) = \frac{12}{37}$. Tritt E ein, so erhält der Spieler den dreifachen Einsatz zurück, also 30 €. Sein (Rein-)Gewinn beträgt dann also 20 €. Tritt E dagegen nicht ein, so ist der Einsatz von 10 € verloren; der Spieler hat dann einen Verlust von 10 €. Das Ereignis E und sein Gegenereignis $\bar{E}$ werden durch diese Angaben „bewertet".
Was den Spieler eigentlich interessiert, das sind nicht so sehr diese Ereignisse selbst, sondern der von diesen Ereignissen abhängige Gewinn oder Verlust, also der „Wert" der Ereignisse. Dieser Wert wird dadurch festgelegt, dass jedem möglichen Ergebnis $\omega \in \Omega$ des Zufallsexperiments eine reelle Zahl zugeordnet wird. Ordnet man den Ergebnissen eines Zufallsexperimentes reelle Zahlen zu, so heißt diese Zuordnung auch **Zufallsvariable** oder **Zufallsgröße**.

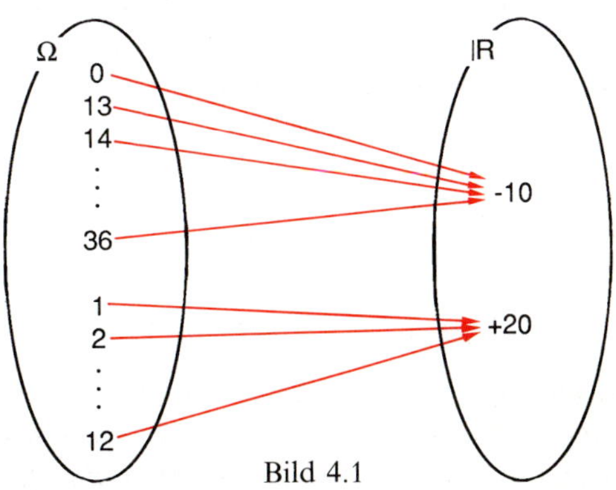

Bild 4.1

Verzichten wir im Beispiel auf die €-Angabe und betrachten Verluste als „negative" Gewinne, so können wir die Bewertung der Ereignisse durch folgende Zufallsvariable X ausdrücken (Bild 4.1):

Oder kürzer:

$$X(\omega)=\begin{cases}-10, & \text{für } \omega\in\bar{E}, \text{ d.h. also falls } \omega\in\{0,13,14,15,\dots,36\}\\ +20, & \text{für } \omega\in E, \text{ d.h. also falls } \omega\in\{1,2,3,\dots,12\}\end{cases}$$

Diese Zufallsvariable X kann nur die beiden Werte -10 und $+20$ annehmen. Den Wert -10 nimmt die Zufallsvariable X an, wenn E nicht eintritt. Dies geschieht mit einer Wahrscheinlichkeit von $1-\frac{12}{37}=\frac{25}{37}\approx 0{,}676$. Man sagt dafür auch kürzer: Die Zufallsvariable X **nimmt** den Wert -10 mit einer Wahrscheinlichkeit von 0,676 **an**. Und man schreibt verkürzt:

$$P(X=-10)=0{,}676.$$

Den Wert $+20$ nimmt die Zufallsvariable X demnach mit einer Wahrscheinlichkeit von $\frac{12}{37}\approx 0{,}324$ an.

$$P(X=+20)=0{,}324$$

Daher stammt übrigens auch der Name Zufallsvariable oder -größe: Diese Variable oder Größe nimmt nämlich ihre Werte „zufällig" – mit bestimmten Wahrscheinlichkeiten – an. Wir haben hier nun allen möglichen Werten der Zufallsvariablen X die Wahrscheinlichkeit zugeordnet, mit der X diese Werte annimmt. Eine solche Zuordnung heißt auch **Wahrscheinlichkeitsverteilung der Zufallsvariablen X**. Eine solche Wahrscheinlichkeitsverteilung läßt sich graphisch darstellen, etwa in Form eines Säulendiagramms. Für die Zufallsvariable unseres Beispiels zeigt Bild 4.2 das zugehörige Säulendiagramm.

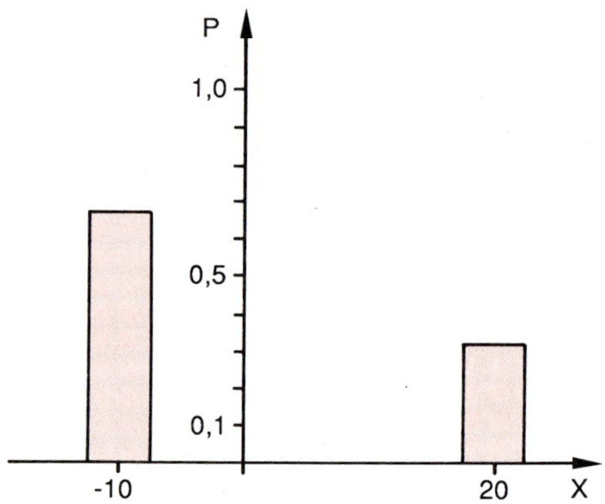

Bild 4.2

Wir fassen dies noch einmal übersichtlich in Bild 4.3 zusammen:

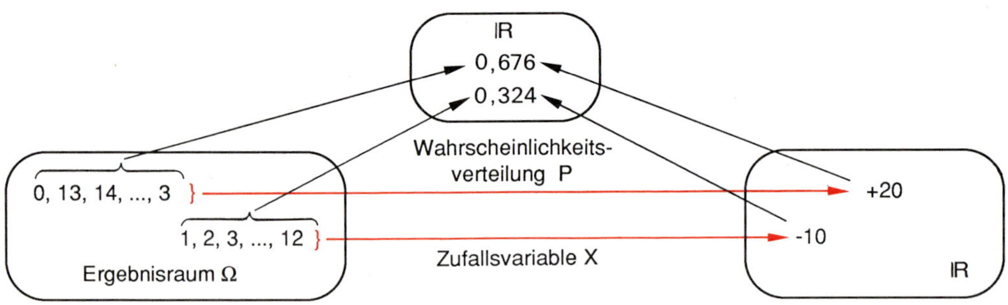

Bild 4.3

Beispiel

Es wird eine Münze mit den gleich wahrscheinlichen Seiten K(opf) und Z(ahl) dreifach geworfen (vgl. auch das zugehörige Baumdiagramm in Bild 2.9). Wir interessieren uns für die Zufallsvariable X: Häufigkeit des Ergebnisses „Kopf".

Folgende Tabelle gibt Aufschluss darüber, welche Werte diese Zufallsvariable mit welchen Wahrscheinlichkeiten annimmt:

$X((Z,Z,Z)) = 0 \qquad P(X=0)=\frac{1}{2}\cdot\frac{1}{2}\cdot\frac{1}{2}=\frac{1}{8}=0{,}125$

$\left.\begin{array}{l} X((Z,Z,K)) = 1 \\ X((Z,K,Z)) = 1 \\ X((K,Z,Z)) = 1 \end{array}\right\} \qquad P(X=1)=\frac{3}{8}=0{,}375$

$\left.\begin{array}{l} X((Z,K,K)) = 2 \\ X((K,Z,K)) = 2 \\ X((K,K,Z)) = 2 \end{array}\right\} \qquad P(X=2)=\frac{3}{8}=0{,}375$

$X((K,K,K)) = 3 \qquad P(X=3)=\frac{1}{8}=0{,}125$

Auch die Wahrscheinlichkeitsverteilung dieser Zufallsvariablen X ist in einem Säulendiagramm dargestellt (Bild 4.4).

Ergänzung

Es wird gleichzeitig mit zwei Würfeln gewürfelt. Gib die Zufallsvariable „Augensumme der beiden Würfel" und ihre Wahrscheinlichkeitsverteilung an. Zeichne das zugehörige Säulendiagramm. Was besagt dieses Diagramm?

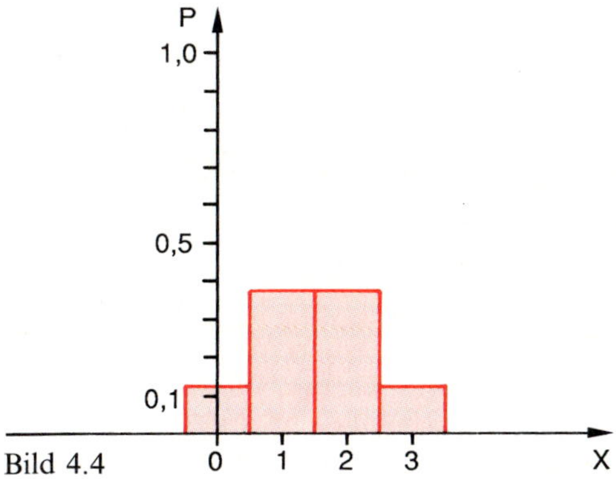

Bild 4.4

3. Der Erwartungswert

Wie viel wird unser Spieler auf lange Sicht gewinnen? Erinnern wir uns des empirischen Gesetzes der großen Zahlen: Der Spieler muss damit rechnen, dass bei sehr vielen Spielen die relativen Häufigkeiten der Ereignisse den Wahrscheinlichkeiten der Ereignisse sich annähern. Also konkret: Spielt der Spieler 1000 Spiele Roulett, wobei er immer 10 € auf das erste Dutzend setzt, so wird er in etwa 676 Spielen seinen Einsatz von 10 € verlieren und in etwa 324 Spielen 20 € gewinnen. Die Gewinnrechnung lautet dann:

$$\text{Gewinn in 1000 Spielen} \approx (-10)\cdot 676 + 20\cdot 324 = -280.$$

Dividieren wir das Ergebnis durch die Anzahl der Spiele, so erhalten wir den *durchschnittlichen* oder *mittleren* Gewinn pro Spiel:

$$\text{mittlerer Gewinn pro Spiel} \approx (-10)\cdot 0{,}676 + 20\cdot 0{,}324 = -0{,}280.$$

Im Schnitt macht der Spieler also – bei den unterstellten 1000 Spielen – pro Spiel einen Gewinn von ungefähr $-0{,}280$, d.h. einen Verlust von ungefähr 0,28 €. Unterstellen wir bei dieser Rechnung „auf lange Sicht" noch mehr Spiele, 10 000 oder 100 000 usw., dann wird der mittlere Gewinn pro Spiel mit hoher Wahrscheinlichkeit noch genauer bei $-0{,}280$ liegen. Denken wir uns schließlich „unendlich" viele Spiele, so müsste der mittlere Gewinn pro Spiel genau $-0{,}280$ betragen, denn dann stimmen die relativen Häufigkeiten ganz genau mit den Wahrscheinlichkeiten überein.

Betrachten wir noch einmal, wie wir oben den mittleren Gewinn pro Spiel berechnet haben: Die möglichen Werte der Zufallsvariablen X – nämlich −10 und 20 – wurden jeweils mit der zugehörigen Wahrscheinlichkeit multipliziert, dass die Zufallsvariable diesen Wert annimmt. Wir multiplizieren also letztlich die Wahrscheinlichkeit eines Ereignisses, also unsere „Erwartung" über das Eintreten dieses Ereignisses, mit dem „Wert", den dieses Ereignis für uns hat. Daher auch der Name „Erwartung-mal-Wert"-Rechnung. Zum Schluss werden diese Produkte aufsummiert.

$$\text{Mittlerer Gewinn pro Spiel} \approx (-10) \cdot P(X=-10) + 20 \cdot P(X=20)$$

Diesen wichtigen Ausdruck nennt man **Erwartungswert** der Zufallsgröße X, abgekürzt durch $\mathscr{E}(X)$. Man kann nämlich erwarten, dass der Durchschnitt aller Werte, die die Zufallsvariable X bei sehr vielen Wiederholungen des Zufallsexperimentes annimmt, (ungefähr) diesem Erwartungswert entsprechen wird. Wir halten dies fest:

Definition des Erwartungswertes

Kann eine Zufallsvariable X die Werte $x_1, x_2, \ldots, x_m$ annehmen, so heißt

$$\mathscr{E}(X) = x_1 \cdot P(X=x_1) + x_2 \cdot P(X=x_2) + \ldots + x_m \cdot P(X=x_m) = \sum_{i=1}^{m} x_i \cdot P(X=x_i)$$

Erwartungswert von X.

Unsere Überlegungen führen zu dem Ergebnis, dass die geschilderte Roulettstrategie – permanentes Setzen von 10 € auf das erste Dutzend – auf Dauer zu Verlusten führt, und zwar durchschnittlich in Höhe von 0,28 € pro Spiel.

Beispiel

Wie groß ist der Erwartungswert der Zufallsvariablen X: Häufigkeit des Ergebnisses „Kopf" im dreifachen Münzwurf (vgl. Bild 4.4)?
Wir berechnen $\mathscr{E}(X) = 0 \cdot 0{,}125 + 1 \cdot 0{,}375 + 2 \cdot 0{,}375 + 3 \cdot 0{,}125 = 1{,}5$.
Wiederholen wir also den dreifachen Münzwurf vielfach, so können wir erwarten, im Schnitt 1,5-mal „Kopf" pro Durchgang zu erhalten.

Zurück zum Roulett: Lässt sich bei höherem Einsatz auf lange Sicht mehr erwarten? Unser Spieler setzt nach wie vor auf das erste Dutzend, jetzt aber einen erheblich höheren Einsatz, nämlich jeweils 100 €. Fällt die Roulettkugel auf eine Zahl aus dem ersten Dutzend, erhällt der Spieler also einen Reingewinn von 200 €. Die möglichen Ergebnisse werden demnach durch folgende Zufallsvariable X bewertet:

$$X(\omega) = \begin{cases} -100, & \text{falls } \omega \in \{0, 13, 14, \ldots, 36\}, \\ +200, & \text{falls } \omega \in \{1, 2, 3, \ldots, 12\}. \end{cases}$$

Damit ergibt sich für den Erwartungswert:

$$\mathscr{E}(X) = (-100) \cdot 0{,}676 + 200 \cdot 0{,}324 = -2{,}80.$$

Der erhöhte Einsatz lässt also auf Dauer nicht mehr, sondern weniger erwarten. Der mittlere Verlust pro Spiel beträgt jetzt – bei zehnfachem Einsatz – das Zehnfache, nämlich 2,80 €. Prozentual allerdings verlieren wir auf Dauer offensichtlich gleich viel, nämlich durchschnittlich 2,8 % des Einsatzes pro Spiel. „It's a loosing game".

Ergänzungen

1. Hätten wir im Lehrtext genauer gerechnet, so hätte sich als prozentualer Verlust pro Spiel $2{,}70270\% \approx \frac{1}{37}$ des Einsatzes ergeben. Begründung?

2. Berechne für die Zufallsvariable „Augensumme beider Würfel" beim Wurf mit zwei Würfeln den Erwartungswert.

3. Trage in allen bisher erarbeiteten Säulendiagrammen auf der Abszisse den Erwartungswert ab. Stelle dir nun vor, die auf der Abszisse stehenden Säulen hätten ein – ihrer Höhe entsprechendes – Gewicht und sollten balanciert werden, indem man die Abszisse an einem Punkt hält. (Gesucht ist hier ganz offensichtlich der Schwerpunkt.) Wo liegt dieser Punkt (vgl. Bild 4.5!)? Beweise deine Vermutung allgemein.

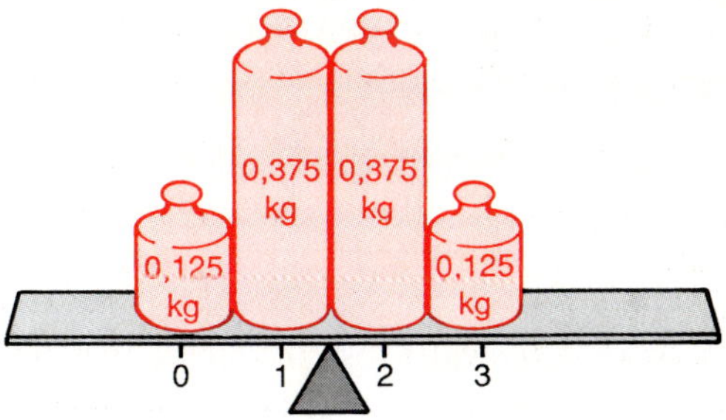

Bild 4.5

Übungen und Aufgaben

Zufallsvariable

1. Zwei Spieler A und B werfen drei Münzen und vereinbaren folgenden Gewinnplan: Der Spieler A erhält vom Spieler B 6,– €, wenn dreimal Kopf fällt, und 4,– €, wenn zweimal Kopf fällt. Der Spieler A zahlt an den Spieler B 6,– €, wenn einmal Kopf fällt. Erscheint dreimal Zahl, so braucht keiner der Spieler zu zahlen. Beschreibe dieses Glücksspiel mithilfe einer Zufallsvariablen X.

2. Zwei durch ihre Farbe unterscheidbare Würfel werden gleichzeitig geworfen. Die Zufallsvariable X ordnet jedem Ergebnis (i, j) die größere (kleinere) der beiden Zahlen zu.
a) Bestimme die Definitionsmenge D(X) und die Wertemenge W(X) von X.
b) Bestimme die Wahrscheinlichkeitsverteilung von X und stelle sie in einem Säulendiagramm graphisch dar.

3. Bei einem Glücksspiel werden zwei Würfel geworfen. Der Spieler erhält für die Augensummen 2 und 12 das Achtfache der gewürfelten Augensumme, für die Augensummen 3 und 11 das Sechsfache der geworfenen Augensumme und für die Augensummen 4 und 10 das Dreifache der gewürfelten Augensumme in € ausgezahlt. In den übrigen Fällen muss er die geworfene Augensumme in € einzahlen.
a) Ermittle für das Glücksspiel die Zufallsvariable X, die jedem Ergebnis dessen Gewinn bzw. Verlust zuordnet. Bestimme die Definitionsmenge D(X) und die Wertemenge W(X) von X.
b) Ermittle die Wahrscheinlichkeitsverteilung von X und stelle sie in einem Säulendiagramm graphisch dar.

4. Die Zufallsvariable X gebe jeweils den Gewinn beim Roulett an, wenn 10 € gesetzt werden auf **a)** „Rot", **b)** „20", **c)** „20 oder 21".
Berechne jeweils ihre Wahrscheinlichkeitsverteilung und stelle sie in einem Säulendiagramm graphisch dar.

5. Eine gezinkte Münze mit $P(\text{Zahl}) = \frac{1}{4}$ und $P(\text{Kopf}) = \frac{3}{4}$ wird dreimal hintereinander geworfen. Die Zufallsvariable X ordne jedem Ergebnis die größte Anzahl aufeinander folgender Ereignisse „Münze zeigt Kopf" zu.

a) Bestimme die Wertmenge W(X) der Zufallsvariablen X und die Wahrscheinlichkeiten der Elementarereignisse.

b) Berechne die Funktionswerte der zugehörigen Wahrscheinlichkeitsverteilung und stelle sie graphisch dar.

6. In der folgenden Tabelle ist die Anzahl der auswärtig wohnenden Schüler von sechs Schulklassen $K_1, K_2, \ldots, K_6$ angegeben.

Klasse	K_1	K_2	K_3	K_4	K_5	K_6
Anzahl der auswärtig wohnenden Schüler	1	5	4	6	3	4

Es werden zwei Klassen zufällig ausgewählt. Die Zufallsvariable X gebe die Anzahl der auswärtig wohnenden Schüler dieser Klassen an.

a) Bestimme die Wertemenge W(X) und ermittle die Wahrscheinlichkeiten der Elementarereignisse.

b) Berechne die Funktionswerte der zugehörigen Wahrscheinlichkeitsverteilung und stelle sie graphisch dar.

7. Die Wahrscheinlichkeitsverteilung einer Zufallsvariable X hat nebenstehende Funktionswerte:

x_i	-3	-1	2	5
$P(X=x_i)$	$3a^2$	a	$5a$	$4a^2$

a) Berechne a.

b) Stelle die Funktion graphisch dar.

c) Stelle die Wahrscheinlichkeitsverteilung als Säulendiagramm dar.

Der Erwartungswert

8. Berechne den Gewinnerwartungswert, wenn beim Roulett 10 € auf

a) „Rot" **b)** „20" **c)** „20 oder 21" gesetzt werden.

9. Berechne den Erwartungswert der folgenden Wahrscheinlichkeitsverteilung:

a)

x_i	-3	$-\frac{1}{2}$	$1\frac{1}{2}$	5
$P(X=x_i)$	$\frac{1}{12}$	$\frac{1}{2}$	$\frac{1}{4}$	$\frac{1}{6}$

b)

x_i	1	3	4	5	7
$P(X=x_i)$	$\frac{2}{15}$	$\frac{1}{3}$	$\frac{4}{15}$	$\frac{1}{15}$	$\frac{1}{5}$

10. a) Mit welcher mittleren Augenzahl kann bei einer großen Anzahl von Würfen mit einem Würfel gerechnet werden?

b) Mit welcher mittleren Augensumme kann man bei einer großen Anzahl von Würfen mit zwei Würfeln rechnen?

11. Ein Spieler wirft einen Würfel. Erscheint eine gerade Zahl, so gewinnt er den entsprechenden Betrag in €, andernfalls verliert er den entsprechenden Betrag.
Ist das Spiel günstig für den Spieler, d.h. gilt $\mathscr{E}(X) > 0$?

12. Beim Skatspiel werden je 10 Karten an die Spieler A, B und C verteilt. Die Zufallsvariable X gebe die Anzahl der Buben von A an. Ermittle die Wahrscheinlichkeitsverteilung von X. Berechne den Erwartungswert von X.

13. Bei einem Würfelspiel wurde vereinbart, dass jeder Spieler das 5fache der Augenzahl seines Wurfes in € in eine gemeinsame Kasse zu zahlen hat. Es wird mit einem Würfel gespielt.

a) Welchen Betrag muss jeder Spieler im Durchschnitt pro Spiel zahlen?

b) Wie wahrscheinlich ist es, dass ein Spieler mehr als 20,– € in einem Spiel zu zahlen hat?

14. Beim Skatspiel sind den Karten verschiedene Zahlen zugeordnet, wie die Tabelle zeigt.

Karte	7	8	9	10	Bube	Dame	König	Ass
Wert	0	0	0	10	2	3	4	11

a) Berechne den mittleren Wert des Skatspieles.

b) Welche mittlere Punktzahl kann man für das Ziehen zweier Karten ohne Zurücklegen erwarten, wenn nur die Züge „König und Ass“ oder „Bube und 10“ gewertet werden?

c) Welche mittlere Punktzahl kann man in b) erwarten, wenn die gezogene Karte zurückgelegt wird?

d) Ein Spieler erhält zufällig zwei Karten. Welche mittlere Punktzahl kann er erwarten?

e) Ein Spieler wettet um 5 €, dass er unter der Bedingung von d) 2 gleichwertige Karten bekommt (z.B. 2 Buben). Welche Chancen hat der Spieler zu gewinnen?

15. Der Hausmeister einer Schule muss während eines Rundgangs im Dunkeln eine verschlossene Tür öffnen. Er hat ein Schlüsselbund mit 10 Schlüsseln, von denen nur einer die Tür öffnet. Je nach Stimmung probiert er der Reihe nach ohne Wiederholung alle Schlüssel durch (Methode A) oder er schwenkt höchstens zehnmal das Schlüsselbund, um aufs Geratewohl einen Schlüssel zu versuchen, wobei eine Wiederholung nicht ausgeschlossen ist (Methode B). Die Anzahl der notwendigen Versuche werde bei den beiden Methoden durch die Zufallsvariablen X_A bzw. X_B beschrieben.

a) Ermittle für beide Methoden die Wahrscheinlichkeitsverteilungen von X_A und X_B.

b) Berechne die Erwartungswerte von X_A und X_B.

16. In einem Korb befinden sich 8 Eier, von denen 4 beschädigt sind. Wie oft muss man durchschnittlich ohne Zurücklegen ein Ei entnehmen, um

a) ein nicht beschädigtes, **b)** zwei nicht beschädigte Eier zu ziehen?

17. In einer Lostrommel befinden sich 70% Nieten und 30% Gewinnlose. Ein Mann will so lange ein Los kaufen, bis er ein Gewinnlos gezogen hat, höchstens aber 5 Lose. Mit welcher Ausgabe muss er im Mittel rechnen, wenn jedes Los 2 € kostet?

18. Bei einem Spielautomaten drehen sich unabhängig voneinander zwei Scheiben (Bild 4.6). Jede Scheibe ist in zehn gleich große Felder eingeteilt, die von 0 bis 9 nummeriert sind. Die folgenden Geldbeträge kann man gewinnen:

5 €, wenn auf beiden Scheiben die 9 erscheint,

2 €, wenn auf beiden Scheiben zwei andere gleiche Ziffern erscheinen,

1 €, wenn auf genau einer Scheibe die 9 erscheint.

In allen anderen Fällen geht der Einsatz verloren. Wie groß muss der Spieleinsatz mindestens sein, damit der Spielautomat für den Besitzer Gewinn bringt?

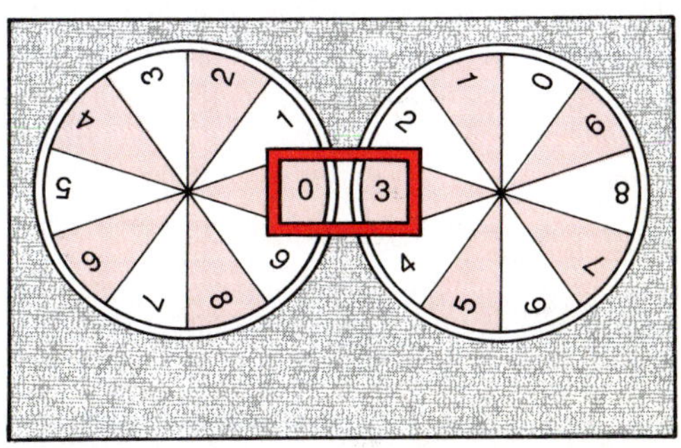

Bild 4.6

19. Eine Illustrierte veranstaltet wöchentlich ein Ratespiel, bei dem ein Preis zu 1000 €, vier Preise zu 300 €, 200 Preise zu 20 € zu gewinnen sind. Diese Preise werden unter den Einsendern richtiger Lösungen ausgelost.
a) Wie groß ist der Erwartungswert des Gewinnbetrags, der auf eine eingesandte richtige Lösung entfällt, wenn 10000 richtige Lösungen eingehen?
b) Wie viele richtige Lösungen müssen eingehen, damit die Gewinnerwartung genau den Kosten für das Postkartenporto von 0,60 € für jede eingesandte Lösung entspricht?

20. Bei dem folgenden Spiel hat man anfangs 9 €. Es wird zweimal hintereinander eine Münze geworfen. Jedesmal wenn Kopf erscheint, wird das Spielkapital verdreifacht, ansonsten wird es gedrittelt. Es sei X der Betrag am Ende. Berechne $\mathscr{E}(X)$.

II. Die Varianz

1. Problemstellung

Knüpfen wir an die beiden im letzten Abschnitt skizzierten Spielstrategien – 10 € bzw. 100 € auf das erste Zahlendutzend zu setzen – an. Beide Spielstrategien unterscheiden sich im Erwartungswert der den Gewinn ausdrückenden Zufallsvariablen. Setzen wir 10 €, so verlieren wir auf Dauer durchschnittlich 0,28 € je Spiel, setzen wir 100 €, so verlieren wir auf Dauer durchschnittlich 2,80 € pro Spiel. Es gibt aber noch einen weiteren Unterschied zwischen beiden Strategien: Setzen wir nur 10 €, so werden die positiven und negativen Gewinne in den einzelnen Spielen auf lange Sicht im Schnitt näher am durchschnittlichen Gewinn pro Spiel liegen, als wenn wir 100 € setzen. Bei 10 € Einsatz „streuen“ oder „variieren“ die Gewinne in den einzelnen Spielen viel näher oder enger um den durchschnittlichen Gewinn als bei 100 € Einsatz (vgl. die Bilder 4.7 und 4.8).

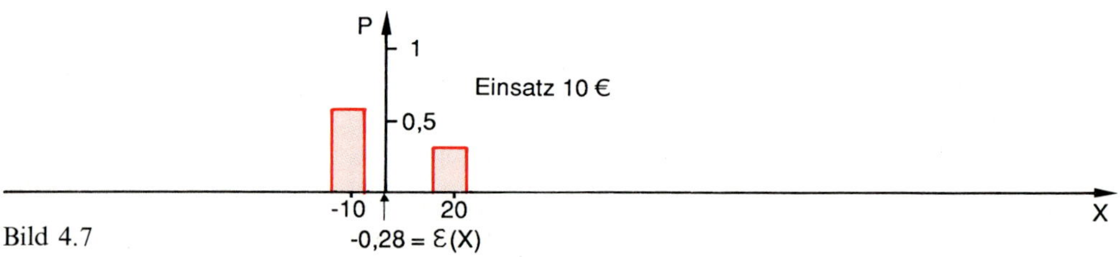

Bild 4.7

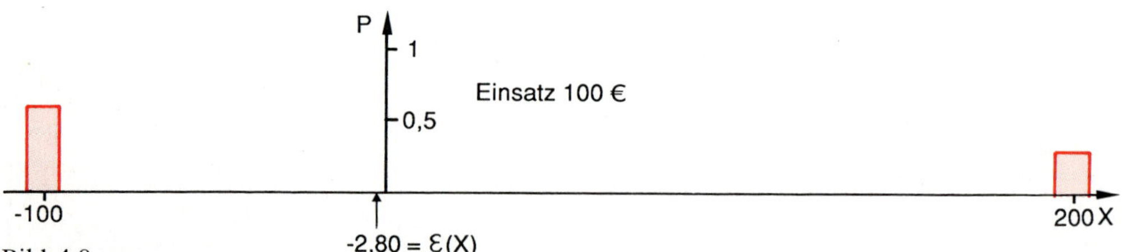

Bild 4.8

Wie können wir diese „Nähe“ um den durchschnittlichen Gewinn mathematisch ausdrücken? Es bietet sich hierfür zunächst die Differenz zwischen dem Gewinn im einzelnen Spiel, also X, und dem durchschnittlichen Gewinn, also dem Erwartungswert $\mathscr{E}(X)$, an, insgesamt also die Größe

$$X - \mathscr{E}(X).$$

Diese Differenz kann positiv oder negativ sein. Für die „Nähe" um den durchschnittlichen Gewinn aber ist das Vorzeichen dieser Differenz unwichtig und störend; es interessiert ja nur, wie nah die Gewinne am Durchschnittsgewinn liegen, nicht aber, ob sie größer oder kleiner sind. Das störende Vorzeichen verschwindet aber, wenn wir zum Absolutbetrag der Differenz übergehen, also zur Größe

$$|X - \mathscr{E}(X)|.$$

Es hat sich allerdings aus bestimmten Gründen als zweckmäßig erwiesen, statt mit dem Absolutbetrag mit dem Quadrat der Differenz zu arbeiten. Diese quadrierte Differenz ist ja ebenso wie der Absolutbetrag immer nicht negativ. Wir erfassen also die Nähe zum durchschnittlichen Gewinn durch die Größe

$$Y = (X - \mathscr{E}(X))^2.$$

Diese Größe ist, da sie abhängig vom Ergebnis jeweils unseres Zufallsexperimentes „Roulettspiel" ist, selbst wieder eine Zufallsvariable. Exakter müssten wir daher eigentlich schreiben:

$$Y(\omega) = (X(\omega) - \mathscr{E}(X))^2.$$

Wenn wir nun danach fragen, wie groß auf lange Sicht die durchschnittliche Nähe der Gewinne in den einzelnen Spielen zum Gewinnerwartungswert ist, so fragen wir damit nach der durchschnittlichen Größe der Zufallsvariablen Y, denn diese Zufallsvariable drückt gerade diese Nähe aus. Das aber heißt, wir fragen nach dem Erwartungswert $\mathscr{E}(Y)$ der Zufallsvariablen Y.

Man nennt diesen Erwartungswert $\mathscr{E}(Y)$ auch **Varianz** der Variablen X. Denn er drückt eben aus, wie stark die Werte der Variablen X um den Erwartungswert $\mathscr{E}(X)$ von X auf lange Sicht durchschnittlich „variieren". Wir definieren:

Definition der Varianz

Ist X eine Zufallsvariable mit dem Erwartungswert $\mathscr{E}(X)$, so heißt der Erwartungswert der Zufallsvariablen $Y = (X - \mathscr{E}(X))^2$ Varianz von X, abgekürzt mit $\mathscr{V}(X)$.

$$\mathscr{V}(X) = \mathscr{E}(Y) = \mathscr{E}((X - \mathscr{E}(X))^2)$$

Beispiele

1. Wir berechnen die Varianz für die beiden Spielstrategien, also für unsere Zufallsvariablen X, die den Gewinn im einzelnen Spiel ausdrücken. Es ergibt sich:

Beim Einsatz von 10 €

$$Y(\omega) = \begin{cases} (-10 - (-0{,}28))^2 = 9{,}72^2 = 94{,}478, & \text{für } \omega \in \{0, 13, 14, 15, \dots, 36\}, \\ (20 - (-0{,}28))^2 = 20{,}28^2 = 411{,}278, & \text{für } \omega \in \{1, 2, 3, \dots, 12\}, \end{cases}$$

$$\begin{aligned} \mathscr{V}(X) = \mathscr{E}(Y) &= 94{,}478 \cdot P(Y = 94{,}478) + 411{,}278 \cdot P(Y = 411{,}278) \\ &= 94{,}478 \cdot 0{,}676 + 411{,}278 \cdot 0{,}324 = 197{,}121. \end{aligned}$$

Beim Einsatz von 100 €

$$Y(\omega)=\begin{cases}(-100-(-2{,}80))^2=97{,}20^2=9\,447{,}84, & \text{für } \omega\in\{0,13,14,15,\dots,36\},\\ (200-(-2{,}80))^2=202{,}80^2=41\,127{,}84, & \text{für } \omega\in\{1,2,3,\dots,12\},\end{cases}$$

$$\mathscr{V}(X)=\mathscr{E}(Y)=9\,447{,}84\cdot P(Y=9447{,}84)+41\,127{,}84\cdot P(Y=41\,127{,}84)$$
$$=9\,447{,}84\cdot 0{,}676+41\,127{,}84\cdot 0{,}324=19\,712{,}16.$$

Ergebnis: Setzen wir 100 €, so ist die Varianz der Gewinnzufallsvariablen viel größer, als wenn wir nur 10 € setzen.

2. Wie groß ist die Varianz der Zufallsvariablen X: Häufigkeit des Ergebnisses „Kopf" im dreifachen Münzwurf (vgl. Bild 4.4, Seite 63, und Bild 4.9)?
Wir haben bereits oben den Erwartungswert $\mathscr{E}(X)=1{,}5$ berechnet. Also ergibt sich:

$$Y(\omega)=\begin{cases}(0-1{,}5)^2=2{,}25, & \text{für } \omega\in\{(Z,Z,Z)\}, \text{ also für } X(\omega)=0,\\ (1-1{,}5)^2=0{,}25, & \text{für } \omega\in\{(Z,Z,K),(Z,K,Z),(K,Z,Z)\}, \text{ also für } X(\omega)=1,\\ (2-1{,}5)^2=0{,}25, & \text{für } \omega\in\{(Z,K,K),(K,Z,K),(K,K,Z)\}, \text{ also für } X(\omega)=2,\\ (3-1{,}5)^2=2{,}25, & \text{für } \omega\in\{(K,K,K,)\}, \text{ also für } X(\omega)=3,\end{cases}$$

$$\mathscr{V}(X)=\mathscr{E}(Y)=2{,}25\cdot P(Y=2{,}25)+0{,}25\cdot P(Y=0{,}25)=2{,}25\cdot\tfrac{2}{8}+0{,}25\cdot\tfrac{6}{8}=0{,}75.$$

Als Maßstab für diese „Streuung" einer Zufallsvariablen (um ihren Erwartungswert) ist auch statt der Varianz die Quadratwurzel aus dieser Varianz, also $\sqrt{\mathscr{V}(X)}$, üblich. Diese Größe wird **Standardabweichung** von X genannt, abgekürzt zumeist $\sigma(X)$. (Auch hier ist der Name nahe liegend: Es geht ja um die durchschnittliche, also „standardmäßige" Abweichung der Zufallsvariablen X von ihrem Erwartungswert.)
Berechnen wir für unsere beiden Roulett-Spielstrategien diese Standardabweichung. Bei 10 € Einsatz beträgt die Abweichung $\sqrt{197{,}121}\approx 14{,}040$. Bei 100 € Einsatz beträgt sie $\sqrt{19712{,}16}\approx 140{,}40$, also genau das Zehnfache. Auch hier wieder ergibt sich: Prozentual bezogen auf den Einsatz ist die Standardabweichung der Gewinnzufallsvariablen in beiden Spielstrategien gleich.

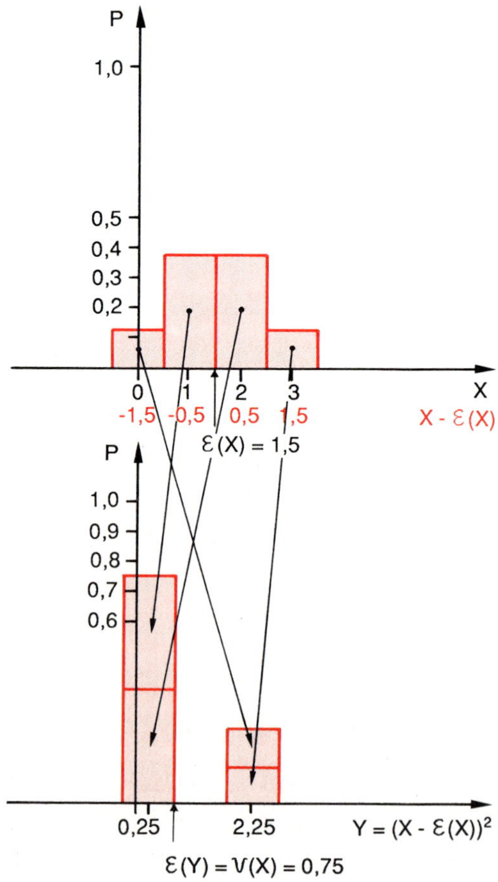

Bild 4.9

Ergänzung

Es wird einmal gewürfelt. Ich gewinne oder verliere nach folgender Regel:
a) Fällt eine 6, so erhalte ich 5 €. Fällt eine 1, so muss ich 5 € zahlen.
b) Fällt eine 5 oder 6, so erhalte ich 5 €. Fällt eine 1 oder 2, so muss ich 5 € zahlen.

Gib die den Gewinn ausdrückende Zufallsvariable an, zeichne das zugehörige Säulendiagramm, berechne Erwartungswert, Varianz und Standardabweichung. Vergleiche die Ergebnisse für a) und b). Drückt sich der Unterschied in der Streuung, also in Varianz und Standardabweichung, irgendwie im Säulendiagramm aus?

2. Ein weiteres Beispiel zur Varianz

Bleiben wir beim Roulett und betrachten wir unter der Perspektive von Erwartungswert und Varianz der den Gewinn ausdrückenden Zufallsvariablen eine weitere Spielstrategie. Wir wollen in jedem Spiel den Betrag von 10 € auf eine bestimmte Zahl, etwa die „13" setzen. Diese Zahl fällt mit einer Wahrscheinlichkeit von $\frac{1}{37} \approx 0{,}027$ und bringt, wenn sie fällt, den Reingewinn von 350 €. Der Gewinn wird also durch folgende Zufallsvariable X beschrieben:

$$X(\omega) = \begin{cases} -10, & \text{für } \omega \neq 13, \\ +350, & \text{für } \omega = 13. \end{cases}$$

Damit ergibt sich:

$$\mathscr{E}(X) = 350 \cdot 0{,}027 + (-10) \cdot (1 - 0{,}027) = 9{,}45 - 9{,}73 = -0{,}28,$$
$$\mathscr{V}(X) = ((350 - (-0{,}28))^2) \cdot 0{,}027 + (((-10) - (-0{,}28))^2) \cdot 0{,}973 = 3\,404{,}722,$$
$$\sigma(X) = \sqrt{3\,404{,}722} \approx 58{,}35.$$

Ergebnis: Auch diese „gewagte" Strategie lässt auf Dauer nicht mehr Gewinn erwarten. Gegenüber dem „vorsichtigen" Einsatz von 10 € auf das erste Dutzend ist hier jedoch die Varianz des Gewinnes erheblich größer. Und dies macht diese Strategie möglicherweise spannender.

Ergänzungen

1. Wenn du wählen müsstest, ob du 10 € beim Roulett auf das erste Dutzend oder auf eine bestimmte Zahl setzt, wofür würdest du dich entscheiden?

2. Jemand schlägt als Alternative zum üblichen Roulettspiel folgendes „Spiel" vor. Der Spieler zahlt an die Bank einen Einsatz. Davon erhält der Spieler sofort 97,2% zurück – und damit ist dieses seltsame „Spiel" auch schon zu Ende. Wie unterscheidet sich dieses „Spiel" im Hinblick auf Erwartungswert und Varianz des Gewinnes vom üblichen Roulett?

3. Auf Dauer muss man beim Roulett mit einem Verlust rechnen. Warum aber spielen viele Menschen trotzdem Roulett? Versprechen sie sich trotz des finanziellen Verlustes dennoch einen „Gewinn"? Was hat dieser andersartige „Gewinn" mit der Varianz der finanziellen Gewinnzufallsvariablen zu tun?

4. Nimmt eine Zufallsvariable ihre (endlich vielen) Werte alle mit gleicher Wahrscheinlichkeit an, so spricht man von einer **Gleichverteilung** und nennt die betreffende Zufallsvariable **gleichverteilt**. Ein Beispiel einer solchen gleichverteilten Zufallsvariablen ist etwa die Variable X: Augenzahl beim (einmaligen) Wurf eines idealen Würfels. Hier nimmt X nämlich alle ihre Werte, also 1, 2, 3, 4, 5 und 6, mit der gleichen Wahrscheinlichkeit $\frac{1}{6}$ an.
a) Stelle die Wahrscheinlichkeitsverteilung von X in Form eines Säulendiagrammes dar.
b) Berechne den Erwartungswert $\mathscr{E}(X)$ und die Varianz $\mathscr{V}(X)$ von X.
c) Verallgemeinere deine Überlegungen aus b). Wie berechnen sich allgemein der Erwartungswert und die Varianz einer beliebigen gleichverteilten Zufallsvariablen X, die ihre m verschiedenen Werte $x_1, x_2, \ldots, x_m$ jeweils mit gleicher Wahrscheinlichkeit annimmt?

Übungen und Aufgaben

Die Varianz

1. Berechne Erwartungswert, Varianz und Standardabweichung der folgenden Wahrscheinlichkeitsverteilungen. Zeichne die dazugehörenden Säulendiagramme.

a)

x_i	1	3	10
$P(X=x_i)$	$\frac{1}{2}$	$\frac{1}{6}$	$\frac{1}{3}$

b)

x_i	-6	-2	1	3
$P(X=x_i)$	$\frac{1}{2}$	$\frac{1}{8}$	$\frac{1}{4}$	$\frac{1}{8}$

c)

x_i	$-1{,}5$	$1{,}5$	
$P(X=x_i)$	$\frac{1}{2}$	$\frac{1}{2}$	

d)

x_i	-2	-1	1	3
$P(X=x_i)$	$\frac{5}{24}$	$\frac{7}{24}$	$\frac{7}{24}$	$\frac{5}{24}$

2. a) Ein Würfel wird geworfen. Die Zufallsvariable X ordne jedem Wurf die Augenzahl zu. Berechne $\mathcal{V}(X)$ und $\sigma(X)$.
b) Zwei Würfel werden geworfen. Die Zufallsvariable X ordne jedem Wurf die Augensumme zu. Berechne $\mathcal{V}(X)$ und $\sigma(X)$.

3. Die Zufallsgröße X stelle den Gewinn des Glücksrades von Bild 4.10 dar, wobei die Wahrscheinlichkeit für einen Kreissektor gleich dem Anteil der Fläche des Kreissektors zur Gesamtfläche des Kreises ist.
a) Ermittle die Wahrscheinlichkeitsverteilung von X.
b) Berechne $\mathcal{E}(X)$, $\mathcal{V}(X)$ und $\sigma(X)$.
c) Wie groß muss der Einsatz sein, damit das Spiel fair ist?

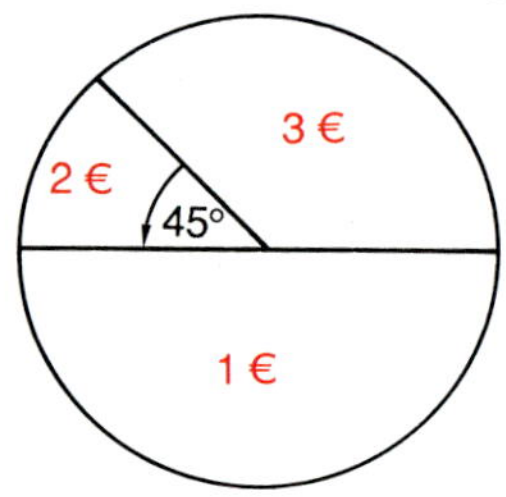

Bild 4.10

4. Eine Sendung Transistoren enthält 10% defekte Stücke. Ein Transistor wird zufällig ausgewählt. Die Zufallsvariable X ist wie folgt definiert:

$$X(e) = \begin{cases} 1 & \text{falls e ein defekter Transistor ist;} \\ 0 & \text{falls e ein nicht defekter Transistor ist.} \end{cases}$$

a) Ermittle die Wahrscheinlichkeitsverteilung von X.
b) Berechne $\mathcal{E}(X)$, $\mathcal{V}(X)$ und $\sigma(X)$.
c) Die Sendung enthält p% defekte Stücke. Die Zufallsgröße X ist wie oben definiert. Berechne $\mathcal{E}(X)$, $\mathcal{V}(X)$ und $\sigma(X)$.

5. Zwei Würfel werden gleichzeitig geworfen. Die Zufallsvariable X ordne jedem Wurfergebnis die größere (kleinere) der beiden Augenzahlen zu. Bei Gleichheit der Augenzahlen ordne X die Zahl selbst zu. Berechne $\mathcal{E}(X)$, $\mathcal{V}(X)$ und $\sigma(X)$.

6. Eine Urne enthält 4 Kugeln, die von 1 bis 4 nummeriert sind (Bild 4.11). Man zieht nun aus dieser Urne nacheinander ohne Zurücklegen 2 Kugeln und ordnet anschließend jedem Zug die Summe X der gezogenen Zahlen zu. Berechne $\mathcal{E}(X)$, $\mathcal{V}(X)$ und $\sigma(X)$.

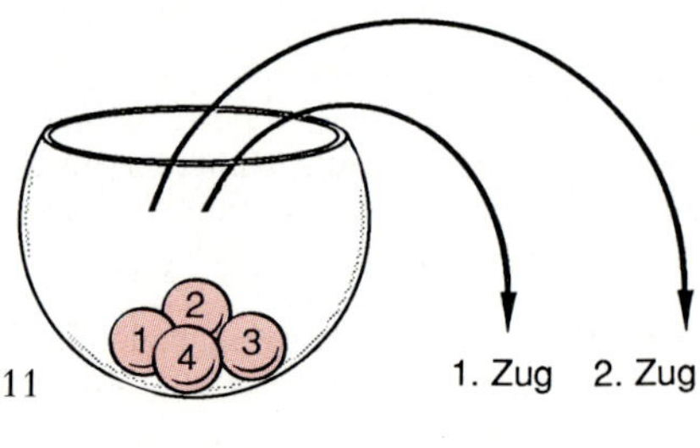

Bild 4.11

7. Die Zufallsvariable X nehme die Werte -1, 0 und 1 an. Man kennt von X zusätzlich $\mathscr{E}(X)$ und $\mathscr{V}(X)$. Ermittle die Funktionswerte der Wahrscheinlichkeitsverteilung. Welche Bedingungen müssen die Zahlen $\mathscr{E}(X)$ und $\mathscr{V}(X)$ erfüllen?

8. Die Zufallsvariable X kann die Werte $x_1, x_2, \ldots, x_m$ mit den Wahrscheinlichkeiten $P_i = P(X = x_i)$ $(i = 1, 2, \ldots, m)$ annehmen.
a) Zeige, dass für alle $a \in \mathbb{R}$ gilt.

$$\mathscr{V}(X) = \sum_{i=1}^{m} (x_i - a)^2 \cdot P_i - (\mathscr{E}(X) - a)^2.$$

b) Berechne mit a) die Varianz der nebenstehenden Zufallsvariable X, indem du ein geeignetes a wählst.

x_i	440	445	450	455	460
P_i	0,2	0,1	0,2	0,1	0,4

9. a) Zeige, dass die Varianz $\mathscr{V}(X)$ einer Zufallsvariable X genau dann gleich Null ist, wenn X nur einen Wert $a \in \mathbb{R}$ mit positiver Wahrscheinlichkeit annimmt.
b) Wie groß ist $\mathscr{V}(X)$, falls X eine konstante Funktion ist?

10. a) Zeige, dass für jede Zufallsvariable X und für beliebige Zahlen $a, b \in \mathbb{R}$ gilt:
1) $\mathscr{E}(a \cdot X + b) = a \cdot \mathscr{E}(X) + b$, 2) $\mathscr{V}(a \cdot X + b) = a^2 \cdot \mathscr{V}(X)$, 3) $\sigma(a \cdot X + b) = |a| \cdot \sigma(X)$.
b) Eine Zufallsvariable X hat den Erwartungswert $\mathscr{E}(X) = -2$ und die Varianz $\mathscr{V}(X) = 5$. Berechne den Erwartungswert und die Varianz der Zufallsvariablen $Y = 3 \cdot X - 7$.
c) Die Zufallsvariable X hat den Erwartungswert $\mathscr{E}(X) = -5$ und die Varianz $\mathscr{V}(X) = 9$. Bestimme die Zahlen a und b so, dass die Zufallsvariable $Y = aX + b$ den Erwartungswert 0 und die Varianz 1 hat.

11. Zwei Maschinen A und B stellen Keilriemen mit einer Sollänge von 450 mm her. Eine Untersuchung der auftretenden Abweichungen von der Sollänge ergab die folgenden Werte:

Maschine A

x_i	440	445	450	455	460
$P(X = x_i)$	0,025	0,2	0,55	0,2	0,025

Maschine B

x_i	440	445	450	455	460
$P(X = x_i)$	0,05	0,15	0,575	0,2	0,025

a) Setze zur Vereinfachung der Rechnung $X = X_1 + 450$ und ermittle die Wahrscheinlichkeitsverteilungen von X für A und B.
b) Benutze die Angaben in Aufgabe 10 zur Berechnung von $\mathscr{E}(X)$ und $\mathscr{V}(X)$ von A und B.
c) Vergleiche die Standardabweichungen $\sigma(X)$ von A und B und begründe, weshalb die Maschine A besser arbeitet als die Maschine B.

Mittelwert einer Stichprobe, empirische Varianz und empirische Standardabweichung

Vorbemerkung: Die Begriffe Erwartungswert $\mathscr{E}(X)$, Varianz $\mathscr{V}(X)$ und Standardabweichung $\sigma(X)$ einer Zufallsvariablen X beruhen auf den Wahrscheinlichkeiten, mit denen die Zufallsvariable X ihre Werte annimmt. Diese Wahrscheinlichkeiten können in empirischen Untersuchungen durch relative Häufigkeiten geschätzt werden. Setzt man diese relativen Häufigkeiten als Schätzwerte für die Wahrscheinlichkeiten in die Berechnungsformeln für $\mathscr{E}(X)$, $\mathscr{V}(X)$ und $\sigma(X)$ ein, so erhält man Schätzwerte für $\mathscr{E}(X)$, $\mathscr{V}(X)$ und $\sigma(X)$. Diese Schätzwerte nennt man **Mittelwert $\bar{x}$, empirische Varianz s_x^2** und **empirische Standardabweichung s_x**.

Man definiert:

1) Nimmt eine Zufallsvariable X in einer Stichprobe die Werte $x_1, x_2, \ldots, x_m$ mit den relativen Häufigkeiten $h(x_1), h(x_2), \ldots, h(x_m)$ an, so heißt

$$\bar{x} = x_1 \cdot h(x_1) + x_2 \cdot h(x_2) + \ldots + x_m \cdot h(x_m)$$

der Mittelwert $\bar{x}$ der Zufallsvariable X.

2) Nimmt eine Zufallsvariable X in einer Stichprobe die Werte $x_1, x_2, \ldots, x_m$ mit den relativen Häufigkeiten $h(x_1), h(x_2), \ldots, h(x_m)$ an, so heißt der Mittelwert der Zufallsvariablen $Y = (X - \bar{x})^2$ die empirische Varianz s_X^2 von X. Es gilt also:

$$s_X^2 = (x_1 - \bar{x})^2 \cdot h(x_1) + (x_2 - \bar{x})^2 \cdot h(x_2) + \ldots + (x_m - \bar{x})^2 \cdot h(x_m).$$

$s_X = \sqrt{s_X^2}$ heißt die empirische Standardabweichung von X.

Beispiel

Eine Eisenwarenfabrik stellt Nägel her, die eine Länge von ca. 7 cm haben sollen. Man weiß, dass die maschinell hergestellten Nägel nicht alle gleich lang sind. Die Gesamtheit der Produktion wird in 7 Längenklassen eingeteilt. Bei einer Stichprobe ergaben sich die in der folgenden Tabelle angegebenen Anteile der einzelnen Längenklassen:

Länge x_i in cm	6,94	6,96	6,98	7,00	7,02	7,04	7,06
$h(x_i)$	0,04	0,07	0,2	0,35	0,23	0,08	0,03

Um den Mittelwert und die empirische Standardabweichung dieser Stichprobe zu berechnen, erweitern wir die gegebene Tabelle:

x_i	6,94	6,96	6,98	7,00	7,02	7,04	7,06
$h(x_i)$	0,04	0,07	0,2	0,35	0,23	0,08	0,03
$x_i \cdot h(x_i)$	0,2776	0,4872	1,3960	2,4500	1,6146	0,5632	0,2118
Summe $x_i \cdot h(x_i)$	0,2776	0,7648	2,1608	4,6108	6,2254	6,7886	$7{,}0004 = \bar{x}$

$x_i - \bar{x}$	−0,0604	−0,0404	−0,0204	−0,0004	0,0196	0,0396	0,0596
$(x_i - \bar{x})^2$	0,003648	0,001632	0,000416	0,00000016	0,000384	0,001568	0,003552
$(x_i - \bar{x})^2 \cdot h(x_i)$	0,000145926	0,000114251	0,000083232	0,000000056	0,000088356	0,000125452	0,000106564
Summe $(x_i - \bar{x})^2 \cdot h(x_i)$	0,000145926	0,000260177	0,000343409	0,000343465	0,000431821	0,000557273	$0{,}000663837 = s_X^2$

Es gilt also: $\bar{x} = 7{,}0004$; $s_X^2 = 0{,}000663837$; $s_X = 0{,}025765034$.

12. In einer Klasse mit 24 Schülern wurden in einer Klassenarbeit folgende Häufigkeiten der Noten erzielt:

Note k	1	2	3	4	5	6
H(k)	2	3	9	5	4	1

a) Stelle die relativen Häufigkeiten in einem Säulendiagramm dar.
b) Berechne den Mittelwert und die empirische Standardabweichung.

13. In einem Betrieb verdient in einer Gruppe von Mitarbeitern ein Drittel 1800 €, ein Fünftel 2100 €, ein Sechstel 2400 € und der Rest 2700 €. Berechne den mittleren Monatsverdienst dieser Gruppe.

14. In einer Schülervertretung verteilt sich das Alter der Mitglieder wie folgt:

Alter k	14	15	16	17	18	19
prozentualer Anteil	15	20	25	15	15	10

a) Berechne das mittlere Alter der Schüler.
b) Welche empirische Standardabweichung hat diese Stichprobe?

15. Eine Stichprobe hat die folgenden Häufigkeiten mit dem Mittelwert $\bar{x}=1$ und der empirischen Varianz $s_X^2=2{,}8$. Bestimme H(2) und H(3).

x_k	−2	1	2	3
$H(x_k)$	2	4	H(2)	H(3)

16. Von der Stichprobe kennt man den Mittelwert $\bar{x}=1$ und die empirische Varianz $s_X^2=\frac{4}{3}$. Bestimme H(0) und x_3.

x_k	−1	0	x_3
$H(x_k)$	1	H(0)	5

17. Bei der Produktion von Stahlnägeln wird eine Sollänge von 21,7 mm angestrebt. Eine Stichprobe vom Umfang 10 ergab die folgenden Längen (in mm):

21,7; 21,5; 21,8; 21,3; 21,6; 21,7; 21,7; 21,9; 21,7; 21,7.

Berechne den Mittelwert und die empirische Standardabweichung dieser Stichprobe.

18. Bei 40 Schülern einer Klasse wurde die Körpergröße (in cm) gemessen:

158;	163;	161;	170;	173;	182;	173;	160;	159;	162;
165;	169;	166;	172;	166;	166;	168;	175;	180;	178;
161;	160;	162;	163;	159;	165;	169;	170;	178;	171;
164;	171;	176;	181;	173;	169;	173;	164;	178;	172.

Berechne den Mittelwert und die empirische Standardabweichung dieser Stichprobe.

19. Bei einem Schülerversuch wird von 30 Schülern die Dichte von Eisen ermittelt. Hier ist die Liste der Ergebnisse:

Nr. des Versuchs	1	2	3	4	5	6	7	8	9	10
Dichte in g/cm³	7,85	7,87	7,88	7,86	7,86	7,83	7,89	7,86	7,87	7,85

Nr. des Versuchs	11	12	13	14	15	16	17	18	19	20
Dichte in g/cm³	7,86	7,88	7,85	7,87	7,86	7,87	7,84	7,90	7,86	7,88

Nr. des Versuchs	21	22	23	24	25	26	27	28	29	30
Dichte in g/cm³	7,86	7,85	7,86	7,87	7,82	7,86	7,86	7,80	7,84	7,87

Berechne den Mittelwert und die empirische Standardabweichung dieser Stichprobe.

20. Einer Grundgesamtheit werden zwei Stichproben vom Umfang n_1 und n_2 entnommen und die Mittelwerte $\bar{x}_1$ und $\bar{x}_2$ ermittelt.

a) Zeige, dass dann die Stichprobe vom Umfang n_1+n_2 den Mittelwert

$$\bar{x}=\frac{n_1\bar{x}_1+n_2\bar{x}_2}{n_1+n_2} \text{ hat.}$$

b) Einer Schraubenproduktion werden zwei Stichproben vom Umfang $n_1=20$ und $n_2=30$ entnommen. Dabei ergaben sich die Mittelwerte für die Schraubendurchmesser zu $\bar{x}_1=7{,}01$ mm und $\bar{x}_2=6{,}98$ mm. Berechne den Mittelwert der Stichprobe vom Umfang 50.

21. Zeige, dass für jede Zufallsvariable X und für beliebige Zahlen $a, b \in \mathbb{R}$ gilt:

a) $\overline{a \cdot X + b} = a \cdot \bar{x} + b$.

b) $s^2_{aX+b} = a^2 \cdot s^2_X$.

c) $s_{aX+b} = |a| \cdot s_X$.

d) Einem Lebensmittelhändler wurden 25 Brote mit einem Sollwert von 500 g geliefert. Beim Nachwiegen ergaben sich folgende Werte in g:

510; 480; 495; 507; 500; 503; 495; 530; 518; 512; 506; 500; 517;
510; 486; 527; 516; 505; 507; 494; 516; 501; 509; 506; 525.

1) Berechne das mittlere Gewicht der Brote dieser Lieferung. Welche empirische Standardabweichung hat diese Stichprobe?

2) Setze zur Vereinfachung der Rechnung $y_i = x_i - 500$ und berechne den Mittelwert $\bar{y}$ sowie die empirische Standardabweichung s_Y. Berechne mit a) und c) hieraus $\bar{x}$ und s_X und vergleiche den Rechenaufwand mit dem in 1) geleisteten.

22. In einer Automobilfabrik wurde der Benzinverbrauch pro 100 km einer Serie von 200 Kraftfahrzeugen eines Autotyps gemessen. Man erhielt die folgenden Werte.

Benzinverbrauch in l	[7,8; 7,9[	[7,9; 8,0[	[8,0; 8,1[	[8,1; 8,2[	[8,2; 8,3[
absolute Häufigkeit	4	8	12	37	44

Benzinverbrauch in l	[8,3; 8,4[	[8,4; 8,5[	[8,5; 8,6[	[8,6; 8,7[	[8,7; 8,8[
absolute Häufigkeit	51	27	13	3	1

a) Berechne den Mittelwert sowie die empirische Standardabweichung dieser Stichprobe.

b) Berechne in a) auch den Mittelwert und die empirische Standardabweichung mit Hilfe von $y_i = 10 \cdot x_i - 80$ (vgl. Aufgabe 21).

Hinweis: Die Zahlen x_i bei der Berechnung des Mittelwertes und der empirischen Standardabweichung sind die jeweiligen Intervallmitten.

23. In einer Automobilfabrik wurde die Lebensdauer von 200 Motoren eines Typs unter besonderen Bedingungen getestet. Man erhielt die folgenden Werte.

Lebensdauer in 1000 km	[91; 93[	[93; 95[	[95; 97[	[97; 99[	[99; 101[	[101; 103[
absolute Häufigkeit	3	7	11	14	19	24

Lebensdauer in 1000 km	[103; 105[	[105; 107[	[107; 109[	[109; 111[	[111; 113[
absolute Häufigkeit	27	23	21	16	13

Lebensdauer in 1000 km	[113; 115[	[115; 117[	[117; 119[	[119; 121[	[121; 123[
absolute Häufigkeit	9	5	3	3	2

a) Berechne den Mittelwert sowie die empirische Standardabweichung dieser Stichprobe.

b) Berechne den Mittelwert sowie die empirische Standardabweichung dieser Stichprobe mit Hilfe von $y_i = 10^{-3} \cdot x_i - 100$ (vgl. Aufgabe 21 und den Hinweis zu Aufgabe 22).

24. Beweise den folgenden Satz: Nimmt eine Zufallsvariable X bei einer Stichprobe die Werte x_i mit den relativen Häufigkeiten $h(x_i)$ an und hat X den Mittelwert $\bar{x}$, so gilt für die empirische Varianz

$$s^2_X = \sum_{i=1}^{m} x_i^2 \cdot h(x_i) - \bar{x}^2.$$

§ 5 *Bedingte Wahrscheinlichkeit und Unabhängigkeit*

I. Bedingte Wahrscheinlichkeit

1. Einführung

Denken wir uns folgende Modifikation des Roulettspieles, gleichsam ein „Roulett für Spätentschlossene": Die Kugel wird, nachdem die Einsätze getätigt wurden, für die Spieler zunächst unsichtbar geworfen. Nach dem Fallen der Kugel gibt der Croupier lediglich bekannt, ob das Ergebnis „Rot", „Schwarz" oder „0" ist. Die Spieler erhalten nun die Möglichkeit, ihre schon gemachten Einsätze noch einmal zu verdoppeln, außer natürlich die Einsätze auf „Rot", „Schwarz" oder „0". Erst danach wird der Blick auf das Roulettrad ermöglicht, also auf das genaue Ergebnis, und wie üblich ausbezahlt.

Wir haben auf die erste Zahlenreihe gesetzt, also auf das Ereignis $A = \{1, 2, 3\}$. Der Ergebnisraum ist $\Omega = \{0, 1, 2, \ldots, 36\}$. Also gilt für die Wahrscheinlichkeit, dass A eintritt, dass wir also gewinnen, nach der Formel von Laplace:

$$P(A) = \frac{|A|}{|\Omega|} = \frac{3}{37} \approx 0{,}081.$$

Die Kugel fällt und der Croupier verkündet „Rot". Sollten wir nun den Einsatz verdoppeln? Wie wahrscheinlich ist es nun, nachdem wir schon wissen, dass eine rote Zahl gefallen ist, dass A eintritt, dass also eine der Zahlen 1, 2 oder 3 gefallen ist? Bezeichnen wir das vom Croupier verkündete Ereignis „Rot" mit B. Es gilt also $B = \{1, 3, 5, 7, 9, 12, 14, 16, 18, 19, 21, 23, 25, 27, 30, 32, 34, 36\}$, wie ein Blick auf die Farben der Zahlen beim Roulett (vgl. Bild 1.7) zeigt. Das Ereignis B ist für uns jetzt sicher, denn wir wissen, dass es eingetreten ist. Die Menge der ursprünglich 37 möglichen Ergebnisse ist nun auf die Menge von nur noch 18 möglichen Ergebnissen zusammengeschrumpft. „Möglich" sind jetzt nämlich nur noch die 18 roten Zahlen. „Günstig" davon sind für unser Ereignis A genau die Zahlen, die sowohl zu A als auch zu B gehören, also diejenigen der Zahlen 1, 2 und 3, die zugleich rot sind: Dies sind genau die zwei Elemente der Schnittmenge $A \cap B = \{1, 3\}$. Dividieren wir nun gemäß Laplace die Anzahl der „günstigen" Ergebnisse, also $|A \cap B| = 2$, durch die Anzahl der jetzt noch „möglichen" Ergebnisse, also $|B| = 18$, so erhalten wir die gesuchte Wahrscheinlichkeit. Diese Wahrscheinlichkeit nennen wir die bedingte Wahrscheinlichkeit von A unter der Bedingung B, abgekürzt $P(A|B)$. Gelegentlich wird diese bedingte Wahrscheinlichkeit auch durch den Ausdruck $P_B(A)$ symbolisiert. Wir notieren also:

$$(1) \quad P(A|B) = \frac{|A \cap B|}{|B|} = \frac{2}{18} \approx 0{,}111.$$

Vergleichen wir diese bedingte Wahrscheinlichkeit $P(A|B)$ mit der ursprünglichen Wahrscheinlichkeit $P(A)$, so wird deutlich, dass sich unsere Gewinnchance durch das Eintreten der Bedingung „Rot" leicht erhöht hat; die Verdoppelung des Einsatzes wäre also zu erwägen.

Wie können wir diese bedingte Wahrscheinlichkeit P(A|B) mit Hilfe von unbedingten Wahrscheinlichkeiten ausdrücken und definieren? Aus

(2) $$P(A \cap B) = \frac{|A \cap B|}{|\Omega|} = |A \cap B| : |\Omega| = 2:37 \text{ und } P(B) = \frac{|B|}{|\Omega|} = |B| : |\Omega| = 18:37$$

ergibt sich mit (1) sofort:

$$P(A|B) = \frac{|A \cap B|}{|B|} = \frac{|A \cap B| : |\Omega|}{|B| : |\Omega|} = \frac{P(A \cap B)}{P(B)} = \frac{2:37}{18:37} = \frac{2}{18}.$$

Wir können also die bedingte Wahrscheinlichkeit P(A|B) mit Hilfe der unbedingten Wahrscheinlichkeiten $P(A \cap B)$ und P(B) ausdrücken, wobei als Divisor P(B) größer als Null sein muss. Wir definieren allgemein:

Definition der bedingten Wahrscheinlichkeit

Sind $A \subseteq \Omega$ und $B \subseteq \Omega$ Ereignisse und ist $P(B) > 0$, dann heißt

$$P(A|B) = \frac{P(A \cap B)}{P(B)} = \frac{P(A \text{ und } B)}{P(B)}$$

die (bedingte) Wahrscheinlichkeit von A unter der Bedingung B.

Beispiel

Wie wahrscheinlich ist beim Wurf eines Würfels das Ereignis A: „Augenzahl gerade“ unter der Bedingung B: „Augenzahl höchstens 3“?
Das Ereignis „A und B“ tritt genau dann ein, wenn die Augenzahl Zwei fällt; denn nur diese Augenzahl ist sowohl gerade als auch kleiner oder gleich 3. Also gilt $P(A \text{ und } B) = \frac{1}{6}$. Mit $P(B) = \frac{3}{6}$ erhalten wir

$$P(A|B) = \frac{\frac{1}{6}}{\frac{3}{6}} = \frac{1}{3}.$$

Wenn wir schon wissen, dass die gewürfelte Zahl höchstens 3 ist, dann beträgt die Wahrscheinlichkeit, dass sie (auch) gerade ist, $\frac{1}{3}$. Diese bedingte Wahrscheinlichkeit ist übrigens geringer als die unbedingte Wahrscheinlichkeit für eine gerade Zahl, also als $P(A) = \frac{3}{6} = \frac{1}{2}$. Unsere Kenntnis des Eintretens des Ereignisses B hat also für uns das Ereignis A unwahrscheinlicher gemacht.

2. Erweiterung des Begriffs bedingter Wahrscheinlichkeit

Wir haben im vorigen Abschnitt den neuen Begriff der bedingten Wahrscheinlichkeit anhand eines Laplace-Experimentes eingeführt. Dieser Begriff erweist sich aber als sinnvoll nicht nur im Rahmen der klassischen Wahrscheinlichkeitskonzeption, sondern auch auf dem Hintergrund der anderen Wahrscheinlichkeitskonzeptionen. Betrachten wir hier ein Beispiel auf der Grundlage des statistischen Wahrscheinlichkeitsbegriffes.

Ein Soziologe interessiert sich für den Zusammenhang zwischen Geschlecht und Einkommen. Er befragt deshalb eine Zufallsstichprobe von 1000 Berufstätigen und notiert sich für jede befragte Person erstens das Geschlecht, zweitens ob sie viel oder wenig verdient, d.h. mehr oder weniger als das Durchschnittseinkommen der berufstätigen Bevölkerung. Wir können jede Befragung als ein Zufallsexperiment auffassen mit dem vierelementigen Ergebnisraum $\Omega = \{$(Frau, wenig verdienend), (Frau, viel verdienend), (Mann, wenig verdienend), (Mann, viel verdienend)$\}$, in Kurzschreibweise

$$\Omega = \{(F, w), (F, v), (M, w), (M, v)\}.$$

Betrachten wir die Ereignisse B: „Frau“, d.h. $B = \{F, w), (F, v)\}$, und A: „viel verdienend“, d.h. $A = \{(F, v), (M, v)\}$. Folgende **Vier-Felder-Tafel** zeigt übersichtlich die Häufigkeiten, die sich bei der Befragung der 1000 Berufstätigen, also der 1000fachen Wiederholung des Zufallsexperimentes, ergeben haben mögen.

	A: „viel verdienend“	$\bar{A}$: „wenig verdienend“	Summe
B: „Frau“	$H_{1000}(A \cap B) = 165$	$H_{1000}(\bar{A} \cap B) = 245$	$H_{1000}(B) = 165 + 245$ $= 410$
$\bar{B}$: „Mann“	$H_{1000}(A \cap \bar{B}) = 310$	$H_{1000}(\bar{A} \cap \bar{B}) = 280$	$H_{1000}(\bar{B}) = 310 + 280$ $= 590$
Summe	$H_{1000}(A) = 165 + 310$ $= 475$	$H_{1000}(\bar{A}) = 245 + 280$ $= 525$	$H_{1000}(\Omega) = 1000$

Dividieren wir diese Häufigkeiten jeweils durch 1000 und nehmen die dabei entstehenden relativen Häufigkeiten als Schätzwerte für die entsprechenden Wahrscheinlichkeiten, so ergibt sich folgendes Bild:

	A: „viel verdienend“	$\bar{A}$: „wenig verdienend“	Summe
B: „Frau“	$P(A \cap B) = 0{,}165$	$P(\bar{A} \cap B) = 0{,}245$	$P(B) = 0{,}410$
$\bar{B}$: „Mann“	$P(A \cap \bar{B}) = 0{,}310$	$P(\bar{A} \cap \bar{B}) = 0{,}280$	$P(\bar{B}) = 0{,}590$
Summe	$P(A) = 0{,}475$	$P(\bar{A}) = 0{,}525$	$P(\Omega) = 1{,}000$

Bilden wir gemäß der Definition im vorangegangenen Abschnitt die bedingte Wahrscheinlichkeit, dass eine berufstätige Person „viel verdienend“ ist, unter der Bedingung, dass sie eine Frau ist, also $P(A|B)$:

$$P(A|B) = \frac{P(A \cap B)}{P(B)} = \frac{P(\text{Frau und viel verdienend})}{P(\text{Frau})} = \frac{0{,}165}{0{,}410} = \frac{165}{410} \approx 0{,}402.$$

Diese Größe ist sicherlich sinnvoll: Denn sie ist gerade die relative Häufigkeit – oder der relative Anteil – der viel verdienenden Personen unter den berufstätigen Frauen. Oder genauer: Sie ist die relative Häufigkeit der Versuchswiederholungen, in denen das Ereignis A eintritt, unter den Versuchswiederholungen, in denen die Bedingung B eingetreten ist. Der Begriff der bedingten Wahrscheinlichkeit, wie er im vorigen Abschnitt anhand eines Laplace-Experimentes erarbeitet wurde, hat also auch im Zusammenhang der statistischen Wahrscheinlichkeitskonzeption Sinn.

Vergleichen wir übrigens im Beispiel $P(A) = 0{,}475$ mit $P(A|B) = 0{,}402$, so zeigt sich hier ein Zusammenhang zwischen Einkommen und Geschlecht: Die Chance, viel zu verdienen, ist geringer unter der Bedingung, Frau zu sein.

Anmerkung: Dass schließlich der neue Begriff der bedingten Wahrscheinlichkeit auch und gerade innerhalb der subjektiven Wahrscheinlichkeitskonzeption sinnvoll ist, dies dürfte plausibel sein: Denn die bedingte Wahrscheinlichkeit $P(A|B)$ ist ja gerade die Wahrscheinlichkeit von A, *wenn man schon weiß,* dass B eingetreten ist. Die Bedingung B erfasst also gerade unser – möglicherweise sehr subjektives – Vorwissen und der Unterschied zwischen $P(A)$ und $P(A|B)$ zeigt gerade den Einfluss dieses Vorwissens auf die subjektive Wahrscheinlichkeit für A.

Ergänzungen

1. Berechne mit den Daten des Lehrtextes die bedingten Wahrscheinlichkeiten
a) viel zu verdienen unter der Bedingung, dass man Mann ist,
b) ein Mann zu sein unter der Bedingung, dass man viel verdient.

2. Beweise (am besten mit Hilfe eines Mengenschaubildes) oder widerlege durch eine Gegenbeispiel folgende Behauptungen:
a) $P(\bar{A}|B) = 1 - P(A|B)$, **b)** $P(A|\bar{B}) = 1 - P(A|B)$.

3. Der Produktsatz

Lösen wir die Definitionsformel der bedingten Wahrscheinlichkeit

$$P(A|B) = \frac{P(A \cap B)}{P(B)}$$

nach $P(A \cap B)$ auf, so erhalten wir den folgenden Produktsatz:

Produktsatz

Ist $P(B) > 0$, so gilt: $P(A \cap B) = P(B) \cdot P(A|B)$.

Beispiel

Ein junger Mann möchte Pilot werden und bewirbt sich bei einer renommierten Luftfahrtgesellschaft für die Pilotenausbildung. Unter den vielen Bewerbern sucht sich die Luftfahrtgesellschaft mit Hilfe diverser Tests und Untersuchungen etwa 5% aus, die sie als Flugschüler einstellt. Von diesen Flugschülern absolvieren lediglich 70% die Ausbildung erfolgreich und werden dann als Piloten übernommen. Wie wahrscheinlich ist es, dass der junge Mann den begehrten Platz im Cockpit erreicht?

Er muss erstens ausgewählt werden (Ereignis B) *und* zweitens die Ausbildung erfolgreich hinter sich bringen (Ereignis A). Gesucht ist also P(„A und B“) oder – in der Mengenschreibweise – $P(A \cap B)$. Bekannt ist $P(B) = 0{,}05$, denn nur 5% werden als Flugschüler ausgewählt. Ferner bekannt ist mit 0,7 die bedingte Wahrscheinlichkeit, von der Gesellschaft als Pilot eingestellt zu werden, unter der Bedingung, dass man als Flugschüler angenommen wurde. Also: $P(A|B) = 0{,}7$. Der Produktsatz ergibt dann: $P(A \cap B) = 0{,}05 \cdot 0{,}7 = 0{,}035$. Das heißt: Mit 3,5% Wahrscheinlichkeit wird der junge Mann sein Ziel erreichen.

Mit Hilfe der ersten Pfadregel hätte man dies auch im nebenstehenden Baumdiagramm (Bild 5.1) berechnen können.
Dabei wird offensichtlich, dass die Wahrscheinlichkeiten, die den Teilstücken der Pfade jeweils zugeordnet sind, bedingte Wahrscheinlichkeiten sind: nämlich jeweils die bedingte Wahrscheinlichkeit, dass das Zufallsexperiment dieses Teilstück „entlangläuft", unter der Bedingung, dass der vorhergehende Verzweigungspunkt erreicht wird.
Die erste Pfadregel entspricht also dem Produktsatz.

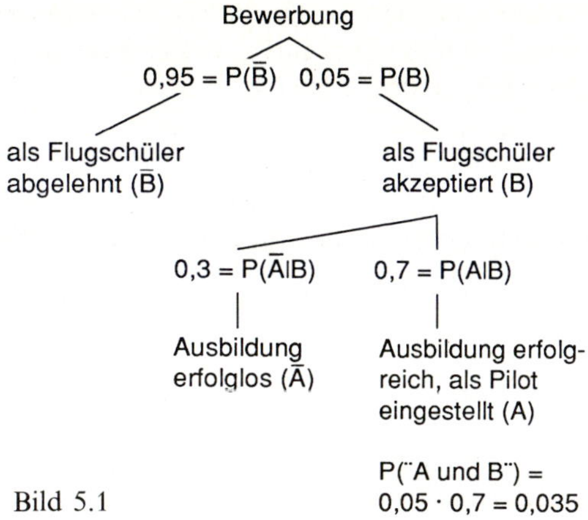

Bild 5.1

4. Der Satz von der totalen Wahrscheinlichkeit

Erarbeiten wir anhand eines Beispiels eine weitere nützliche Folgerung aus der Definition der bedingten Wahrscheinlichkeit: Ein Arzt legt für einen Kranken eine bestimmte Therapie fest. Leider ist es nicht sicher, woran genau der Kranke leidet; in Frage kommen die drei Krankheiten B_1, B_2 und B_3. Die Wahrscheinlichkeit, dass es sich um die Krankheit B_1 handelt, schätzt der Arzt auf etwa 50% ein; für die Krankheiten B_2 bzw. B_3 lauten die subjektiven, aber auf lange Erfahrung gestützten Wahrscheinlichkeitsschätzungen des Arztes jeweils auf rund 25%. Leider hat die konzipierte Therapie auch nicht mit Sicherheit Erfolg: Gegen Krankheit B_1 hilft sie nur mit einer Erfolgswahrscheinlichkeit von 60%, gegen Krankheit B_2 mit 80-prozentiger Sicherheit und gegen Krankheit B_3 sogar mit einer Wahrscheinlichkeit von 90%. Wie wahrscheinlich ist es – aufgrund dieser ärztlichen Einschätzungen –, dass die konzipierte Therapie hier hilft?

Bild 5.2 veranschaulicht diese Situation: Die Ereignisse B_1, B_2 und B_3 bedeuten jeweils das Vorliegen der entsprechenden Krankheit, das Ereignis A bedeutet, dass die Therapie Erfolg hat. Die Ereignisse B_1, B_2 und B_3 bilden eine **Zerlegung** des Ergebnisraumes Ω, denn es ist sicher, dass genau eine der drei Krankheiten vorliegt, dass also genau eines der drei Ereignisse B_1, B_2 und B_3 eingetreten ist.

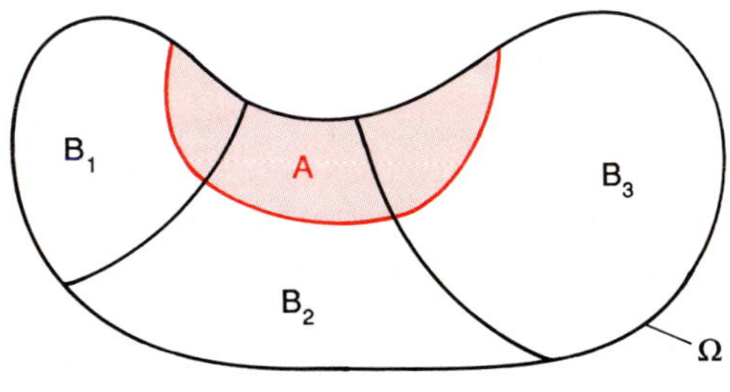

Bild 5.2: Zerlegung

Formal: Erstens sind die Ereignisse B_1, B_2 und B_3 paarweise unvereinbar, die Schnittmengen jeweils zweier verschiedener Ereignisse B_i und B_j also leer, und zweitens ergibt die Vereinigung der Ereignisse B_1, B_2 und B_3 den Ergebnisraum Ω. Dann ergibt sich für die Schnittmengen dieser Ereignisse mit dem rot eingezeichneten Ereignis A: Die Mengen $A \cap B_1$, $A \cap B_2$, $A \cap B_3$ bilden eine Zerlegung des Ereignisses A. Es gilt also:

$$A = (A \cap B_1) \cup (A \cap B_2) \cup (A \cap B_3).$$

Da die Ereignisse $A \cap B_1$ bis $A \cap B_3$ auch noch paarweise unvereinbar sind, lassen sich die entsprechenden Ereigniswahrscheinlichkeiten nach dem Additivitätsaxiom addieren, und zwar derart, dass gilt:

$$P(A) = P(A \cap B_1) + P(A \cap B_2) + P(A \cap B_3).$$

Wenden wir auf jeden Summanden den eben erarbeiteten Produktsatz an, wobei wir voraussetzen können, dass alle Ereignisse B_1 bis B_3 positive Wahrscheinlichkeit haben, dann ergibt sich:

$$P(A) = P(B_1) \cdot P(A|B_1) + P(B_2) \cdot P(A|B_2) + P(B_3) \cdot P(A|B_3).$$

Dies halten wir in allgemeiner Form sofort fest:

Satz von der totalen Wahrscheinlichkeit

Sind die Ereignisse $B_1, B_2, \ldots, B_m$ paarweise unvereinbar, gilt also für jeweils zwei verschiedene Ereignisse B_i und B_j

$$B_i \cap B_j = \emptyset,$$

und bilden diese Ereignisse eine Zerlegung des Ergebnisraumes Ω, gilt also

$$B_1 \cup B_2 \cup \ldots \cup B_m = \Omega,$$

und haben alle diese Ereignisse positive Wahrscheinlichkeit, gilt also jeweils

$$P(B_i) > 0,$$

dann ergibt sich für die Wahrscheinlichkeit eines beliebigen Ereignisses A:

$$P(A) = P(B_1) \cdot P(A|B_1) + P(B_2) \cdot P(A|B_2) + \ldots + P(B_m) \cdot P(A|B_m).$$

Geschätzt wurden vom Arzt für das Vorliegen einer bestimmten Krankheit folgende positiven Wahrscheinlichkeiten: $P(B_1) = 0{,}5$; $P(B_2) = 0{,}25$ und $P(B_3) = 0{,}25$. Bekannt sind weiterhin für das Ereignis A: „Heilungserfolg" die bedingten Wahrscheinlichkeiten bei Vorliegen einer bestimmten Krankheit. Nämlich: $P(A|B_1) = 0{,}6$; $P(A|B_2) = 0{,}8$ und $P(A|B_3) = 0{,}9$. Dann ergibt sich aufgrund des Satzes von der totalen Wahrscheinlichkeit:

$$P(A) = 0{,}5 \cdot 0{,}6 + 0{,}25 \cdot 0{,}8 + 0{,}25 \cdot 0{,}9 = 0{,}725.$$

Die Therapie hat also – in den Augen des Arztes – eine Erfolgschance von 72,5%.

Auch diese Fragestellung lässt sich mit Hilfe einer Pfadregel bearbeiten, nämlich mit Hilfe der zweiten Pfadregel, wie das Baumdiagramm zeigt (Bild 5.3).

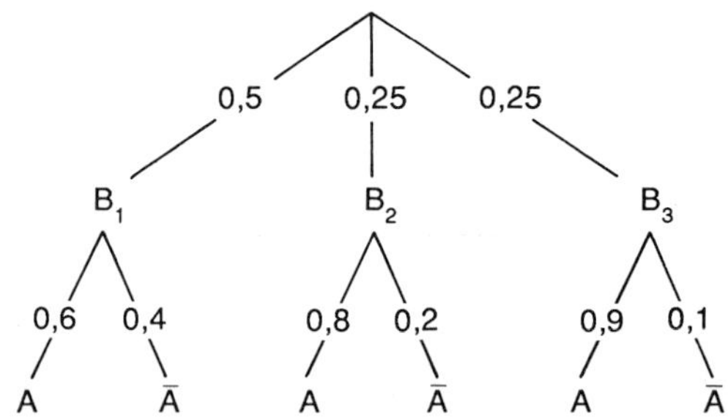

Bild 5.3

Die beiden Pfadregeln hatten wir in § 2 auf der Basis von Laplace-Experimenten, also unter Annahme von Gleichwahrscheinlichkeit erarbeitet. Der Produktsatz ist äquivalent zur ersten Pfadregel, der Satz von der totalen Wahrscheinlichkeit ist äquivalent zur zweiten Pfadregel – bezogen jeweils auf zweistufige Zufallsexperimente. Beide Sätze aber haben wir allgemein begründet, nicht nur für den Sonderfall laplacescher Ereignisräume. Damit ist aber insgesamt gezeigt: Auch die nützlichen Pfadregeln für zweistufige Zufallsexperimente gelten allgemein und nicht nur in laplaceschen Ereignisräumen. (Dass sie schließlich auch für Zufallsexperimente mit beliebig vielen Stufen allgemein gelten, dies sei hier ohne weitere Begründung mitgeteilt.)

Beispiel

Ein Kriminologe möchte in einer Befragung zur Dunkelfeldforschung an einer Stichprobe von 1000 Bundesbürgern herausfinden, wie viel Prozent der Bundesbürger bereits einmal einen Ladendiebstahl begangen haben. Nun sind auf direkte und damit heikle Fragen nach dem – wahrscheinlich als peinlich empfundenen – Ladendiebstahl kaum ehrliche Antworten zu erwarten, wenn die Befragten nicht völlig sicher sind, dass niemand von ihrer Antwort erfährt. Deshalb legt der Kriminologe jedem Befragten 10 Kärtchen vor. Auf 4 dieser Kärtchen steht die Frage 1: *„Ist es richtig, dass Sie bereits einmal einen Ladendiebstahl begangen haben"?* Auf den 6 anderen Kärtchen steht die Frage 2: *„Ist es richtig, dass Sie noch nie einen Ladendiebstahl begangen haben"?*
Jeder Befragte wird nun gebeten, sich diese 10 Kärtchen anzusehen und sie dann verdeckt zu mischen, um sich dann – für den Wissenschaftler uneinsehbar – ein Kärtchen zu ziehen und die darauf befindliche Frage mit „Ja" oder „Nein" zu beantworten. So ist die Anonymität völlig gesichert, denn der Wissenschaftler erfährt ja gar nicht, *welche* der beiden Fragen beantwortet wurde. Wie lässt sich nun bei dieser perfekt anonymisierten Befragung dennoch der Anteil p derjenigen Bundesbürger schätzen, die schon einmal einen Ladendiebstahl begangen haben? Betrachten wir die folgenden Ereignisse:

A: Die gezogene Frage wird bejaht.
B_1: Es wird Frage 1 gezogen.
B_2: Es wird Frage 2 gezogen.

Für diese Ereignisse ergeben sich die folgenden Wahrscheinlichkeiten:

$P(B_1)=0{,}4$,
$P(B_2)=0{,}6$,
$P(A|B_1)=p$,
$P(A|B_2)=1-p$.

Mit dem Satz von der totalen Wahrscheinlichkeit folgt daraus:

$P(A)=0{,}4\cdot p+0{,}6\cdot(1-p)=0{,}6-0{,}2\,p$.

Wir lösen nach der gesuchten Größe p auf und erhalten:

$p=3-5\cdot P(A)$.

Setzt nun der Wissenschaftler in dieser Formel für P(A) die relative Häufigkeit $h_{1000}(A)$ der „Ja"-Antworten in seiner Stichprobe vom Umfang $n=1000$ ein, so erhält er die gesuchte Wahrscheinlichkeit p, dass ein Bundesbürger schon einmal einen Ladendiebstahl begangen hat.

Auch hier verdeutlicht ein Baumdiagramm (Bild 5.4) das Ergebnis.

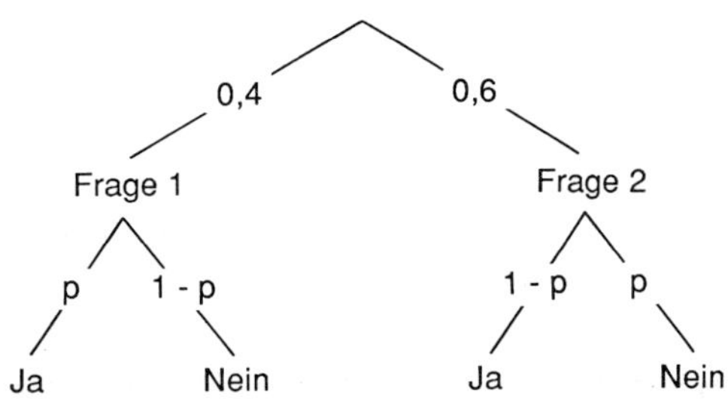

Bild 5.4

Ergänzungen

1. Ein Student wird gebeten, einer in Mathematik „gefährdeten" Schülerin Nachhilfe zu erteilen. Nach einer ersten Nachhilfestunde kalkuliert der Student folgende Wahrscheinlichkeit: Sollte es ihm gelingen, das Mädchen im Nachhilfeunterricht hinreichend zu motivieren, dann würde es wohl mit einer Wahrscheinlichkeit von 90% die geforderte Leistung bringen. Sollte es aber nicht gelingen, die Schülerin genügend zu motivieren, dann dürfte sie nur mit einer Wahrscheinlichkeit von 40% das Ziel erreichen. Die Chance wiederum, die Schülerin hinreichend zu motivieren, setzt der Student mit 50% an.
a) Mit welcher Wahrscheinlichkeit wird die Schülerin nach dem Nachhilfeunterricht die geforderten Leistungen erbringen?
b) Die Eltern des Mädchens bieten dem Studenten folgende Wahl an: Entweder er bekommt pro Nachhilfestunde sofort 20 € oder aber er bekommt pro Nachhilfestunde zunächst sofort nur 15 €, aber nachträglich pro Nachhilfestunde zusätzlich 10 € Erfolgsprämie, wenn das Mädchen eine ausreichende Zeugnisnote erreicht. Wie soll sich der Student entscheiden?

2. a) Berechne für das „Roulett für Spätentschlossene" aus Unterabschnitt 1 den Gewinnerwartungswert für folgende Spielstrategie: Gesetzt werden 10 € auf die erste Zahlenreihe; dieser Einsatz wird genau dann verdoppelt, wenn der Croupier „Rot" verkündet.
b) Könnte eine Spielbank ein solches „Roulett für Spätentschlossene" auf Dauer anbieten?

Übungen und Aufgaben

Einführung

1. Für zwei Ereignisse A und B gelte $P(A)=\frac{1}{2}$, $P(B)=\frac{1}{2}$ und $P(A\cap B)=\frac{1}{4}$. Berechne folgende Wahrscheinlichkeiten.
a) $P(A|B)$ **b)** $P(B|A)$ **c)** $P(\bar{A}|\bar{B})$ **d)** $P(\bar{B}|\bar{A})$

2. Für zwei Ereignisse A und B gelte $P(A)=\frac{3}{10}$, $P(B)=\frac{7}{10}$ und $P(A\cup B)=\frac{4}{5}$. Berechne $P(A|B)$ und $P(B|A)$.

3. Für zwei Ereignisse A und B gelte $P(A)>0$ und $P(B)>0$. Zeige, dass

$$\frac{P(B|A)}{P(B)}=\frac{P(A|B)}{P(A)} \text{ gilt.}$$

4. Mit welcher Wahrscheinlichkeit fällt beim Wurf eines Würfels
a) eine Sechs unter der Bedingung, dass eine gerade Zahl fällt;
b) eine Sechs unter der Bedingung, dass eine ungerade Zahl fällt;
c) eine gerade Zahl unter der Bedingung, dass eine Zahl kleiner als vier fällt?

5. Zwei Würfel werden geworfen. Berechne die Wahrscheinlichkeit dafür, dass die Augensumme ungerade ist, wenn zwei verschiedene Zahlen oben liegen.

6. Aus einem Doppelkopfspiel (48 Karten) werden nacheinander ohne Zurücklegen zwei Karten gezogen. Berechne die Wahrscheinlichkeit dafür, dass die zweite Karte ein Ass ist, wenn man weiß, dass die erste Karte ein Ass war.

7. Man wähle zufällig eine Zahl zwischen 1 und 100. Mit welcher Wahrscheinlichkeit ist sie durch 5 teilbar, wenn man weiß, dass sie durch 3 teilbar ist?
Mit welcher Wahrscheinlichkeit ist sie durch 5 teilbar, wenn man weiß, dass sie durch 3 und durch 4 teilbar ist?

Der Produktsatz; der Satz von der totalen Wahrscheinlichkeit

8. In einem Sportverein gibt es 100 männliche und 80 weibliche aktive Mitglieder sowie 150 männliche und 120 weibliche passive Mitglieder. Eine Person wird zufällig ausgewählt. Berechne die Wahrscheinlichkeiten für die folgenden Ereignisse.
a) Die ausgewählte Person ist männlich.
b) Die ausgewählte Person ist ein aktives Mitglied.
c) Die ausgewählte Person ist männlich, wenn man weiß, dass sie ein aktives Mitglied ist.

9. Aus statistischen Gründen möchte eine Autoversicherung den Anteil der autofahrenden Frauen und Männer einer Bevölkerungsschicht ermitteln. Daher werden in einem repräsentativen Stadtteil 1000 Personen befragt (s. Tabelle).

	Männer A	Frauen $\bar{A}$	$\sum$
Fahrer B	400	350	750
Nichtfahrer $\bar{B}$	100	150	250
$\sum$	500	500	1000

Berechne die Wahrscheinlichkeiten für die folgenden Ereignisse.
a) Die befragte Person ist männlich (weiblich).
b) Die befragte Person ist Autofahrer (kein Autofahrer).
c) Die befragte Person ist männlicher (weiblicher) Autofahrer.

10. Der Hausmeister einer Schule hat 5 Schlüssel lose in seiner Tasche, von denen nur einer zum Schloss des Physikraumes passt. Er zieht blindlings einen nach dem anderen aus der Tasche, ohne sie zurückzulegen. Berechne die Wahrscheinlichkeiten für die folgenden Ereignisse.
a) Der richtige Schlüssel wird erst beim zweiten Griff gezogen.
b) Der richtige Schlüssel wird erst beim dritten Griff gezogen.

11. Bei einer Meinungsumfrage zu einem Regierungsvorhaben ermittelt man, dass sich von den befragten Personen, die **a)** jünger als 35 Jahre sind, 40%, **b)** zwischen 35 und 55 Jahre alt sind, 45%, **c)** älter als 55 Jahre sind, 35% für das Regierungsvorhaben entscheiden.
Die Anzahl der Personen in den drei Altersgruppen steht im Verhältnis 4 : 3 : 2. Berechne die Wahrscheinlichkeit dafür, dass eine zufällig ausgewählte Person für das Regierungsvorhaben stimmt.

12. Drei Schützen schießen gleichzeitig auf eine Tontaube. Der erste Schütze hat eine Trefferwahrscheinlichkeit von 0,6, der zweite von 0,5 und der dritte von 0,4. Berechne die Wahrscheinlichkeiten für die folgenden Ereignisse.
a) Alle drei Schützen treffen die Tontaube.
b) Wenigstens einer der Schützen trifft die Tontaube.
c) Genau ein Schütze trifft die Tontaube.
d) Berechne die Wahrscheinlichkeit dafür, dass der erste Schütze die Tontaube trifft unter der Bedingung, dass sie genau einmal getroffen wird.

13. Bei der Produktion von Schrauben sind 95% der produzierten Schrauben brauchbar, wobei 75% von diesen die Güteklasse I haben. Eine Schraube wird zufällig der Produktion entnommen. Mit welcher Wahrscheinlichkeit gehört sie zur Güteklasse I?

14. Für ein Gesellschaftsspiel werden die beteiligten 10 Herren und 5 Damen zufällig in 5 Gruppen zu je 3 Personen eingeteilt. Berechne die Wahrscheinlichkeit dafür, dass sich in jeder Gruppe eine Dame befindet.

15. Von drei Münzen hat eine beiderseits Kopf, die andere beiderseits Zahl und die dritte ist eine übliche Münze. Eine Münze wird blind ausgewählt und geworfen, wobei Kopf fällt. Berechne die Wahrscheinlichkeit dafür, dass es die übliche Münze ist.

16. Bei einer großen Party sind ebenso viele Damen wie Herren anwesend. Jeder vierte Herr und jede sechste Dame raucht Zigaretten. Jemand bemerkt einen rauchenden Gast, ohne erkennen zu können, ob dieser eine Dame oder ein Herr ist. Mit welcher Wahrscheinlichkeit ist es ein Herr (eine Dame)?

17. Unter 1000000 Münzen hat eine Kopf auf beiden Seiten. Eine Münze wird zufällig ausgewählt und 10-mal (20-mal) geworfen, wobei 10-mal (20-mal) Kopf erscheint. Mit welcher Wahrscheinlichkeit ist diese Münze echt.

18. Eine Lieferung von mehreren gleichen Artikeln wird von einem Kunden angenommen, falls 4 zufällig herausgenommene Artikel einwandfrei sind, anderenfalls wird die Lieferung abgelehnt. Mit welcher Wahrscheinlichkeit wird die Lieferung angenommen, wenn sie 15% Ausschuss enthält.

19. Berechne die Wahrscheinlichkeit für einen vierzigjährigen Mann, siebzig Jahre alt zu werden, wenn bekannt ist, dass von 100 000 Kindern, die das 10. Lebensjahr erreichen, 82 300 das vierzigste und 38 000 das siebzigste Lebensjahr erreichen.

20. Die Erfahrungen eines Personalleiters besagen, dass die Wahrscheinlichkeit für das Fehlen eines Mitarbeiters 10% beträgt. Wie groß ist die Wahrscheinlichkeit, dass entweder Herr A oder B oder C fehlt?

21. Die Belegschaft einer Firma setzt sich wie folgt zusammen:
Arbeiter: 40%; Angestellte: 50%; leitende Angestellte: 10%
Aus langjähriger Erfahrung ist bekannt, dass während eines Jahres ein Arbeiter mit der Wahrscheinlichkeit von 0,2, ein Angestellter mit der Wahrscheinlichkeit von 0,1 und ein leitender Angestellter mit der Wahrscheinlichkeit von 0,05 die Firma verlässt.
a) Mit welcher Wahrscheinlichkeit scheidet ein bestimmtes Belegschaftsmitglied während eines Jahres aus?
b) Wie groß ist die Wahrscheinlichkeit, dass eine Person, die die Firma verlässt, ein Arbeiter ist?

22. Ein Facharbeiter bedient drei Maschinen, die unabhängig voneinander arbeiten. Die Wahrscheinlichkeit dafür, dass die erste Maschine im Laufe einer Stunde keiner Wartung bedarf, beträgt 90%, für die zweite 80% und für die dritte 85%. Wie groß ist die Wahrscheinlichkeit dafür, dass im Laufe einer Stunde diese drei Maschinen keine Wartung erfordern? Mit welcher Wahrscheinlichkeit wird der Facharbeiter innerhalb einer Stunde beschäftigt sein?

II. Unabhängigkeit von Ereignissen

Wir würfeln zweimal mit einem Würfel. Die Augenzahl, die wir im ersten Wurf erhalten, hat sicherlich keinen Einfluss auf die Augenzahl, die wir im zweiten Wurf erhalten. Beide Würfe sind voneinander „unabhängig“. Wie können wir das mit Hilfe von Wahrscheinlichkeiten ausdrücken?

Die Wahrscheinlichkeit, im zweiten Wurf ein bestimmtes Ereignis A zu erhalten, etwa A: „Sechs im zweiten Wurf", ist nicht davon abhängig, ob im ersten Wurf ein bestimmtes Ereignis B eingetreten ist, beispielsweise B: „Sechs im ersten Wurf". Das aber heißt: Die Wahrscheinlichkeit von A ändert sich nicht, wenn die Bedingung B vorliegt. Die Wahrscheinlichkeit für A, also für eine Sechs im zweiten Wurf, beträgt $\frac{1}{6}$, ganz gleich, ob im ersten Wurf eine Sechs gewürfelt wurde oder nicht. Es gilt also: $P(A) = P(A|B)$. Wir sagen dann: Die Ereignisse A und B sind voneinander unabhängig.
Die Aussage $P(A) = P(A|B)$ können wir, sofern $P(A)$ und $P(B)$ positiv sind, äquivalent umformen; alle folgenden Gleichungen sind äquivalent:

(1) $P(A) = P(A|B)$

$$P(A) = \frac{P(A \cap B)}{P(B)} \quad \text{(nach Definition)},$$

(2) $P(A \cap B) = P(A) \cdot P(B)$ (beidseitige Multiplikation mit $P(B)$),

$$P(B) = \frac{P(A \cap B)}{P(A)} \quad \text{(beidseitige Division durch } P(A)\text{)},$$

(3) $P(B) = P(B|A)$ (nach Definition).

Aufgrund dieser Äquivalenzumformungen können wir nun definieren:

Definition der Unabhängigkeit zweier Ereignisse

Zwei Ereignisse A und B mit positiver Wahrscheinlichkeit heißen voneinander unabhängig genau dann, wenn

$$P(A) = P(A|B) \text{ bzw. } P(B) = P(B|A) \text{ bzw. } P(A \cap B) = P(A) \cdot P(B).$$

Vergleichen wir die Gleichungen (1) und (3), so wird die Symmetrie der Unabhängigkeit deutlich: Die Wahrscheinlichkeit einer Sechs im ersten Wurf ist unabhängig davon, ob im zweiten Wurf eine Sechs fällt, ebenso wie die Wahrscheinlichkeit einer Sechs im zweiten Wurf unabhängig davon ist, ob im ersten Wurf eine Sechs gefallen ist. Sind zwei Ereignisse unabhängig, so ändert sich die Wahrscheinlichkeit für das eine Ereignis nicht, wenn wir wissen, dass das andere Ereignis eingetreten ist. Und umgekehrt.
Gleichung (2) schließlich erlaubt es nun, die Wahrscheinlichkeit zu berechnen, dass die zwei unabhängigen Ereignisse A und B beide eintreten:

$$P(A \text{ und } B) = P(A \cap B) = P(A) \cdot P(B).$$

In unserem Ausgangsbeispiel ist

$$P(\text{Sechs im ersten Wurf und Sechs im zweiten Wurf}) = \tfrac{1}{6} \cdot \tfrac{1}{6} = \tfrac{1}{36}.$$

Sind zwei Ereignisse voneinander unabhängig, so ergibt sich die Wahrscheinlichkeit, dass sie beide eintreten, als Produkt der beiden einzelnen Ereigniswahrscheinlichkeiten.

Beispiel

Ein Flugzeugkolbenmotor hat in der Regel zwei voneinander unabhängig arbeitende Zündsysteme. Jedes Zündsystem fällt im Schnitt alle 5000 Betriebsstunden einmal aus. Wie wahrscheinlich ist es, dass bei einem bevorstehenden 3-Stunden-Flug der Motor (wegen Zünddefektes) ausfällt?

Die Ereignisse A: „erstes Zündsystem fällt aus" und B: „zweites Zündsystem fällt aus" sind nach Vorgabe unabhängig. Die Ausfallwahrscheinlichkeit pro Stunde beträgt für jedes Zündsystem 1:5000, also 0,0002. Die Ausfallwahrscheinlichkeit auf einem 3-Stunden-Flug ergibt sich als Dreifaches davon, also $P(A) = 0{,}0006$ und $P(B) = 0{,}0006$. Dann gilt für die gesuchte Wahrscheinlichkeit, dass der Motor auf dem 3-Stunden-Flug ausfällt, dass also beide Zündsysteme ausfallen:

$P(A \text{ und } B) = P(A) \cdot P(B) = 0{,}0006 \cdot 0{,}0006 = 0{,}00000036.$

Nahe liegend ist folgende Erweiterung des Unabhängigkeitsbegriffes auf mehr als zwei Ereignisse: Mehrere Ereignisse heißen unabhängig voneinander, wenn sich die Wahrscheinlichkeit eines jeden dieser Ereignisse nicht dadurch ändert, (dass man schon weiß), dass irgendwelche anderen dieser Ereignisse eingetreten sind.
Diese eher umgangssprachliche, aber für die Praxis durchaus hinreichend verständliche Formulierung lässt sich mathematisch präzisieren. Man erhält dann folgende, etwas umständliche Definition:
n Ereignisse $A_1, A_2, \ldots, A_n$ heißen voneinander **unabhängig**, wenn für jede Teilmenge $\{i_0, i_1, i_2, \ldots, i_k\}$ von $\{1, 2, \ldots, n\}$ die Gleichung $P(A_{i_0}) = P(A_{i_0} | A_{i_1} \cap A_{i_2} \cap \ldots \cap A_{i_k})$ gilt.

Beispiel

Voneinander unabhängig sind beim dreifachen Würfelwurf sicherlich die Ereignisse A: „Sechs im ersten Wurf", B: „Sechs im zweiten Wurf" und C: „Sechs im dritten Wurf". Denn für keines dieser drei Ereignisse wird die Wahrscheinlichkeit durch das Eintreten irgendwelcher anderer Ereignisse beeinflusst.

Ohne ausdrücklichen Beweis notieren wir noch den folgenden – der ersten Pfadregel bei mehrstufigen Zufallsexperimenten entsprechenden – Satz:

Produktsatz für unabhängige Ereignisse

Wenn die Ereignisse $A_1, A_2, \ldots, A_n$ voneinander unabhängig sind, dann gilt:
$$P(A_1 \cap A_2 \cap \ldots \cap A_n) = P(A_1) \cdot P(A_2) \cdot \ldots P(A_n).$$

Auch für mehrere voneinander unabhängige Ereignisse müssen also die Ereigniswahrscheinlichkeiten miteinander multipliziert werden, um die Wahrscheinlichkeit dafür zu erhalten, dass die Ereignisse „gleichzeitig" eintreten.

Eine letzte Bemerkung: Sind Ereignisse nicht voneinander unabhängig, so nennt man sie – naheliegenderweise – voneinander **abhängig**.

Ergänzungen

1. Welche Häufigkeiten wären in der oben abgebildeten Vier-Felder-Tafel des Soziologen (vgl. Unterabschnitt I.2 auf Seite 79) zu erwarten gewesen, wenn die Ereignisse A: „viel verdienend" und B: „Frau" unabhängig voneinander wären, wenn es also keinen Zusammenhang zwischen Geschlecht und Einkommen gäbe?

2. Beweise: Sind A und B voneinander unabhängig, so sind auch A und $\bar{B}$, $\bar{A}$ und B sowie $\bar{A}$ und $\bar{B}$ voneinander unabhängig.

3. Aus einer Urne mit drei weißen und drei schwarzen Kugeln wird dreimal gezogen. Betrachte die Ereignisse A: „erste Kugel weiß“, B: „zweite Kugel schwarz“ und C: „dritte Kugel weiß“.
a) Nach jedem Zug wird die gezogene Kugel in die Urne zurückgelegt. Sind A, B und C voneinander unabhängig?
b) Wie steht es um die Unabhängigkeit von A, B und C, wenn die gezogenen Kugeln nicht zurückgelegt werden?
c) Vergleiche die zu a) und b) gehörenden Baumdiagramme. Woran erkennt man eigentlich im Baumdiagramm, ob die Ereignisse auf den verschiedenen Stufen voneinander unabhängig sind oder nicht?

4. Die drei Ereignisse A, B und C sind paarweise voneinander unabhängig, also A und B, B und C sowie A und C. Folgt daraus, dass A, B und C voneinander unabhängig sind? Gilt die Umkehrung?

5. Ein seriöser Geschäftsmann wird auf dem Flughafen festgenommen, nachdem man in seinem Handgepäck eine Handgranate gefunden hat. Während des Verhörs rechtfertigt er sich so: Dass es einem Passagier gelinge, Waffen im Handgepäck durch die Kontrollen ins Flugzeug zu schmuggeln, dafür betrage die Wahrscheinlichkeit 0,0001. Dass dies unabhängig voneinander gleich zwei Passagieren gelinge, dies geschehe dann nur noch mit der Wahrscheinlichkeit $0{,}0001 \cdot 0{,}0001$, also 0,00000001. Die Handgranate habe er nur aus Sicherheitsgründen mitgenommen. Denn so sei es ihm gelungen, die Wahrscheinlichkeit, dass einem Entführer das Hereinschleusen von Waffen gelinge, um das Tausendfache zu verringern. Wo steckt der Fehler in der Argumentation?

Übungen und Aufgaben

Unabhängigkeit von Ereignissen

1. Für zwei unabhängige Ereignisse A und B gilt $P(A)=\frac{3}{8}$ und $P(A \cup B)=\frac{5}{8}$. Berechne die folgenden Wahrscheinlichkeiten.
a) $P(B)$ **b)** $P(A|B)$ **c)** $P(\bar{B}|A)$ **d)** $P(\bar{A}|B)$

2. Für zwei Ereignisse $A, B \subseteq \Omega$ gelte $P(A)=\frac{1}{2}$; $P(A \cup B)=\frac{3}{5}$ und $P(B)=p$. Berechne p, wenn A und B unabhängig sind.

3. Eine Maschine produziert Schrauben mit einem Ausschuss von 3%, eine andere Maschine Muttern mit einem Ausschuss von 2%. Eine Schraube und eine Mutter werden zufällig ausgewählt. Mit welcher Wahrscheinlichkeit sind beide nicht defekt?

4. Beim dreimaligen Münzwurf betrachten wir die Ereignisse:
$A=\{(Z,Z,K); (Z,K,Z); (Z,K,K); (Z,Z,Z)\}$, $B=\{(Z,Z,K); (K,Z,Z)\}$,
$C=\{(Z,Z,Z); (Z,Z,K); (K,Z,Z); (K,Z,K)\}$.
Zeige, dass die Ereignisse A und B sowie die Ereignisse A und C unabhängig sind, die Ereignisse B und C dagegen abhängig.

5. Wie groß ist die Wahrscheinlichkeit dafür, dass von 2 Menschen der eine im Frühling und der andere nicht im Sommer geboren ist, wenn alle Jahreszeiten gleich wahrscheinlich für Geburten sind?

6. In einem Seuchengebiet wurden durchschnittlich 2 von 3 Personen gegen eine ansteckende Krankheit geimpft. Im weiteren Verlauf der Epidemie stellte man fest, dass von sieben Kranken einer geimpft war.
a) Welche Wirkung hatte die Impfung?
b) Man stellte fest, dass unter 15 Geimpften durchschnittlich ein Kranker war. Mit welcher Wahrscheinlichkeit wurde eine nicht geimpfte Person krank?

7. Eine bestimmte Bevölkerung bestehe zu 60% aus Frauen, zu 40% aus Männern. 5% der Männer und 1% der Frauen sind zuckerkrank.
a) Wie groß ist die Wahrscheinlichkeit dafür, dass eine zufällig ausgewählte Person zuckerkrank ist?
b) Sind die Ereignisse „eine Person ist zuckerkrank" und „eine Person ist weiblich" unabhängig?

8. Eine Maschine fällt in einem gewissen Zeitraum mit der Wahrscheinlichkeit 0,04 aus (Ereignis A), eine zweite Maschine im selben Zeitraum mit der Wahrscheinlichkeit 0,05 (Ereignis B). Die Ereignisse A und B seien unabhängig. Berechne die Wahrscheinlichkeit, dass in dem betrachteten Zeitraum **a)** beide Maschinen ausfallen, **b)** keine der beiden Maschinen ausfällt, **c)** wenigstens eine der beiden Maschinen ausfällt.

9. Die Wahrscheinlichkeit, ein Ziel zu treffen, sei $p=0{,}1$. Wie oft muss man mindestens schießen, um das Ziel mit der Wahrscheinlichkeit von mindestens 99% wenigstens einmal zu treffen? (Die einzelnen Versuche sollen als unabhängig angenommen werden.)

10. Ein Spieler spielt Roulett und hat für höchstens 5 Spiele Zeit. Er spielt so, dass er in jedem Spiel einen Chip verlieren oder einen gewinnen kann. Er beginnt mit einem Chip und hört mit dem Spiel auf, wenn er alle Chips verloren oder insgesamt 3 Chips dazugewonnen hat.
a) Zeichne ein Baumdiagramm.
b) Die Wahrscheinlichkeit, einen Chip zu gewinnen, sei in jedem Spiel 0,45.
Berechne die Wahrscheinlichkeiten dafür, dass der Spieler nach n Spielen k Chips gewonnen hat für 1) $n=5;\ k=2;$ 2) $n=4;\ k=3;$ 3) $n=4;\ k=1.$

11. Michael und Thomas spielen Tischtennis. Wer zuerst zwei Spiele hintereinander oder insgesamt drei Spiele gewonnen hat, gewinnt das Match. Die Gewinnwahrscheinlichkeit von Michael ist 0,2, die von Thomas 0,8. **a)** Zeichne ein Baumdiagramm. **b)** Berechne die Wahrscheinlichkeit dafür, dass Michael nach 3 (4; 5) Spielen gewonnen hat.

12. Ein Roulettspieler setzt bei jedem Spiel einen Chip auf die vorher ausgespielte Zahl, weil er dabei eine bessere Gewinnwahrscheinlichkeit erwartet. Ist diese Strategie günstig?

13. Eine Maschine besteht aus vier wichtigen Funktionsteilen, die unabhängig voneinander arbeiten. Die Maschine ist betriebsbereit, wenn diese Funktionsteile in Ordnung sind. Die Wahrscheinlichkeiten dafür, dass die vier Teile während eines Arbeitsmonats ausfallen, sind 0,3; 0,1; 0,25 und 0,2. Berechne die Wahrscheinlichkeit dafür, dass die Maschine einen Arbeitsmonat hindurch betriebsbereit ist.

14. Der Zusammenbau eines Elektrogeräts erfolgt in drei unabhängigen Arbeitsvorgängen, in denen mit den Wahrscheinlichkeiten 0,1 bzw. 0,05 bzw. 0,07 Fehler unterlaufen. Mit welcher Wahrscheinlichkeit verlässt dieses Elektrogerät das Werk in einwandfreiem Zustand?

15. Drei Spieler A, B und C werfen abwechselnd in dieser Reihenfolge eine Münze, jeder jedoch höchstens zehnmal. Gewonnen hat, wer zuerst Kopf wirft. Mit welcher Wahrscheinlichkeit gewinnt A (B; C)?

16. a) Zeige, dass für unabhängige Ereignisse $A, B \subseteq \Omega$ gilt: $P(A \cup B) = 1 - P(\bar{A}) \cdot P(\bar{B})$.
b) Berechne die Wahrscheinlichkeit beim zweimaligen Würfelwurf mindestens einmal Augenzahl 4 zu erhalten.

III. Vermischte Aufgaben

1. Es werden Familien mit zwei Kindern untersucht. Berechne die Wahrscheinlichkeit dafür, dass die Familie zwei Jungen hat, falls schon bekannt ist, dass sie wenigstens einen Jungen hat.

2. Eine Urne enthält 1 rote, 4 schwarze und 2 weiße Kugeln (Bild 5.5). Der Urne werden 2 Kugeln ohne Zurücklegen entnommen. Berechne die Wahrscheinlichkeiten der folgenden Ereignisse.

a) Die erste Kugel ist rot, die zweite ist schwarz.

b) Beide Kugeln sind weiß.

c) Genau eine Kugel ist rot.

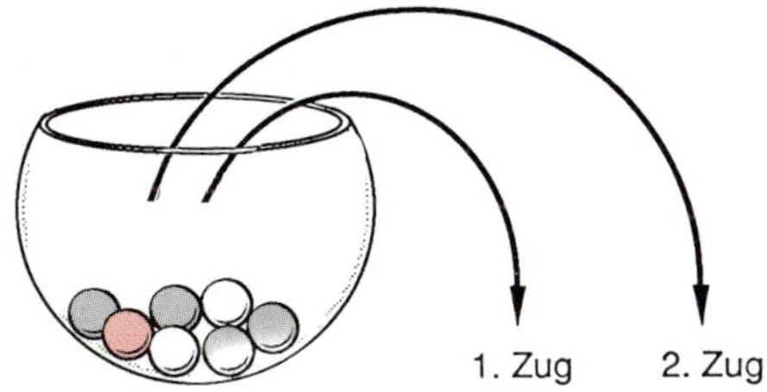

Bild 5.5

3. Eine Urne U_1 enthält 9 Kugeln mit den Ziffern 1 bis 9; eine Urne U_2 enthält 5 Kugeln mit den Ziffern 1 bis 5 (Bild 5.6). Eine Urne wird zufällig ausgewählt. Aus der gewählten Urne wird eine Kugel gezogen. Berechne die Wahrscheinlichkeit der folgenden Ereignisse.

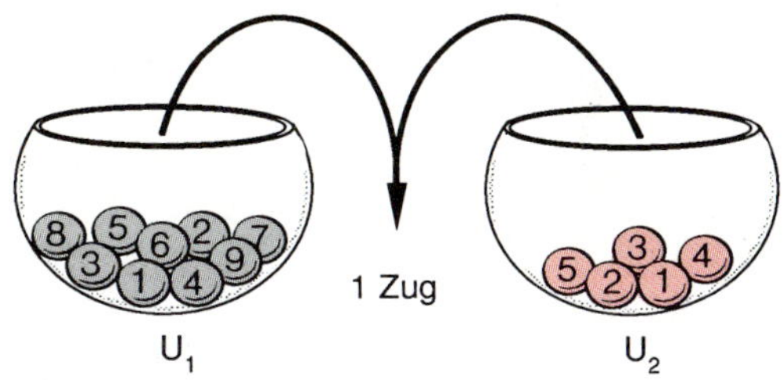

Bild 5.6

a) Die gezogene Zahl ist gerade.

b) Die gezogene Zahl ist ungerade.

c) Die gezogene gerade Zahl stammt aus der Urne U_1.

d) Die gezogene ungerade Zahl stammt aus der Urne U_2.

4. Bei jedem Werkstück einer Produktion werden die Länge und der Durchmesser geprüft. Aus dem Bericht der Qualitätskontrolle werden folgende Prüfungsergebnisse für 900 Werkstücke entnommen:

	nicht überschritten	überschritten
Grenztoleranz Länge	846	45
Grenztoleranz Durchmesser	861	30

9 Stücke genügten sowohl in der Länge als auch im Durchmesser der Qualität nicht.

a) Sind die Fehler im Durchmesser abhängig von denen der Länge?

b) Wie groß ist die Wahrscheinlichkeit, ein im Durchmesser oder in der Länge nicht abweichendes Werkstück zu finden?

c) Nachdem bei einem Werkstück festgestellt wurde, dass der Durchmesser die Grenztoleranz überschreitet, kalkuliert man die Wahrscheinlichkeit, dass wenigstens die Länge des Werkstückes stimmt.

5. In einer Lostrommel befinden sich 9 Nieten und ein Gewinn. A und B ziehen nacheinander, wobei die Lose nicht zurückgelegt werden.

a) Wie groß ist die Wahrscheinlichkeit, dass A sofort den Gewinn zieht?

b) Wie groß ist die Wahrscheinlichkeit, dass B das Gewinnlos in seinem ersten Zug zieht?

c) Wie groß ist die Wahrscheinlichkeit, dass sich das Gewinnlos noch in der Lostrommel befindet, nachdem jeder dreimal gezogen hat?

6. Bei einer Auslosung werden die Lose aus zwei Urnen gezogen. In der Urne U_1 befinden sich 4 weiße und 6 rote Kugeln, in der Urne U_2 6 weiße und x rote Kugeln.
a) Wie groß ist die Wahrscheinlichkeit dafür, dass eine rote Kugel aus der Urne U_1 oder der Urne U_2 stammt?
b) Eine rote Kugel wurde gezogen. Mit welcher Wahrscheinlichkeit stammt sie aus der Urne U_1?
c) Die $16+x$ Kugeln beider Urnen werden zusammengelegt. Wie groß ist die Wahrscheinlichkeit, eine rote Kugel zu ziehen?
d) Wie groß muss x sein, damit die in c) ermittelte Wahrscheinlichkeit 0,6 wird?

7. Eine kleine Fabrik produziert Keilriemen mit zwei Maschinen, und zwar 70% mit der ersten und 30% mit der zweiten Maschine. Der Ausschussanteil beträgt bei der ersten Maschine 3%, bei der zweiten 5%.
a) Mit welcher Wahrscheinlichkeit ist ein zufällig aus der Gesamtproduktion ausgewählter Keilriemen defekt?
b) Wie groß ist die Wahrscheinlichkeit, dass ein defekter Keilriemen von der ersten bzw. zweiten Maschine stammt?

8. In einer Fertigungsabteilung eines Betriebes sind drei Maschinen im Einsatz, die gleiche Teile herstellen. Die erste Maschine stellt 40% der Produktion, die zweite 35% und die dritte Maschine nur 25% während einer bestimmten Zeitspanne (z. B. 8 Stunden) her. Statistische Untersuchungen haben ergeben, dass die erste Maschine eine Ausschussquote von 2%, die zweite Maschine von 3% und die dritte Maschine von 5% aufweist.
Mit welcher Wahrscheinlichkeit ist ein in dieser Abteilung hergestelltes Produkt Ausschuss?

9. Im Bereich Damenkonfektion eines Kaufhauses wird nach langjährigen Erfahrungen folgendes Sortiment geführt:

Größenklasse:	groß	mittel	klein
Sortimentsanteil:	26%	44%	30%
Änderungswahrscheinlichkeit:	18%	10%	15%

Aus der Tabelle ist ersichtlich, welchen Anteil die Klassen an dem Gesamtsortiment haben und mit welchen Wahrscheinlichkeiten Kleidungsstücke dieser Klassen beim Verkauf eine Änderung erfordern.
Gesucht ist die Wahrscheinlichkeit dafür, dass beim Verkauf eines Kleidungsstückes eine Änderung notwendig wird.

10. Eine Schule hat insgesamt 840 Schüler, 460 Jungen und 380 Mädchen. In der folgenden Tabelle ist festgehalten, welche Schüler Brillenträger sind, welche nicht.

	Brillenträger	nicht Brillenträger	Gesamt
Jungen	161	299	460
Mädchen	133	247	380
Gesamt	294	546	840

A sei das Ereignis „ein zufällig ausgewählter Schüler ist Brillenträger“ und B das Ereignis „ein zufällig ausgewählter Schüler ist ein Junge“. Berechne die Wahrscheinlichkeiten P(A), P(B), P(A|B), P(B|A) und interpretiere sie.

11. Aus einer Urne mit drei Münzen, von denen eine auf beiden Seiten Kopf hat, wird eine Münze zufällig gezogen und zweimal geworfen. Berechne die Wahrscheinlichkeit dafür, dass die fehlerhafte Münze geworfen wurde, wenn beide Male Kopf erscheint.

12. a) Für eine Familie mit drei Kindern betrachten wir die Ereignisse:

A: die Familie hat Kinder beiden Geschlechts,

B: die Familie hat höchstens ein Mädchen.

Zeige, dass die Ereignisse A und B unabhängig sind. (Wir setzen hier voraus, dass die Wahrscheinlichkeit für eine Jungengeburt gleich der Wahrscheinlichkeit für eine Mädchengeburt ist.)

b) Zeige, dass die Ereignisse A und B abhängig sind, wenn man Familien mit zwei Kindern betrachtet.

13. Eine Münze wird zweimal geworfen. Wir betrachten die folgenden Ereignisse:

A: im 1. Wurf erscheint Zahl,

B: im 2. Wurf erscheint Zahl,

C: es erscheint genau einmal Zahl.

a) Welche der Ereignispaare sind unabhängig?

b) Sind die Ereignisse A, B und C unabhängig?

14. Die Relais 1, 2, 3, 4 im Schaltbild von Bild 5.7 schließen unabhängig voneinander mit den Wahrscheinlichkeiten p_1, p_2, p_3, p_4.

a) Mit welcher Wahrscheinlichkeit fließt Strom zwischen A und B?

b) Berechne die Wahrscheinlichkeit aus a) für den konkreten Fall $p_1 = p_2 = p_3 = p_4 = \frac{2}{3}$.

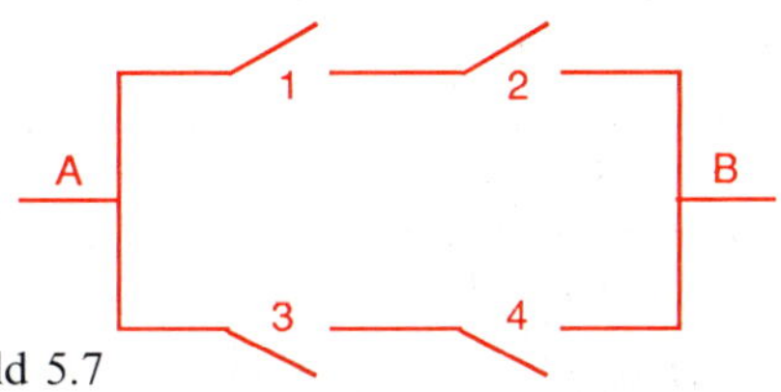

Bild 5.7

15. Eine Urne enthält 4 Zettel, auf denen je eine der Dualzahlen 110, 101, 011, 000 notiert ist. Wähle als Ergebnismenge Ω die Menge aller dreistelligen Dualzahlen. Ordne der Dualzahl auf einem Zettel die Wahrscheinlichkeit $\frac{1}{4}$ zu, den übrigen die Wahrscheinlichkeit 0. Für $i = 1, 2, 3$ sei A_i das Ereignis, an der i-ten Stelle einer dreistelligen Dualzahl eine „1" zu finden.

a) Zeige, dass die A_i paarweise unabhängig sind.

b) Zeige, dass die vier Ereignisse nicht unabhängig sind.

16. An einer Grenze werden von sieben Autofahrern zufällig bei dreien die Ausweispapiere kontrolliert. Zwei der sieben Autofahrer haben ihre Ausweispapiere vergessen. Berechne die Wahrscheinlichkeiten der folgenden Ereignisse.

a) Wenigstens ein Autofahrer ohne Ausweispapiere wird erwischt.

b) Beide Autofahrer ohne Ausweispapiere werden erwischt.

c) Genau ein Autofahrer ohne Ausweispapiere wird erwischt.

d) Keiner der Autofahrer ohne Ausweispapiere wird erwischt.

e) Der eine Autofahrer ohne Ausweispapiere ist Herr Schmitz, der andere Herr Müller. Wie groß ist die Wahrscheinlichkeit dafür, dass Herr Schmitz erwischt wird? Wie groß ist die Wahrscheinlichkeit, dass nur Herr Schmitz erwischt wird?

§ 6 Binomialverteilung

I. Die Theorie der Binomialverteilung

1. Bernoulli-Experimente

Von besonderer Bedeutung sind Zufallsexperimente, bei denen wir genau zwei Ergebnisse (etwa Treffer oder Niete) unterscheiden. Solche Experimente heißen – nach dem schon in der Einleitung erwähnten Mathematiker *Jakob Bernoulli* (Bild 6.1) – **Bernoulli-Experimente**. Als allgemeines Standardbeispiel mag hier der Münzwurf (auch mit unfairer Münze) dienen mit „Zahl" als Treffer und „Kopf" als Niete. Interessant ist vor allem die n-fache Wiederholung eines solchen Bernoulli-Experimentes, also etwa der n-fache Münzwurf.

Bild 6.1: *Jakob Bernoulli*

Eine solche n-fache Wiederholung eines Bernoulli-Experimentes nennt man auch **Bernoulli-Kette der Länge n**. Die Trefferwahrscheinlichkeit p des Bernoulli-Experimentes, die sich während der Wiederholungen natürlich nicht ändert, bezeichnet man auch als die **Grundwahrscheinlichkeit** der Bernoulli-Kette.

Wie wahrscheinlich ist es, beim zehnfachen Münzwurf mit einer verfälschten Münze, bei der „Zahl" mit der Wahrscheinlichkeit von 40% auftritt, genau 7-mal „Zahl" zu erhalten? Wie wahrscheinlich ist es also, dass bei einer Bernoulli-Kette der Länge 10 mit einer Grundwahrscheinlichkeit $p=0{,}4$ genau 7 Treffer erzielt werden?
Symbolisieren wir einen Treffer durch 1, eine Niete durch 0, so wird jeder mögliche Versuchsverlauf durch ein 10-Tupel der Zahlen 1 und 0 beschrieben. Das Tupel (0, 1, 0, 1, 0, 1, 1, 1, 1, 1) etwa würde bedeuten: Im ersten, dritten und fünften Durchgang zeigt sich jeweils eine Niete, in den restlichen sieben Durchgängen zeigt sich je ein Treffer. Die Ereignisse in den verschiedenen Durchgängen beeinflussen sich nicht, sie sind unabhängig. Es ergibt sich also für den Versuchsverlauf

$$(0,\quad 1,\quad 0,\quad 1,\quad 0,\quad 1,\quad 1,\quad 1,\quad 1,\quad 1)$$

durch Multiplikation der Wahrscheinlichkeiten für eine Niete im ersten Versuch, einen Treffer im zweiten Versuch, eine Niete im dritten Versuch ... *und* einen Treffer im zehnten Versuch die Wahrscheinlichkeit

$$0{,}6 \cdot 0{,}4 \cdot 0{,}6 \cdot 0{,}4 \cdot 0{,}6 \cdot 0{,}4 \cdot 0{,}4 \cdot 0{,}4 \cdot 0{,}4 \cdot 0{,}4$$
$$=0{,}4^7 \cdot 0{,}6^3 = 0{,}4^7 \cdot (1-0{,}4)^{10-7} \approx 0{,}00035.$$

Offensichtlich ergibt sich diese Wahrscheinlichkeit auch für jeden anderen Versuchsverlauf, in dem – in welcher Reihenfolge auch immer – genau 7 Treffer und 3 Nieten erzielt werden. Wir müssen jetzt nur noch die Wahrscheinlichkeiten für alle diese verschiedenen – und untereinander selbstverständlich unvereinbaren – Versuchsverläufe mit 7 Treffern und 3 Nieten aufaddieren.

Wie viele dieser Versuchsverläufe mit 7 Treffern und 3 Nieten gibt es denn? Anders gefragt: Wie viele Möglichkeiten haben wir, aus der 10-elementigen Menge der Versuchsnummern 1 bis 10 eine 7-elementige Teilmenge von Nummern für diejenigen Versuche zu ziehen, in denen ein Treffer erzielt wird?
Aufgrund unserer kombinatorischen Überlegungen in §2 ergibt sich als Antwort nach dem Satz über k-elementige Teilmengen: Es gibt genau $\binom{10}{7}$ Möglichkeiten.
Addieren wir nun also für die $\binom{10}{7}$ verschiedenen *unvereinbaren* Versuchsverläufe mit 7 Treffern und 3 Nieten jeweils die (gleiche) Wahrscheinlichkeit $0{,}4^7 \cdot (1-0{,}4)^{10-7}$, so erhalten wir insgesamt die Wahrscheinlichkeit

$$\binom{10}{7} \cdot 0{,}4^7 \cdot (1-0{,}4)^{10-7} \approx 120 \cdot 0{,}00035 = 0{,}042$$

→ 10! Anordnungsmöglichkeiten
3! 7! → Eigenpermutationen von Treffern und Niete!!

dafür, bei einer Bernoulli-Kette der Länge 10 mit der Grund- oder Trefferwahrscheinlichkeit 0,4 genau 7 Treffer und damit genau 3 Nieten zu erzielen.

Diese Überlegungen können wir sofort verallgemeinern auf beliebige Bernoulli-Ketten. Ersetzen wir in unserer Argumentation die Länge 10 durch n, die Trefferzahl 7 durch k und die Trefferwahrscheinlichkeit 0,4 durch p, so ergibt sich unmittelbar:

Satz über die Bernoulli-Formel

Die Wahrscheinlichkeit für genau k Treffer bei einer Bernoulli-Kette der Länge n mit der Grund- oder Trefferwahrscheinlichkeit p beträgt

$$\binom{n}{k} \cdot p^k \cdot (1-p)^{n-k}$$

und wird mit B(n, p; k) bezeichnet. Es gilt also:

$$B(n, p; k) = \binom{n}{k} \cdot p^k \cdot (1-p)^{n-k}.$$

Beispiele

1. Wir werfen zehnmal einen fairen Würfel. Wie wahrscheinlich ist es, dass genau fünfmal eine gerade Zahl fällt?
Wir interessieren uns hier offensichtlich nur dafür, ob eine gerade Zahl („Treffer“) oder eine ungerade Zahl („Niete“) auftritt. Es geht also um eine Bernoulli-Kette der Länge $n=10$ mit der Grundwahrscheinlichkeit $p=\frac{3}{6}=0{,}5$. Gefragt ist danach, mit welcher Wahrscheinlichkeit in dieser Bernoulli-Kette der Treffer genau $k=5$-mal auftritt. Diese Wahrscheinlichkeit ergibt sich als:

$$B(10, 0{,}5; 5) = \binom{10}{5} \cdot 0{,}5^5 \cdot 0{,}5^{10-5} \approx 0{,}2461.$$

2. In einen Teig für 5 Brötchen werden 15 Rosinen (nach Zufall) gemischt. Nach dem Backen wird ein Brötchen herausgegriffen und untersucht. Mit welcher Wahrscheinlichkeit enthält es genau 4 Rosinen?
Hier geht es um eine Bernoulli-Kette der Länge 15 mit der Grundwahrscheinlichkeit 0,2: Denn es wurde 15-mal eine Rosine in den Teig gemischt und bei jedem dieser 15 Versuche „traf" die Rosine den Teig des untersuchten Brötchens mit einer Wahrscheinlichkeit von $\frac{1}{5}$, also 0,2. (Aus dem Teig wurden ja insgesamt 5 Brötchen gebacken.) Damit erhalten wir für die gesuchte Wahrscheinlichkeit mittels der Formel von Bernoulli:

$$B(15, 0{,}2; 4) = \binom{15}{4} \cdot 0{,}2^4 \cdot 0{,}8^{15-4} \approx 0{,}1876.$$

Anmerkung: Welche und wie viel Ergebnisse wir bei einem Zufallsexperiment unterscheiden (wollen), dies hängt von unseren Interessen ab. Im 1. Beispiel etwa haben wir uns nur für zwei Ergebnisse des Würfelwurfs interessiert – „Augenzahl gerade" oder „Augenzahl ungerade" –, obwohl es dort natürlich auch möglich wäre, sechs verschiedene Ergebnisse – „Augenzahl eins" bis „Augenzahl sechs" – zu unterscheiden. Diese feinere Unterscheidung wäre aber für unsere Fragestellung überflüssig. Von Bernoulli-Experimenten reden wir also auch im Falle von Experimenten, bei denen wir uns nur für zwei Ergebnisse interessieren, obwohl wir auch zwischen mehr als zwei Ergebnissen unterscheiden könnten. (Die beiden Ergebnisse eines Bernoulli-Experimentes können also durchaus einem Ereignis und seinem Gegenereignis in einem beliebigen Experiment entsprechen.) Modellbildung in der Stochastik hängt grundsätzlich von den Interessen ab, die in der stochastischen Situation eine Rolle spielen.

Ergänzung

Bei einer Bernoulli-Kette wird vorausgesetzt, dass sich die Trefferwahrscheinlichkeit p im Laufe der Versuche nicht ändert. Ziehen wir nun wiederholt aus einer Urne, in der sich rote und schwarze Kugeln befinden, so ist diese Voraussetzung nur erfüllt, wenn die gezogene Kugel nach Feststellung ihrer Farbe jeweils wieder vor der nächsten Ziehung in die Urne zurückgelegt wird (Ziehen mit Zurücklegen). Beim Ziehen mit Zurücklegen erscheint das Modell der Bernoulli-Kette angemessen.
a) Ist das Modell der Bernoulli-Kette auch noch angemessen, wenn es um das Ziehen ohne Zurücklegen geht? Begründe deine Antwort ausführlich.
b) Wie sieht es beim Ziehen ohne Zurücklegen aus, wenn in der Urne sehr viele Kugeln enthalten sind und nur wenige Ziehungen erfolgen? Erscheint es hier aus praktischen Gründen zweckmäßig, diese Ziehungen als Bernoulli-Kette aufzufassen? Begründe auch hier deine Antwort ausführlich.

2. Die Binomialverteilung

Wir haben uns im vorigen Unterabschnitt für die Anzahl der Treffer in einer Bernoulli-Kette der Länge n mit der Grundwahrscheinlichkeit p interessiert, also bei der n-fachen Wiederholung eines Bernoulli-Experimentes mit der Trefferwahrscheinlichkeit p. Damit haben wir uns im Grunde für eine Zufallsvariable interessiert – nennen wir sie X –, und zwar für die Zufallsvariable, die jedem Versuchsverlauf bei der Bernoulli-Kette die *Anzahl der Treffer* in diesem Versuchsverlauf zuordnet. X sei also die Zufallsvariable „Anzahl der Treffer". Diese Zufallsvariable X kann die Werte 0 (kein Treffer) bis n (nur Treffer) annehmen.

Nach unseren Überlegungen oben ergibt sich die Wahrscheinlichkeit, dass die Zufallsvariable X einen Wert k annimmt, dass also die Anzahl der Treffer genau k ist, nach der Bernoulli-Formel als $B(n, p; k)$. Es gilt also $P(X=k) = B(n, p; k)$. Dies ist Grundlage für die folgende Definition.

Definition der Binomialverteilung

Nimmt eine Zufallsvariable X die Werte 0, 1, 2 bis n mit den Wahrscheinlichkeiten

$$P(X=k)=B(n,p;k)=\binom{n}{k}\cdot p^k\cdot(1-p)^{n-k}$$

für alle $k\in\{0,1,2,\ldots,n\}$ an, so heißt X binomialverteilt mit den Parametern n und p oder kürzer B(n, p)-verteilt. Die zugehörige Wahrscheinlichkeitsverteilung heißt Binomialverteilung mit den Parametern n und p.

B(n, p) ist also der Name für die Wahrscheinlichkeitsverteilung, also eine Funktion, während B(n, p; k) den einzelnen Funktionswert bezeichnet.

Beispiel

Ein Multiple-Choice-Test besteht aus zehn Fragen mit jeweils vier Antwortmöglichkeiten, von denen jeweils genau eine richtig ist. Kreuzt man in diesem Test nach Zufall an, etwa weil man nicht vorbereitet und daher aufs bloße Raten angewiesen ist, so „trifft" man bei jeder Frage genau mit der Wahrscheinlichkeit $p=\frac{1}{4}=0{,}25$ die richtige Antwort. Es interessiert nun natürlich die Anzahl X der richtig beantworteten Fragen. X ist binomialverteilt mit den Parametern 10 und 0,25; denn der Multiple-Choice-Test entspricht einer Bernoulli-Kette der Länge 10 mit der Grundwahrscheinlichkeit 0,25. Es werden also genau k Antworten richtig angekreuzt mit der Wahrscheinlichkeit $B(10,\ 0{,}25;\ k)=\binom{10}{k}\cdot 0{,}25^k\cdot 0{,}75^{10-k}$

Bild 6.2 zeigt die Wahrscheinlichkeiten für die verschiedenen Anzahlen k in Form einer Wertetabelle (auf vier Dezimalstellen gerundet) und eines Säulendiagramms.

k	B (10, 0,25; k)
0	0,0563
1	0,1877
2	0,2816
3	0,2503
4	0,1460
5	0,0584
6	0,0162
7	0,0031
8	0,0004
9	0,0000
10	0,0000

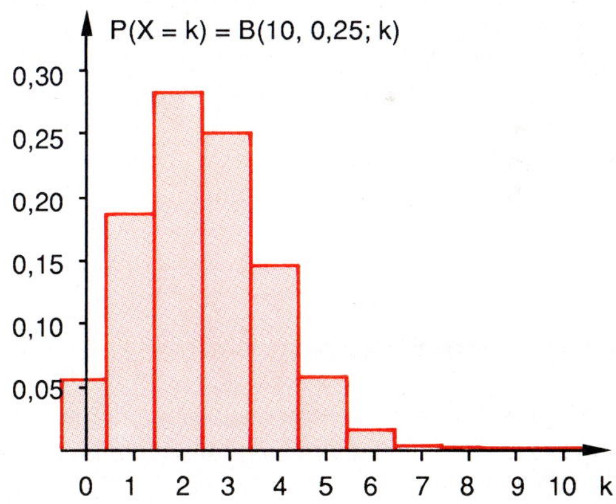

Bild 6.2: Binomialverteilung mit den Parametern 10 und 0,25

Ohne Beweis teilen wir mit (vgl. Ergänzung 4):

Satz über den Erwartungswert und die Varianz bei der Binomialverteilung

Für den Erwartungswert und die Varianz einer B(n, p)-verteilten Zufallsvariable X gelten:

$$\mathcal{E}(X)=n\cdot p \text{ und } \mathcal{V}(X)=n\cdot p\cdot(1-p).$$

Beispiel

Die B(10, 0,25)-verteilte Anzahl X der durchs bloße Raten im Multiple-Choice-Test richtig beantworteten Fragen hat also den Erwartungswert $\mathscr{E}(X) = 10 \cdot 0{,}25 = 2{,}5$ und die Varianz $\mathscr{V}(X) = 10 \cdot 0{,}25 \cdot 0{,}75 = 1{,}875$.

Einen Eindruck von Binomialverteilungen vermitteln Bild 6.3 und Bild 6.4. Bild 6.3 zeigt Binomialverteilungen B(n, 0,2) für n = 5, n = 20 und n = 100.

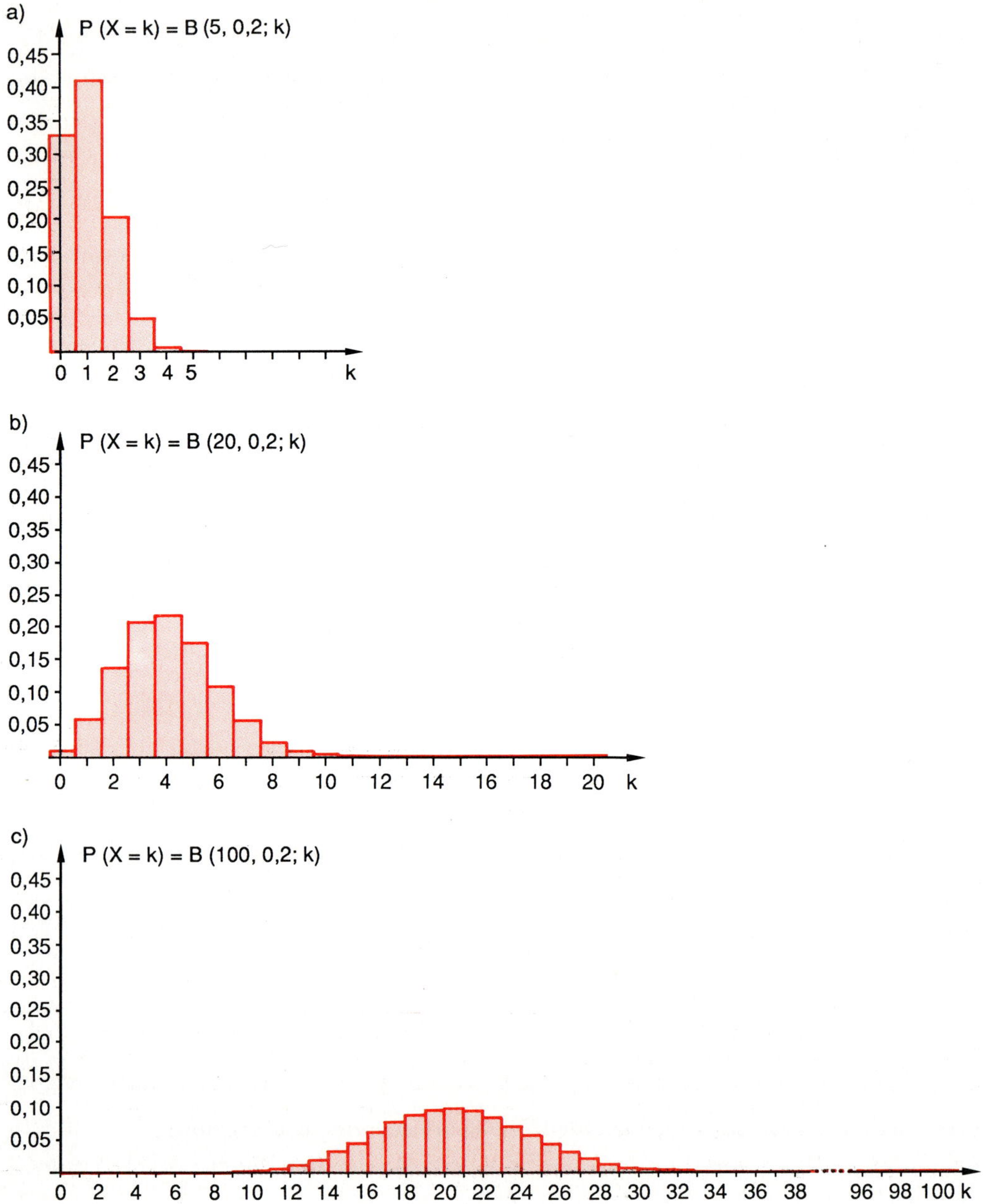

Bild 6.3

Bild 6.4 zeigt Binomialverteilungen B(14, p) für p = 0,1; p = 0,5 und p = 0,9.

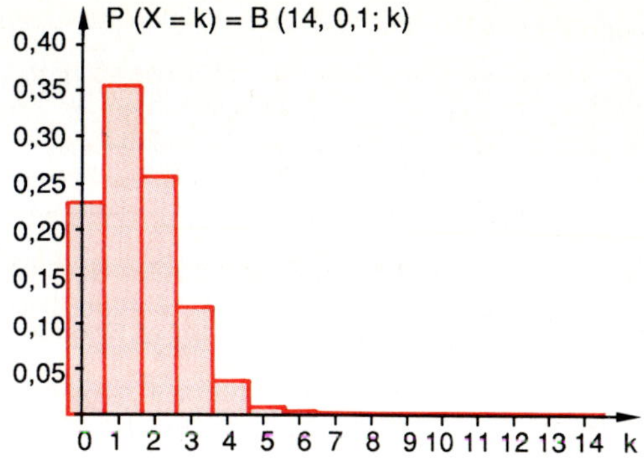

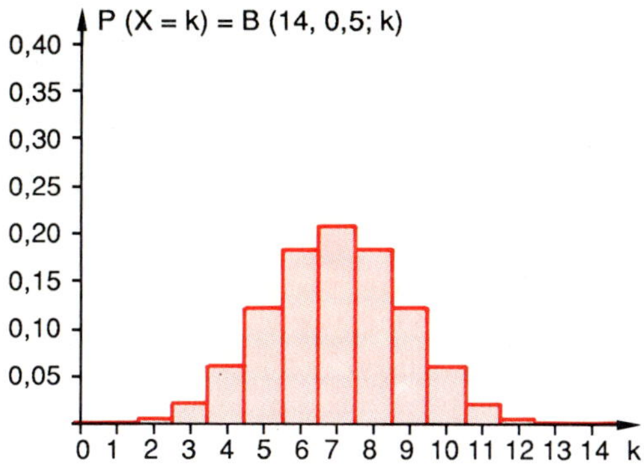

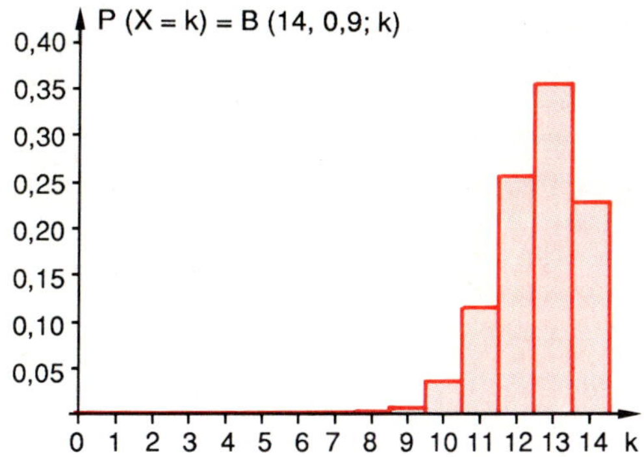

Bild 6.4

Anmerkung: Woher kommt der Name Binomialverteilung? Ausdrücke der Form $\binom{n}{k}$, die diese Wahrscheinlichkeitsverteilung charakterisieren, sind in der Mathematik bekannt als „Binomialkoeffizienten" aus der „binomischen Formel"

$$(a+b)^n = \binom{n}{0} a^n b^0 + \binom{n}{1} a^{n-1} b^1 + \binom{n}{2} a^{n-2} b^2 + \ldots + \binom{n}{n} a^{n-n} b^n.$$

Ergänzungen

1. Betrachte Bild 6.2.

a) Welche Anzahl gelöster Aufgaben hat die größte Wahrscheinlichkeit? Welchen wahrscheinlichsten Wert hat die Zufallsvariable X?

b) Der Multiple-Choice-Test ist bestanden, wenn mindestens die Hälfte der Fragen, also mindestens fünf, richtig beantwortet sind. Wie groß ist die Chance, den Test ohne jede Vorbereitung zu bestehen?

c) Durch intensive Lernarbeit können wir uns auf den Test vorbereiten. Aber auch nach dieser mühevollen Vorbereitung beantworten wir die Fragen leider nicht mit Sicherheit richtig, sondern jeweils lediglich mit einer Wahrscheinlichkeit von 0,75. Berechne unter dieser Annahme die Wahrscheinlichkeitsverteilung der Zufallsvariablen X: „Anzahl richtig beantworteter Fragen" und stelle sie in Form eines Säulendiagrammes dar. Vergleiche das Ergebnis mit Bild 6.2. Was fällt dir auf?

d) Führe – unter der Annahme von c) – eine Erwartung-mal-Wert-Rechnung durch: Das Nichtbestehen des Testes erscheint dir doppelt so schlimm wie die Vorbereitungsarbeit. (Etwa: Das Nichtbestehen kostet dich 200 Unannehmlichkeitseinheiten, sog. „Frustis", während dich die Vorbereitungsarbeit lediglich 100 „Frustis" kostet.) Was solltest du vernünftigerweise tun: dich vorbereiten oder dich nicht vorbereiten? Wie müssten die Bedingungen aussehen, bei denen du dich anders entscheiden würdest?

2. Betrachte Bild 6.3 und Bild 6.4. Welche Eigenschaften der Binomialverteilung fallen dabei auf?

3. Führe einen Wurf mit fünf Münzen zwanzigmal durch und notiere nach jedem Durchgang den beobachteten Wert der Zufallsvariablen X: „Anzahl der Münzen mit ‚Zahl'".
a) Wie ist diese Zufallsvariable verteilt?
b) Berechne $\mathscr{E}(X)$ und $\mathscr{V}(X)$.
c) Berechne den Durchschnitts- oder Mittelwert $\bar{x}$ aus den zwanzig Werten, die die Zufallsvariable X in der Versuchsreihe angenommen hat. Vergleiche diesen Durchschnittswert $\bar{x}$ mit $\mathscr{E}(X)$.
d) Betrachte die Zufallsgröße $Y=(X-\bar{x})^2$. Welche Werte nimmt diese Zufallsgröße Y in den zwanzig Durchgängen an? Berechne auch hier wieder den Durchschnitts- oder Mittelwert $\bar{y}$ aus diesen zwanzig Werten, also die empirische Varianz s_X^2. Vergleiche diesen Wert mit $\mathscr{V}(X)$.

4. Beweise: Eine B(n, p)-verteilte Zufallsvariable X hat den Erwartungswert $\mathscr{E}(X)=n\cdot p$.
Anleitung: Zeige erstens allgemein: Ist $X(\omega)=X_1(\omega)+X_2(\omega)+\ldots+X_n(\omega)$ für alle möglichen Ergebnisse $\omega\in\Omega$, ist also die Zufallsvariable X die „Summe" aus den Zufallsvariablen $X_1, X_2, \ldots, X_n$, so gilt für den Erwartungswert von X: $\mathscr{E}(X)=\mathscr{E}(X_1)+\mathscr{E}(X_2)+\ldots+\mathscr{E}(X_n)$.
Zeige dann zweitens:
Die B(n, p)-verteilte Zufallsvariable X lässt sich auffassen als „Summe" von n Zufallsvariablen X_1 bis X_n, für die gilt: $X_k=1$ genau dann, wenn im k-ten Versuchsdurchgang ein Treffer erzielt wird; ansonsten ist $X_k=0$.

5. a) Beweise folgende wichtige Formel:

$$B(n,p;k+1)=\frac{n-k}{1+k}\cdot\frac{p}{1-p}\cdot B(n,p;k).$$

Diese Formel erlaubt es, von einem bekannten Anfangswert B(n, p; 0) ausgehend sukzessive Werte der B(n, p)-Verteilung zu berechnen, indem der gerade links ermittelte Wert beim nächsten Schritt wieder rechts in die Formel eingespeist wird. Eine solche Formel bezeichnet man deswegen auch als **Rekursionsformel** (von Lateinisch „recurro": wiederkehren).
b) Berechne mit Hilfe der in a) behandelten Rekursionsformel die Binomialverteilung zu den Parametern 20 und 0,2 und stelle sie graphisch als Säulendiagramm dar.

Übungen und Aufgaben

Bernoulli-Experimente

1. Berechne die folgenden Wahrscheinlichkeiten.
a) $B(5,\frac{1}{2};3)$ **b)** $B(7,\frac{3}{5};5)$ **c)** $B(9,\frac{1}{5};6)$ **d)** $B(12,\frac{1}{4};7)$

2. Berechne die Wahrscheinlichkeit dafür, dass beim viermaligen Werfen einer fairen Münze in den ersten drei Würfen Zahl und im letzten Wurf Kopf fällt.

3. Wie oft muss man einen fairen Würfel wenigstens werfen, um mit der Wahrscheinlichkeit von 0,9 mindestens einmal eine 6 zu erhalten?

4. Bei einer Qualitätskontrolle hat man mit einem Ausschuss von 5% zu rechnen. Berechne die Wahrscheinlichkeit dafür, dass
a) unter 10 Artikeln kein Ausschuss,
b) unter 20 Artikeln höchstens ein Artikel defekt ist.

5. Berechne die Wahrscheinlichkeiten dafür, dass es in einer Familie mit 6 Kindern
a) ebenso viele Jungen wie Mädchen,
b) mehr Jungen als Mädchen gibt.
(Wir setzen voraus, Jungen- und Mädchengeburten seien gleich wahrscheinlich.)

6. Eine Urne enthält 4 schwarze und 6 weiße Kugeln (Bild 6.5). Es wird mehrfach eine Kugel nach Zufall gezogen und sofort wieder in die Urne zurückgelegt. Wie wahrscheinlich ist es,

a) dass bei 10 Ziehungen genau 5 schwarze Kugeln gezogen werden,
b) dass bei 10 Ziehungen genau 5 weiße Kugeln gezogen werden,
c) dass bei 10 Ziehungen genau 4 schwarze Kugeln gezogen werden,
d) dass bei 10 Ziehungen höchstens 3 schwarze Kugeln gezogen werden,
e) dass bei 5 Ziehungen mindestens 3 schwarze Kugeln gezogen werden?

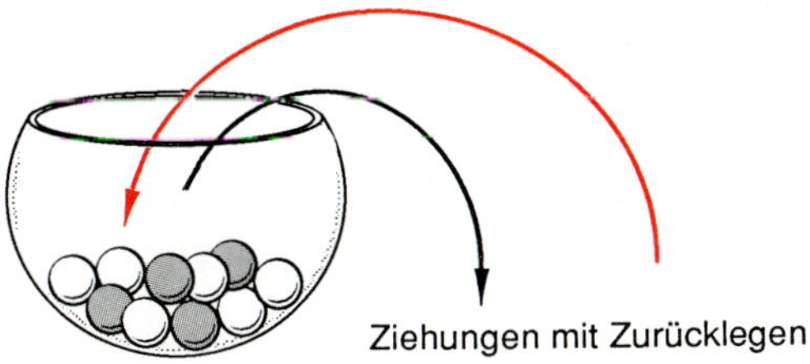

Bild 6.5

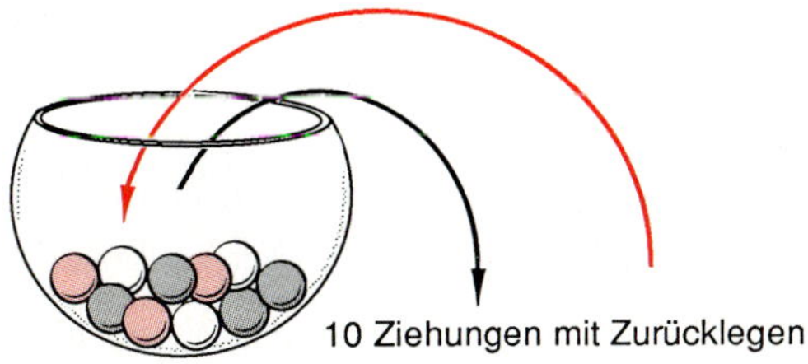

Bild 6.6

7. Eine Urne enthält 4 schwarze, 3 rote und 3 weiße Kugeln (Bild 6.6). Es wird 10-mal mit Zurücklegen gezogen. Wie wahrscheinlich ist es, genau 5 schwarze Kugeln zu ziehen? Gibt es einen Unterschied zu Aufgabe 6a)? Inwiefern handelt es sich hier um ein Bernoulli-Experiment, obwohl doch drei mögliche Ergebnisse – schwarz, rot, weiß – unterschieden werden können?

8. Es wird wie in Aufgabe 6 aus einer Urne gezogen, jetzt aber ohne Zurücklegen. Handelt es sich dann noch um eine Bernoulli-Kette? (Begründung!) Falls nein: Würde es dennoch sinnvoll sein, hier für praktische Berechnungen eine Bernoulli-Kette zu unterstellen, wenn die Urne sehr viele Kugeln enthält, etwa 400 schwarze und 600 weiße, und nur wenige Ziehungen erfolgen? Begründe deine Antwort.

9. Das nebenstehende Bild zeigt ein von dem englischen Arzt und Naturforscher *Francis Galton* (1822–1911) konstruiertes Gerät, das sogenannte Galton-Brett. Oben schüttet man Kugeln hinein, die nacheinander durch das Raster von Hindernissen rollen und sich unten in den Gefäßen sammeln.
Das Brett ist so konstruiert, dass die Kugeln jeweils mit der Wahrscheinlichkeit 0,5 links oder rechts an einem Hindernis vorbeirollen.

a) Wie groß ist bei dem Brett von Bild 6.7 die Wahrscheinlichkeit, dass eine Kugel in dem linken äußeren Gefäß landet?

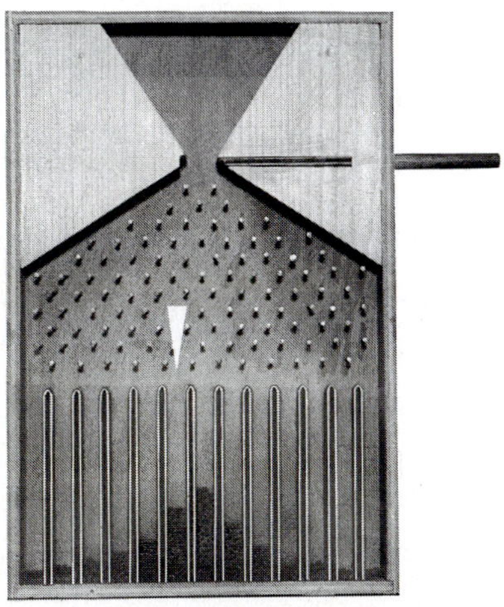

Bild 6.7

b) Welche Kugeln sammeln sich in dem Gefäß, das durch einen Pfeil gekennzeichnet ist? Wie groß ist die Wahrscheinlichkeit, dass eine Kugel hier hineinfällt?
c) Mit welcher Wahrscheinlichkeit fällt eine Kugel in das mittlere Gefäß?

10. a) Begründe, dass eine Bernoulli-Kette simuliert wird, wenn Kugeln ein Galton-Brett durchlaufen (vgl. Aufgabe 9). Gib dazu für das Galton-Brett aus Bild 6.7 an, wodurch jeweils n, p und k festgelegt sind.
b) Welche Bedeutung hat die Anzahl der Kugeln, die man zur Durchführung des Versuchs benutzt?
c) Wie sieht ein Galton-Brett für $n=19$ aus?

11. Beweise: Die Wahrscheinlichkeit dafür, bei einer Bernoulli-Kette der Länge n mit der Trefferwahrscheinlichkeit p wenigstens einmal Treffer (Ereignis T) bzw. keinen Treffer (Ereignis $\bar{T}$) zu erhalten, ist gegeben durch:

$$P(T)=1-B(n,p;0)=1-(1-p)^n \quad \text{bzw.} \quad P(\bar{T})=1-B(n,p;n)=1-p^n.$$

12. Einem Doppelkopfspiel (48 Karten) wird eine Karte mit Zurücklegen entnommen. Wie oft muss dieses Zufallsexperiment wiederholt werden, damit die Wahrscheinlichkeit, eine Kreuz-Karte (einen Buben) zu erhalten, größer als **a)** $\frac{1}{4}$, **b)** $\frac{1}{2}$, **c)** $\frac{3}{4}$ ist?

13. Eine Erdölbohrung wird mit der Wahrscheinlichkeit $p=0{,}1$ fündig.
a) Mit welcher Wahrscheinlichkeit haben 10 (12; 15) Bohrungen mindestens einen Erfolg?
b) Wie viele Bohrungen müssen vorgenommen werden, damit die Wahrscheinlichkeit für einen Erfolg größer als $\frac{1}{2}$ ist?

14. Ein Versuchstier lernt nach dem Versuch-Irrtum-Prinzip, wie es seinen Käfig öffnen kann, um an das Futter zu gelangen. Die Erfolgswahrscheinlichkeit bei einem Versuch sei 0,02. Wie viele Versuche sind notwendig, damit die Wahrscheinlichkeit für einen Erfolg größer oder gleich $\frac{1}{2}$ ist?

15. Wie oft muss man eine faire Münze werfen, damit die Wahrscheinlichkeit dafür, genau dreimal Zahl zu werfen, am größten ist?

16. Zeige, dass die Wahrscheinlichkeit p dafür, dass 3 von 800 Schülern an irgendeinem Tag im Jahr gemeinsam Geburtstag haben, gegeben ist durch $p=1-(1-B(800,\frac{1}{365};3))^{365}$.

Die Binomialverteilung

17. Der Anteil der Nichtschwimmer in einer Schule beträgt 10%. In einer Klasse von 20 Schülern werden vier Schüler zufällig ausgewählt. Wie groß ist die Wahrscheinlichkeit dafür, dass keiner (einer) der Schüler Nichtschwimmer ist?

18. Berechne die Wahrscheinlichkeit dafür, dass auf einer Schülerparty von 20 Schülern genau 2 (mindestens 2) am 1. April Geburtstag haben.

19. Ein fairer Würfel wird 36-mal geworfen. Berechne die Wahrscheinlichkeit dafür, dass die Augenzahl 6 in der erwarteten Anzahl, also sechsmal, eintritt.

20. Beim Morsen wird eine Folge der Zeichen „·" und „–" (kurz, lang) gesendet. Die Zeichen „·" und „–" werden beide mit derselben Wahrscheinlichkeit p falsch eingegeben.
a) Eine Folge bestehe aus genau 5 Zeichen. Berechne die Wahrscheinlichkeit dafür, dass höchstens 2 Zeichen falsch sind, wenn $p=0{,}3$ ist.
b) Berechne die Wahrscheinlichkeit dafür, dass bei höchstens 5 Zeichen genau 3 Zeichen falsch sind, wenn $p=0{,}25$ ist.

21. Ein Mann irrt durch das Wegenetz von Bild 6.8. An jeder Ecke geht er mit der Wahrscheinlichkeit $p=0{,}4$ nach rechts und mit der Wahrscheinlichkeit von $q=0{,}6$ nach oben, und zwar unabhängig vom zurückgelegten Weg.
a) Mit welcher Wahrscheinlichkeit geht der Mann den eingezeichneten Weg?
b) Mit welcher Wahrscheinlichkeit erreicht er von 0 aus den Punkt 2 (3; 4; 5)?

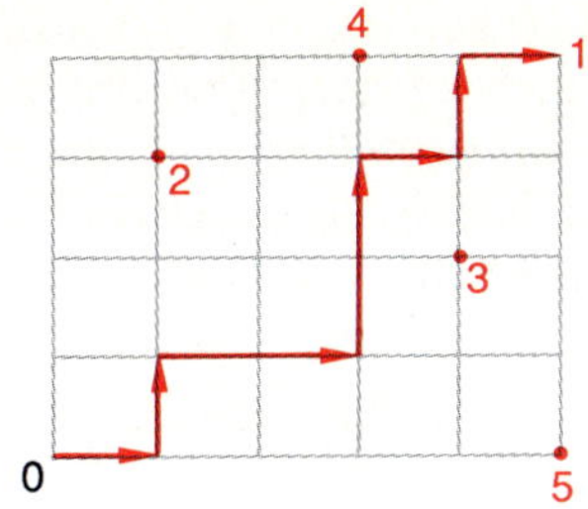

Bild 6.8

22. Die SV einer Schule besteht aus 12 Schülern. Jeder Schüler kommt mit der Wahrscheinlichkeit $p=0{,}5$ (0,25; 0,4) zu einer einberufenen Versammlung. Mit welcher Wahrscheinlichkeit sind zwei Drittel der Schülervertreter anwesend?

23. In zwei Urnen U_1 und U_2 sind wie folgt Kugeln verteilt:
Eine Urne U_1 enthält 5 rote und 10 schwarze Kugeln, eine Urne U_2 enthält 6 rote und 8 schwarze Kugeln (Bild 6.9).
Die Wahl der Urne, aus der 7 Kugeln mit Zurücklegen gezogen werden, wird durch einen fairen Würfel entschieden: Fällt die Augenzahl 3 oder 6, so wählt man Urne U_1, andernfalls die Urne U_2. Berechne die Wahrscheinlichkeit dafür, dass
a) 3 rote, **b)** mindestens 2 rote,
c) 5 schwarze Kugeln gezogen werden.

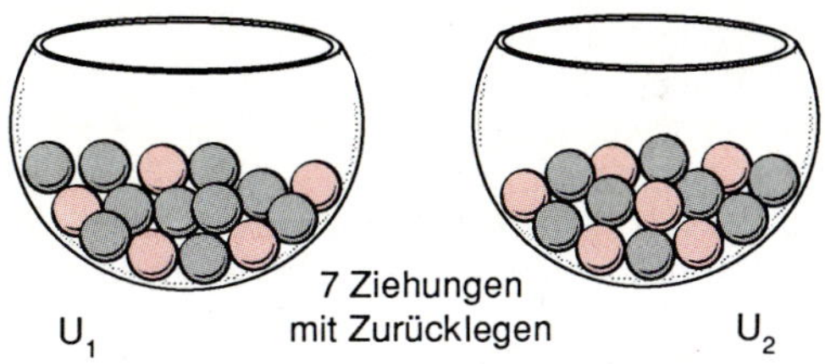

Bild 6.9

24. Eine faire Münze wird zehnmal geworfen. Man gewinnt, wenn 3-, 4- oder 5-mal Kopf fällt. Mit welcher Wahrscheinlichkeit tritt dieser Fall ein?

25. Die Zufallsvariable X ist binomialverteilt und hat den Erwartungswert $\mathscr{E}(X)$ und die Varianz $\mathscr{V}(X)$.
a) Berechne die Parameter n und p.
b) Berechne die Wahrscheinlichkeiten $P(X=0)$ und $P(X=1)$.

1)		2)		3)	
$\mathscr{V}(X)$	$\mathscr{E}(X)$	$\mathscr{V}(X)$	$\mathscr{E}(X)$	$\mathscr{V}(X)$	$\mathscr{E}(X)$
1	2	0,75	1,5	1,125	4,5

26. Eine Tonfilmkamera enthält 20 voneinander unabhängige Transistoren. Für einen einwandfreien Betrieb der Kamera ist es notwendig, dass alle 20 Transistoren gleichzeitig funktionieren.
a) Berechne die Wahrscheinlichkeit für das Versagen der Kamera, wenn die Transistoren aus einem großen Lager, das etwa 3% defekte Transistoren enthält, zufällig entnommen werden.
b) Mit welcher Wahrscheinlichkeit arbeitet die Kamera einwandfrei?

27. Beweise folgende Formel:

$$\binom{n}{0}+\binom{n}{1}+\binom{n}{2}+\ldots+\binom{n}{n}=2^n.$$

Hinweis: Betrachte das sichere Ereignis bei einer Bernoulli-Kette der Länge n mit dem Parameter $p=\frac{1}{2}$.

28. Aus einer Urne, die s schwarze und $N-s$ weiße Kugeln enthält, werden ohne Zurücklegen n Kugeln gezogen. Die Zufallsvariable X gebe die Anzahl der auftretenden schwarzen Kugeln an.
a) Zeige, dass die Wahrscheinlichkeit für genau k (mit $0 \leq k \leq n$) auftretende schwarze Kugeln gegeben ist durch

$$P(X=k)=\frac{\binom{s}{k} \cdot \binom{N-s}{n-k}}{\binom{N}{n}}.$$

(Die Wahrscheinlichkeitsverteilung von X heißt **hypergeometrische Verteilung**.)
b) Bei einer Tombola werden 500 Lose ausgegeben, von denen 50 Gewinnlose sind. Jemand kauft sich 6 Lose. Wie wahrscheinlich ist es, dass er wenigstens einen Gewinn erzielt.
c) Ein Monteur hat 10 Schrauben in seiner Hand, von denen genau zwei für sein zu bearbeitendes Werkstück passen. Er probiert jeweils eine Schraube und legt sie dann beiseite. Mit welcher Wahrscheinlichkeit hat er in drei Versuchen die beiden richtigen Schrauben gefunden?

II. Der praktische Umgang mit der Binomialverteilung

1. Tabellierung

Wir beginnen unsere Betrachtungen sofort mit einem konkreten Demonstrationsbeispiel.

Beispiel

Wie wahrscheinlich ist es, bei einer Bernoulli-Kette der Länge $n=20$ mit der Grundwahrscheinlichkeit $p=0{,}4$ höchstens $k=5$ Treffer zu erzielen?
Statt diese Wahrscheinlichkeit recht mühsam von Hand oder mit dem Taschenrechner auszurechnen, können wir sie sofort in Tabelle I im Anhang nachschlagen: Wir suchen zunächst in dieser Tabelle entlang des äußeren linken Randes den Zeilenblock für $n=20$ und entlang des oberen Randes die Spalte für $p=0{,}4$; in dieser Spalte finden wir – orientiert am inneren linken Rand – für $k=5$ den Eintrag 1256, was als 0,1256 zu lesen ist. Dies ist die gesuchte Wahrscheinlichkeit.

Die Berechnung der Wahrscheinlichkeiten $B(n, k; p)$ bei der Binomialverteilung erfordert schon bei mäßig großem n erheblichen Rechenaufwand. Noch größer wird dieser Rechenaufwand, wenn – wie sehr häufig in der Praxis – nicht nach der Wahrscheinlichkeit gefragt wird, dass eine $B(n, p)$-verteilte Zufallsvariable X *genau* den Wert k annimmt, also nach der Wahrscheinlichkeit $B(n, p; k)$, sondern danach, mit welcher Wahrscheinlichkeit X *höchstens* den Wert k annimmt. Gefragt ist dann nach

$$\begin{aligned} &P(X \leq k)\\ &=P(X=0)+P(X=1)+\ldots+P(X=k)\\ &=B(n, p; 0)+B(n, p; 1)+\ldots+B(n, p; k)\\ &=\binom{n}{0} \cdot p^0 \cdot (1-p)^{n-0}+\binom{n}{1} \cdot p^1 \cdot (1-p)^{n-1}+\ldots+\binom{n}{k} \cdot p^k \cdot (1-p)^{n-k}. \end{aligned}$$

Dieser Ausdruck – wir nennen ihn **F(n, p; k)** – lässt sich in der Regel offensichtlich nur noch mit Mühe konkret berechnen. In Tabelle I im Anhang finden sich daher bereits – auf vier Stellen hinter dem Komma genau – berechnete Werte F(n, p; k) dieser *„summierten* Binomialverteilung", aus Platzgründen natürlich nur für einige ausgewählte Parameter n und p.

Tabelliert sind also für einige Bernoulli-Ketten der Länge n und der Grundwahrscheinlichkeit p bzw. für die zugehörigen B(n, p)-verteilten Trefferanzahlen X die Wahrscheinlichkeiten

$$\begin{aligned}
&F(n,p;k)\\
&=P(\text{„höchstens k Treffer"})\\
&=P(X\leq k)\\
&=P(X=0)+P(X=1)+\ldots+P(X=k)\\
&=\sum_{i=0}^{k} P(X=i)\\
&=\sum_{i=0}^{k} B(n,p;i)\\
&=\sum_{i=0}^{k} \binom{n}{i}\cdot p^i\cdot(1-p)^{n-i}\\
&=\binom{n}{0}\cdot p^0\cdot(1-p)^{n-0}+\binom{n}{1}\cdot p^1\cdot(1-p)^{n-1}+\ldots+\binom{n}{k}\cdot p^k\cdot(1-p)^{n-k}.
\end{aligned}$$

Beispiele

Betrachten wir als Übungsbeispiel die Binomialverteilung mit den Parametern 9 und 0,3, fragen wir also nach den Treffern bei einer Bernoulli-Kette der Länge 9 mit Grundwahrscheinlichkeit 0,3.
Wir suchen in der Tabelle I an der linken Seite den Zeilenblock für n = 9 und oben die Spalte für p = 0,3.

1. Wie wahrscheinlich ist es, höchstens 5 Treffer zu erzielen? Wir suchen links die Zeile für k = 5 und lesen den Tabellenwert 0,9747 ab. Dies ist die gesuchte Wahrscheinlichkeit, denn es gilt ja:

$$\begin{aligned}
&P(\text{„höchstens 5 Treffer"})\\
&=P(X\leq 5)\\
&=P(X=0)+P(X=1)+\ldots+P(X=5)=F(9,0{,}3;5).
\end{aligned}$$

2. Wie wahrscheinlich ist es, eine Trefferzahl zwischen 2 und 5 (einschließlich) zu erzielen? Hier gilt offensichtlich:

$$\begin{aligned}
&P(\text{„Trefferzahl zwischen 2 und 5"})\\
&=P(\text{„Trefferzahl höchstens 5"})-P(\text{„Trefferzahl höchstens 1"})\\
&=F(9,0{,}3;5)-F(9,0{,}3;1)=0{,}9747-0{,}1960=0{,}7787.
\end{aligned}$$

3. Wie wahrscheinlich sind genau 4 Treffer?

$$\begin{aligned}
&P(\text{„genau 4 Treffer"})\\
&=P(\text{„höchstens 4 Treffer"})-P(\text{„höchstens 3 Treffer"})\\
&=F(9,0{,}3;4)-F(9,0{,}3;3)=0{,}9012-0{,}7297=0{,}1715.
\end{aligned}$$

4. Wie wahrscheinlich sind wenigstens 4 Treffer?

P(„wenigstens 4 Treffer")
= 1 − P(„höchstens 3 Treffer")
= 1 − F(9, 0,3; 3) = 1 − 0,7297 = 0,2703.

Bild 6.10 zeigt zur Illustration das Säulendiagramm und die Wertetabelle der zugehörigen Binomialverteilung B(9, 0,3).

k	B(9, 0,3; k)
0	0,0404
1	0,1556
2	0,2668
3	0,2669
4	0,1715
5	0,0735
6	0,0210
7	0,0039
8	0,0004
9	0,0000

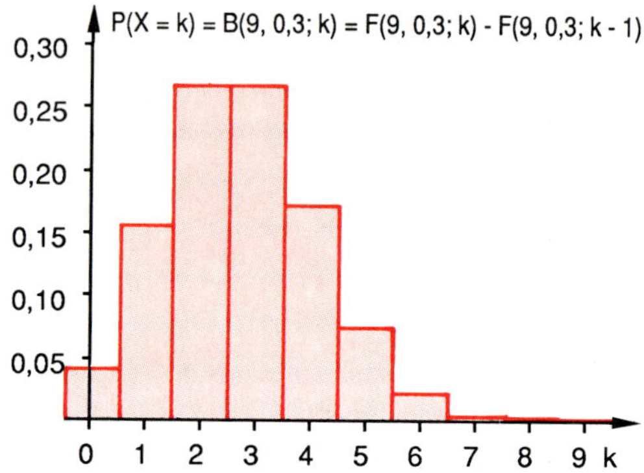

Bild 6.10: Binomialverteilung mit den Parametern 9 und 0,3

Ist die Grundwahrscheinlichkeit p größer als 0,5, so finden wir die entsprechenden Einträge in Tabelle I über den *rot* gedruckten Eingang rechts und unten, und zwar mit der Maßgabe, dass die gesuchte Wahrscheinlichkeit F(n, p; k) gleich 1 minus dem entsprechenden Tabellenwert sei. Es gilt nämlich ganz allgemein:

$$B(n, p; k) = B(n, 1-p; n-k).$$

Die Wahrscheinlichkeit, bei n Versuchen mit einer Trefferwahrscheinlichkeit von jeweils p genau k Treffer zu erzielen, ist identisch mit der Wahrscheinlichkeit, bei n Versuchen mit einer Nietenwahrscheinlichkeit von jeweils 1 − p genau n − k Nieten zu erzielen. Es handelt sich nämlich in beiden Fällen um dasselbe Ereignis! Diese Wahrscheinlichkeit ist wiederum gleich der Wahrscheinlichkeit, bei n Versuchen mit der Trefferwahrscheinlichkeit 1 − p genau n − k Treffer zu erzielen. Wir haben hier lediglich vertauscht, was wir als Niete und was wir als Treffer betrachten wollen.

Diese Symmetrie erlaubt es, die Werte in der Tabelle I „doppelt" zu lesen: einmal beim schwarz gedruckten Eingang links und oben als F(n, p; k) für $p \leq 0{,}5$, zum anderen beim rot gedruckten Eingang rechts und unten als 1 − F(n, p; k) für $p \geq 0{,}5$.

Beispiel

Wie wahrscheinlich erzielen wir in einer Bernoulli-Kette der Länge 9 bei der Grundwahrscheinlichkeit 0,7 höchstens 4 Treffer?

F(9, 0,7; 4)
= B(9, 0,7; 0) + B(9, 0,7; 1) + … + B(9, 0,7; 4)
= 1 − (B(9, 0,7; 5) + … + B(9, 0,7; 9))
= 1 − (B(9, 1 − 0,7; 9 − 5) + … + B(9, 1 − 0,7; 9 − 9))
= 1 − (B(9, 0,3; 0) + … + B(9, 0,3; 4))
= 1 − F(9, 0,3; 4) = 1 − 0,9012 = 0,0988.

Bild 6.11 zeigt auch hier wieder die Wertetabelle und das Säulendiagramm für die zugehörige Binomialverteilung.

k	B(9, 0,7; k)
0	0,0000
1	0,0004
2	0,0039
3	0,0210
4	0,0735
5	0,1715
6	0,2669
7	0,2668
8	0,1556
9	0,0404

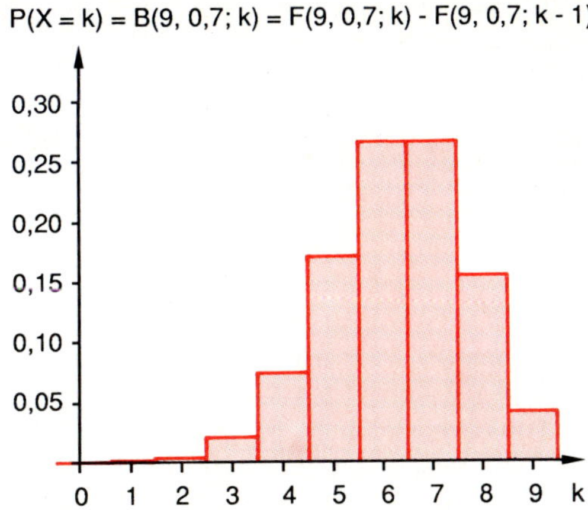

Bild 6.11: Binomialverteilung mit den Parametern 9 und 0,7

Ergänzung

Vergleiche die Säulendiagramme in Bild 6.10 und 6.11. In welchem Sinne gibt es hier Symmetrie?

2. Die Binomialverteilung bei großem Parameter n

Ist der Parameter n groß, handelt es sich also um eine lange Bernoulli-Kette, so lässt sich die (summierte) Binomialverteilung auch mit Hilfe von Computern kaum noch exakt berechnen. Hier hilft in der Praxis nur eine Näherungsrechnung.
Ohne weitere Begründung wird im Folgenden gezeigt, wie man mit Hilfe der in der Tabelle II im Anhang tabellierten Werte einer Funktion Φ Näherungswerte für $F(n, p; k)$ ermitteln kann.

Gesucht ist also die Wahrscheinlichkeit, mit der eine Bernoulli-Kette der großen Länge n mit der Grundwahrscheinlichkeit p höchstens k Treffer erbringt. Anders formuliert: Gesucht ist für die $B(n, p)$-verteilte Zufallsvariable X die Wahrscheinlichkeit $P(X \leq k)$.

1. Schritt: Berechne den Ewartungswert $\mathscr{E}(X) = n \cdot p$ und die Standardabweichung $\sigma(X) = \sqrt{n \cdot p \cdot (1-p)}$.

2. Schritt: Berechne den Ausdruck $z = \frac{k - \mathscr{E}(X)}{\sigma(X)} = \frac{k - n \cdot p}{\sqrt{n \cdot p \cdot (1-p)}}$.

3. Schritt: Ist $z \geq 0$, so schlage in Tabelle II den zu z gehörenden Tabellenwert $\Phi(z)$ nach. Dies ist die gesuchte Wahrscheinlichkeit.
Ist $z \leq 0$, so schlage in Tabelle II den zu $-z$ gehörenden Tabellenwert $\Phi(-z)$ nach und subtrahiere ihn von 1. (Für die Funktion Φ gilt nämlich allgemein $\Phi(-z) = 1 - \Phi(z)$.) Diese Differenz ist ein Näherungswert für die gesuchte Wahrscheinlichkeit.

Beispiel

Gesucht ist für eine B(1000, 0,5)-verteilte Zufallsvariable X, also die Trefferzahl in einer Bernoulli-Kette der Länge 1000 (!), die Wahrscheinlichkeit $P(X \leq 457)$.

1. Schritt: $n \cdot p = 1000 \cdot 0{,}5 = 500$ und $\sqrt{n \cdot p \cdot (1-p)} = \sqrt{1000 \cdot 0{,}5 \cdot 0{,}5} = \sqrt{250} \approx 15{,}8114$.

2. Schritt: $z = \dfrac{457-500}{15{,}8114} \approx -2{,}72$.

3. Schritt: Aus der Tabelle II entnehmen wir $\Phi(-(-2{,}72)) = \Phi(2{,}72) = 0{,}9967$. Also ergibt sich die gesuchte Wahrscheinlichkeit als $1 - 0{,}9967 = 0{,}0033$. Die Wahrscheinlichkeit, beim 1000fachen Münzwurf mit einer fairen Münze höchstens 457-mal „Zahl" zu werfen, beträgt lediglich 0,33%. (Man sieht hieran übrigens, wie „stark" das Gesetz der großen Zahlen wirkt: Mit 0,33% ist nämlich die Wahrscheinlichkeit sehr gering, dass die relative Häufigkeit von „Zahl" bei tausendfacher Wiederholung des Zufallsexperimentes Münzwurf höchstens 0,457 beträgt, dass diese relative Häufigkeit also die Wahrscheinlichkeit 0,500 von „Zahl" um mindestens 0,043 unterschreitet.)

Die Werte F(n, p; k) der „summierten" Binomialverteilung, wie sie in Tabelle I für kleine n aufgelistet sind, können für große n durch die entsprechenden in Tabelle II aufgelisteten Werte der Funktion Φ angenähert werden. Diese Annäherung gilt als befriedigend, wenn $n \cdot p \cdot (1-p) \geq 9$. Wir können in Kurzform festhalten:

Satz über die Näherungsformel von Laplace und de Moivre

$$F(n,p;k) \approx \Phi\left(\frac{k - n \cdot p}{\sqrt{n \cdot p \cdot (1-p)}}\right), \text{ sofern } n \cdot p \cdot (1-p) \geq 9.$$

Anmerkung: Die mathematischen Hintergründe für diese auf die Mathematiker *Laplace* und *Abraham de Moivre* (1667–1754, Bild 6.12) zurückzuführende Näherungsformel zur Binomialverteilung bei großem n sind recht schwierig. Es sei hier aber wenigstens etwas von diesen Hintergründen angedeutet.

Betrachten wir die Säulendiagramme in den Bildern 6.14–6.16. Sie stellen Binomialverteilungen zu ein und demselben Parameter $p = 0{,}5$, aber verschiedenen n dar. Jede Säule hat eine Breite von 1. Das bedeutet, dass der Flächeninhalt einer jeden Säule gerade der Wahrscheinlichkeit für die Trefferzahl entspricht, für die die betreffende Säule steht. Summieren wir dann von links kommend die Flächeninhalte bis zu einer bestimmten Säule auf, etwa der Säule für $X = k$, so erhalten wir mit diesem Gesamtflächeninhalt gerade die Wahrscheinlichkeit, dass höchstens k Treffer auftreten. Dieser Flächeninhalt wird nun angenähert. Denn es fällt auf, dass sich die stufenförmige „Oberkantenlinie" der Säulen für wachsendes n immer mehr einer „Glockenkurve" annähert, die in allen Säulendiagrammen zusätzlich in Rot eingezeichnet ist.

Bild 6.12: *Abraham de Moivre* (1667–1754)

Diese – nach dem Mathematiker *Carl Friedrich Gauß* (1777–1855, Bild 6.13) benannte – gaußsche Glockenkurve wird durch die Funktion zu

$$\varphi(z) = \frac{1}{\sqrt{2\pi}} \cdot e^{-\frac{1}{2}z^2}$$

beschrieben. Diese Funktion definiert eine bestimmte Wahrscheinlichkeitsverteilung, die sogenannte **Normalverteilung**.
Je größer das n, desto besser stimmen die Flächeninhalte unter der „Oberkantenlinie" der Säulendiagramme mit den entsprechenden Flächeninhalten unter dieser Glockenkurve überein. Die Funktion Φ, deren Werte in Tabelle II aufgelistet sind, gibt Näherungswerte für die Flächen zwischen der Glockenkurve und der Abszisse an. Genauer: Φ(z) ist die Maßzahl des Inhalts der Fläche zwischen der Glockenkurve und der Abszisse, und zwar der Fläche über dem Intervall von minus Unendlich bis zur Stelle z. Diese knappen Andeutungen müssen hier genügen.

Bild 6.13: *Carl Friedrich Gauß* (1777–1855)

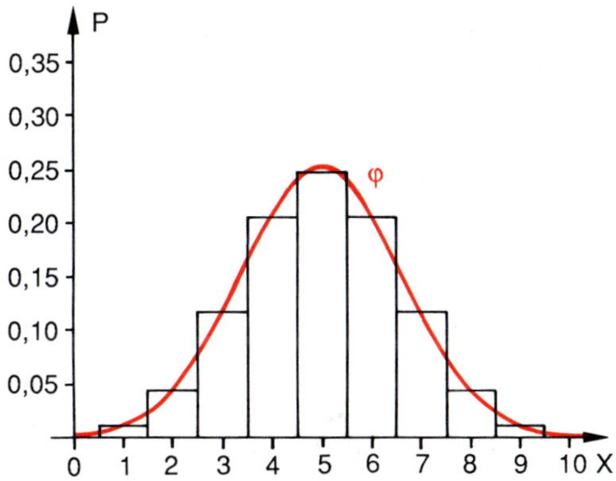

Bild 6.14

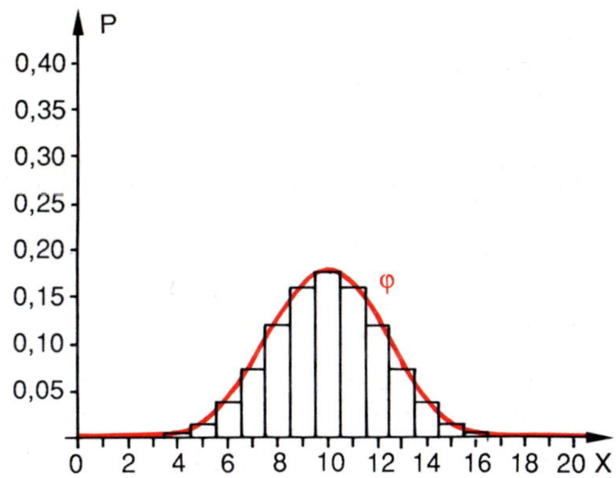

Bild 6.15

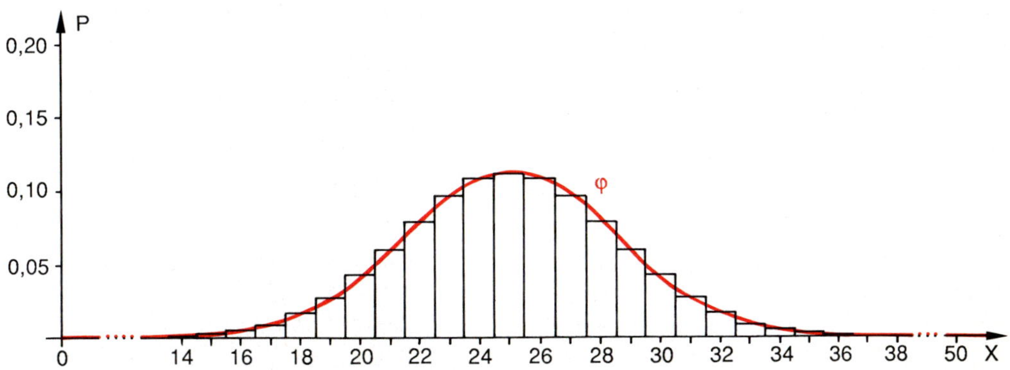

Bild 6.16

Übungen und Aufgaben

Tabellierung

1. Berechne für eine B(20, 0,1)-verteilte Zufallsvariable X folgende Wahrscheinlichkeiten.
a) $P(X \leq 2)$ **b)** $P(X \geq 3)$ **c)** $P(X=1)$ **d)** $P(1 < X < 5)$ **e)** $P(X \geq 21)$
f) $P(X=4{,}5)$ **g)** $P(X \neq 3)$

2. Berechne für eine B(20, 0,9)-verteilte Zufallsvariable X folgende Wahrscheinlichkeiten.
a) $P(X \geq 18)$ **b)** $P(X < 17)$ **c)** $P(X=19)$ **d)** $P(15 < X < 19)$ **e)** $P(X \neq 18)$

3. In einem Postamt gibt es einen Schalter I für Brief- und Geldverkehr und einen Schalter II für Pakete. Für jeden eintretenden Kunden betrage die Wahrscheinlichkeit dafür, dass er zum Schalter I bzw. zum Schalter II geht, $\frac{4}{5}$ bzw. $\frac{1}{5}$. Wie groß ist die Wahrscheinlichkeit dafür, dass von 5 Kunden **a)** genau 4, **b)** höchstens 4 zu Schalter I gehen?

4. Eine Firma für elektronische Geräte stellt Transistoren her; sie weiß, dass im Durchschnitt 2% davon defekt sind. Wie groß ist die Wahrscheinlichkeit dafür, dass von 20 Transistoren genau 3 defekt sind?

5. Laut Brockhaus sind etwa 5% aller Bundesbürger farbenblind. Wie groß ist die Wahrscheinlichkeit dafür, dass unter 100 Personen wenigstens 3 farbenblind sind?

6. Der Pächter eines Zeitungskiosks verkauft im Durchschnitt unter vier Zeitungen eine überregionale Zeitung.
a) Wie groß ist die Wahrscheinlichkeit dafür, dass von 16 verkauften Zeitungen mehr als 4 überregional sind?
b) Wie viel überregionale Zeitungen muss der Händler unter 100 Zeitungen bereithalten, damit er die Wünsche seiner Kunden mit einer Wahrscheinlichkeit von mindestens 0,8 erfüllen kann?

7. Von 440 auslieferungsbereiten Fernsehern werden 50 Stück einer Qualitätskontrolle unterzogen. Es ist bekannt, dass die Ausschussquote 10% beträgt.
a) Wie groß ist die Wahrscheinlichkeit dafür, dass unter den 40 geprüften Fernsehern mehr als 20 defekte sind?
b) Wie groß ist die Wahrscheinlichkeit für weniger als zwei defekte Fernseher?

8. Ein Tomatenhändler bietet einem Feinkostgeschäft Tomaten an. Er behauptet, dass höchstens 3% der Tomaten faul sind. Wie groß ist die Wahrscheinlichkeit, bei 10 gekauften Tomaten keine faule zu bekommen?

Die Binomialverteilung bei großem Parameter n (Näherungsformel von Laplace-Moivre)

9. Ermittle folgende Werte der Gaußfunktion Φ mit Hilfe der Tabelle II von S. 196.
a) $\Phi(1{,}99)$ **b)** $\Phi(-2{,}1)$ **c)** $\Phi(2{,}34)$ **d)** $\Phi(3{,}3)$
e) $\Phi(0)$ **f)** $\Phi(0{,}5)$ **g)** $\Phi(-1{,}236)$ **h)** $\Phi(1{,}538)$

10. Berechne für eine B(1000, 0,5)-verteilte Zufallsvariable näherungsweise folgende Wahrscheinlichkeiten.
a) $P(X \leq 525)$ **b)** $P(X \leq 537)$ **c)** $P(525 < X \leq 537)$ **d)** $P(X \leq 500)$
e) $P(490 < X \leq 500)$ **f)** $P(500 \leq X < 510)$ **g)** $P(490 < X \leq 510)$
h) $P(457 < X \leq 490)$ **i)** $P(490 < X \leq 525)$ **j)** $P(X < 490 \text{ oder } X > 525)$

11. Ermittle aus der Tabelle II von S. 196 die Lösungsmengen der folgenden Gleichungen.
a) $\Phi(z)=0{,}9750$ **b)** $\Phi(z)=0{,}9931$ **c)** $\Phi(-z)=0{,}6879$
d) $1-\Phi(z)=0{,}6406$ **e)** $2\Phi(2z)=1{,}925$ **f)** $\Phi(z^2)=0{,}9750$

12. Eine faire Münze wird 100-mal geworfen. Berechne die Wahrscheinlichkeit dafür, dass Zahl mindestens 49-mal und höchstens 51-mal fällt.

13. Bei der Produktion von Glühlampen hat eine Firma einen Ausschuss von 2%. Wie groß ist die Wahrscheinlichkeit dafür, dass unter 1000 Glühlampen höchstens (mindestens) 25 Glühlampen defekt sind?

14. Laut Brockhaus sind 4% der männlichen Bundesbürger Linkshänder. Berechne die Wahrscheinlichkeit dafür, dass unter 800 Schülern einer Schule zwischen 30 und 40 Linkshänder sind.

15. Ein Verkäufer in einem Warenhaus weiß aus Erfahrung, dass jeder Kunde mit der Wahrscheinlichkeit $p=0{,}1$ (0,2) eine Ware kauft. Wie groß ist die Wahrscheinlichkeit dafür, dass von 300 (100) Kunden wenigstens 15 (12) etwas kaufen?

16. Etwa 5% aller Bundesbürger sind farbenblind. Wie groß ist die Wahrscheinlichkeit dafür, dass unter 10000 zufällig ausgewählten Personen
a) genau 500, **b)** höchstens 500, **c)** mindestens 500 farbenblinde Personen sind?

17. Bei einem Multiple-Choice-Test muss ein Kandidat 50 (100) Fragen beantworten, wobei für jede Frage 4 Antworten vorgegeben sind, von denen genau eine richtig ist. Man will 98% der Kandidaten, die ihre Antworten rein zufällig geben, aussondern. Wie viel richtige Antworten sind notwendig, damit ein Kandidat die Prüfung besteht?

III. Vermischte Aufgaben

1. Ein fairer Würfel wird 18000-mal geworfen. Berechne näherungsweise die Wahrscheinlichkeit dafür, dass die Augenzahl 6
a) mindestens 2900-mal und höchstens 3100-mal,
b) mindestens 3100-mal und höchstens 3350-mal fällt.

2. Auf einer Party treffen sich 30 Personen. Wie groß ist die Wahrscheinlichkeit, daß mindestens zwei der Anwesenden am 1. September Geburtstag haben?

3. Die Lebensdauer einer Glühlampe ist binomialverteilt. Die durchschnittliche Lebensdauer einer Sorte Glühlampen beträgt 1000 Stunden bei einer Standardabweichung von 30 Stunden.
a) Wie groß ist die Wahrscheinlichkeit, dass eine Glühlampe zwischen 970 und 1000 Stunden Brenndauer erneuert werden muss?
b) Wie groß ist die Wahrscheinlichkeit, dass eine Glühlampe länger als 1000 Stunden brennt?

4. Ein Modejournal behauptet, dass 50% aller Männer „Krawattenmuffel" seien, d.h. Krawatten tragen, die älter als 1 Jahr sind. Wie groß ist die Wahrscheinlichkeit, dass zwischen 40% und 60% von 225 zufällig ausgewählten Männern Krawattenmuffel sind?

5. Bei einem Fertigungsprozess rechnet man mit einem Ausschussanteil von 10%. Mit welcher Wahrscheinlichkeit enthält eine Stichprobe von 50 Stück genau 5 schadhafte Stücke?

6. Von 10 befragten Hausfrauen bevorzugen 6 das Waschmittel „Weiße Wäsche". Man wählt von den Hausfrauen zufällig 5 aus. Wie groß ist die Wahrscheinlichkeit, dass es in dieser Stichprobe genau 3 Hausfrauen gibt, die das genannte Waschmittel nicht bevorzugen?

7. Wie viele von 1000 Familien mit je 5 Kindern haben
a) keine Jungen, **b)** mindestens 2 Mädchen, **c)** genau 3 Jungen,
wenn unterstellt wird, dass die Wahrscheinlichkeit für eine Jungengeburt gleich 0,5 ist?

8. Türschlösser und Schlüssel werden in zwei unabhängigen Arbeitsgängen mit einem Ausschuss von 5% bzw. 3% hergestellt. Eine Schließanlage ist einwandfrei, wenn beide Einzelteile einwandfrei sind. Ermittle die Wahrscheinlichkeit dafür, dass von 1000 Schließanlagen **a)** mindestens, **b)** genau, **c)** höchstens 940 in Ordnung sind.

9. Beim „Mensch ärgere Dich nicht" kommst du erst ins Spiel, wenn du eine Sechs würfelst.
a) Wie groß ist die Wahrscheinlichkeit, erst beim 3. Wurf ins Spiel zu kommen?
b) Wie groß ist die Wahrscheinlichkeit, spätestens beim 4. Wurf ins Spiel zu kommen?
c) Wie wahrscheinlich ist es, spätestens beim i-ten Wurf ins Spiel zu kommen?
d) Zeige, dass die in c) berechnete Wahrscheinlichkeit für i gegen Unendlich gegen 1 konvergiert.
e) Wie wahrscheinlich ist es, dass du nie ins Spiel kommst?
f) Wie wahrscheinlich ist es, dass du irgendwann einmal ins Spiel kommst?
g) Aus wie viel Elementen bestand der Ergebnisraum, den du in e) und f) zugrunde gelegt hast?

10. Die mittlere Abfüllmenge (in l) von Orangensaft beträgt 1 l bei einer Standardabweichung von 0,01 l. Die Abfüllmenge X ist binomialverteilt.
a) Wie groß ist der prozentuale Anteil der Flaschen mit einer Abfüllmenge zwischen 0,99 l und 1,01 l? Beantworte die gleiche Frage für eine Abfüllmenge zwischen 0,98 l und 1,02 l.
b) Um wie viel darf die Abfüllung vom Erwartungswert $\mathscr{E}(X) = 1\ l$ abweichen, damit man einen Ausschuss von höchstens 3% erhält?

11. In einem pharmazeutischen Betrieb werden Medikamente in Ampullen abgefüllt. Der Erwartungswert des Ampulleninhaltes, der näherungsweise binomialverteilt ist, beträgt 10 cm^3 und die Standardabweichung 0,1 cm^3.
a) Wie groß ist die Wahrscheinlichkeit, dass der Ampulleninhalt weniger als 0,258 cm^3 vom Erwartungswert abweicht?
b) Ein Krankenhaus erhält eine Lieferung von 10000 Ampullen. Wie viele dieser Ampullen haben erwartungsgemäß einen Inhalt von weniger als 9,8 cm^3?

12. 10% der Einwohner einer Stadt mit einer Gesamtbevölkerung von 100000 Einwohnern sind jünger als 8 Jahre.
a) Wie viele Personen werden im Durchschnitt ihr Alter mit 8 Jahren oder älter angeben, wenn zufällig 40 Personen nach ihrem Alter gefragt werden?
b) Wie groß ist die Wahrscheinlichkeit, dass unter 400 zufällig ausgewählten Personen der Stadt höchstens 35 jünger als 8 Jahre sind?

13. 3% einer Tagesproduktion von Kugelschreibern sind defekt. Aus der Tagesproduktion von 80 000 Stück wird eine Stichprobe von 2 000 Stück einer Qualitätskontrolle unterzogen.
a) Wie groß ist die Wahrscheinlichkeit, dass mehr als 62 Kugelschreiber die Norm nicht erfüllen?
b) Wie groß ist die Wahrscheinlichkeit dafür, dass 55 bis 60 Kugelschreiber der Norm nicht entsprechen?

14. Laut Herstellerangaben enthalten gewisse Tabletten im Mittel 500 mg eines Wirkstoffes. Der Wirkstoffgehalt sei binomialverteilt mit der Standardabweichung 10 mg.
a) Berechne den Anteil der Tabletten, die weniger als 480 mg (mehr als 520 mg) Wirkstoff aufweisen.
b) Berechne den Anteil der Tabletten, deren Wirkstoffgehalt zwischen 490 mg und 510 mg liegt.

15. Bei der Herstellung einer bestimmten Sorte von Schrauben weiß man aus Erfahrung, dass die Schraubendurchmesser (in mm) näherungsweise binomialverteilt sind mit dem Erwartungswert von 15 mm und der Standardabweichung von 0,1 mm.
a) Mit wie viel Prozent Ausschuss muss man rechnen, wenn der Schraubendurchmesser mindestens 14,85 und höchstens 15,18 mm betragen darf?
b) Welche Abweichungen vom Erwartungswert 15 mm sind zulässig, wenn man höchstens 5% Ausschuss erreichen möchte?
c) Wie groß ist die Standardabweichung, wenn die Schraubendurchmesser binomialverteilt mit dem Erwartungswert 15 mm sind und 95% (68%) der Schraubendurchmesser zwischen 14,75 mm und 15,25 mm (14,88 mm und 15,12 mm) liegen?

§ 7 Bayes-Statistik

I. Der Satz von Bayes

1. Einführendes Beispiel: Die Diagnostik seltener Ereignisse

Ein Mann in der vollen Blüte seiner Jahre unterzieht sich einer ärztlichen Vorsorgeuntersuchung. Mit besorgter Miene teilt ihm der Arzt das Ergebnis mit: Er habe eine relativ seltene lebensbedrohende Erkrankung diagnostiziert. In dem anschließenden Gespräch kristallisiert sich Folgendes heraus: Die betreffende Krankheit hat bei Männern – dies weiß man aus umfangreichen Studien – eine Verbreitungsquote von 0,1%, d.h., einer von 1000 Männern ist an dieser Krankheit erkrankt. Das diagnostische Instrumentarium des Arztes ist nicht völlig sicher, hat aber eine recht hohe Zuverlässigkeit.
Konkret: Ist ein Proband tatsächlich erkrankt, so ist das medizinische Untersuchungsergebnis mit einer Wahrscheinlichkeit von 95% positiv. Ist dagegen der Proband tatsächlich an der betreffenden Krankheit nicht erkrankt, so ist das Untersuchungsergebnis sogar mit 98-prozentiger Wahrscheinlichkeit negativ.
Auf dem traurigen Heimweg lässt sich der Mann dies alles noch einmal durch den Kopf gehen und fragt sich, mit welcher Wahrscheinlichkeit er denn nun wirklich erkrankt ist. Wie groß ist diese Wahrscheinlichkeit?

Wir haben es hier mit folgenden (fraglichen oder beobachteten) Ereignissen zu tun:

H_1: Der Mann ist erkrankt.
H_2: Der Mann ist nicht erkrankt.
D: Das Untersuchungsergebnis ist positiv.

H_2 ist offensichtlich das Gegenereignis von H_1. Wir wissen nicht, ob H_1 eingetreten ist oder H_2. Hier sind wir auf mehr oder minder sichere Vermutungen, also auf Wahrscheinlichkeiten angewiesen. H_1 und H_2 sind für uns also hypothetische Ereignisse oder einfacher *Hypothesen*. Demgegenüber wissen wir sicher, dass das Ereignis D eingetreten ist; es ist daher ein für uns bekanntes *Datum*, etwas „Gegebenes" (lateinisch „datum": Gegebenes).
Gefragt ist nun nach der Wahrscheinlichkeit für H_1, dass also der Mann tatsächlich erkrankt ist, nachdem wir schon wissen, dass D eingetreten ist, dass also das Untersuchungsergebnis positiv ist. Gesucht ist damit offensichtlich die bedingte Wahrscheinlichkeit $P(H_1|D)$.

Bekannt sind folgende Wahrscheinlichkeiten: $P(H_1)=0{,}1\%=0{,}001$ ist die (unbedingte) Wahrscheinlichkeit für H_1, also dafür, dass der Mann erkrankt ist, und zwar die Wahrscheinlichkeit, *bevor* die Untersuchung durchgeführt wird; denn solange kein Untersuchungsergebnis vorliegt, beträgt die Erkrankungswahrscheinlichkeit für diesen wie für jeden anderen Mann gerade 0,1%. Für das Gegenereignis – oder besser: die Gegenhypothese – H_2 ergibt sich sofort die (unbedingte) Wahrscheinlichkeit: $P(H_2)=1-0{,}001=0{,}999$.

Schließlich sind folgende bedingte Wahrscheinlichkeiten bekannt: $P(D|H_1)=0{,}95$ ist die Wahrscheinlichkeit für ein positives Untersuchungsergebnis unter der Bedingung, dass H_1 gilt, dass der Mann also auch tatsächlich erkrankt ist. $P(D|H_2)=1-0{,}98=0{,}02$ ist die

Wahrscheinlichkeit für ein (fälschlicherweise) positives Untersuchungsergebnis unter der Bedingung, dass der Mann in Wahrheit nicht krank ist.

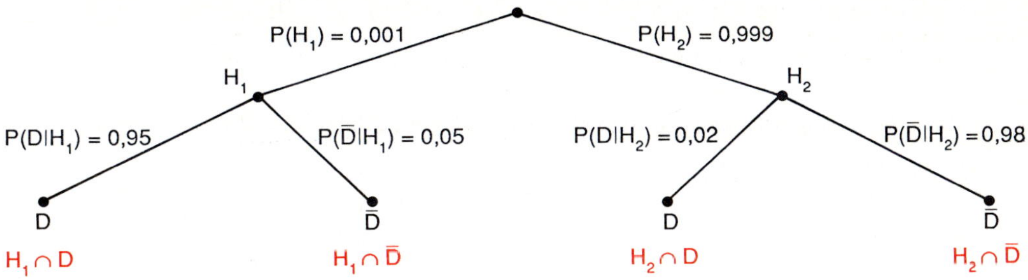

Bild 7.1

Wie ergibt sich daraus die gesuchte Wahrscheinlichkeit $P(H_1|D)$? Nach Definition der bedingten Wahrscheinlichkeit gilt

$$P(H_1|D) = \frac{P(H_1 \cap D)}{P(D)}.$$

Den Zähler dieses Bruches können wir mit Hilfe des Produktsatzes umformen:

$$P(H_1 \cap D) = P(H_1) \cdot P(D|H_1) \qquad \text{(siehe auch Bild 7.1!).}$$

Für den Nenner ergibt der Satz von der totalen Wahrscheinlichkeit:

$$P(D) = P(H_1) \cdot P(D|H_1) + P(H_2) \cdot P(D|H_2) \qquad \text{(siehe auch Bild 7.1!).}$$

Denn H_1 und H_2 bilden, weil mit Sicherheit genau eine dieser Hypothesen zutrifft, eine Zerlegung des sicheren Ereignisses. Insgesamt erhalten wir damit:

$$(*) \qquad P(H_1|D) = \frac{P(H_1 \cap D)}{P(D)} = \frac{P(H_1) \cdot P(D|H_1)}{P(H_1) \cdot P(D|H_1) + P(H_2) \cdot P(D|H_2)}$$
$$= \frac{0{,}001 \cdot 0{,}95}{0{,}001 \cdot 0{,}95 + 0{,}999 \cdot 0{,}02} = \frac{0{,}00095}{0{,}00095 + 0{,}01998} = \frac{95}{2093} \approx 0{,}04539 \approx 5\%.$$

Überraschendes (?) Fazit: Trotz des positiven Untersuchungsergebnisses hat der Mann die fragliche Krankheit nur mit einer Wahrscheinlichkeit von rund 5%. Mit rund 95-prozentiger Wahrscheinlichkeit ist er gesund.

Ergänzungen

1. Es werden – wie im Textbeispiel – 1 Million Männer der Vorsorgeuntersuchung unterzogen.
a) Alle möglichen Ergebnisse lassen sich im nebenstehenden Vier-Felder-Schema einordnen. Berechne für alle vier Felder die erwarteten Häufigkeiten.
b) Welchem Zahlenverhältnis entsprechen die oben berechneten 5%?
c) Warum wurde dieser Unterabschnitt mit dem Titel „Diagnostik seltener Ereignisse" überschrieben?

		Untersuchungsbefund? positiv	negativ
Krank?	ja		
	nein		

2. Welches Ergebnis hätte die Berechnung im Textbeispiel, wenn die Krankheit nicht selten wäre, wenn sie etwa eine Verbreitung von 30% hätte?

3. Die Diagnostik seltener Krankheiten in der Medizin mit Hilfe nicht völlig zuverlässiger Verfahren läuft – wie wir gesehen haben – Gefahr, Menschen vorschnell für krank zu erklären. Häufig hat dies für die Betroffenen keine weiteren Folgen als unbegründete Sorgen und die Unannehmlichkeiten und Kosten einer in Wahrheit überflüssigen Behandlung. Überlege dir Situationen, in denen diese Folgen gravierender sind. (Wie steht es damit etwa in der Psychiatrie? Welche Bedeutung haben in diesem Zusammenhang sogenannte „sich selbst erfüllende Prophezeiungen"?)

4. Das Problem bei der Diagnostik seltener Ereignisse betrifft nicht nur die Medizin, sondern auch andere Bereiche. Dazu ein Beispiel:
Etwa 5% der Schulkinder sind lernbehindert, so dass sie auf einer Sonderschule besser aufgehoben sind als auf einer normalen Schule. Zumeist durchlaufen diese Kinder eine kurze und sehr belastende Karriere in der normalen Schule, bevor sie, weil sie dort überfordert sind, auf eine Sonderschule überwechseln.
Um ihnen diese Enttäuschung zu ersparen, überlegen Bildungspolitiker, ob man lernbehinderte Kinder nicht schon vor der Einschulung mit Hilfe psychologischer Tests auslesen lassen könne, um sie von Anfang an auf die Sonderschule zu schicken. Die psychologischen Tests indessen sind leider nicht völlig zuverlässig: Liegt eine Lernbehinderung vor, so wird sie mit 95%iger Wahrscheinlichkeit erkannt. Liegt keine Lernbehinderung vor, so wird dies mit 90%iger Wahrscheinlichkeit erkannt. Was ergibt sich daraus für die Überlegungen der Bildungspolitiker?

2. Verallgemeinerung

Wir fassen unsere Überlegungen aus dem vorangegangenen Abschnitt zusammen. Es gibt zwei konkurrierende Hypothesen H_1 und H_2 darüber, ob der Mann die Krankheit hat oder nicht. Es ist sicher, dass genau eine von diesen beiden Hypothesen gilt.

Vor der ärztlichen Untersuchung betrugen die Wahrscheinlichkeiten für diese beiden Hypothesen

$$P(H_1)=0{,}001 \quad \text{und} \quad P(H_2)=0{,}999;$$

diese Wahrscheinlichkeiten nennen wir auch **A-priori-Wahrscheinlichkeiten** der Hypothesen (von lateinisch „a priori": vom Früheren her).

Nach der Untersuchung und dem positiven Befund, also nach Beobachtung (des Eintretens) des Datums D, betragen die Hypothesenwahrscheinlichkeiten aufgrund unserer Berechnungen nunmehr

$$P(H_1|D)\approx 0{,}05 \quad \text{und} \quad P(H_2|D)\approx 1-0{,}05=0{,}95;$$

diese Wahrscheinlichkeiten nach Eintritt des Datums nennen wir **A-posteriori-Wahrscheinlichkeiten** der Hypothesen (von lateinisch „a posteriori": vom Späteren her).

Wir haben also unsere Wahrscheinlichkeiten für die Hypothesen aufgrund der Beobachtung des Datums geändert. Vor der Untersuchung belief sich die Wahrscheinlichkeit für eine Erkrankung auf 0,001, nach der Untersuchung auf ein Vielfaches davon, nämlich rund 0,05. Wir haben aus unserem Datum gleichsam „gelernt". Die Ausdrücke $P(D|H_1)$ und $P(D|H_2)$, also die bedingten Wahrscheinlichkeiten für D unter der Bediungung, dass H_1 bzw. H_2 zutrifft, diese Ausdrücke nennt man schließlich die **Likelihoods** von H_1 bzw. H_2 (vgl. die Anmerkung auf Seite 118).

Die Formel (*), die wir für die Berechnung der A-posteriori-Wahrscheinlichkeiten hergeleitet haben, wurde erstmals von einem englischen Geistlichen namens *Thomas Bayes* (1702–1761) formuliert. Der folgende Satz über diese Formel trägt daher seinen Namen.

Satz von Bayes

Trifft mit Sicherheit genau eine der Hypothesen $H_1, H_2, \ldots, H_m$ zu, sind weiterhin $P(H_1)$, $P(H_2), \ldots, P(H_m)$ die A-priori-Wahrscheinlichkeiten dieser Hypothesen (mit $P(H_1)+P(H_2)+\ldots+P(H_m)=1$) und tritt schließlich ein Ereignis D, das Datum, mit den bedingten Wahrscheinlichkeiten („Likelihoods") $P(D|H_1)$, $P(D|H_2), \ldots, P(D|H_m)$ ein, so ergibt sich die A-posteriori-Wahrscheinlichkeit einer Hypothese H_i (mit $i=1,2,\ldots,m$) gemäß

$$P(H_i|D)=\frac{P(H_i)\cdot P(D|H_i)}{P(H_1)\cdot P(D|H_1)+P(H_2)\cdot P(D|H_2)+\ldots+P(H_m)\cdot P(D|H_m)}.$$

Beispiel

Gegeben sind drei von außen gleich aussehende Kästen mit je zwei Schubladen. In jeder Schublade liegt genau eine Münze. Im ersten Kasten liegt in beiden Schubladen jeweils eine goldene Münze, im zweiten Kasten liegt in jeder Schublade jeweils eine silberne Münze und im dritten Kasten liegt in der einen Schublade eine goldene, in der anderen eine silberne Münze. Ich wähle nach Zufall, d.h. mit Gleichwahrscheinlichkeit einen der drei Kästen, ziehe nach Zufall eine der beiden Schubladen dieses Kastens und sehe eine Goldmünze. Wie wahrscheinlich ist es nun, dass ich auch in der anderen Schublade des Kastens eine goldene Münze finden werde? Sollte ich darauf wetten? (Vgl. Bild 7.2)

Bild 7.2

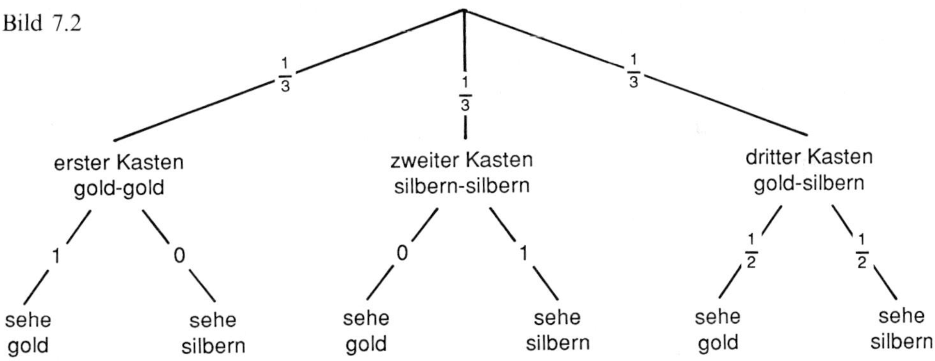

Die gesuchte Wahrscheinlichkeit ist die Wahrscheinlichkeit dafür, dass ich im ersten Schritt den ersten Kasten gewählt habe: Denn nur dieser Kasten kann mir auch in der zweiten Schublade eine goldene Münze zeigen. Ich weiß leider nicht, welchen Kasten ich gezogen habe. Hierüber habe ich nur Hypothesen, und zwar

H_1: Es wurde der erste Kasten (gold-gold) gewählt.
H_2: Es wurde der zweite Kasten (silbern-silbern) gewählt.
H_3: Es wurde der dritte Kasten (gold-silbern) gewählt.

Diese Hypothesen haben offensichtlich gleiche A-priori-Wahrscheinlichkeit; denn ich wähle ja mit gleicher Wahrscheinlichkeit im ersten Schritt einen der drei Kästen aus. Es gilt also:

$P(H_1)=P(H_2)=P(H_3)=\frac{1}{3}$.

Gesucht ist nun die A-posteriori-Wahrscheinlichkeit für die Hypothese H_1, und zwar nach Eintreten des Datums

D: Die zuerst geöffnete Schublade enthält eine goldene Münze.

Für die Likelihoods, also für die bedingten Wahrscheinlichkeiten dieses Datums unter jeweiliger Geltung einer der drei fraglichen Hypothesen, ergibt sich sofort

$$P(D|H_1)=1, \quad P(D|H_2)=0 \quad \text{und} \quad P(D|H_3)=\tfrac{1}{2}.$$

Haben wir nämlich den ersten Kasten (gold-gold) gewählt (H_1), so ist es sicher, in der Schublade eine goldene Münze zu finden. Haben wir den zweiten Kasten (silbern-silbern) gewählt (H_2), so ist dies unmöglich. Haben wir schließlich den dritten Kasten (gold-silbern) gewählt (H_3), so stehen die Chancen „fifty-fifty", als erste gerade die Schublade mit der Goldmünze zu öffnen.
Mit der Formel von Bayes ist dann die gesuchte A-posteriori-Wahrscheinlichkeit

$$P(H_1|D)=\frac{\frac{1}{3}\cdot 1}{\frac{1}{3}\cdot 1+\frac{1}{3}\cdot 0+\frac{1}{3}\cdot\frac{1}{2}}=\frac{2}{3}\approx 0{,}6667.$$

Dass also auch noch die zweite Schublade eine Goldmünze enthält, dies hat, nachdem ich in der ersten Schublade bereits eine goldene Münze gesehen habe, eine Wahrscheinlichkeit von 66,67%. Eine Wette auf dieses Ereignis wäre lohnend.

Anmerkung zur Bezeichnung „Likelihood": Die bedingte oder hypothetische Wahrscheinlichkeit des Datums D unter einer Hypothese H nennt man traditionell unter Verwendung eines englischen Wortes die „Likelihood" der Hypothese. Wohlgemerkt: Likelihood der Hypothese, nicht etwa Likelihood des Datums! Eine angemessene Übersetzung für diesen Ausdruck gibt es im Deutschen leider nicht: Die dem Wörterbuch zu entnehmende Übersetzung für Likelihood, nämlich „Wahrscheinlichkeit", ist hier missverständlich; denn sie würde eher auf die Wahrscheinlichkeit des Datums hinweisen. Eine solche Wahrscheinlichkeit aber wird im Englischen „Probability" genannt. „Likelihood" einer Hypothese meint eher so etwas wie die „Mutmaßlichkeit", die „Plausibilität" einer Hypothese – und zwar im Lichte eines beobachteten Datums. Je höher nämlich nach Beobachtung eines Datums die „Likelihood" einer Hypothese ist, desto plausibler ist diese Hypothese. Die Likelihoods spielen daher in der Mathematischen Statistik eine wichtige Rolle. Denn sie geben Antwort auf die zentrale Frage: Wie wahrscheinlich ist das, was ich beobachtet habe, wenn ich das Zutreffen einer bestimmten Hypothese voraussetze?

Ergänzungen

1. Die A-priori-Wahrscheinlichkeiten wie die A-posteriori-Wahrscheinlichkeiten aller Hypothesen addieren sich jeweils zu 1. Gilt dies auch – bezogen auf ein eingetretenes Datum D – für die Likelihoods aller Hypothesen?

2. Beweise: Sind die A-priori-Wahrscheinlichkeiten aller Hypothesen gleich, so sind die A-posteriori-Wahrscheinlichkeiten und die Likelihoods proportional. Das bedeutet, es ist das Verhältnis von A-posteriori-Wahrscheinlichkeit und Likelihood für alle Hypothesen dasselbe. (Folgerung: Je größer die Likelihood einer Hypothese, desto größer ist auch ihre A-posteriori-Wahrscheinlichkeit.)

3. Beweise den Satz von Bayes in der allgemeinen Form, in der wir ihn formuliert haben, also auch für mehr als zwei Hypothesen.

4. Die drei Rebellen A., B. und C. sind vom Diktator zum Tode verurteilt worden und harren, jeder für sich, in ihren Todeszellen der Hinrichtung. Der Diktator lässt ihnen nun mitteilen, er habe in seiner großen Güte beschlossen, einem von ihnen das Leben zu schenken. Um gerecht zu sein, habe er diesen einen bereits durch das Los bestimmen lassen. Den Wärtern sei es aber streng verboten mitzuteilen, auf wen das Los gefallen sei.

A. kalkuliert daraufhin seine Überlebenschancen auf $\frac{1}{3}$, da ja auf alle drei Rebellen mit gleicher Wahrscheinlichkeit das Los gefallen sei. Er bittet nun einen vertrauenswürdigen und zugleich überaus pflichtbewußten Wärter: „Nenne mir doch bitte wenigstens einen der beiden anderen Rebellen – B. oder C. –, der auf jeden Fall hingerichtet wird! Dies kannst Du tun, ohne dem Verbot des Diktators zuwiderzuhandeln: Denn Du teilst damit ja noch nicht mit, auf wen das Los gefallen ist.“ Der Wärter geht auf diese Bitte ein und antwortet nach einer kurzen Pause: „B. wird auf jeden Fall hingerichtet.“
Nun kalkuliert A. seine Überlebenswahrscheinlichkeit neu, jetzt aber auf $\frac{1}{2}$: Denn nun kommen ja nur noch zwei Rebellen – er selbst und C. – mit gleicher Wahrscheinlichkeit als Überlebende in Frage.
Stimmt diese Überlegung von A.? Hat also die Information des Wärters seine Überlebenswahrscheinlichkeit erhöht? Begründe deine Antwort ausführlich.

3. Ein weiteres Beispiel zum Satz von Bayes

Es gibt sechs nummerierte Urnen mit jeweils sechs Kugeln der Farbe Schwarz oder Rot. In Urne 1 liegt eine schwarze Kugel, in Urne 2 liegen zwei schwarze Kugeln, ..., in Urne 6 liegen sechs schwarze Kugeln. Der Spielleiter würfelt für die Spieler unsichtbar mit einem Würfel und zieht sodann – wiederum für die Spieler nicht sichtbar – aus der Urne, deren Nummer gewürfelt wurde, sechsmal eine Kugel, und zwar jeweils mit Zurücklegen. Die Spieler bekommen lediglich die jeweils gezogene Kugel zu Gesicht, sie wissen also lediglich, wie viele Züge eine rote und wie viele Züge eine schwarze Kugel erbrachten. Nach den sechs Zügen können die Spieler auf die Nummer der Urne wetten, aus der gezogen wurde. (Vgl. Bild 7.3.)

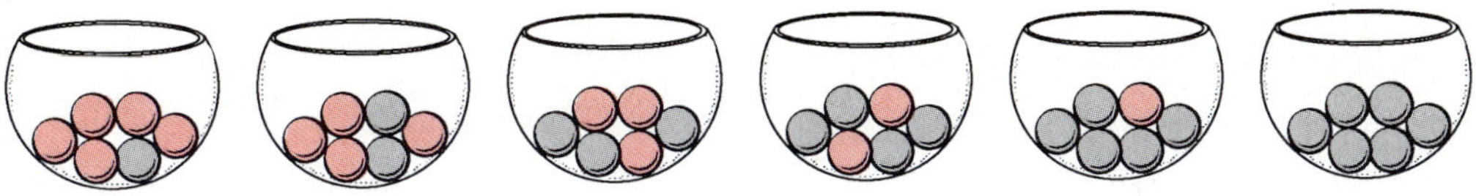

Bild 7.3

Es wurde nun bei den sechs Zügen dreimal eine schwarze und dreimal eine rote Kugel gezogen. Wie wahrscheinlich ist es dann, dass aus der Urne Nummer 1 gezogen wurde?

Übersetzen wir den Sachverhalt in die Sprechweise des Satzes von Bayes: Mit Sicherheit gilt genau eine der Hypothesen

H_1: Es wurde aus der Urne 1 gezogen.
H_2: Es wurde aus der Urne 2 gezogen.
...
H_6: Es wurde aus der Urne 6 gezogen.

Die A-priori-Wahrscheinlichkeiten aller Hypothesen sind gleich; denn vor den Ziehungen wissen wir nur, dass der Würfel allen Urnen die gleiche Wahrscheinlichkeit von $\frac{1}{6}$ gibt.

$$P(H_1) = P(H_2) = \ldots = P(H_6) = \tfrac{1}{6} \approx 0{,}1667$$

Beobachtet wurde nun das Datum D: Von sechs Zügen (mit Zurücklegen) waren drei schwarz. Wie wahrscheinlich ist dieses Datum nun jeweils unter der Bedingung, dass eine bestimmte Hypothese zutrifft, dass also aus der Urne 1 bzw. der Urne 2 bzw. ... bzw. der Urne 6 gezogen wurde? Wie groß sind also die Likelihoods?

Ist p die Wahrscheinlichkeit, eine schwarze Kugel zu ziehen, so bedeuten die Hypothesen offensichtlich:

H_1: $p=\frac{1}{6}$,
H_2: $p=\frac{2}{6}$,
...
H_6: $p=\frac{6}{6}$.

Wir können die Hypothesen als Vermutungen über den Wert von p auffassen. Dass nun, wie im Datum D beobachtet, genau drei schwarze Kugeln gezogen werden, hat – in Abhängigkeit von dem unbekannten p – die Wahrscheinlichkeit

$$\binom{6}{3}\cdot p^3\cdot(1-p)^{6-3}=20\cdot p^3\cdot(1-p)^3=20\cdot(p-p^2)^3.$$

Die Anzahl der gezogenen schwarzen Kugeln ist B(6, p)-verteilt; es handelt sich bei den Ziehungen um eine Bernoulli-Kette der Länge 6 mit der (unbekannten) Grundwahrscheinlichkeit p. Zur Berechnung der Likelihoods brauchen wir nun nur noch die den Hypothesen entsprechenden Werte für p einzusetzen. Wir erhalten

$$P(D|H_1)=20\cdot(\tfrac{1}{6}-\tfrac{1}{36})^3\approx 0{,}0536,$$
$$P(D|H_2)=20\cdot(\tfrac{2}{6}-\tfrac{4}{36})^3\approx 0{,}2195,$$
$$P(D|H_3)=20\cdot(\tfrac{3}{6}-\tfrac{9}{36})^3\approx 0{,}3125,$$
$$P(D|H_4)=20\cdot(\tfrac{4}{6}-\tfrac{16}{36})^3\approx 0{,}2195,$$
$$P(D|H_5)=20\cdot(\tfrac{5}{6}-\tfrac{25}{36})^3\approx 0{,}0536,$$
$$P(D|H_6)=20\cdot(\tfrac{6}{6}-\tfrac{36}{36})^3=0.$$

Diese Likelihoods überraschen nicht sonderlich. Die höchste Wahrscheinlichkeit hat das beobachtete Datum („drei von sechs gezogenen Kugeln sind schwarz") unter der Hypothese H_3, wenn also auch in der Urne drei schwarze und drei rote Kugeln liegen. Dass das beobachtete Datum unter der Hypothese H_6 die Wahrscheinlichkeit 0 hat, auch dies ist klar: Wenn alle sechs Kugeln in der Urne schwarz sind – dies besagt ja die Hypothese H_6 –, so ist es ohne Zauberei unmöglich, dass bei sechs Ziehungen dreimal eine rote Kugel erscheint.
Wie wahrscheinlich ist es nun, dass die Kugeln aus der Urne 1 gezogen wurde? Wie groß ist also die A-posteriori-Wahrscheinlichkeit der Hypothese H_1? Wir setzen die A-priori-Wahrscheinlichkeiten und die Likelihoods in die Formel von Bayes ein und erhalten

$$P(H_1|D)$$
$$=\frac{0{,}1667\cdot 0{,}0536}{0{,}1667\cdot 0{,}0536+0{,}1667\cdot 0{,}2195+0{,}1667\cdot 0{,}3125+0{,}1667\cdot 0{,}2195+0{,}1667\cdot 0{,}0536+0{,}1667\cdot 0}$$
$$\approx 0{,}0624.$$

Dass also aus Urne 1 gezogen wurde, dies hat, nachdem wir das Datum beobachtet haben, nur eine Wahrscheinlichkeit von 0,0624.
In gleicher Weise können wir die A-posteriori-Wahrscheinlichkeiten für die anderen Hypothesen berechnen und erhalten

$$P(H_2|D)\approx 0{,}2556,$$
$$P(H_3|D)\approx 0{,}3639,$$
$$P(H_4|D)\approx 0{,}2556,$$
$$P(H_5|D)\approx 0{,}0624,$$
$$P(H_6|D)=0.$$

In Kenntnis dieser A-posteriori-Wahrscheinlichkeiten können wir nun sinnvoll unsere Wetteinsätze tätigen.

Diese A-posteriori-Wahrscheinlichkeiten lassen sich ebenso wie die A-priori-Wahrscheinlichkeiten übersichtlich in einem Säulendiagramm darstellen. In Bild 7.4 sind die A-priori-Wahrscheinlichkeiten schwarz, die A-posteriori-Wahrscheinlichkeiten rot dargestellt. Man spricht hier auch von einer **A-priori-Verteilung** und einer **A-posteriori-Verteilung**. Der Übergang von der A-priori-Verteilung zur A-posteriori-Verteilung stellt dar, was wir aus dem beobachteten Datum gelernt haben.

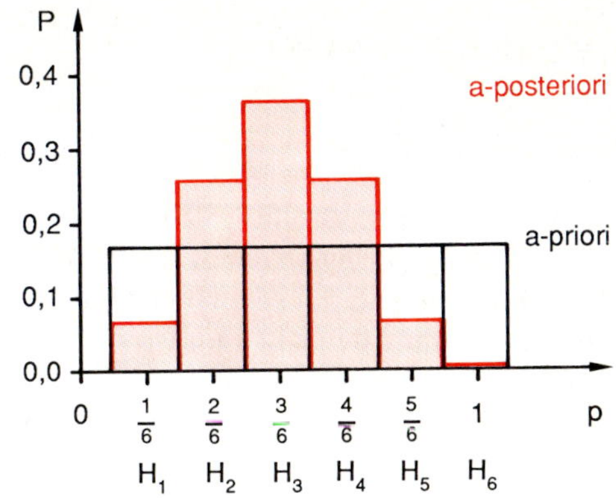

Bild 7.4: Veränderung einer A-priori-Verteilung zu einer A-posteriori-Verteilung

Ergänzungen

1. Nachdem – im Textbeispiel – bei sechs Ziehungen dreimal eine schwarze Kugel gezogen wurde, werden aus derselben Urne noch einmal sechs Kugeln (mit Zurücklegen) gezogen. Davon ist nur eine Kugel schwarz.

a) Vor diesem zweiten Ziehungsdurchgang sind die A-priori-Wahrscheinlichkeiten der Hypothesen sinnvollerweise die A-posteriori-Wahrscheinlichkeiten der Hypothesen nach dem ersten Ziehungsdurchgang, denn wir haben ja schon etwas gelernt. Beobachtet wird im zweiten Ziehungsdurchgang das Datum „eine von sechs gezogenen Kugeln ist schwarz". Berechne die A-posteriori-Wahrscheinlichkeiten für alle Hypothesen nach diesem zweiten Ziehungsdurchgang. Stelle die entsprechende A-posteriori-Verteilung in einem Säulendiagramm dar und vergleiche dieses Diagramm mit dem Bild 7.4. Was hat sich geändert?

b) Wir können auch beide Ziehungsvorgänge zusammenfassen und als beobachtetes Datum einsetzen: „Bei zwölf Ziehungen waren vier Kugeln schwarz". Berechne für dieses Datum die A-posteriori-Wahrscheinlichkeiten aller Hypothesen. Gibt es einen Unterschied zu a)?

2. Betrachte folgendes Spiel: Ein Spieler A wirft – für den Mitspieler B uneinsehbar – zwei 10-Cent-Stücke. Nach jedem Wurf sagt er „Ja" oder „Nein". Dabei hat er folgende Wahl: Entweder (Strategie 1) er sagt immer genau dann „Ja", wenn beide Geldstücke „Zahl" zeigen, oder aber (Strategie 2) er sagt immer genau dann „Ja", wenn mindestens ein Geldstück „Zahl" zeigt. Er muss sich vor dem Spiel auf eine Strategie festlegen, die er während des Spiels nicht wechseln darf. Dies wird von einem Spielleiter überwacht. Bei Strategie 1 sagt Spieler A offensichtlich mit einer Wahrscheinlichkeit von $p = 0{,}25$ „Ja", bei Strategie 2 tut er dies mit einer Wahrscheinlichkeit von $p = 0{,}75$. Der Mitspieler B soll nun so schnell wie möglich herausfinden, nach welcher Strategie „Ja" oder „Nein" gesagt wird. Er muss dabei allerdings für jeden Wurf, also für jedes „Ja" oder „Nein" 2 Cent an den Spieler A bezahlen. Sobald der Spieler B meint, genügend zu wissen, äußert er seine Vermutung. Hat er recht, so bekommt er von A die beiden 10-Cent-Stücke; er hat dann also 20 Cent minus 2 Cent mal der Anzahl der Würfe bis zur Entscheidung gewonnen. Hat er unrecht, so behält A neben den 10-Cent-Stücken natürlich auch die beim Werfen „verdienten" 2-Cent-Stücke.

a) Zwischen welchen Hypothesen muss sich Spieler B entscheiden?

b) 5 Würfe sind bereits vorbei; dabei wurde 4-mal „Ja" gesagt. Wie wahrscheinlich ist es jetzt, dass der Spieler A nach Strategie 2 spielt? Sollte sich der Spieler B für diese Vermutung entscheiden? Wie sieht in dieser Situation seine Erwartung-mal-Wert-Rechnung aus?

c) Wenn sich der Spieler B auf jeden Fall nach 5 Würfen, also nach der Investition von 10 Cent entscheiden will, wie groß sollte zu diesem Zeitpunkt die Wahrscheinlichkeit für die Hypothese sein, für die er sich entscheidet, um langfristig keinen Verlust zu machen?

d) Entwickle eine Strategie, mit der du als Spieler B möglichst gut spielst.

Übungen und Aufgaben

Der Satz von Bayes

1. Die Urne U_1 enthält 3 rote und 5 schwarze Kugeln, die Urne U_2 2 rote und 4 schwarze Kugeln. Das Ziehen einer Kugel aus einer Urne sei gleich wahrscheinlich, wogegen ein Zug aus U_1 mit der Wahrscheinlichkeit $\frac{2}{5}$ und ein Zug aus der Urne U_2 mit der Wahrscheinlichkeit $\frac{3}{5}$ erfolgt (Bild 7.5). Mit welcher Wahrscheinlichkeit stammt eine gezogene rote Kugel aus U_2?

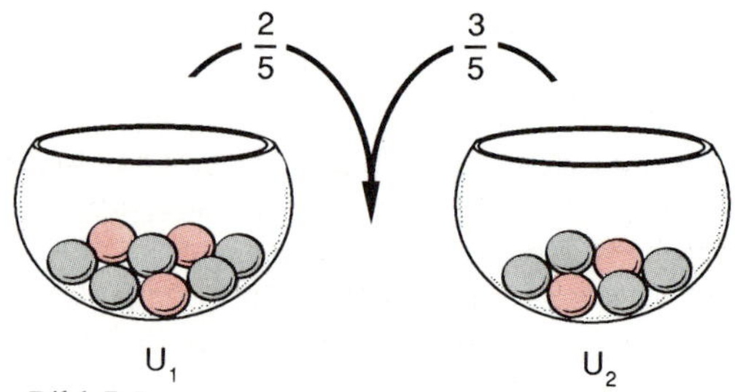

Bild 7.5

2. In einer Klasse sind 5% der Schüler und 4% der Schülerinnen älter als 17 Jahre. 40% der Klasse sind weiblich. Mit welcher Wahrscheinlichkeit ist eine zufällig ausgewählte Person weiblich, wenn sie älter als 17 Jahre ist?

3. Die Glühlampenproduktion in einer Fabrik ist auf drei Maschinen A, B und C zu 25%, 35% und 40% verteilt. Die einzelnen Maschinen arbeiten mit einem Ausschussanteil von 4%, 5% und 2%. Eine Lampe wird zufällig ausgewählt und es wird festgestellt, dass sie defekt ist. Von welcher Maschine stammt sie mit größter Wahrscheinlichkeit?

4. Ein Angestellter fährt an 80% aller Wochentage mit dem Auto zur Arbeitsstätte. In 90% dieser Fälle ist er pünktlich. An den anderen Tagen fährt er mit dem Bus. Durchschnittlich ist er an 5 von 6 Tagen pünktlich am Arbeitsplatz. Eines Tages kommt er pünktlich zur Arbeitsstätte. Mit welcher Wahrscheinlichkeit ist er mit dem Auto gefahren?

5. In einem Institut werden alle neu aufgenommenen Schüler durch einen Test auf ihre Eignung geprüft. Aus Erfahrung weiß man, dass 40% der Schüler das Ziel der Schule nicht erreichen, wobei 90% dieser Schüler bei der Aufnahme ein negatives Testergebnis hatten. Von denjenigen, die die Abschlussprüfung bestanden, hatte 1% bei dem Aufnahmetest versagt.
Berechne die Wahrscheinlichkeit dafür, dass ein aufzunehmender Schüler mit negativem Testergebnis das Ziel des Instituts erreicht (nicht erreicht).

6. In einer Schule gehören $\frac{2}{3}$ der Schüler zur Sekundarstufe I und $\frac{1}{3}$ der Schüler zur Sekundarstufe II. 20% der Schüler der Sekundarstufe I und 30% der Schüler der Sekundarstufe II kommen mit einem Mofa zur Schule.
a) Berechne den Anteil der Schüler, die mit einem Mofa zur Schule kommen.
b) Ein Schüler, der mit einem Mofa zur Schule kommt, wird zufällig ausgewählt. Mit welcher Wahrscheinlichkeit ist er ein Schüler der Sekundarstufe I?

7. Es wird eine Röntgenuntersuchung durchgeführt, um Fälle von Tuberkulose frühzeitig zu erkennen. Von den erkrankten Personen werden 90% als solche erkannt, von den Gesunden werden dagegen 1% als TBC-verdächtig registriert. Aus einer Population, von der 0,1% TBC-krank ist, wird eine ausgewählte Person durch einen Test als TBC-verdächtig registriert. Mit welcher Wahrscheinlichkeit ist diese Person tatsächlich an Tuberkulose erkrankt?

8. Videokameras werden vor der Auslieferung von einem von drei Kontrolleuren geprüft. Der erste Kontrolleur überprüft 40%, der zweite 35% und der dritte 25% der produzierten Kameras. Der erste Kontrolleur entdeckt ein fehlerhaftes Gerät mit der Wahrscheinlichkeit 0,8, der zweite mit der Wahrscheinlichkeit 0,7 und der dritte mit der Wahrscheinlichkeit 0,6. Berechne die Wahrscheinlichkeit dafür, dass eine fehlerhafte Kamera, die die Kontrolle passiert hat, vom ersten (zweiten, dritten) Kontrolleur geprüft wurde.

9. Eine Umfrage zur Beliebtheit einer Fernsehserie hatte das folgende Ergebnis: Von den Zuschauern, die die Serie gesehen hatten, waren 45% älter als 30 Jahre; 55% von diesen und 60% von den übrigen Zuschauern hatten eine positive Meinung über die Serie.
a) Berechne den Anteil der Zuschauer, die eine positive Meinung von der Serie haben.
b) Ein Zuschauer der Serie, der sich positiv über die Serie geäußert hat, wird zufällig ausgewählt. Mit welcher Wahrscheinlichkeit ist er 30 Jahre oder jünger?

10. Aus einer Urne mit drei Münzen, von denen eine auf beiden Seiten Kopf hat, wird eine Münze zufällig gezogen und zweimal geworfen. Berechne die Wahrscheinlichkeit dafür, dass die fehlerhafte Münze geworfen wurde, wenn beide Male Kopf erscheint.

11. Ein Lügendetektor wird zur Verbrechensaufklärung benutzt. Er ist zu 90% zuverlässig, wenn ein Verdächtiger schuldig ist, und zu 99% zuverlässig, wenn ein Verdächtiger unschuldig ist. Aus einer Personengruppe, von der 5% bisher ein Verbrechen begangen haben, wird eine Person zufällig ausgewählt und vom Lügendetektor als schuldig ausgewiesen. Mit welcher Wahrscheinlichkeit ist sie dennoch unschuldig?

12. Drei äußerlich gleiche Urnen sind wie folgt mit farbigen Kugeln gefüllt (vgl. die Tabelle und Bild 7.6):

Urne	rot	schwarz	weiß
1	4	1	0
2	3	2	2
3	5	6	3

a) Man wählt zufällig eine Urne aus und zieht dann eine Kugel. Mit welcher Wahrscheinlichkeit ist sie rot?
b) Aus einer der drei Urnen wurde eine Kugel gezogen. Sie ist rot. Wie groß ist die Wahrscheinlichkeit, dass sie aus Urne 3 stammt?
c) Aus einer der drei Urnen wurde eine Kugel gezogen. Sie ist schwarz. Wie groß ist die Wahrscheinlichkeit, dass sie aus der Urne 2 stammt?

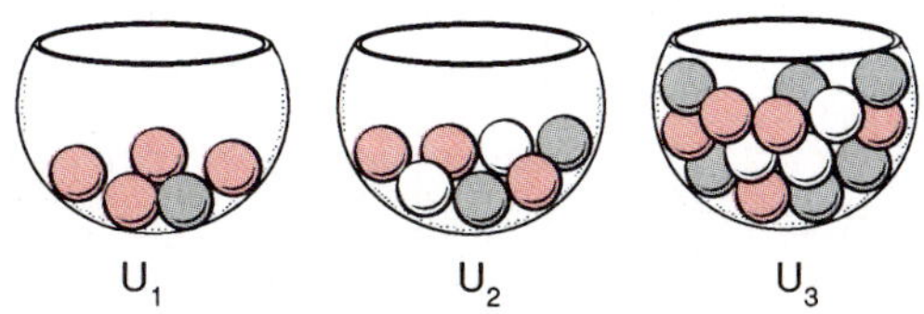

Bild 7.6

13. Die gesamte Monatsproduktion eines Werkstückes wird an zwei Maschinen A und B gefertigt. Maschine A produziert bei 5% Ausschuss doppelt so viele Werkstücke wie Maschine B bei 2% Ausschuss.
a) Wie groß ist der Ausschussanteil der gesamten Monatsproduktion?
b) Wie groß ist die Wahrscheinlichkeit, dass man der Monatsproduktion genau 3 Werkstücke entnehmen muss, bis man ein brauchbares Stück erhält?
c) Man entnimmt der Monatsproduktion ein Werkstück. Wie groß ist die Wahrscheinlichkeit, dass dieses von der Maschine A stammt, wenn es kein Ausschussstück ist?
d) Wie groß ist die Wahrscheinlichkeit, dass in einer Stichprobe vom Umfang 3 aus der Monatsproduktion höchstens ein Ausschussstück ist?

14. Ein Patient leidet mit Sicherheit an der Krankheit A oder an der Krankheit B. Die Wahrscheinlichkeit für die Krankheit A ist 0,8, die für B hingegen nur 0,2. Um weiteren Aufschluss über die Art der Erkrankung zu gewinnen, wird eine Enzymbestimmung im Serum vorgenommen, von der man weiß, dass sie bei der Krankheit A in 90% aller Fälle positiv ist, bei der Krankheit B dagegen nur in 20% aller Fälle. Der Test ergibt ein negatives Ergebnis. Untersuche, wie hierdurch die Diagnose (Krankheit A oder Krankheit B) beeinflusst wird.

15. Eine U-Bahn verkehrt zwischen den Haltestellen A und B. Die Schwarzfahrer unter den Fahrgästen sind zu 60% jugendlich und zu 40% erwachsen. Um diesen das Leben zu erschweren, werden alle Fahrgäste zwischen A und B zweimal kontrolliert, und zwar zuerst von Kontrolleur Nr. 1 und dann von Kontrolleur Nr. 2.
Kontrolleur Nr. 1 entdeckt 60% der erwachsenen und 40% der jugendlichen Schwarzfahrer. Kontrolleur Nr. 2 entdeckt unabhängig davon 50% der erwachsenen und 50% der jugendlichen Schwarzfahrer.
a) Wie groß ist die Wahrscheinlichkeit, einen Schwarzfahrer zu entdecken?
b) Wie groß ist die Wahrscheinlichkeit, dass ein entdeckter Schwarzfahrer jugendlich ist?

16. Ein Unternehmen stellt in zwei Betrieben Transistoren her. Von der Gesamtproduktion entfallen 70% auf den Betrieb A und 30% auf den Betrieb B. Im Durchschnitt sind von der Produktion von A 80% und von der Produktion von B 60% normgerecht.
a) Wie groß ist die Wahrscheinlichkeit, dass ein Transistor normgerecht ist, unter der Bedingung, dass er aus der Gesamtproduktion entnommen ist?
b) Wie groß ist die Wahrscheinlichkeit, dass ein Transistor aus dem Betrieb B stammt, unter der Bedingung, dass er normgerecht ist?

II. Ergänzungen zur Bayes-Statistik

Inferenzstatistik, so hieß es einleitend in diesem Buch, hat es mit dem Schluss von einer Stichprobe auf die Population zu tun – und ist damit für viele empirische Wissenschaften ein wichtiges Hilfsmittel. Inwiefern bietet hierfür der Satz von Bayes eine Hilfe?

Schauen wir zurück auf das zweite Beispiel im vorigen Unterabschnitt. Hier wurde eine Stichprobe der Größe 6 aus der Population aller möglichen Ziehungen aus der Urne gezogen. Der Parameter p, auf den sich unsere Hypothesen bezogen, ist nichts anderes als die relative Häufigkeit der Ziehungen einer schwarzen Kugel in dieser unendlichen Population aller möglichen Ziehungen aus der betreffenden Urne. Wir haben nach Erhebung der Stichprobe und nach Beobachtung des Datums D in dieser Stichprobe mit

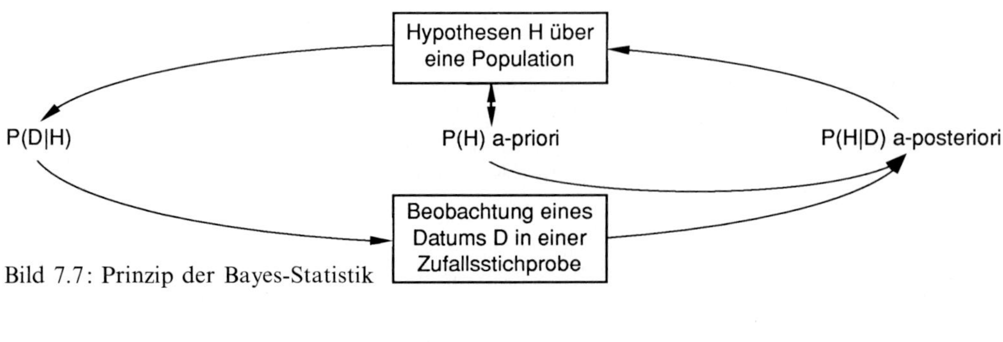

Bild 7.7: Prinzip der Bayes-Statistik

Hilfe des Satzes von Bayes etwa geschlossen, dass es am wahrscheinlichsten ist, dass dieser Parameter p, also die relative Häufigkeit der Ziehungen schwarzer Kugeln in der Population aller Ziehungen, den Wert $\frac{3}{6}$ hat. Wir haben damit einen Inferenzschluss von der Stichprobe auf die Population gezogen – also Inferenzstatistik betrieben (Bild 7.7).

Dieses Verfahren wird in der Wissenschaft häufig genutzt. Allerdings ist es dabei zumeist so, dass unendlich viele Hypothesen betrachtet werden, weil für den Parameter p theoretisch unendlich viele Werte zwischen 0 und 1 in Frage kommen. Dies setzt streng genommen unendliche Wahrscheinlichkeitsräume voraus, die wir in diesem Buch nicht betrachten. Oft genügt aber auch die Annäherung durch endlich viele mögliche Werte.

Umstritten ist bei dieser Bayes-Statistik die Wahl der A-priori-Verteilungen. Die Wissenschaftler müssen den Hypothesen aufgrund ihres mehr oder minder subjektiven Vermutens Wahrscheinlichkeiten zuordnen, *bevor* das Datum erhoben wird. Insofern sind die A-priori-Verteilungen mit viel Subjektivität behaftet. Je mehr Daten allerdings erhoben werden, desto mehr nähern sich die A-posteriori-Verteilungen einander auch dann an, wenn die ursprünglichen A-priori-Verteilungen völlig verschieden waren. Es verflüchtigt sich gleichsam im Prozess der fortlaufenden Datensammlung die Subjektivität zugunsten zunehmender Objektivität.

Ergänzung

Ein Marktforscher erkundet die Bekanntheit einer neuen Marke. Er befragt daher telefonisch eine Zufallsstichprobe von 100 Bundesbürgern, ob sie die Marke kennen oder nicht. Es sei p der Anteil in der Bevölkerung, der diese Marke kennt. Der Einfachheit halber beschränkt sich der Marktforscher auf die neun Hypothesen H_1: p=0,1, H_2: p=0,2, ..., H_9: p=0,9. Er setzt also voraus, dass mit Sicherheit genau eine dieser Hypothesen (ungefähr) gilt. Vor der Datenerhebung hält er alle Hypothesen für gleich wahrscheinlich. Von den befragten 100 Personen geben nun 35 an, die Marke zu kennen.

a) Berechne und zeichne die A-priori- und die A-posteriori-Verteilung.

b) Wie wahrscheinlich ist es nun, dass die Bekanntheitsquote der Marke höchstens 50% beträgt?

c) Ein kluger und erfahrener Mitarbeiter des Marktforschers schätzt vor der Datenerhebung aufgrund intimer Marktkenntnisse die Hypothesenwahrscheinlichkeiten ganz anders ein: H_1, H_2, H_5 und H_6 haben für ihn jeweils die A-priori-Wahrscheinlichkeit 0,05, H_7, H_8 und H_9 haben jeweils die A-priori-Wahrscheinlichkeit 0 und H_3 wie H_4 haben für ihn jeweils die A-priori-Wahrscheinlichkeit 0,4. Berechne und zeichne auch für diesen Mitarbeiter A-priori- und A-posteriori-Verteilung und vergleiche das Ergebnis mit a). Wie wahrscheinlich ist es für diesen Mitarbeiter nach der Datenerhebung, dass die Bekanntheitsquote der Marke höchstens 50% beträgt? Vergleiche das Ergebnis mit b). Wirken sich hier die Unterschiede in den A-priori-Verteilungen stark aus?

§ 8 Statistische Entscheidungstheorie: Ein Beispiel

I. Problemstellung

Ein Unternehmen stellt Zwischenprodukte zur Weiterverarbeitung her, und zwar – etwa zu gleichen Teilen – auf zwei Produktionsanlagen: auf einer neuen Produktionsanlage A, bei der der Anteil mangelhaft produzierter Artikel 25% beträgt, und auf einer alten Produktionsanlage B, die zu 50% mit Mängeln behaftete Produkte herstellt.
Die in einer Produktionsanlage hergestellten Artikel werden jeweils zu mehreren tausend Stück in Kisten verpackt und in dieser Stückelung ihrer Herkunft entsprechend als Qualität A bzw. B – natürlich zu unterschiedlichen Preisen – an das weiterverarbeitende Gewerbe verkauft.
In der Versandstelle des Unternehmens stellt man nun fest, dass eine Kiste hinsichtlich der Qualität nicht gekennzeichnet ist. Rückfragen können die Herkunft der Kiste nicht mehr klären. Erkundigungen beim Vertriebschef, dem Chef der Rechtsabteilung und der Geschäftsleitung ergeben Folgendes: Wird – *erste Fehlermöglichkeit* – die Kiste fälschlich als gute Qualität A verkauft, obwohl sie nur von minderer Qualität B ist, so muss das Unternehmen aufgrund von Schadensersatzforderungen und Konventionalstrafen mit einem Verlust von schätzungsweise 10000 € – bezogen auf den normalen Geschäftsgang – rechnen.
Wird umgekehrt – *zweite Fehlermöglichkeit* – die Kiste als mindere Qualität B verkauft, obwohl sie in Wirklichkeit von guter Qualität A ist, so entsteht aufgrund des geringeren Verkaufspreises für Qualität B bei höheren Produktionskosten der Anlage A ein Verlust von 1000 €. (Vgl. Bild 8.1)

		Kiste ist von Qualität B (Ausschuß 50%)	Kiste ist von Qualität A (Ausschuß 25%)
Kiste wird verkauft als	Qualität B	kein Verlust	1 000 € Verlust
Kiste wird verkauft als	Qualität A	10 000 € Verlust	kein Verlust

Bild 8.1

Es besteht natürlich die Möglichkeit, der Kiste Artikel zu entnehmen und diese auf Mängel hin zu überprüfen. Diese Prüfung allerdings verursacht pro Artikel Kosten in Höhe von 5 €.
Der Mathematiker des Unternehmens wird gebeten, für diese Situation – die leider immer wieder einmal auftritt – ein sinnvolles Entscheidungsverfahren zu entwickeln.

Ergänzungen

1. a) Welche Kosten entstehen dem Unternehmen langfristig im Schnitt, wenn es in einer solchen Situation grundsätzlich die betreffende Kiste ohne Prüfung als gute Qualität A verkauft?
b) Mit welchen Durchschnittskosten ist demgegenüber bei ungeprüftem Verkauf als Qualität B zu rechnen?
c) Welche der beiden Strategien – ungeprüfter Verkauf als Qualität A oder ungeprüfter Verkauf als Qualität B – erscheint langfristig günstiger?

2. Es wird folgendes Entscheidungsverfahren vorgeschlagen: Man prüfe eine Zufallsstichprobe von 10 Stück aus der Kiste. Sind davon mehr als 5 Stück mangelhaft, so verkaufe man die Kiste als mindere Qualität B, andernfalls als gute Qualität A.
a) Welche Durchschnittskosten entstehen dem Unternehmen auf lange Sicht bei diesem Entscheidungsverfahren?
b) Ist dieses Entscheidungsverfahren, bei dem eine Zufallsstichprobe geprüft wird, günstiger als die in Aufgabe 1 skizzierten Strategien, ungeprüft als Qualität A bzw. B zu verkaufen?
c) Lässt sich noch ein besseres Entscheidungsverfahren finden? Versuche – in arbeitsteiliger Zusammenarbeit mit Mitschülern – das langfristig günstigste Verfahren zu ermitteln.

II. Eine Problemlösung

1. Fehler und ihre Kosten

Gefragt ist ein einheitliches Entscheidungsverfahren für eine immer wieder auftretende stochastische Situation. Entschieden werden soll – mit den entsprechenden Konsequenzen – zwischen den zwei Hypothesen

H_0: Es liegt Qualität B vor und
H_1: Es liegt Qualität A vor.

Es gilt mit Sicherheit eine dieser beiden unvereinbaren Hypothesen. Beide Hypothesen lassen sich auch formulieren als Vermutungen über die Wahrscheinlichkeit p, dass ein zufällig aus der Kiste gezogener Artikel mangelhaft ist. Denn in dieser Wahrscheinlichkeit p, dem Anteil der mangelhaften Artikel in der Gesamtheit oder Population aller Artikel in der Kiste, unterscheiden sich ja die beiden Qualitäten. Also:

H_0: $p=0{,}5$ und
H_1: $p=0{,}25$.

Beide Hypothesen haben, bevor eine Prüfung durchgeführt wird, gleiche Wahrscheinlichkeit. Denn es wird ja, so hieß es in der Problemstellung, auf beiden Produktionsanlagen in etwa zu gleichen Teilen produziert. Mit gleicher Wahrscheinlichkeit stammt die Kiste also aus Produktionsanlage A wie aus Produktionsanlage B. Wir notieren uns diese A-priori-Wahrscheinlichkeiten:

$$P(H_0)=P(H_1)=0{,}5.$$

Es besteht nun – dies liegt in der stochastischen Natur der Angelegenheit – das Risiko, dass wir uns falsch entscheiden. Möglich sind zwei Fehlentscheidungen:

Fehler 1. Art:
Die *Hypothese H_0 ist richtig*, d.h., es handelt sich um Qualität B, *aber wir entscheiden uns fälschlicherweise für die Hypothese H_1*, d.h., wir verkaufen die Kiste fälschlicherweise als Qualität A, obwohl sie tatsächlich nur von Qualität B ist.

Fehler 2. Art:
Die *Hypothese H_1 ist richtig*, d.h., es handelt sich um Qualität A, *aber wir entscheiden uns fälschlicherweise für die Hypothese H_0*, d.h., wir verkaufen die Kiste fälschlicherweise als Qualität B, obwohl sie tatsächlich von der besseren Qualität A ist.

Den Fehler 1. Art nennt man gelegentlich auch **α-Fehler** (sprich „Alpha-Fehler") und den Fehler 2. Art **β-Fehler** (sprich „Beta-Fehler").

Beide Fehler bewirken Kosten. Eine Fehlentscheidung der 1. Art, eine fälschliche Entscheidung gegen eine wahre Hypothese H_0, also in der Konsequenz ein unberechtigter Verkauf als gute Qualität A, kostet aufgrund von Schadensersatzforderungen und Konventionalstrafen rund 10000 €.
Eine Fehlentscheidung 2. Art, eine fälschliche Entscheidung gegen eine wahre Hypothese H_1, also in Konsequenz ein Verkauf der guten Qualität „unter Wert" bloß als mindere Qualität B, kostet der Mindereinnahmen wegen 1000 €.
Ein Fehler 1. Art kostet also – dies ist die in der Statistik zumeist übliche Grundlage für die im Prinzip ja willkürliche Nummerierung der beiden Fehlerarten – mehr als ein Fehler 2. Art.

Bild 8.2 zeigt noch einmal übersichtlich die vier hier möglichen Ereignisse und die – aufgrund der skizzierten Kosten – damit jeweils verbundenen Verluste V (in €).

		H_0 ist wahr	H_1 ist wahr	
Entscheidung für	H_0	richtig (V = 0)	Fehler 2. Art (V = 1 000)	(Verkauf als Qualität B)
	H_1	Fehler 1. Art (V = 10 000)	richtig (V = 0)	(Verkauf als Qualität A)
		(p = 0,5 Qualität B)	(p = 0,25 Qualität A)	

Bild 8.2: Fehlermöglichkeiten und ihre Kosten

2. Entscheidungsverfahren ohne Prüfung

Das gesuchte Entscheidungsverfahren soll nun gewährleisten, dass auf lange Sicht, d.h., wenn man es immer wieder auf die geschilderte stochastische Situation anwendet, die Verluste im Durchschnitt möglichst gering bleiben. Es ist so zu wählen, dass dieser durchschnittliche Verlust auf lange Sicht, also der Erwartungswert $\mathscr{E}(V)$ der Verlust-Zufallsvariablen V – ab jetzt abgekürzt als $\mathscr{E}_V$ – möglichst klein ist. (Vgl. §4!)

Wir können uns natürlich entscheiden, *ohne* Artikel aus der Kiste zu entnehmen und zu prüfen. Offensichtlich gibt es zwei mögliche solche Entscheidungsverfahren ohne Prüfung: Entweder wir entscheiden uns ohne Prüfung grundsätzlich für H_0, verkaufen also als Qualität B, oder wir entscheiden uns ohne Prüfung grundsätzlich für H_1, verkaufen also als Qualität A.

Entscheiden wir uns ohne Entnahme und Prüfung von Artikeln grundsätzlich immer für die Hypothese H_1, verkaufen wir also ungeprüft als Qualität A, so ergibt sich genau dann ein Verlust – und zwar von 10000 € –, wenn in Wahrheit H_0 gilt (Fehler 1. Art). H_0 gilt mit der Wahrscheinlichkeit 0,5. Verkaufen wir also ungeprüft als Qualität A, so haben wir – den Prinzipien der Erwartung-mal-Wert-Rechnung gemäß – auf lange Sicht einen durchschnittlichen Verlust von

$$P(H_0) \cdot 10000 = 0{,}5 \cdot 10000 = 5000$$

(in €) zu erwarten.

Entscheiden wir uns dagegen ohne Prüfung grundsätzlich immer für die Hypothese H_0, verkaufen wir also ungeprüft als Qualität B, so ergibt sich genau dann ein Verlust – und zwar von 1000 € –, wenn in Wahrheit H_1 gilt (Fehler 2. Art); dieser Verlust ergibt sich folglich mit einer Wahrscheinlichkeit von 0,5. Hier beläuft sich demnach der Verlusterwartungswert (in €) nur auf

$$P(H_1) \cdot 1000 = 0{,}5 \cdot 1000 = 500.$$

Diese zweite Entscheidungsstrategie lässt also auf lange Sicht einen deutlich geringeren Verlust erwarten. Unter den beiden möglichen Entscheidungsstrategien ohne Prüfung ist sie auf lange Sicht die vernünftigere.

Ergänzung

Wie müssten – im Unterschied zur gegebenen Problemstellung – die A-priori-Wahrscheinlichkeiten der Hypothesen aussehen – also die relative Verteilung der Produktion auf die beiden Anlagen A und B –, damit der ungeprüfte Verkauf als Qualität A günstiger wäre als der ungeprüfte Verkauf als Qualität B?

3. Entscheidungsverfahren mit Prüfung

Langfristig weniger verlustreich indessen könnte ein Entscheidungsverfahren sein, bei dem wir die Entscheidung zwischen H_0 und H_1 – also letztlich über den Verkauf der Kiste als Qualität B oder A – von einer Prüfung abhängig machen. Wir entnehmen nach Zufall aus der Kiste eine bestimmte Anzahl n von Artikeln und überprüfen diese auf Mängel. Formaler: Wir ziehen aus der Population aller Artikel in der Kiste eine **Zufallsstichprobe vom Umfang n** zur Prüfung.

Sind nun in dieser Zufallsstichprobe relativ viele Artikel mangelhaft, so spricht dies für eine Entscheidung für H_0, also dafür, davon auszugehen, dass die Kiste aus der Produktionsanlage mit dem höheren Mängelanteil stammt, also aus der Produktionsanlage B.
Sind umgekehrt in der gezogenen Zufallsstichprobe relativ wenige Artikel mangelhaft, so spricht dies für eine Entscheidung für H_1, also dafür, dass die Kiste aus der Produktionsanlage A mit dem geringen Mängelanteil stammt.

„Relativ viele“ und „relativ wenige“ – dies bleibt noch näher zu bestimmen. Es bleibt also noch festzulegen ein **kritischer Wert k_n** für die Anzahl der mangelhaften Stücke in der Stichprobe.
Mit Hilfe dieses kritischen Wertes lässt sich nun die Form des Entscheidungsverfahrens beschreiben:

> Ziehe aus der Kiste eine Zufallsstichprobe von n Stücken zur Prüfung. Falls mehr als k_n Stücke mangelhaft sind, entscheide dich für H_0 (Verkauf als Qualität B). Andernfalls entscheide dich für H_1 (Verkauf als Qualität A).

Die Entscheidung in diesem Verfahren orientiert sich an der Anzahl X der mangelhaften Stücke in der Zufallsstichprobe. Diese Zufallsvariable X wird daher auch **Prüfgröße** genannt.

Die zufällige Ziehung von n Stücken können wir – sofern nicht sehr viele Stücke gezogen werden – als eine Bernoulli-Kette der Länge n mit dem Parameter p betrachten, und zwar auch dann, wenn es sich um eine Ziehung ohne Zurücklegen handelt. Weil nämlich mehrere tausend Stück in der Kiste enthalten sind, ändert sich die Wahrscheinlichkeit dafür, dass ein gezogenes Stück mangelhaft ist, im Verlauf der relativ wenigen Ziehungen so gut wie nicht: Immer entspricht diese Wahrscheinlichkeit in etwa dem Anteil p mangelhafter Stücke. Die Prüfgröße X ist also in guter Näherung binomialverteilt mit den Parametern n und p, also B(n, p)-verteilt.

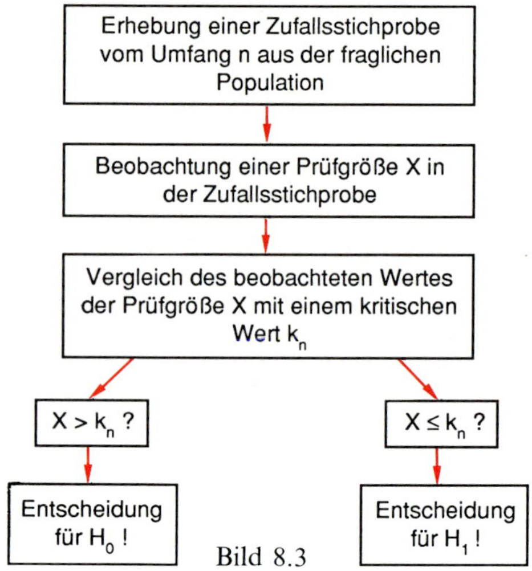

Bild 8.3

Den Parameter n, also die Stichprobengröße, können wir festlegen. Wie groß allerdings der fragliche Parameter p ist, 0,5 oder 0,25, genau das wissen wir nicht. Wir können daher über die Wahrscheinlichkeitsverteilung der Prüfgröße X nur dann konkrete Aussagen machen, wenn wir – nach Festlegung des Stichprobenumfanges n natürlich – hypothetisch die *Annahme* machen, es gelte H_0 oder es gelte H_1.

Bild 8.3 zeigt die Struktur des Entscheidungsverfahrens als Ablaufdiagramm.

Es bleibt nun nur noch, die Größen n und k_n konkret so festzulegen, dass bei Anwendung dieses Entscheidungsverfahrens auf lange Sicht der Verlusterwartungswert minimal ist. Verluste treten ein, wenn eine Fehlentscheidung getroffen wird. Einen Fehler 1. Art, also eine fälschliche Entscheidung gegen H_0, machen wir im skizzierten Entscheidungsverfahren genau dann, wenn H_0 gilt und (trotzdem) in unserer Stichprobe *höchstens* k_n Stücke mangelhaft sind. Für diese Wahrscheinlichkeit gilt:

P(Fehler 1. Art)
$= P(\text{Entscheidung für } H_1 \text{ und in Wirklichkeit gilt } H_0)$
$= P(H_0) \cdot P(\text{Entscheidung für } H_1 | H_0)$ (Produktsatz)
$= 0{,}5 \cdot P(\text{höchstens } k_n \text{ Stücke sind mangelhaft} | H_0)$
$= 0{,}5 \cdot P(X \leq k_n | H_0)$
$= 0{,}5 \cdot (B(n, 0{,}5; 0) + B(n, 0{,}5; 1) + \ldots + B(n, 0{,}5; k_n))$ (Denn unter H_0 ist $p = 0{,}5$ und die Prüfgröße X daher B(n, 0,5)-verteilt.)
$= 0{,}5 \cdot F(n, 0{,}5; k_n)$.

Einen Fehler 2. Art, also eine fälschliche Entscheidung gegen H_1, machen wir im skizzierten Verfahren genau dann, wenn H_1 gilt und (trotzdem) in unserer Stichprobe *mehr als* k_n Stücke mangelhaft sind. Für diese Wahrscheinlichkeit gilt analog:

P(Fehler 2. Art)
$= P(\text{Entscheidung für } H_0 \text{ und in Wirklichkeit gilt } H_1)$
$= P(H_1) \cdot P(\text{mehr als } k_n \text{ Stücke sind mangelhaft} | H_1)$
$= 0{,}5 \cdot P(X > k_n | H_1)$
$= 0{,}5 \cdot (1 - P(X \leq k_n | H_1))$
$= 0{,}5 \cdot (1 - F(n, 0{,}25; k_n))$. (Denn unter H_1 ist $p = 0{,}25$ und die Prüfgröße X daher B(n, 0,25)-verteilt.)

Um den Verlusterwartungswert $\mathscr{E}_V(n, k_n)$ unseres Entscheidungsverfahrens für ein bestimmtes n und k_n zu bestimmen, müssen jetzt nur noch diese Fehlerwahrscheinlichkeiten mit den entsprechenden Fehlerkosten – 10000 € bzw. 1000 € – verrechnet werden. Nicht zu vergessen sind natürlich die in jedem Fall fälligen Kosten für die Prüfung der Stücke, nämlich 5 € pro Stück. Insgesamt erhalten wir dann:

$$\begin{aligned}&\mathscr{E}_V(n, k_n)\\ &= P(\text{Fehler 1. Art}) \cdot 10\,000 + P(\text{Fehler 2. Art}) \cdot 1000 + n \cdot 5\\ &= 0{,}5 \cdot F(n, 0{,}5; k_n) \cdot 10\,000 + 0{,}5 \cdot (1 - F(n, 0{,}25; k_n)) \cdot 1000 + n \cdot 5.\end{aligned}$$

Berechnen wir – mit Hilfe der Tabelle I im Anhang – zum Beispiel den Verlusterwartungswert für $n = 10$ und $k_n = 3$:

$$\mathscr{E}_V(10, 3) = 0{,}5 \cdot 0{,}1719 \cdot 10\,000 + 0{,}5 \cdot 0{,}2241 \cdot 1000 + 10 \cdot 5 = 1021{,}55.$$

Unterziehen wir also $n = 10$ zufällig gezogene Stücke der Prüfung und entscheiden wir uns für H_0, sofern mehr als $k_n = 3$ Stücke mangelhaft sind, und für H_1, sofern höchstens 3 Stücke mangelhaft sind, so müssen wir bei dieser Strategie langfristig einen Durchschnittsverlust von 1021,55 € erwarten – und damit mehr als bei einem ungeprüften Verkauf als Qualität B.

Wir können aber den kritischen Wert k_n günstiger wählen, wie folgende Tabelle (Bild 8.4) über die Verlusterwartungswerte für alle möglichen kritischen Werte beim Stichprobenumfang $n = 10$ zeigt.

k_{10}	P (Fehler 1. Art) · 10 000 = 0,5 · F(10, 0,5; k_{10}) · 10 000	+ P (Fehler 2. Art) · 1 000 + 0,5 · (1 - F (10, 0,25; k_{10}) · 1 000	+ 10 · 5 + 10 · 5 =	$\mathscr{E}_V(10, k_{10})$
0	0,5 · 0,0010 · 10 000	+ 0,5 · 0,9437 · 1 000	+ 50 =	526,85
1	0,5 · 0,0107 · 10 000	+ 0,5 · 0,7560 · 1 000	+ 50 =	**481,50**
2	0,5 · 0,0547 · 10 000	+ 0,5 · 0,4744 · 1 000	+ 50 =	560,70
3	0,5 · 0,1719 · 10 000	+ 0,5 · 0,2241 · 1 000	+ 50 =	1 021,55
4	0,5 · 0,3770 · 10 000	+ 0,5 · 0,0781 · 1 000	+ 50 =	1 974,05
5	0,5 · 0,6231 · 10 000	+ 0,5 · 0,0197 · 1 000	+ 50 =	3 173,35
6	0,5 · 0,8281 · 10 000	+ 0,5 · 0,0035 · 1 000	+ 50 =	4 192,25
7	0,5 · 0,9453 · 10 000	+ 0,5 · 0,0004 · 1 000	+ 50 =	4 776,70
8	0,5 · 0,9893 · 10 000	+ 0,5 · 0,0000 · 1 000	+ 50 =	4 996,50
9	0,5 · 0,9990 · 10 000	+ 0,5 · 0,0000 · 1 000	+ 50 =	5 045,00
10	0,5 · 1,0000 · 10 000	+ 0,5 · 0,0000 · 1 000	+ 50 =	5 050,00

Bild 8.4

Den geringsten Verlusterwartungswert berechnen wir für $k_{10} = 1$. Für ein Entscheidungsverfahren mit der Stichprobengröße $n = 10$ ist es also vernünftig, weil auf lange Sicht am wenigsten verlustreich, als kritischen Wert $k_n = 1$ zu wählen, d.h. also, sich für H_0 (Verkauf als schlechtere Qualität B) zu entscheiden, sobald mehr als eines von den 10 geprüften Stücken mangelhaft ist, und sich nur dann für H_1 (Verkauf als bessere Qualität A) zu entscheiden, sofern höchstens ein geprüftes Stück mangelhaft ist. Entscheiden wir nach diesem Verfahren, so beträgt der Verlusterwartungswert 481,50 € – und ist damit geringer als der Verlusterwartungswert bei ungeprüftem Verkauf als Qualität B. Die Prüfung einer Zufallsstichprobe lohnt sich also.

Werfen wir noch einmal einen Blick auf die obige Tabelle (Bild 8.4): Dort sieht man sofort, dass sich bei Veränderungen des kritischen Wertes k_{10} die Wahrscheinlichkeiten für

einen Fehler 1. Art und einen Fehler 2. Art gegenläufig verändern: Verringern wir die Fehlerwahrscheinlichkeit der einen Art, so „bezahlen" wir mit einer Erhöhung der Fehlerwahrscheinlichkeit der anderen Art. Wir können nicht beide Fehlerwahrscheinlichkeiten – sofern wir uns auf den Stichprobenumfang $n = 10$ beschränken – gleichzeitig verringern.
Diese Gegenläufigkeit der beiden Fehlerwahrscheinlichkeiten zeigt noch einmal graphisch Bild 8.5. Bei einem kritischen Wert $k_{10} = 3$ etwa beträgt die bedingte Wahrscheinlichkeit für einen Fehler erster Art (unter der Bedingung H_0) 0,1719, während sich die bedingte Wahrscheinlichkeit für einen Fehler zweiter Art (unter der Bedingung H_1) auf etwas mehr, nämlich 0,2241 beläuft. Erhöhen wir den kritischen Wert um 1 auf $k_{10} = 4$, wächst die bedingte Wahrscheinlichkeit für einen Fehler erster Art auf 0,3770, während gleichzeitig die bedingte Wahrscheinlichkeit für einen Fehler zweiter Art deutlich sinkt, und zwar auf 0,0781.

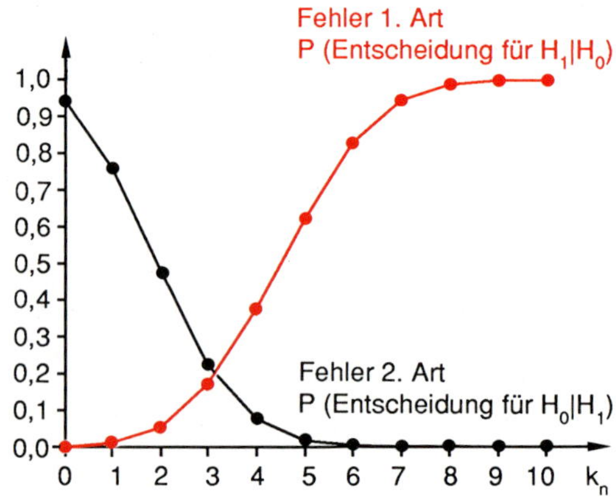

Bild 8.5: Fehlerwahrscheinlichkeiten für verschiedene kritische Werte k_n bei $n = 10$

Die Wahl eines kritischen Wertes k_n, also die konkrete Festlegung unseres Entscheidungsverfahrens, bedeutet daher einen „Kompromiss" zwischen zwei Übeln: der ärgerlichen Fehlerwahrscheinlichkeit 1. Art und der ärgerlichen Fehlerwahrscheinlichkeit 2. Art.

Nun sollte es möglich sein, beide Fehlerwahrscheinlichkeiten gleichzeitig zu verringern, wenn wir mehr Stücke prüfen, also den Umfang der Zufallsstichprobe vergrößern. Aber sofort werden wir dann mit einem dritten Übel konfrontiert: einer Erhöhung der Prüfkosten. Auch hier gilt es wieder, einen Kompromiss zu finden – und zwar denjenigen, der den geringsten Verlusterwartungswert verspricht. Wir müssen also unsere Überlegungen, die sich bislang auf den willkürlich gewählten Stichprobenumfang $n = 10$ bezogen, eigentlich noch auf alle anderen Stichprobengrößen n erweitern. Wir müssen also – genau wie wir dies oben für den Stichprobenumfang $n = 10$ getan haben – auch für die anderen möglichen Stichprobenumfänge n jeweils den im Hinblick auf den Verlusterwartungswert günstigsten kritischen Wert k_n bestimmen, um das insgesamt günstigste Entscheidungsverfahren zu ermitteln.

Beschränken wir uns dabei auf die im Anhang verfügbaren Tabellen, so erhalten wir schließlich: Der Verlusterwartungswert ist am geringsten, wenn wir eine Zufallsstichprobe der Größe $n = 50$ erheben und als kritischen Wert $k_{50} = 16$ festlegen. Dann nämlich beträgt der Verlusterwartungswert lediglich 337,65 €.

Ergebnis der Überlegungen: Der Mathematiker sollte für die geschilderte, sich gelegentlich wiederholende Situation folgendes Entscheidungsverfahren vorschlagen:

> Man prüfe 50 zufällig aus der Kiste gezogene Stücke. Sind davon mehr als 16 mangelhaft, so verkaufe man die Kiste als schlechtere Qualität B. Sind dagegen höchstens 16 Stücke mangelhaft, so verkaufe man die Kiste als bessere Qualität A. Im Schnitt ist dabei ein Verlust von 337,65 € zu erwarten.

Ergänzungen

1. Warum kommen für die Entscheidungsverfahren mit Prüfung vernünftigerweise von vornherein nur Stichprobenumfänge kleiner 100 in Frage?

2. Warum verspricht eine Vergrößerung des Stichprobenumfanges eine gleichzeitige Verringerung der Fehlerwahrscheinlichkeit 1. Art und der Fehlerwahrscheinlichkeit 2. Art?

3. Die obigen Berechnungen sind recht umfangreich und überdies eigentlich nicht ausreichend, da wir nicht alle möglichen Stichprobenumfänge n betrachtet haben, sondern nur die, für die wir im Anhang eine Tabelle finden. Es ist aber auch möglich, zu einem jeden beliebigen n das optimale k_n sofort mit Hilfe folgender Formel zu berechnen:

$$k_n = \text{größte natürliche Zahl kleiner oder gleich } n \cdot \left(1 - \frac{\ln 2}{\ln 3}\right) - \frac{\ln 10}{\ln 3}.$$

a) Bestimme mit Hilfe dieser Formel das optimale k_n zu $n = 10$ und zu $n = 50$ und vergleiche mit den Ergebnissen im Text.
b) Mit Hilfe dieser Formel lässt sich zeigen, dass ein Entscheidungsverfahren mit $n = 42$ am günstigsten ist. Bestimme dieses Entscheidungsverfahren, also das zugehörige k_n, und berechne den Verlusterwartungswert.
c) Versuche, diese Formel zu begründen.

Anleitung: Es ist

$$\mathscr{E}_V(n, k_n) = 5 \cdot n + 500 + \sum_{k=0}^{k_n} \left[\binom{n}{k}\left(10 \cdot \left(\frac{1}{2}\right)^n - \left(\frac{1}{4}\right)^n \cdot 3^{n-k}\right)\right].$$

Um die letzte Summe möglichst klein zu machen, wird k_n so bestimmt, dass für alle $k = 0, 1, \ldots, k_n$ der Term $10 \cdot (\frac{1}{2})^n - (\frac{1}{4})^n \cdot 3^{n-k}$ kleiner oder gleich null wird.

III. Rückschau auf das entwickelte Entscheidungsverfahren

Wir haben ein Entscheidungsverfahren – man könnte auch von einer Entscheidungsregel sprechen – für eine stochastische Situation entwickelt, in der es zwischen zwei Hypothesen und den damit verbundenen Handlungsweisen zu entscheiden gilt. Die Hypothesen beziehen sich auf eine unüberschaubar große Population (nämlich die Menge aller Artikel in der fraglichen Kiste), das Entscheidungsverfahren gründet sich auf die Erhebung einer überschaubar kleinen Zufallsstichprobe aus dieser Population. Wir schließen also letztlich mit diesem Entscheidungsverfahren von der untersuchten Zufallsstichprobe auf die unbekannten Verhältnisse in der Population; es geht um einen Inferenzschluss.

Ein solches inferenzstatistisches Entscheidungsverfahren für eine stochastische Situation heißt auch **(statistischer) Hypothesentest** oder kurz (statistischer) Test: Zugrunde liegt dieser Namensgebung die Vorstellung, die beiden Hypothesen würden durch Konfrontation mit den Daten der Zufallsstichprobe auf ihre Plausibilität hin „getestet", sie müssten sich an diesen Stichprobendaten bewähren.

Vergegenwärtigen wir uns abschließend noch einmal die starken Voraussetzungen, an die unsere Konstruktion geknüpft ist:

1) Es müssen sinnvolle Größenangaben über die „Kosten" der Fehler 1. und 2. Art sowie der Stichprobenerhebung vorliegen, in welcher Form auch immer.
2) Es müssen A-priori-Wahrscheinlichkeiten für die Hypothesen vorliegen.

Diese Voraussetzungen sind leider häufig, wie wir im nächsten Paragraphen sehen werden, nicht erfüllt, insbesondere für stochastische Situationen von Wissenschaftlern. Dort ist es z.B. kaum möglich, die Kosten von Fehlentscheidungen durch halbwegs genaue Größenangaben abzuschätzen. Für solche Fälle bedarf es daher einer andersartigen Konstruktion von Entscheidungsverfahren.

Die Konstruktion unseres Entscheidungsverfahrens hier hängt von den A-Priori-Wahrscheinlichkeiten, den Kosten für die beiden möglichen Fehler und für die Prüfung ab: Jede Veränderung in diesen Größen erfordert daher eine Änderung des Entscheidungsverfahrens.

Dass es möglich ist, in gleicher Weise Entscheidungsverfahren zu entwickeln auch für Situationen, in denen es zwischen mehr als nur zwei Hypothesen zu entscheiden gilt, dies dürfte nahe liegen (vgl. § 7.I.2.). Ziel ist es bei der Konstruktion dieser Entscheidungsverfahren immer, den Verlusterwartungswert zu minimieren. Dieses Ziel ist häufig, durchaus aber nicht immer sinnvoll.

Ergänzungen

1. Reicht es für die Konstruktion des Entscheidungsverfahrens aus, wenn nur die *Verhältnisse* der Kosten für Fehler 1. und 2. Art und für die Prüfung gegeben sind, nicht aber ihre Größen selbst? Können wir also wie oben ein Entscheidungsverfahren konstruieren, wenn wir nur wissen: Ein Fehler 1. Art kostet 10-mal so viel wie ein Fehler 2. Art und ein Fehler 2. Art ist 200-mal teurer als die Untersuchung eines Artikels?

2. In unserem Entscheidungsverfahren wird eine Zufallssstichprobe von einem vorher festgelegten Umfang n erhoben. Erst wenn alle n Stücke geprüft sind – oder zumindest das Prüfergebnis sicher ist –, fällt der Regel entsprechend die Entscheidung. Es sind nun aber auch Entscheidungsverfahren folgender *schrittweiser* Form denkbar: Die Stücke werden nach und nach gezogen und geprüft; nach jedem geprüften Stück wird jeweils erneut eine Entscheidung getroffen zwischen drei Möglichkeiten: 1. Beendigung der Prüfung und Entscheidung für H_0. 2. Beendigung der Prüfung und Entscheidung für H_1. 3. Fortsetzung der Prüfung, also Ziehung eines weiteren Stückes, und dann erneute Entscheidung.
Könnte es sein, dass solche schrittweisen Entscheidungsverfahren noch günstiger sind als unsere bisherigen Verfahren? (Dazu findet sich mehr in § 10!)

3. Nahe gelegen hätte für die Problemstellung dieses Paragraphen gerade im Anschluss an den vorangegangenen Paragraphen über die Bayes-Statistik folgendes Entscheidungsverfahren:

1) Man ziehe aus der Kiste eine Zufallsstichprobe des Umfanges n.
2) Man prüfe die gezogenen Stücke und notiere das Prüfergebnis in Form eines Datums D: „Von den n geprüften Stücken sind k Stücke mangelhaft“.
3) Man berechne aufgrund dieses Datums D die A-posteriori-Wahrscheinlichkeiten $P(H_0|D)$ und $P(H_1|D)$ für die beiden fraglichen Hypothesen H_0 und H_1.
4) Nun berechne man den Verlusterwartungswert $10\,000 \cdot P(H_0|D)$, mit dem man nun bei einer Entscheidung für H_1 rechnen muss. Ebenso berechne man den Verlusterwartungswert $1000 \cdot P(H_1|D)$ bei einer Entscheidung für H_0.
5) Man entscheide sich nun für die Hypothese – und verkaufe dementsprechend –, für die der im 4. Schritt berechnete Verlusterwartungswert geringer ist.

a) Wie wird bei diesem Verfahren entschieden, wenn bei einer Stichprobengröße $n = 50$ genau 10 Stücke mangelhaft sind?
b) Wie wird bei diesem Verfahren entschieden, wenn bei einer Stichprobengröße $n = 50$ genau 20 Stücke mangelhaft sind?
c) Vergleiche dieses Verfahren mit dem im Lehrtext entwickelten Verfahren. Beachte dabei vor allem, ob und wie die Wahl eines bestimmten Stichprobenumfanges begründet wird. Welches Verfahren ist in einem umfassenderen Sinne „vernünftig“?

Übungen und Aufgaben

Entscheidungsverfahren mit Prüfung

1. Bestätige die Werte der bedingten Wahrscheinlichkeiten für einen Fehler 1. Art und 2. Art in der Tabelle im Lehrtext auf Seite 131.

2. a) Berechne bei einem Stichprobenumfang von $n=20$ die bedingte Wahrscheinlichkeit für einen Fehler 1. Art und einen Fehler 2. Art bei den Hypothesen $H_0: p=0{,}02$ und $H_1: p=0{,}1$, wenn die Entscheidungsvorschrift eine Entscheidung für H_0 vorsieht, sobald die $B(20, p)$-verteilte Prüfgröße $X \leq 1$ ist.
b) Verfahre wie bei a) mit den dort angegebenen Hypothesen bei einem Stichprobenumfang von $n=20$ ($n=50$; $n=100$) und der Entscheidungsvorschrift $X \leq 4$ ($X \leq 5$; $X \leq 10$) für H_0.

3. Eine Urne enthält 10 Münzen, von denen entweder 6 auf beiden Seiten Kopf und 4 auf beiden Seiten Zahl haben oder 4 auf beiden Seiten Kopf und 6 auf beiden Seiten Zahl. Berechne zu den Hypothesen $H_0: p=0{,}4$ und $H_1: p=0{,}6$ über die Wahrscheinlichkeit p, eine „Kopf"-Münze zu ziehen, die Wahrscheinlichkeiten für den Fehler 1. Art und 2. Art, falls man 5 Münzen mit Zurücklegen zieht und sich für H_0 entscheidet, wenn die Anzahl der gezogenen „Kopf"-Münzen $X \leq 2$ ist.

4. In einer Spielhölle wird mit fairen Würfeln und mit Würfeln, bei denen die Sechs nur in $p=10\%$ aller Fälle auftritt, gespielt. Bei einer Polizeirazzia werden die äußerlich nicht unterscheidbaren Würfel getestet. Ein Würfel wird als falsch bezeichnet, wenn bei 600 Würfen höchstens 70 Sechser fallen. Es sei $H_0: p=\frac{1}{6}$.
a) Berechne die bedingten Wahrscheinlichkeiten für einen Fehler 1. Art und 2. Art.
b) Wie muss der kritische Wert k_{600} gewählt werden, damit die bedingte Wahrscheinlichkeit für einen Fehler 1. Art höchstens 0,5, also 50% beträgt? Wie groß ist dann die bedingte Wahrscheinlichkeit für einen Fehler 2. Art?

5. An zwei Maschinen A und B werden Schrauben 1. und 2. Wahl hergestellt. Maschine A produziert 60% aller Schrauben und hat einen Ausschuss von 5%, wohingegen Maschine B einen Ausschuss von 10% hat. Die Schrauben verschiedener Wahl werden in verschiedene Schachteln in großer Stückzahl verpackt und entsprechend gekennzeichnet. Bei einer Schachtel fehlt die Kennzeichnung. Es sei $H_0: p=0{,}05$.
a) Die Schachtel ohne Kennzeichnung wird als 1. Wahl verkauft, falls sich in einer Stichprobe von 10 Schrauben höchstens 1 fehlerhafte Schraube befindet. Berechne die Wahrscheinlichkeit für den Fehler 1. Art und 2. Art und interpretiere das Ergebnis.
b) Wie muss die Entscheidungsvorschrift abgeändert werden, damit die Wahrscheinlichkeit eines Fehlers 1. Art höchstens 0,1, also 10% beträgt? Wie groß ist dann die Wahrscheinlichkeit eines Fehlers 2. Art?

6. Verfahre wie bei der Problemstellung im Lehrtext mit den folgenden Angaben.

	Produktionsanlage A	Produktionsanlage B
Ausschuss	10%	20%
Verlust bei fälschlichem Verkauf	8000 €	2000 €

Die Prüfung verursacht pro Artikel Kosten in Höhe von 20 €.

7. Der Kaufpreis für eine Sendung Äpfel wird unter der Annahme vereinbart, dass 10% des Obstes unbrauchbar sind. Sollte die Qualität wider Erwarten besser sein, so ist ein gewisser Preisaufschlag zu zahlen; ist sie schlechter, wird ein Preisnachlass gewährt. Die Entscheidung wird nach folgender Regel getroffen: Sind von 50 zufällig ausgewählten Äpfeln mehr als 10 schlecht, dann erfolgt der Preisnachlass, sind weniger als 2 ungenießbar, so erfolgt ein Preisaufschlag. Es sei H_0: $p = 0{,}1$.
a) Wie groß ist das Risiko des Verkäufers, einen ungerechtfertigten Preisnachlass hinnehmen zu müssen?
b) Wie groß ist das Risiko des Käufers, einen ungerechtfertigten Preisaufschlag hinnehmen zu müssen?
c) Bei gleicher Stichprobenlänge sollen die beiden Risiken aus a) und b) jeweils unter 4% gedrückt werden. Untersuche, ob es hierfür eine passende Entscheidungsvorschrift gibt.
d) Der wahre Gehalt der Sendung an unbrauchbaren Äpfeln sei 20%. Mit welcher Wahrscheinlichkeit wird beim ursprünglichen Entscheidungsverfahren Preisnachlass bzw. Preisaufschlag erzielt?

8. a) In einer Urne befinden sich 20 Kugeln. Man weiß, dass sie entweder genau 2 oder genau 6 schwarze Kugeln enthält. Es werden 10 Kugeln mit Zurücklegen der Urne entnommen. Falls höchstens 2 schwarze Kugeln gezogen werden, entscheidet man sich für die Annahme, dass die Urne genau 2 schwarze Kugeln enthält. Berechne die bedingten Wahrscheinlichkeiten für den Fehler 1. Art und 2. Art.
b) Die Wahrscheinlichkeit, dass die Urne aus a) genau 2 schwarze Kugeln enthält, sei 0,1. Falls das richtig erkannt wird, erhält man eine Belohnung von 200 €, im anderen Fall verliert man 50 €. Bestimme für eine Stichprobe vom Umfang 10 (20) den kritischen Wert k_{10} (k_{20}), so dass der Erwartungswert der Belohnung maximal wird.

9. a) Eine Firma stellt auf zwei Produktionsanlagen A und B Transistoren her. Aus Erfahrung weiß man, dass A einen Ausschussanteil von 10% und B einen Ausschussanteil von 40% hat. 70% der Produktion wird auf Anlage A hergestellt. Die Transistoren werden in großer Stückzahl in Schachteln verpackt und gekennzeichnet. Durch eine Stichprobe von 20 Stück soll bei einer nicht gekennzeichneten Schachtel festgestellt werden, von welcher Produktionsanlage die Transistoren stammen. Wird die Schachtel fälschlicherweise als schlechte Qualität B verkauft, obwohl sie aus A stammt, so entsteht aufgrund des geringeren Verkaufspreises für Qualität B ein Verlust von 3 € pro Transistor. Wird dagegen die Schachtel fälschlicherweise als gute Qualität A verkauft, obwohl sie aus B stammt, so entsteht ein Verlust von 0,50 € pro Transistor. Wie muss k_{20} gewählt werden, um den Verlusterwartungswert möglichst gering zu halten?
b) In einer Schachtel sind jeweils 1000 Transistoren verpackt. Die Prüfung eines Transistors kostet 1 €. Gesucht ist – wie in a) – ein optimales Entscheidungsverfahren, wobei der Stichprobenumfang frei festgelegt werden kann.

§ 9 Der Signifikanztest

I. Einführung

1. Die Grundidee des Signifikanztests

Auch Wissenschaftler haben es immer wieder mit stochastischen Situationen zu tun, in denen es zwischen verschiedenen konkurrierenden Hypothesen zu entscheiden gilt: Auch diese Hypothesen – zumeist aus wissenschaftlichen Theorien abgeleitet – beziehen sich auf unüberschaubar große Populationen; die Entscheidung zwischen diesen Hypothesen, also der Hypothesentest, kann sich aber wiederum nur auf überschaubar kleine Zufallsstichproben stützen.

Im Gegensatz zu den eher ökonomischen Entscheidungssituationen des letzten Paragraphen macht es hier einerseits Schwierigkeiten, die Kosten von Fehlentscheidungen durch zahlenmäßige Größenangaben abzuschätzen, denn die Folgen wissenschaftlicher Irrtümer sind kaum kalkulierbar und andererseits ist vielen Wissenschaftlern auch die Schätzung von Hypothesenwahrscheinlichkeiten zu wenig objektiv.

Es hat sich deshalb in den Wissenschaften ein Entscheidungsverfahren eingebürgert, der sogenannte *Signifikanztest*, das ohne die zahlenmäßige Bestimmung von Fehlerkosten und A-priori-Hypothesenwahrscheinlichkeiten auskommt.

Wir betrachten hierzu die folgende *Problemstellung*.

Ein Stab von Forschern aus Medizin, Biologie und Pharmakologie arbeitet daran, für eine bestimmte Krankheit eine bessere Therapie zu entwickeln. Die Erfolgsquote der bislang üblichen Therapie für diese Krankheit beträgt, wie man aus jahrelanger umfangreicher Erfahrung weiß, nur 50%. Aufgrund vielfältiger mehr oder minder sicherer theoretischer Überlegungen und Vorstudien schlägt schließlich die Forschergruppe eine bestimmte neue Therapie vor. Diese neue Therapie soll nun an einer Zufallsstichprobe von 50 Patienten – aus der unüberschaubar großen Population der an dieser Krankheit leidenden Menschen – erprobt werden. Gesucht ist ein sinnvolles Verfahren, wie nach der Datenerhebung über die Frage entschieden werden soll, ob die Erfolgswahrscheinlichkeit der neuen Therapie größer ist als die Erfolgswahrscheinlichkeit der herkömmlichen Therapie – oder nicht.

Lösung: Es sei p die (unbekannte) Erfolgswahrscheinlichkeit der neuen Therapie, also – in der unüberschaubar großen Population aller Kranken – der Anteil derjenigen, die bei Anwendung der neuen Therapie geheilt werden. Zu entscheiden gilt es dann zwischen den Hypothesen

$H_0: p = 0{,}5$, d.h., die neue Therapie ist (lediglich) so erfolgreich wie die herkömmliche Therapie,

und

$H_1: p > 0{,}5$, d.h., die neue Therapie ist erfolgreicher als die herkömmliche Therapie.

Die Hypothese H_0 heißt üblicherweise auch **Nullhypothese**: Diese Hypothese behauptet hier ja, die Differenz in der Heilungswahrscheinlichkeit zwischen herkömmlicher und neuer Therapie sei null. Demgegenüber heißt die Hypothese H_1 **Alternativhypothese**. Diese Alternativhypothese ist die Forschungshypothese der Wissenschaftler; denn diese vermuten ja gerade, dass die neue Therapie wirksamer ist als die herkömmliche Therapie. Dabei haben sie allerdings keine genauen Vermutungen darüber, um wie viel die neue Therapie erfolgreicher ist. Die Alternativhypothese H_1 behauptet daher nicht, die Erfolgsquote p der neuen Therapie habe einen bestimmten Wert, beispielsweise $p=0{,}7$, sondern sie behauptet lediglich, p sei größer als 0,5. Die Alternativhypothese „umfasst" alle Werte größer als 0,5. Eine solche Hypothese heißt daher auch **zusammengesetzt**, während demgegenüber eine Hypothese der Form $p=0{,}7$, also eine Hypothese, die nur einen einzigen Wert „umfasst", **einfach** (oder **punktförmig**) heißt. Im vorigen Paragraphen waren beide Hypothesen H_0 und H_1 einfach; hier ist nun die Nullhypothese H_0 einfach, die Alternativhypothese H_1 jedoch zusammengesetzt.

Die Entscheidung soll sich auf die Daten aus der Zufallsstichprobe der 50 Patienten stützen, die probeweise mit der neuen Therapie behandelt werden. Prüfgröße ist hier also die Anzahl X derjenigen von den 50 Patienten, bei denen die neue Therapie Erfolg hat.

Da die neue Therapie mit der (unbekannten) Wahrscheinlichkeit p Erfolg hat, ist die Prüfgröße X binomialverteilt mit den Parametern $n=50$ und p. Das Experiment „Behandlung von 50 Patienten mit einer Erfolgswahrscheinlichkeit von jeweils p" entspricht einer Bernoulli-Kette der Länge 50 und der Grundwahrscheinlichkeit p. Nimmt die Prüfgröße X im Experiment einen hohen Wert an, werden also viele von den 50 Patienten geheilt, so spricht dies für die Alternativhypothese; werden hingegen nur wenige von den 50 Patienten geheilt, so spricht dies für die Nullhypothese.

Plausibel ist also ein Entscheidungsverfahren der Form:

> Man entscheide sich für H_1, falls mehr als k von den 50 Patienten geheilt werden. Andernfalls entscheide man sich für H_0.

Zu bestimmen bleibt nur noch der kritische Wert k. Eine Erwartung-mal-Wert-Rechnung wie im vorigen Paragraphen erscheint problematisch, weil zahlenmäßige Angaben weder für die A-priori-Wahrscheinlichkeit der Hypothesen noch für die Kosten von Fehlentscheidungen vorliegen. Die Konsequenzen der beiden Fehlentscheidungsmöglichkeiten sind nur sehr vage abzuschätzen.

Ein **Fehler 1. Art**, also eine Entscheidung gegen die (wahre) Nullhypothese H_0 und damit für die (falsche) Alternativhypothese H_1, bedeutet zunächst, dass die Wissenschaftler sich zu Unrecht für ihre Forschungshypothese entscheiden, also zu Unrecht die Überlegenheit ihrer neuen Therapie behaupten. Die öffentliche Vertretung einer in Wahrheit falschen Forschungshypothese gilt in den Wissenschaften als besonders schwer wiegendes Übel.

Ein **Fehler 2. Art**, also eine Entscheidung für die (falsche) Nullhypothese H_0 und damit gegen die (wahre) Alternativhypothese H_1, gilt demgegenüber in der Wissenschaft zumeist als das geringere Übel. (Für Wissenschaftler ist es also schlimmer, eine falsche Forschungshypothese in der Öffentlichkeit zu vertreten, als eine wahre Forschungshypothese nicht zu vertreten.)

Es ist deshalb mit Blick auf den schwerwiegenden Fehler 1. Art nahe liegend und üblich, das Entscheidungsverfahren, also den kritischen Wert k, so festzulegen, dass die Wahrscheinlichkeit, sich zu Unrecht für die Alternativhypothese (und damit für seine Forschungshypothese) zu entscheiden unter der Bedingung, dass in Wahrheit die Nullhypothese gilt, nur einen bestimmten kleinen Wert α, üblicherweise etwa $\alpha = 0{,}05$ oder $\alpha = 0{,}01$, hat.
Man legt also das Entscheidungsverfahren so fest, dass man sich nur mit der geringen Wahrscheinlichkeit α für seine Forschungshypothese entscheidet, wenn sie tatsächlich falsch ist. Wir müssen also den kritischen Wert k so bestimmen, dass gilt:

$$\begin{aligned}
&P(\text{Entscheidung für } H_1 | H_0)\\
&= P(X > k | H_0)\\
&= B(50, 0{,}5; k+1) + B(50, 0{,}5; k+2) + \ldots + B(50, 0{,}5; 50)\\
&= 1 - F(50, 0{,}5; k)\\
&= \alpha.
\end{aligned}$$

Für einen Wert α von ungefähr 0,05 – oder aus technischen Gründen knapp darunter – ergibt sich mit Hilfe der Binomialtabelle im Anhang der kritische Wert $k = 31$. Denn es gilt

$$P(X > 31 | H_0) = 1 - F(50, 0{,}5; 31) = 1 - 0{,}9675 = 0{,}0325 < 0{,}05.$$

Dieser Wert für die Fehlerwahrscheinlichkeit 1. Art (unter der Bedingung H_0) liegt etwas unterhalb der Grenze 0,05, die als Wahrscheinlichkeit für eine irrtümliche Entscheidung gegen die Nullhypothese zugestanden wurde. Hätten wir stattdessen als kritischen Wert $k = 30$ gewählt, so wäre die Fehlerwahrscheinlichkeit 1. Art etwas größer als die vorgewählte Grenze 0,05, denn es ist

$$P(X > 30 | H_0) = 1 - F(50, 0{,}5; 30) = 1 - 0{,}9405 = 0{,}0595. \qquad \text{(Vgl. Bild 9.1.)}$$

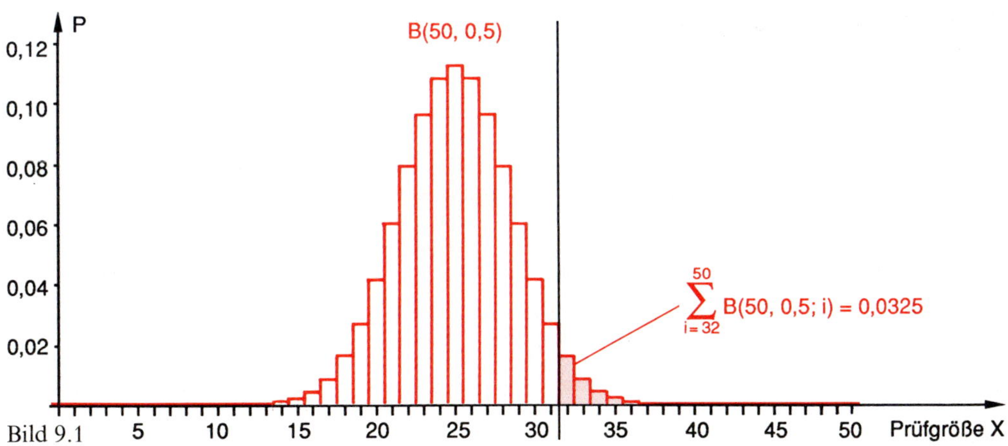

Bild 9.1

Als Entscheidungsverfahren ergibt sich damit für die Wissenschaftler:

> Falls mehr als 31 der 50 Patienten in der Zufallsstichprobe geheilt werden, entscheide man sich für die Alternativhypothese H_1, gehe man also davon aus, dass die neue Therapie erfolgreicher als die herkömmliche ist. Andernfalls entscheide man sich für die Nullhypothese H_0, halte man also die neue Therapie nicht für erfolgreicher als die herkömmliche Therapie (Bild 9.2).

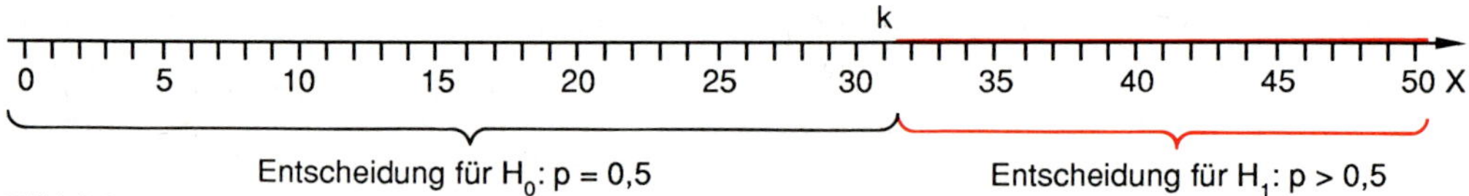

Bild 9.2

Entscheiden sich die Wissenschaftler nach dieser Regel, so beträgt ihr Risiko, die neue Therapie für erfolgreicher zu halten, obwohl sie es nicht ist, lediglich 0,0325, also etwas weniger als 5%. Genau dies ist der Sinn des Verfahrens.

Die vorgewählte Größe α, also die – von uns nach oben begrenzte – bedingte Wahrscheinlichkeit P (Entscheidung für $H_1|H_0$) für eine Entscheidung gegen die wahre Nullhypothese, heißt **Signifikanzniveau**. Üblich sind dafür die Werte 5% oder 1%. Das Entscheidungsverfahren selbst heißt ein **Signifikanztest**.

Fällt in einem solchen Signifikanztest eine Entscheidung gegen die Nullhypothese, also für die Alternativhypothese, so spricht man von einem **signifikanten Ergebnis** der Untersuchung. Werden in unserem Beispiel etwa 35 Patienten geheilt, so sagt man auch: „Die Erfolgsquote der neuen Therapie übertrifft die Erfolgsquote der herkömmlichen Therapie signifikant (auf dem Signifikanzniveau von 5%)." Das lateinische Wort „significantia" heißt nämlich so viel wie „Anzeige, Andeutung". Ein statistisch signifikantes Ergebnis „zeigt an" oder „deutet an", dass die Alternativhypothese, und das ist in der Regel die Forschungshypothese, wahr sein dürfte.

Anmerkungen: 1. Zu dem eben entwickelten Entscheidungsverfahren äquivalent ist auch folgendes Vorgehen: Man wählt das Signifikanzniveau α, führt die Untersuchung durch und notiert die Anzahl x der geheilten von den ingesamt 50 Patienten. Dann berechnet man die sogenannte **Überschreitungswahrscheinlichkeit** $P(X \geq x \mid H_0)$, also die Wahrscheinlichkeit, dass so viele Patienten wie beobachtet oder noch mehr geheilt werden unter der Bedingung, dass H_0 gilt. Ist diese Überschreitungswahrscheinlichkeit kleiner oder gleich α, so entscheidet man sich gegen die Nullhypothese und für die Alternativhypothese. Andernfalls entscheidet man sich genau umgekehrt.

2. Fällt in einem Signifikanztest die Entscheidung gegen die Nullhypothese, so spricht man statt von einem „signifikanten" gelegentlich auch von einem **„überzufälligen"** Untersuchungsergebnis. Diese Sprechweise ist etwa so zu verstehen: In der Zufallsstichprobe wurde etwas beobachtet, das kaum noch als „Zufallsschwankung" erklärt werden kann, wenn man voraussetzt, dass die Population durch die Nullhypothese zutreffend beschrieben wird. Unter der Bedingung, dass die Nullhypothese zutrifft, ging also das, was in der Zufallsstichprobe beobachtet wurde, über zufällige, d.h. hinreichend wahrscheinliche Schwankungen hinaus.

3. Die Nullhypothese hätte auch anders formuliert werden können. Nahe gelegen hätte die Formulierung $H_0: p \leq 0{,}5$, also eine *zusammengesetzte* Hypothese des Inhalts, dass die Erfolgswahrscheinlichkeit p der neuen Therapie kleiner oder gleich der Erfolgsquote 0,5 der herkömmlichen Therapie ist. Dies wäre nahe liegend vor allem dann, wenn es möglich erschiene, dass die neue Therapie auch schlechter als die herkömmliche sein könnte. Indessen: Das Entscheidungsverfahren hätte dann nicht anders ausgesehen. Denn je mehr in Wirklichkeit die Erfolgswahrscheinlichkeit p der neuen Therapie unterhalb von 0,5 liegt, desto unwahrscheinlicher ist es, dass mehr als k Heilungen in der Zufallsstichprobe erzielt werden, dass also zu Unrecht für die Alternativhypothese entschieden wird. Das Signifikanzniveau α ist dann die maximale Wahrscheinlichkeit für einen Fehler 1. Art.

4. Wir haben oben die (bedingte) Fehlerwahrscheinlichkeit 1. Art mit dem Ausdruck P (Entscheidung für $H_1 \mid H_0$) beschrieben. Streng genommen setzt diese Schreibweise nach unserer Definition der bedingten Wahrscheinlichkeit in §5 voraus, dass erstens die Nullhypothese H_0 als ein Ereignis interpretiert werden kann und dass zweitens dieses Ereignis H_0 mit einer Wahrscheinlichkeit größer null eintritt. Beides ist umstritten. Viele Wissenschaftler nämlich meinen: Eine wissenschaftliche Hypothese trifft zu oder sie trifft nicht zu, sie kann aber nicht – wie ein Ereignis – mit mehr oder minder großer Wahrscheinlichkeit „eintreten". Aus der Sicht dieser Wissenschaftler ist es sinnlos, von so etwas wie der „Wahrscheinlichkeit von H_0" zu reden. Und wenn schon diese Redeweise Sinn machen soll, dann sei die Wahrscheinlichkeit von H_0 doch wohl nicht größer, sondern gleich null: Denn es sei doch so gut wie ausgeschlossen, dass eine punktförmige Nullhypothese ganz genau zutreffe, dass also in unserem Beispiel die Erfolgswahrscheinlichkeit der neuen Therapie ganz genau 0,5000000... betrage. Um solchen Problemen aus dem Weg zu gehen, sei darauf hingewiesen, dass unsere Schreibweise P(Entscheidung für $H_1|H_0$) nicht im strengen Sinne einer bedingten Wahrscheinlichkeit interpretiert werden muss, sondern einfach aufgefasst werden kann im Sinne der „Wahrscheinlichkeit, sich für H_1 zu entscheiden, vorausgesetzt oder angenommen, dass H_0 zutrifft".

Ergänzungen

1. Welcher kritische Wert k entspricht für den oben entwickelten Test einem Signifikanzniveau von $\alpha = 0{,}01$?

2. Mit welcher Wahrscheinlichkeit fällt bei dem im Lehrtext entwickelten Signifikanztest ($n = 50$, $\alpha = 0{,}05$) eine Entscheidung für die Nullhypothese, wenn die Erfolgswahrscheinlichkeit p der neuen Therapie in Wahrheit **a)** $p = 0{,}1$, **b)** $p = 0{,}4$, **c)** $p = 0{,}6$, **d)** $p = 0{,}9$ beträgt? Interpretiere die Ergebnisse.

3. Ein Politikwissenschaftler hat die Forschungshypothese, dass die Bundesbürger eine bestimmte Gesetzesinitiative eher ablehnen als begrüßen. Er befragt deshalb eine Zufallsstichprobe von $n = 100$ Bundesbürgern, ob sie die betreffende Gesetzesinitiative begrüßen (Antwortmöglichkeiten nur „ja" oder „nein").
a) Formuliere Null- und Alternativhypothese.
b) Wähle ein Signifikanzniveau und entwickle den zugehörigen Signifikanztest.
c) Wie lautet die Entscheidung, wenn 45 von den 100 Befragten die Initiative begrüßen?

4. In §8 war die Rede von der (unbedingten) Wahrscheinlichkeit für einen Fehler 1. Art, nämlich P(Entscheidung für H_1 und in Wirklichkeit gilt H_0). In diesem §9 indessen wird nur von der bedingten (!) Wahrscheinlichkeit für einen Fehler 1. Art unter der Bedingung H_0 gesprochen, nämlich P(Entscheidung für $H_1|H_0$). Nenne Gründe für diesen Unterschied.

2. Ein Signifikanztest bei großem Stichprobenumfang

Nehmen wir an, die Wissenschaftler können ihre neue Therapie nicht nur an 50, sondern an $n = 500$ Patienten prüfen. Wie lautet in dieser großen Stichprobe das Entscheidungsverfahren, also der kritische Wert k, wiederum zum Signifikanzniveau 5%?

Hier ist die Anzahl X derjenigen von den 500 Patienten, die geheilt werden, die Prüfgröße. X ist binomialverteilt mit den Parametern $n = 500$ und p. Für unsere Berechnungen müssen wir nun – vgl. §6, II, 2. – mit der Näherung nach Laplace-Moivre arbeiten.

$$\begin{aligned}
&\text{P(Entscheidung für } H_1|H_0)\\
&= P(X > k|H_0)\\
&= B(500, 0{,}5; k+1) + B(500, 0{,}5; k+2) + \ldots + B(500, 0{,}5; 500)\\
&= 1 - F(500, 0{,}5; k)\\
&\approx 1 - \Phi(z) \text{ mit } z = \frac{k - n \cdot p}{\sqrt{n \cdot p \cdot (1-p)}} = \frac{k - 500 \cdot 0{,}5}{\sqrt{500 \cdot 0{,}5 \cdot 0{,}5}} = \frac{k - 250}{\sqrt{125}}\\
&= 1 - \Phi\left(\frac{k - 250}{\sqrt{125}}\right)
\end{aligned}$$

Der kritische Wert k wird nun wieder so bestimmt, dass dieser Ausdruck, also die bedingte Wahrscheinlichkeit für einen Fehler 1. Art, gerade kleiner oder gleich dem vorgewählten Signifikanzniveau $\alpha = 0{,}05$ ist. In Tabelle II schlagen wir nach, dass

$$1 - \Phi(1{,}64) = 1 - 0{,}9495 = 0{,}0505 > 0{,}05 \quad \text{und}$$

$$1 - \Phi(1{,}65) = 1 - 0{,}9505 = 0{,}0495 < 0{,}05 \quad \text{ist.}$$

Damit ergibt sich für die Bestimmung von k die Gleichung

$$1{,}65 = \frac{k - 250}{\sqrt{125}}.$$

Die Auflösung dieser Gleichung liefert schließlich den gesuchten kritischen Wert

$$k = 1{,}65 \cdot \sqrt{125} + 250 \approx 268{,}448.$$

Die Wissenschaftler sollten sich hier also – dies ist der gesuchte Signifikanztest zum Signifikanzniveau 5% – für die Alternativhypothese entscheiden, sofern mehr als 268 der 500 behandelten Patienten geheilt werden.
Hier reichen also (bei $n = 500$) für ein signifikantes Ergebnis $\frac{269}{500} = 53{,}8\%$ Geheilter, während bei $n = 50$ (vgl. Unterabschnitt 1.) $\frac{32}{50} = 64\%$ Geheilter dafür erforderlich sind.

Ergänzungen

1. Wie lautet der dem Textbeispiel entsprechende Signifikanztest zum Niveau 1%?
2. Mit welcher Wahrscheinlichkeit fällt oben die Entscheidung zugunsten der Nullhypothese, wenn die neue Therapie tatsächlich eine Erfolgsquote von $p = 0{,}6$ hat? Vergleiche mit den Ergebnissen aus Ergänzung 2.c) im Unterabschnitt 1. und interpretiere den Unterschied.

3. Die Operationscharakteristik

Die Konstruktion des Signifikanztestes hatte bisher nur den Fehler 1. Art im Auge: die Wahrscheinlichkeit, sich gegen die Nullhypothese zu entscheiden, wenn sie wahr ist. Diese bedingte Wahrscheinlichkeit – das war die Grundidee – sollte gering sein, begrenzt durch das Signifikanzniveau. Wenn damit auch dem Fehler 1. Art besondere Bedeutung beigemessen wird, so hat natürlich auch bei einem Signifikanztest der Fehler 2. Art – eine Entscheidung gegen die wahre Alternativhypothese – unangenehme Konsequenz. Mit welcher Wahrscheinlichkeit tritt nun ein solcher Fehler 2. Art bei dem oben entwickelten Signifikanztest auf?

Einen Fehler 2. Art begeht man im Signifikanztest von Unterabschnitt 1., wenn für die Nullhypothese entschieden wird, weil höchstens 31 der 50 Patienten geheilt werden, *obwohl* die Alternativhypothese wahr ist, die Erfolgswahrscheinlichkeit p der neuen Therapie also irgendeinen Wert größer als 0,5 hat. Die Wahrscheinlichkeit für das Ereignis „höchstens 31 der 50 Patienten werden geheilt“, also für eine ggf. fälschliche Entscheidung zugunsten der Nullhypothese, hängt nun offensichtlich davon ab, *welchen* von den unendlich vielen möglichen Werten die Erfolgsquote p der Therapie hat, ob also die tatsächliche Erfolgswahrscheinlichkeit p etwa 0,55, 0,6, 0,75 oder gar 0,9 beträgt. (Die Alternativhypothese ist hier ja zusammengesetzt.) Je größer nämlich diese Erfolgswahrscheinlichkeit p der neuen Therapie ist, desto unwahrscheinlicher ist es offensichtlich, dass nur 31 von 50 Patienten geheilt werden. Das aber heißt: Die Wahrscheinlichkeit für einen Fehler 2. Art lässt sich nur in Abhängigkeit davon berechnen, welchen von den unendlich vielen Werten größer als 0,5 die Erfolgswahrscheinlichkeit p hat, also nur als *Funktion* des „wahren" p. Es gibt hier also im Unterschied zu § 8 nicht nur *eine* (bedingte) Wahrscheinlichkeit für einen Fehler 2. Art, sondern *unendlich viele* (bedingte) Wahrscheinlichkeiten für einen Fehler 2. Art, nämlich so viele, wie die zusammengesetzte Alternativhypothese mögliche Werte von p umfasst.

Beispiel

Beträgt etwa die Erfolgswahrscheinlichkeit der neuen Therapie $p=0{,}6$, so berechnet man unter dieser Bedingung die Wahrscheinlichkeit für einen Fehler 2. Art mit Hilfe der Binomialtabelle so (vgl. Bild 9.3):

$$\begin{aligned} &P(\text{Entscheidung für } H_0 | p=0{,}6)\\ &=P(X \leq 31 | p=0{,}6)\\ &=F(50, 0{,}6; 31)\\ &=0{,}6644. \end{aligned}$$

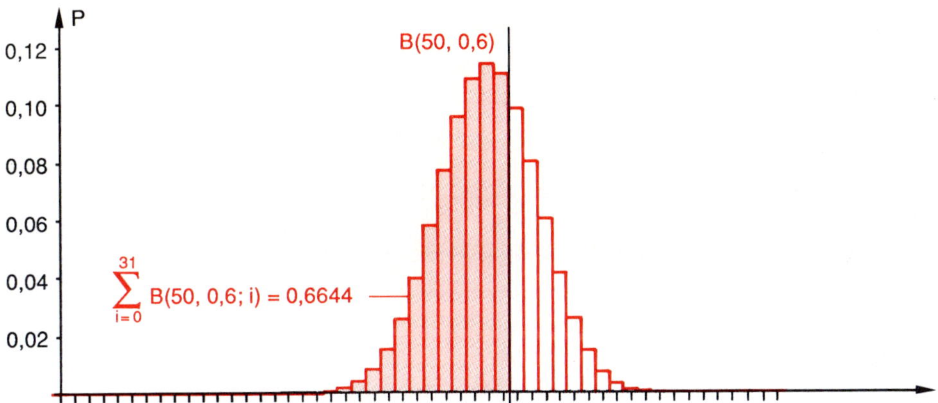

Bild 9.3

Hat die neue Therapie also in Wahrheit eine Erfolgswahrscheinlichkeit von 0,6, so werden dennoch mit 66,44-prozentiger Wahrscheinlichkeit nur höchstens 31 der 50 Patienten geheilt; es wird dann also auch mit einer Wahrscheinlichkeit von 66,44% gegen die wahre Alternativhypothese entschieden. Unter der Bedingung $p=0{,}6$ beträgt die Fehlerwahrscheinlichkeit 2. Art demnach 0,6644. Das heißt: Obwohl hier die neue Therapie deutlich besser als die herkömmliche Methode ist, entscheiden wir uns eher für die (falsche) Nullhypothese, d.h. letztlich für die alte Therapie, als für die (wahre) Alternativhypothese, d.h. die neue, wirksamere Therapie.

Ordnen wir in gleicher Weise die bedingten Wahrscheinlichkeiten einer Entscheidung im Signifikanztest für H_0 jeweils den „wahren" Werten von p zu, so erhalten wir eine Funktion, die üblicherweise **Operationscharakteristik** oder kurz **OC-Funktion** genannt wird:

$$OC(p)=P(\text{Entscheidung für } H_0 | p \text{ ist der „wahre" Parameter}).$$

Bild 9.4 zeigt den Graphen dieser Funktion für den bislang betrachteten Signifikanztest.

Für „wahre" Werte $p > 0{,}5$ bedeuten die Funktionswerte der OC-Funktion jeweils die Wahrscheinlichkeit für einen Fehler 2. Art, also eine Entscheidung gegen die wahre Alternativhypothese.

Ist das „wahre" $p \leq 0{,}5$, so ist eine Entscheidung für die Nullhypothese – hier also das Beibehalten der alten Therapie – berechtigt.

Hier bedeuten die Funktionswerte der OC-Funktion also keine Fehlerwahrscheinlichkeiten.

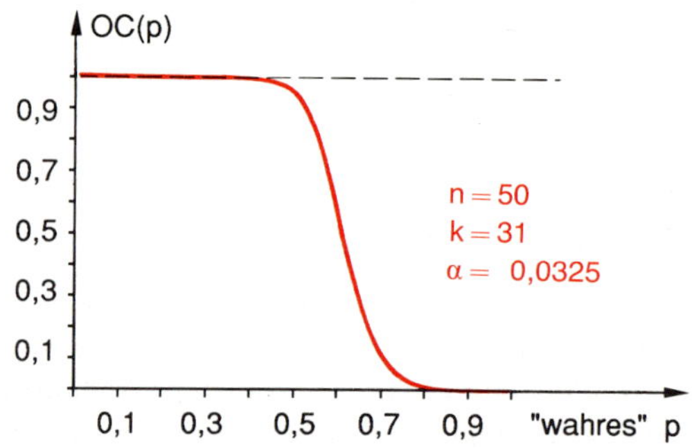

Bild 9.4: Operationscharakteristik beim Signifikanzniveau 5% und Stichprobenumfang 50.

Der Verlauf der OC-Funktion in Bild 9.4 lässt deutlich erkennen: Die bedingte Wahrscheinlichkeit für einen Fehler 2. Art, also für eine fälschliche Entscheidung gegen die wahre Alternativhypothese, ist um so geringer, je mehr das „wahre" p, also die tatsächliche Heilungswahrscheinlichkeit, nach oben von dem „nullhypothetischen" Wert 0,5 abweicht.

Wir halten etwas unpräzise, aber hinreichend verständlich fest:

Fehlerwahrscheinlichkeit 2. Art und Größe der Abweichungen von der Nullhypothese:

Je stärker die Verhältnisse in der Population von der Nullhypothese im Sinne der Alternativhypothese abweichen, desto unwahrscheinlicher ist im Signifikanztest eine Entscheidung gegen die wahre Alternativhypothese, also ein Fehler 2. Art.

Anders formuliert: Je größer die Abweichungen der „Realität" von der Nullhypothese, desto wahrscheinlicher ist eine Entscheidung zugunsten der Alternativhypothese, mit desto größerer Wahrscheinlichkeit werden diese Abweichungen durch einen Signifikanztest „entdeckt".

Vor der Durchführung eines Signifikanztestes muss ein Wissenschaftler grundsätzlich zwei Größen festlegen: erstens die Größe n der zu untersuchenden Zufallsstichprobe und zweitens das Signifikanzniveau α, also das Risiko für einen Fehler erster Art. Es erhebt sich daher schließlich die Frage, wie die Operationscharakteristik eines Signifikanztestes – also letztlich die Fehlerwahrscheinlichkeit zweiter Art – von diesen beiden vorab festzulegenden Größen, also vom Stichprobenumfang n einerseits und vom Signifikanzniveau α andererseits, abhängig ist.

Bild 9.5 zeigt neben der schon aus Bild 9.4 bekannten, schwarz dargestellten OC-Funktion für den obigen Signifikanztest ($n = 50$, $\alpha = 0{,}0325$ und daher $k = 31$) in Rot die OC-Funktion für den entsprechenden Signifikanztest mit kleinerer Stichprobe,

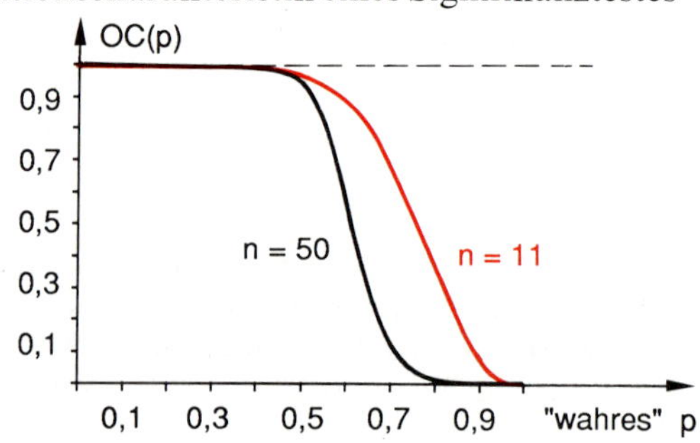

Bild 9.5: OC-Funktionen abhängig von verschiedenem Stichprobenumfang n

aber nahezu gleichem Signifikanzniveau (*n* = *11*, α = 0,0327 und daher k = 8). Der Vergleich beider OC-Funktionsgraphen zeigt den Effekt der Stichprobengröße.

Der Vergleich der beiden OC-Funktionen in Bild 9.5 weist auf folgende allgemeine Regelmäßigkeit hin:

Fehlerwahrscheinlichkeit 2. Art und Stichprobengröße:

Je größer die Stichprobengröße eines Signifikanztestes ist, desto geringer ist die (bedingte) Fehlerwahrscheinlichkeit 2. Art und desto eher führen auch kleine Abweichungen der Verhältnisse in der Population von der Nullhypothese (im Sinne der Alternativhypothese) zu einer Entscheidung für die wahre Alternativhypothese.

Haben Wissenschaftler also Interesse, auch kleine Abweichungen von der Nullhypothese in einem Signifikanztest mit großer Wahrscheinlichkeit zu „entdecken", so müssen sie eine große Stichprobe erheben.

Beträgt die Erfolgswahrscheinlichkeit der neuen Therapie in unserem Beispiel tatsächlich 0,7, ist sie also um 20 Prozentpunkte größer als die Erfolgsquote der alten Therapie, so „entdecken" dies die Wissenschaftler bei der größeren Stichprobe (n = 50) mit einer Wahrscheinlichkeit – Gegenwahrscheinlichkeit(!) zur Fehlerwahrscheinlichkeit 2. Art – von immerhin 1 − 0,1406, also 0,8594; bei der kleinen Stichprobe (n = 11) „entdecken" sie dies demgegenüber nur mit der geringen Wahrscheinlichkeit von 1 − 0,6873, also 0,3127.

Bild 9.6 schließlich zeigt – wieder im Vergleich zu der aus Bild 9.4 bekannten OC-Funktion (n = 50, α = *0,0325* und daher k = 31) – in Rot die OC-Funktion für den entsprechenden Signifikanztest mit der gleichen Stichprobengröße, nun allerdings mit kleinerem – man sagt auch treffender: mit „schärferem" – Signifikanzniveau (n = 50, α = *0,0013* und daher k = 35). Hier zeigt ein Vergleich der beiden Kurvenverläufe deutlich den Effekt des Signifikanzniveaus.

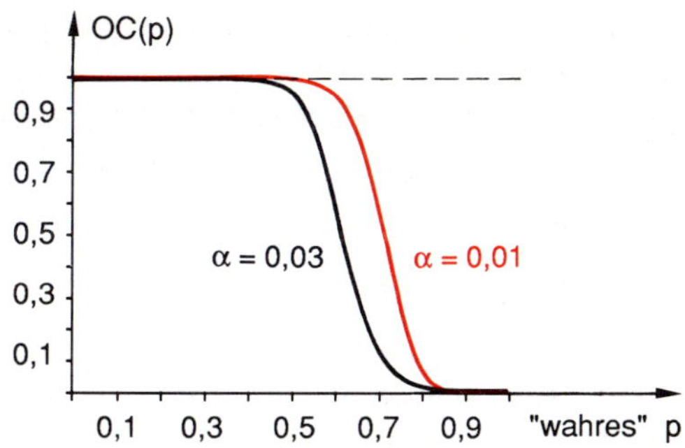

Bild 9.6: OC-Funktionen abhängig von verschiedenem Signifikanzniveau α

Der Vergleich der OC-Funktionen verweist auf folgende allgemeine Gesetzmäßigkeit:

Fehlerwahrscheinlichkeit 2. Art und Signifikanzniveau:

Je schärfer das Signifikanzniveau, je geringer also die (bedingte) Fehlerwahrscheinlichkeit 1. Art ist, desto größer ist die (bedingte) Fehlerwahrscheinlichkeit 2. Art. Eine Verringerung der Fehlerwahrscheinlichkeit der einen Art ist – bei gleich bleibender Stichprobengröße – nur möglich auf Kosten einer Vergrößerung der Fehlerwahrscheinlichkeit der anderen Art.

Auch die Wahl eines Signifikanzniveaus ist – wie so viele Wahlen im Leben – die Wahl zwischen zwei Übeln.

Ergänzungen

1. Berechne auf vier Stellen hinter dem Komma genau die Funktionswerte der OC-Funktionen in Bild 9.4, 9.5 und 9.6 für $p=0{,}8$.

2. Wie müsste der Signifikanztest für die Situation aus Unterabschnitt 1. zum Signifikanzniveau $\alpha=0{,}05$ aussehen, wenn die Größe der Zufallsstichprobe nicht $n=50$, sondern **a)** $n=10$, **b)** $n=20$, **c)** $n=100$ beträgt? Welche Stichprobengröße erscheint dir am besten? Begründung!

3. Annahme 1: Es handelt sich im obigen Beispiel um eine harmlose Erkältungskrankheit und die neue Therapie ist erheblich teurer als die herkömmliche Therapie.
Annahme 2: Es handelt sich um eine zumeist tödlich endende Krankheit und die neue Therapie ist nur in Grenzen teurer als die herkömmliche Behandlung.
Wie würdest du unter Annahme 1 und wie würdest du unter Annahme 2 das Signifikanzniveau wählen, vorausgesetzt, die Stichprobengröße $n=50$ steht fest? Begründe deine Wahl ausführlich, indem du die vermutlichen Konsequenzen beider Fehlerarten vergleichst und bewertest.

4. Für die Entscheidungssituation im Unterabschnitt 1. wird folgendes Entscheidungsverfahren vorgeschlagen: Man behandle eine Zufallsstichprobe von $n=50$ Kranken mit der neuen Therapie. Falls davon *genau* 30 Patienten geheilt werden, entscheide man sich gegen die Nullhypothese und damit für die Alternativhypothese. Andernfalls entscheide man sich für die Nullhypothese und damit gegen die Alternativhypothese.
a) Zeige, dass auch für diesen eigenartigen Hypothesentest die (bedingte) Fehlerwahrscheinlichkeit 1. Art – wie im obigen Signifikanztest – kleiner oder gleich 5% ist.
b) Warum aber erscheint dieser Hypothesentest dennoch nicht sinnvoll? Berechne und skizziere seine OC-Funktion und interpretiere ihren Verlauf.

5. Die OC-Funktion ordnet jedem möglichen „wahren" Parameter p die entsprechende Wahrscheinlichkeit einer Entscheidung für die Nullhypothese H_0 zu. Es ist nun auch weit verbreitet, jedem möglichen „wahren" Parameter p die Gegenwahrscheinlichkeit zuzuordnen, also die Wahrscheinlichkeit einer Entscheidung für die Alternativhypothese H_1. Eine solche Funktion heißt **Gütefunktion**.
a) Berechne die Gütefunktion für den im Text behandelten Signifikanztest mit $n=50$, $\alpha=0{,}0325$ und $k=31$, zeichne ihren Graphen und vergleiche mit dem Graphen der entsprechenden OC-Funktion in Bild 9.4. Was fällt dir auf?
b) Berechne ebenso die Gütefunktion für den Signifikanztest mit $n=11$, $\alpha=0{,}0327$ und $k=8$, zeichne ihren Graphen und vergleiche diesen mit Bild 9.5.
c) Vergleiche die Gütefunktionen aus a) und b) miteinander, also die Gütefunktionen zweier Signifikanztests mit annähernd gleichem Signifikanzniveau, aber deutlich unterschiedlichem Stichprobenumfang. Welcher dieser Tests ist eigentlich „besser", welcher hat mehr „Güte"? Warum wohl nennt man die Gütefunktion „Gütefunktion"?

Übungen und Aufgaben

Signifikanztests mit kleinem Stichprobenumfang

1. Eine Lieferung von Stahlkugeln darf einen Ausschussanteil von höchstens 10% haben. Es wird eine Stichprobe von 100 Kugeln vorgenommen.
a) Entscheide zwischen der Nullhypothese $H_0: p=0{,}1$ und der Alternativhypothese $H_1: p>0{,}1$ auf dem Signifikanzniveau $\alpha=0{,}05$. Wie lautet das Entscheidungsverfahren?
b) Die Lieferung wird angenommen, wenn die Stichprobe höchstens 16 unbrauchbare Kugeln ergibt. Welche bedingte Fehlerwahrscheinlichkeit 1. Art liegt diesem Entscheidungsverfahren zugrunde?

2. Eine kleine Partei will ihre Chance kalkulieren, die 5%-Hürde zu überwinden, und lässt dazu eine Zufallsstichprobe von 100 Wahlberechtigten nach deren Wahlabsichten befragen.
a) Entwickle ein Entscheidungsverfahren zur Entscheidung zwischen der Nullhypothese $H_0: p=0{,}05$ und der Alternativhypothese $H_1: p>0{,}05$ über die Wahrscheinlichkeit p, dass ein Wähler diese Partei zu wählen beabsichtigt. Die bedingte Fehlerwahrscheinlichkeit 1. Art betrage 5%.
b) Wie lautet das Entscheidungsverfahren bei einem Signifikanzniveau von 1%?
c) Von den 100 Befragten äußern 3 (10; 20) die Absicht, die Partei zu wählen. Wie lauten die Entscheidungen gemäß a) und b)?

3. Zu einem medizinischen Test werden 10 Patienten zufällig ausgewählt, die an chronischer Schlafstörung leiden. Jeder Patient erhält je 1 Woche das Schlafmittel A bzw. das Placebo B (Placebo: Scheinheilmittel). Die Reihenfolge der Behandlung (entweder 1. Woche A und 2. Woche B oder umgekehrt) erfolgt zufällig, wobei der Patient die Reihenfolge nicht kennt. Nach 14 Tagen wird der Patient gefragt, in welcher Woche er besser geschlafen habe. Er muss sich für eine der beiden Wochen entscheiden. Falls kein Unterschied in der Wirkung von A und B besteht, so ist es gleich wahrscheinlich, dass ein Patient bei der Einnahme von A besser schläft oder bei der Einnahme von B besser schläft. Überprüft wird also die Nullhypothese H_0: P(Patient entscheidet sich für A) = P (Patient entscheidet sich für B) = 0,5. X sei die Anzahl der Patienten, die sich für A entscheiden.
a) Berechne $P(X \geq 7|H_0)$, $P(X \geq 8|H_0)$, $P(X \geq 9|H_0)$.
b) Entwickle einen Signifikanztest auf dem Signifikanzniveau $\alpha = 0{,}05$.
c) 6 Patienten sagen, dass sie mit A besser geschlafen haben. Wie lautet im Signifikanztest von b) die Entscheidung?

4. Bei einem Kenntnistest werden einem Kandidaten 10 (20; 50; 100) Fragen vorgelegt, die er mit ja oder nein beantworten muss. Wie viele Fragen muss der Kandidat mindestens richtig beantworten, damit man bei einem Signifikanzniveau von $\alpha = 0{,}05$ davon ausgehen kann, dass das richtige Beantworten auf Kenntnis und nicht auf Raten beruht?

5. Ein Würfel wird 80-mal geworfen. Getestet wird die Nullhypothese, dass es sich um einen fairen Würfel handelt, gegen die Alternativhypothese, dass die Augenzahl 6 bevorzugt fällt.
a) Entwickle einen Signifikanztest auf dem Signifikanzniveau $\alpha = 0{,}05$.
b) Die Augenzahl 6 fällt 14-mal. Wie lautet die Entscheidung?

6. Der Hersteller des Haarwuchsmittels „Glatzkopf“ versichert, dass sein Produkt in mehr als 60% aller Fälle wirksam ist. Zur Überprüfung dieser Behauptung wird das Haarwuchsmittel von einem Forschungsinstitut durch eine Zufallsstichprobe an 100 glatzköpfigen Personen getestet.
a) Entwickle für das Forschungsinstitut ein Entscheidungsverfahren, so dass lediglich mit einer Wahrscheinlichkeit von 5% dem Haarwuchsmittelhersteller zu Unrecht irreführende Werbung vorgeworfen wird.
b) Wie wird entschieden, wenn das Mittel bei 50 (70) von den 100 Personen wirksam ist?

7. Es besteht der Verdacht, dass eine Münze so verfälscht ist, dass Kopf mit größerer Wahrscheinlichkeit als Zahl fällt. Um das zu testen, wird diese Münze 10-mal geworfen, wobei 7-mal Kopf fällt. Kann auf dem Signifikanzniveau $\alpha = 0{,}05$ die Nullhypothese $H_0: p=0{,}5$ über die Wahrscheinlichkeit p von Kopf verworfen werden?

8. Ein Fabrikant stellt nach einem veralteten Verfahren Drähte her, wobei erfahrungsgemäß 90% der produzierten Drähte die Qualitätskontrolle erfolgreich passieren. Ein Mitarbeiter schlägt ein neues Verfahren vor und behauptet, dass es besser als das alte sei. Es werden nun probeweise 100 Drähte nach diesem Verfahren produziert.
a) Entwickle ein Entscheidungsverfahren, so dass höchstens mit einer Wahrscheinlichkeit von 5% das neue Verfahren dem alten vorgezogen wird, obwohl es tatsächlich nicht besser ist.
b) In dem Probelauf passieren 95 Drähte die Qualitätskontrolle erfolgreich. Wie lautet die Entscheidung?

Signifikanztests mit großem Stichprobenumfang

9. Berechne bei einem Signifikanztest mit der Nullhypothese $H_0: p=0{,}5$ und Alternativhypothese $H_1: p>0{,}5$ den kritischen Wert bei einem Stichprobenumfang $n=100$ auf dem Signifikanzniveau $\alpha=0{,}05$
a) mit Hilfe der exakten Binominalverteilung,
b) mit Hilfe der Näherung nach Laplace-Moivre.
c) Verfahre wie bei a) und b) bei einem Test mit demselben Stichprobenumfang und der Nullhypothese $H_0: p=0{,}4$ ($H_0: p=0{,}6$) gegen die Alternativhypothese $H_1: p>0{,}4$ ($H_1: p>0{,}6$).

10. Bei einer Glühlampenproduktion trat ein Anteil von 20% mit einer Brenndauer unter 2000 Stunden auf. Durch eine Fertigungsumstellung soll eine Erhöhung der Brenndauer erreicht werden. Um feststellen zu können, ob die Umstellung eine Verbesserung gebracht hat, wird der neuen Produktion eine Zufallsstichprobe von 625 Glühlampen entnommen. Wie viele Glühlampen mit einer Brenndauer über 2000 Stunden muss diese Zufallsstichprobe enthalten, damit auf dem Signifikanzniveau 0,05 die Fertigungsumstellung als erfolgreich bezeichnet werden kann?

11. Wie lautet das Entscheidungsverfahren in Aufgabe 2, wenn nicht nur 100, sondern 1216 Wahlberechtigte befragt werden?

12. Getestet wird die Nullhypothese, dass Jungengeburten und Mädchengeburten gleich wahrscheinlich sind, gegen die Alternativhypothese, dass eine Jungengeburt mit höherer Wahrscheinlichkeit auftritt.
a) Entwickle einen Signifikanztest zum Niveau von 5% (1%) bei einer Zufallsstichprobe von 2000 Kindergeburten.
b) Bei 2000 Geburten zählte man 1035 Jungengeburten. Wie lautet die Entscheidung in der Situation von a)?
c) Entwickle ein Entscheidungsverfahren bei einer Zufallsstichprobe von 2 000 000 Geburten ($\alpha=0{,}05$; $\alpha=0{,}01$).
d) Unter den 2 000 000 Geburten befanden sich 1 035 000 Jungengeburten. Wie lautet die Entscheidung gemäß c)?
e) Beim 5%-Niveau bzw. 1%-Niveau waren die Ergebnisse unter d) signifikant, obwohl der gleiche relative Anteil an Jungengeburten in der Zufallsstichprobe auftrat wie bei b). Erläutere diesen Sachverhalt.

13. Einer Urne mit 5000 Kugeln entnimmt man eine Zufallsstichprobe vom Umfang 625, die 140 rote Kugeln enthält. Kann man auf dem Signifikanzniveau $\alpha=0{,}05$ vertreten, dass die Urne mehr als 20% rote Kugeln enthält?

14. a) Entwickle für Aufgabe 5 ein Entscheidungsverfahren bei einer Zufallsstichprobe von 240 Würfen.
b) Es fiel 42-mal Augenzahl 6. Wie lautet die Entscheidung gemäß a)?
c) Vergleiche das Ergebnis mit den Ergebnissen von Aufgabe 5.

15. Verfahre wie in Aufgabe 7 bei einer Zufallsstichprobe von 100 (1000) Würfen, wobei 70- (700)-mal Kopf fällt. Vergleiche die Ergebnisse und erläutere die Unterschiede.

16. Ein Markenartikel hatte kurz nach seinem Erscheinen den Bekanntheitsgrad p von 60%.
a) Eine Umfrage zwei Jahre später ergab, dass von 100 Personen 67 den Artikel kannten. Teste die Hypothese $H_0: p=0{,}6$ auf dem Signifikanzniveau $\alpha=0{,}05$ gegen die Hypothese $H_1: p>0{,}6$.
b) Eine weitere Umfrage unter 1000 Personen ergab, dass 670 Personen den Artikel kannten. Kann die Hypothese $H_0: p=0{,}6$ auf dem Signifikanzniveau $\alpha=0{,}05$ aufrecht erhalten bleiben?

17. Ein Schreibmaschinenhersteller ermittelte für das Geschäftsjahr 1987, dass 10% aller verkauften Maschinen Mängel aufwiesen. Im Jahr 1988 wurden in den ersten 3 Monaten 2500 Maschinen stichprobenweise überprüft. Dabei wurden bei 11,5% Mängel festgestellt. Hat sich die Qualität der Maschinen signifikant (auf dem Signifikanzniveau $\alpha=0{,}05$) verschlechtert?

Die Operationscharakteristik

18. Berechne die Werte der Operationscharakteristik für $p\in\{0{,}5; 0{,}6; 0{,}7; 0{,}8; 0{,}9; 1\}$ des folgenden Tests mit der Stichprobengröße $n=100$, der Nullhypothese $H_0: p=0{,}5$, der Alternativhypothese $H_1: p>0{,}5$ und der Prüfgröße X: Die Entscheidung für H_0 soll bei $X\leq 67$ erfolgen, anderenfalls entscheide man sich für H_1.
a) Rechne mit Hilfe der exakten Binominalverteilung.
b) Rechne mit Hilfe der Näherung nach Laplace-Moivre.
c) Zeichne den Graphen der Operationscharakteristik zu b).
d) Wie groß ist die bedingte Wahrscheinlichkeit für einen Fehler 1. Art? Kann man diese Größe direkt aus dem Graphen der OC-Funktion entnehmen?

19. Eine Urne enthält 20 Kugeln, von denen einige rot sind. Es interessiert der Anteil p der roten Kugeln. Getestet wird die Nullhypothese $H_0: p=0{,}3$ gegen die Alternativhypothese $H_1: p>0{,}3$ auf der Grundlage von 12 Ziehungen mit Zurücklegen.
a) Entwickle einen Signifikanztest auf dem Signifikanzniveau $\alpha=0{,}05$.
b) Berechne die Werte der Operationscharakteristik für $p\in\{0{,}2; 0{,}3; \ldots; 0{,}9; 1\}$ und skizziere den Graphen der OC-Funktion.
c) Verfahre wie bei a) und b), wobei jetzt aber 80 Ziehungen mit Zurücklegen vorgenommen werden. Vergleiche die Graphen der OC-Funktionen.

20. a) Zeichne die OC-Funktion zu dem Signifikanztest von Aufgabe 7. Mit welcher Wahrscheinlichkeit ergibt sich hier ein signifikantes Ergebnis, wenn „Kopf" mit 60%iger Wahrscheinlichkeit fällt, wie groß ist hier also die Fehlerwahrscheinlichkeit 2. Art?
b) Zeichne die OC-Funktion zu dem Signifikanztest von Aufgabe 15 und vergleiche den Graphen mit dem Graphen in a). Mit welcher Wahrscheinlichkeit ergibt sich jetzt ein signifikantes Ergebnis, wenn „Kopf" mit 60%iger Wahrscheinlichkeit fällt, wie groß ist hier also die Fehlerwahrscheinlichkeit 2. Art?

21. Ein Hersteller von Transistoren gibt den Ausschussanteil p seiner Produktion mit höchstens 5% an. Einer umfangreichen Lieferung an einen Großhändler wird eine Stichprobe vom Umfang 100 entnommen. Falls in dieser Zufallsstichprobe höchstens 8 defekte Transistoren sind, wird die Lieferung angenommen, anderenfalls lehnt man die Lieferung ab.
a) Mit welcher Wahrscheinlichkeit wird die Lieferung angenommen, wenn der Ausschussanteil p in Wirklichkeit 5% (10%; 15%; 20%; 30%) beträgt?
b) Stelle die Wahrscheinlichkeiten von a) graphisch als Funktion des wahren Ausschussanteils p dar.
c) Entnimm dem Funktionsgraphen von b) die Wahrscheinlichkeit, die Lieferung abzulehnen, obwohl sie den tatsächlich behaupteten Ausschussanteil von 5% hat.

II. Ergänzungen zum Signifikanztest

1. Einseitige und zweiseitige Signifikanztests

Ein Psychologe vermutet, dass die Schnelligkeit bei der Lösung von Denksportaufgaben abhängig davon ist, ob während der Bearbeitung ein Leistungsdruck besteht oder nicht. Unklar ist allerdings, ob der Leistungsdruck die Schnelligkeit erhöht oder erniedrigt. Der Psychologe führt daher mit einer Zufallsstichprobe von 20 Versuchspersonen zwei Versuchsdurchgänge im Abstand von einer Woche durch.
Im ersten Versuchsdurchgang gibt er jeder Versuchsperson eine Reihe von Denksportaufgaben und misst die durchschnittliche Zeit, die die Versuchsperson pro Aufgabe zur Lösung benötigt. Ein Leistungsdruck wird im ersten Durchgang nicht erzeugt.
Im zweiten Durchgang wird dieselbe Prozedur mit einer gleich schwierigen Reihe von Denksportaufgaben wiederholt. Jetzt wird aber zusätzlich Leistungsdruck erzeugt (durch Instruktion, Kommentare usw.).
Im Versuchsprotokoll wird für jede Versuchsperson ein Pluszeichen notiert, wenn sie unter Leistungsdruck schneller ist als ohne Leistungsdruck, oder ein Minuszeichen, wenn sie unter Leistungsdruck langsamer ist als ohne Leistungsdruck. (Dass eine Versuchsperson unter beiden Bedingungen auf die Sekunde genau gleich schnell ist, dies ist so gut wie ausgeschlossen.) Der Psychologe sucht nun zur Auswertung einen angemessenen Signifikanztest zum Signifikanzniveau von 5%.

Hat der Leistungsdruck – entgegen der Vermutung des Psychologen – keinen Einfluss auf die Schnelligkeit, so müssten Plus- und Minuszeichen im Versuchsprotokoll gleich wahrscheinlich sein. Denn dann wäre es „reiner Zufall“, ob eine Versuchsperson im zweiten Durchgang schneller ist als im ersten oder umgekehrt.

Ist p die Wahrscheinlichkeit eines Pluszeichens im Versuchsprotokoll, so lautet die Nullhypothese

$$H_0: p = 0{,}5.$$

Die Forschungshypothese behauptet nun einen Einfluss des Leistungsdrucks und damit, dass Plus- und Minuszeichen im Protokoll nicht gleich wahrscheinlich sind. Formal: $p \neq 0{,}5$. Ob p nun größer als 0,5 oder kleiner als 0,5 ist, darüber gibt es keine gezielten Vermutungen.

Beide Fälle aber bedeuten gleichermaßen: Der Leistungsdruck hat einen Einfluss. Wir notieren also als Alternativhypothese:

$H_1: p \neq 0{,}5.$

Eine solche Alternativhypothese nennen wir **zweiseitig**, weil sie „beide Seiten" der Nullhypothese umfasst. Im Unterschied dazu wollen wir die bisher betrachteten Alternativhypothesen des Musters $p > 0{,}5$ **einseitig** nennen.

Als *Prüfgröße* für den Signifikanztest bietet sich die $B(20, p)$-verteilte Anzahl der Pluszeichen im Versuchsprotokoll an. Gilt die Nullhypothese, so sollte diese Prüfgröße mit hoher Wahrscheinlichkeit einen Wert in der Nähe ihres Erwartungswertes $0{,}5 \cdot 20 = 10$ annehmen. Gegen die Nullhypothese und für die Alternativhypothese sprechen dagegen solche Werte der Prüfgröße, die nach oben *oder* nach unten deutlich von 10 abweichen, also *sowohl* sehr kleine *als auch* sehr große Werte der Prüfgröße. Nahe liegend ist demnach ein Entscheidungsverfahren der Form:

Falls $X < k_l$ oder $X > k_r$, entscheide man sich für H_1. Andernfalls entscheide man sich für H_0.

Es bleibt nur noch, die *zwei* kritischen Werte, nämlich den „linken" kritischen Wert k_l und den „rechten" kritischen Wert k_r im Hinblick auf das gewünschte Signifikanzniveau von 5% zu ermitteln.

$$\begin{aligned} &P(\text{Fehler 1. Art} \mid H_0) \\ &= P(\text{Entscheidung für } H_1 \mid H_0) \\ &= P(X < k_l \text{ } \textit{oder} \text{ } X > k_r \mid H_0) \\ &= P(X < k_l \mid H_0) + P(X > k_r \mid H_0) = 0{,}05 \end{aligned}$$

Die bedingte Wahrscheinlichkeit für den Fehler erster Art ist eine Summe aus zwei Summanden. Da die Summe (höchstens) den Wert 0,05 haben soll, ist es nahe liegend, die beiden kritischen Werte so festzulegen, dass die beiden Summanden (höchstens) jeweils den Wert $\frac{0{,}05}{2}$, also jeweils 0,025 annehmen.

$$\begin{aligned} &P(X < k_l \mid H_0) \\ &= F(20, 0{,}5; k_l - 1) \\ &= 0{,}025 \end{aligned} \qquad \text{und} \qquad \begin{aligned} &P(X > k_r \mid H_0) \\ &= 1 - F(20, 0{,}5; k_r) \\ &= 0{,}025 \end{aligned}$$

Die Binomialtabelle im Anhang zeigt: Diese Bedingungen erfüllen (angenähert) $k_l = 6$ und $k_r = 14$ (vgl. auch Bild 9.7).

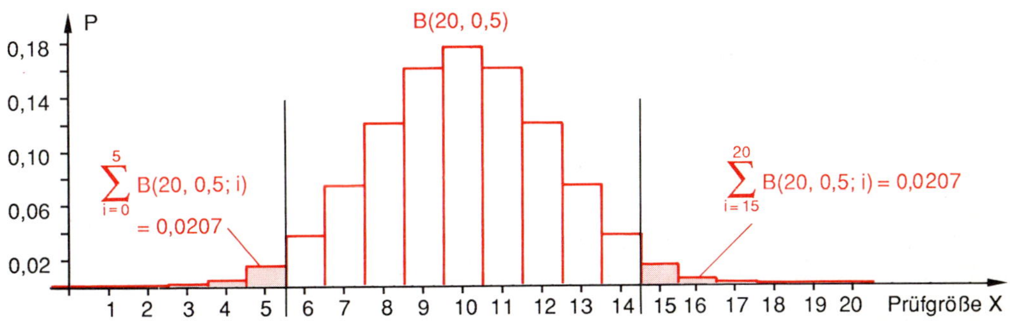

Bild 9.7

Der gesuchte Signifikanztest zum 5%-Niveau lautet demnach:

Falls $X < 6$ oder $X > 14$, entscheide man sich für H_1. Andernfalls entscheide man sich für H_0. (Vgl. Bild 9.8.)

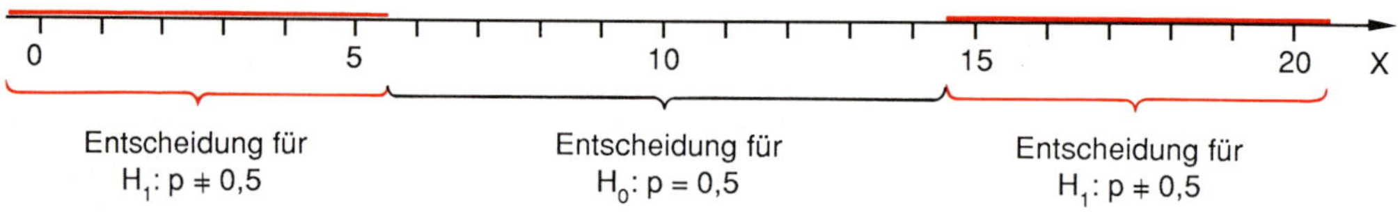

Bild 9.8

Einen solchen Signifikanztest bezeichnen wir naheliegenderweise als **zweiseitig**; die bisher behandelten Signifikanztests heißen demgegenüber **einseitig**. Man nennt den Bereich derjenigen Prüfgrößenwerte, für die die Entscheidung gegen die Nullhypothese H_0 fällt, auch **kritischen Bereich**. Dieser kritische Bereich besteht offensichtlich bei einem zweiseitigen Signifikanztest aus zwei Intervallen – gleichsam an beiden „Enden" der „Prüfgrößenskala" –, während er bei einem einseitigen Signifikanztest nur ein solches Intervall umfasst.

Erhält der Psychologe in seinem Experiment also höchstens 5 oder mindestens 15 Pluszeichen, so kann er – mit den zugestandenen Fehlerrisiken freilich – davon ausgehen, dass der Leistungsdruck nicht ohne Einfluss auf die zur Aufgabenlösung benötigte Zeit ist, dass also Plus- und Minuszeichen im Versuchsprotokoll nicht „rein zufällig" sind.

Anmerkung: Bei den einseitigen Alternativhypothesen bzw. Signifikanztests lässt sich naheliegenderweise zwischen linksseitig und rechtsseitig unterscheiden: Eine Alternativhypothese der Form $H_1 : p > p_0$ heißt – ebenso wie der zugehörige Signifikanztest – **rechtsseitig**. Demgegenüber heißen eine Alternativhypothese der Form $H_1 : p < p_0$ sowie der zugehörige Signifikanztest **linksseitig**. Bei einem rechtsseitigen Signifikanztest liegt der kritische Bereich am rechten „Ende" der „Prüfgrößenskala" (vgl. Bild 9.2). Beim linksseitigen Signifikanztest liegt demgegenüber der kritische Bereich am linken „Ende": Hier fällt die Entscheidung für die Alternativhypothese $H_1 : p < p_0$ nämlich sinnvollerweise dann, wenn die Prüfgröße X im Experiment einen kleinen Wert annimmt.

Ergänzungen

1. Berechne für den zweiseitigen Signifikanztest im Text die OC-Funktion und skizziere ihren Graphen. Vergleiche diesen mit den Graphen von OC-Funktionen einseitiger Tests, etwa mit Bild 9.4.

2. Wie lautet der dem Lehrtext entsprechende zweiseitige Signifikanztest zum Signifikanzniveau von 1% ?

3. Bestimme den zweiseitigen Signifikanztest zum 5%-Niveau mit der Nullhypothese $H_0 : p = 0{,}3$.

4. Zeige, dass zum Vorgehen im Text folgendes Verfahren äquivalent ist: Man wählt das Signifikanzniveau α, führt die Untersuchung durch und notiert die Anzahl x der Pluszeichen. Ist x kleiner als 10, so berechnet man als „Überschreitungswahrscheinlichkeit" den Ausdruck $P(X \leq x | H_0)$. Ist dagegen x größer als 10, so berechnet man als „Überschreitungswahrscheinlichkeit" den Ausdruck $P(X \geq x | H_0)$. Ist die berechnete Überschreitungswahrscheinlichkeit höchstens $\frac{\alpha}{2}$, so entscheide man sich für H_1. Ansonsten entscheide man sich für H_0.

5. Bild 9.9 zeigt grob skizziert die OC-Funktionen dreier Signifikanztests mit der Nullhypothese $H_0: p = 0{,}5$. Bei welcher OC-Funktion handelt es sich um einen zweiseitigen, bei welcher um einen rechtsseitigen und bei welcher um einen linksseitigen Test? Formuliere jeweils die zugehörige Alternativhypothese.

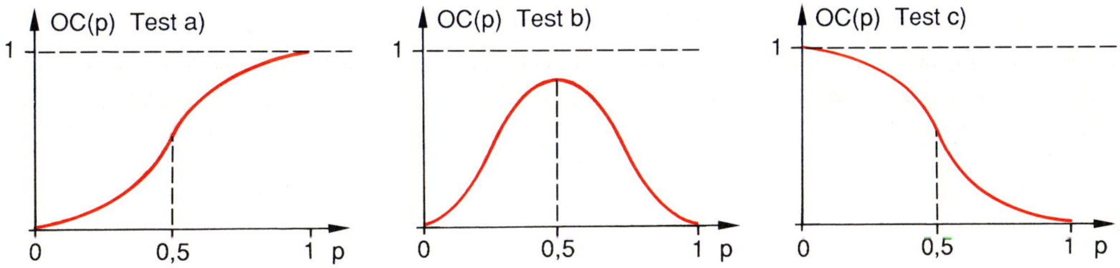

Bild 9.9

2. Reflexionen zum Signifikanztest

Der Signifikanztest hat sich seit seiner theoretischen Entwicklung durch *Ronald Aylmer Fisher* (1890–1962, Bild 9.10), *Jerzy Neyman* (1894–1981, Bild 9.11) und *Egon Sharpe Pearson* (1895–1980, Bild 9.12) in vielen empirischen Wissenschaften als ein Standardverfahren zur Auswertung von Experimenten und Untersuchungen etabliert. Forschungshypothesen von Wissenschaftlern, die sich auf Populationen beziehen, werden dort als „wissenschaftlich belegt" akzeptiert nur dann, wenn ein entsprechendes signifikantes Untersuchungsergebnis vorliegt. So konzentriert sich heute das Bemühen vieler Wissenschaftler vor allem darauf, solche „signifikanten Ergebnisse" zu gewinnen, denn nur solche Ergebnisse werden von vielen wissenschaftlichen Zeitschriften veröffentlicht und versprechen wissenschaftliche Anerkennung.

Bild 9.10: *R.A. Fisher*

Bild 9.11: *J. Neyman*

Bild 9.12: *E.S. Pearson*

Diese weit verbreitete Praxis ist nicht ganz unproblematisch, denn der Signifikanztest ist in vielen Situationen sicherlich nur bedingt angemessen. Er setzt zum Beispiel voraus, dass zwischen zwei Hypothesen „definitiv" entschieden werden soll, wofür es häufig in der Wissenschaft überhaupt keinen Anlass gibt – ganz im Gegensatz zur Praxis und

Anwendung, in der man oft einfach nicht umhin kann, zwischen verschiedenen Handlungsmöglichkeiten zu wählen. Desweiteren gibt die statistische Signifikanz eines Ergebnisses zunächst keine Auskunft darüber, wie groß die Unterschiede zur Nullhypothese sind. Man ist aber häufig nicht an beliebig kleinen Unterschieden zur Nullhypothese interessiert, sondern nur an solchen, die von ihrer Größe her theoretische oder praktische Bedeutung haben. Werden schließlich zu ein und derselben Forschungshypothese mehrere Signifikanztests durchgeführt, so bedarf dies besonderer Überlegungen.

Zum Nachdenken über derartige Probleme sollen die folgenden vier Ergänzungsaufgaben anregen, deren Überschriften schon vage andeuten, worum es jeweils geht. So einfach und klar nämlich die mathematische Logik des Signifikanztestes ist, so komplex und verworren ist häufig die Situation, in der er helfen soll. Nicht ohne Grund wohl hatte gerade einer der Väter des Signifikanztests, nämlich *Jerzy Neyman*, folgenden Wahlspruch: „Life is complicated, but not uninteresting."

Ergänzungen

1. Signifikant, aber irrelevant

Die Gesundheitsministerin sorgt sich seit langem um die hohe Verbreitung von Krankheiten des Herz-Kreislauf-Systems, also der typischen Zivilisationskrankheit. Aus langjähriger Erfahrung weiß man sicher, dass bereits genau 30% der Bevölkerung über 40 Jahren unter einer solchen Erkrankung leiden. Nun berichtet ein jung-dynamischer Ministerialbeamter von einer neuen empirischen Studie mit Personen über 40 Jahren, die regelmäßig in ihrem Leben eine Ausdauersportart wie Jogging, Radfahren o.ä. getrieben haben. Dort habe sich gezeigt, dass eine Erkrankung des Herz-Kreislauf-Systems in dieser Gruppe signifikant (bei 5%-Niveau) weniger häufig sei als in der Gesamtbevölkerung über 40 Jahren. Daher schlage er eine aufwendige Kampagne zur Förderung des Ausdauersports vor.
Angesichts der wie üblich knappen Haushaltsmittel einerseits, ihrer Erfahrungen mit jung-dynamischen Mitarbeitern andererseits, zögert die Ministerin mit der Entscheidung und fragt stattdessen zunächst einmal nach der Größe der untersuchten Stichprobe. Der Beamte antwortet:
a) $n = 50$, **b)** $n = 10000$.
In welchem der beiden Fälle würdest du dich als Ministerin am ehesten für die Kampagne entscheiden? Begründe deine Entscheidung ausführlich.
Anleitung: Skizziere und interpretiere für a) und b) die OC-Funktion und überlege dir, um mindestens wie viel die Erkrankungsquote durch den Sport gesenkt werden sollte, damit der Ministerin die Kampagne überhaupt lohnenswert erscheinen könnte.

2. Signifikant und relevant

Der Regierende Bürgermeister ist daran interessiert, möglichst früh am Wahlabend – auf jeden Fall noch vor den Interviews in der Tagesschau – abschätzen zu können, ob er, genauer natürlich die ihn stützende Koalition, wieder die Wahl, d.h. vereinfacht mehr als 50% der Wählerstimmen, gewonnen hat. Er beauftragt daher ein Wahlforschungsinstitut, am Wahltag eine Zufallsstichprobe von 1000 Wählern unmittelbar nach ihrer Stimmabgabe über ihr Wahlverhalten zu befragen.
Konzipiere als Leiter des Forschungsinstituts das Verfahren – in Absprache natürlich mit dem Regierenden Bürgermeister –, wie am Wahlabend aufgrund der Befragung entschieden werden soll, ob sich der Bürgermeister also in den Tagesschauinterviews als Wahlsieger oder als Wahlverlierer geben soll ($\alpha = 0{,}05$).
Anleitung: Kläre die Konsequenzen beider Fehlerarten. Skizziere auch hier die OC-Funktion: Worin liegt hier der wesentliche Unterschied zur obigen Ergänzung 1?

3. Die Sammlung zufälliger Irrtümer

Viele wissenschaftliche Fachzeitschriften veröffentlichen statistisch-empirische Untersuchungen nur dann, wenn sie ein signifikantes Ergebnis erbracht haben, wenn also in einem Signifikanztest die Entscheidung zugunsten der Alternativhypothese (entspricht der Forschungshypothese) fiel.

Was hältst du von dieser Anforderung? Was würde passieren, wenn zu ein und derselben Forschungshypothese weltweit von 20 verschiedenen Forschern 20 Untersuchungen angestellt und mit einem Signifikanztest auf dem 5%-Niveau ausgewertet würden – und zwar dann, wenn in Wahrheit die Forschungshypothese falsch, die Nullhypothese also richtig ist? Was würde in den Fachzeitschriften als wissenschaftliche Erkenntnis veröffentlicht?

Anleitung: Betrachte nebenstehendes Bild 9.13 von 20 Wissenschaftlern, die alle zu einer Forschungsfrage geforscht und einen Signifikanztest zum Niveau 5% durchgeführt haben. Was ist geschehen? Warum sind 19 Forscher traurig, warum zeigt nur ein Forscher ein fröhliches Gesicht?

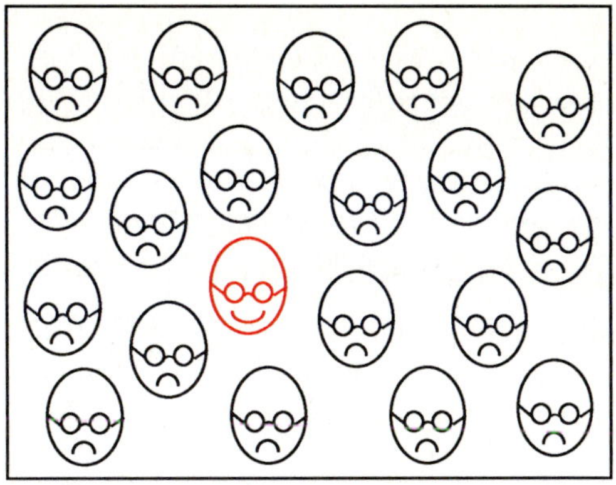

Bild 9.13: Zwanzig Wissenschaftler nach Durchführung eines Signifikanztestes

4. Wer suchet, der findet

Wie viele Minderheiten – Eliten natürlich ausgenommen – ist auch die Minderheit der Quadratköpfe, d.h. der Mitbürger quadratischer Kopfform, einerseits begehrtes Forschungsobjekt, andererseits potentielles Opfer vielfältiger Diskriminierung. Der Innenminister, dessen Partei Minderheiten eher skeptisch gegenübersteht – wie bei einer Mehrheitspartei in der Demokratie ja verständlich –, beauftragt nun das renommierte Meinungsforschungsinstitut Optiotest mit einer sozialwissenschaftlichen Untersuchung über die politische Einstellung der Quadratköpfe.
Dem nach der Untersuchung vorgelegten Bericht lässt sich Folgendes entnehmen: Es wurde einer Zufallsstichprobe von 100 Quadratköpfen ein Standardfragebogen zur politischen Einstellung mit 80 Fragen zur Beantwortung (entweder mit „eher ja" oder mit „eher nein") vorgelegt. Die Antworthäufigkeiten der Quadratköpfe wurden dann mit den bereits bekannten entsprechenden Antwortwahrscheinlichkeiten in der Gesamtbevölkerung verglichen und dabei jeweils (zweiseitig) auf signifikante Abweichungen (Niveau 5%) getestet. Dabei zeigten sich insgesamt fünf signifikante Abweichungen in der Bejahungswahrscheinlichkeit, und zwar bei den Fragen:

- Fühlen Sie sich einer Kirche verbunden? (negative Abweichung)
- Sehen Sie in den USA einen Freund? (negative Abweichung)
- Erscheint Ihnen die Institution Ehe wichtig? (negative Abweichung)
- Sähen Sie die EG gerne auch als politische Einheit? (positive Abweichung)
- Sehen Sie im Kommunismus auch Vorzüge? (positive Abweichung)

Bei der Pressekonferenz zur Präsentation des Forschungsberichtes charakterisiert der Innenminister die Quadratköpfe aufgrund dieser wissenschaftlichen Ergebnisse als antikirchlich, antiamerikanisch und kommunistenfreundlich. Eine große Boulevardzeitung bringt am nächsten Tag die Schlagzeile „Studie beweist: Quadratköpfe familienfeindlich". Sind diese Charakterisierungen durch die Untersuchung begründet?
Anleitung: Was ist für die Untersuchung zu erwarten, wenn in Wahrheit überhaupt kein Unterschied in der politischen Einstellung zwischen Quadratköpfen und Gesamtbevölkerung besteht?

III. Beispiele

1. Beispiel zum zweiseitigen Test

Beim Werbefernsehen werden die Kosten für die Werbesekunde nach der Einschaltquote berechnet. Eine Firma, die regelmäßig für ihre Produkte im Fernsehen wirbt, behauptet nun, dass die Einschaltquote gesunken sei, die Fernsehanstalt behauptet dagegen, dass die

Einschaltquote gestiegen sei. Im ersten Fall müsste der Preis je Sekunde gesenkt, im zweiten Fall dagegen angehoben werden. Aus früheren Erhebungen weiß man, dass 60% aller Fernsehzuschauer die Werbesendungen regelmäßig sehen. Dagegen behauptet nun die Firma, dieser Anteil p sei auf 50% gesunken. Fernsehanstalt und Firma einigen sich darauf, zunächst einmal festzustellen, ob die Einschaltquote sich überhaupt verändert hat. Bei einer Blitzumfrage werden daher 100 Personen befragt, ob sie die Werbesendungen regelmäßig sehen.

Wir wollen aufgrund dieser Befragung die Hypothese $H_0: p = 0{,}6$ *zweiseitig* auf dem Signifikanzniveau $\alpha = 0{,}05$ testen. Die Alternativhypothese ist $H_1: p \neq 0{,}6$, denn es ist ja sowohl eine Zunahme als auch eine Abnahme der Einschaltquote denkbar. Als Prüfgröße X für diesen Signifikanztest bietet sich die $B(100, p)$-verteilte Anzahl der regelmäßigen Zuschauer der Werbesendungen an. Wenn die Nullhypothese gilt, so wird die Prüfgröße X mit hoher Wahrscheinlichkeit einen Wert in der Nähe des Erwartungswertes $\mathscr{E}(X) = 100 \cdot 0{,}6 = 60$ annehmen. Nimmt X dagegen einen sehr großen oder sehr kleinen Wert an, so spricht dies gegen die Nullhypothese. Sinnvoll ist also ein Entscheidungsverfahren der Form:

Falls $X < k_l$ oder $X > k_r$ ist, so entscheide man sich für H_1, anderenfalls für H_0.

Dabei sollen die zwei kritischen Werte k_l und k_r so festgelegt werden, dass die bedingte Wahrscheinlichkeit für einen Fehler 1. Art gleich 0,05 ist:

$$P(\text{Fehler 1. Art}|H_0) = P(X < k_l|H_0) + P(X > k_r|H_0)$$
$$= [F(100, 0{,}6; k_l - 1)] + [1 - F(100, 0{,}6; k_r)] = 0{,}05.$$

Die kritischen Werte k_l und k_r werden nun so festgelegt, dass die beiden Summanden in den eckigen Klammern jeweils höchstens den Wert 0,025 annehmen:

$$[F(100, 0{,}6; k_l - 1)] = 0{,}025 \text{ und } [1 - F(100, 0{,}6; k_r)] = 0{,}025.$$

Der Tabelle I im Anhang entnimmt man: $k_l = 50$ und $k_r = 69$.

Also gilt für das Entscheidungsverfahren:
Falls $X < 50$ oder $X > 69$ ist, entscheide man sich für H_1, anderenfalls entscheide man sich für H_0.

Man beachte, dass der kritische Bereich bei diesem Beispiel *nicht symmetrisch* zum Erwartungswert $\mathscr{E}(X) = 60$ liegt, wie das bei dem Beispiel im Abschnitt II. der Fall war, weil dort die Nullhypothese $H_0: p = 0{,}5$ lautete.

Wenn nun die Blitzumfrage ergibt, dass von den 100 befragten Personen 55 die Werbesendung regelmäßig sehen, so scheint die Einschaltquote unverändert zu sein, da die Zahl 55 nicht im kritischen Bereich liegt.

Angenommen, die Einschaltquote ist – wie von der Firma behauptet – tatsächlich auf 50% gesunken, mit welcher Wahrscheinlichkeit entscheidet man sich dann gegen die wahre Alternativhypothese?

Gesucht ist also die bedingte Fehlerwahrscheinlichkeit 2. Art für ein „wahres“ $p = 0{,}5$:

$$P(50 \leq X \leq 69|p = 0{,}5) = P(X \leq 69|p = 0{,}5) - P(X \leq 49|p = 0{,}5)$$
$$= 1{,}0000 - (1 - 0{,}5398) = 0{,}5398.$$

Wiederholt man die Befragung von 100 Personen zu ihrem Werbefernsehverhalten, so wird man sich also in etwa 54% aller Fälle gegen die wahre Alternativhypothese $H_1: p \neq 0{,}6$ entscheiden.

2. Beispiel für einen linksseitigen Test

Bei einem bisher angewandten Produktionsverfahren hat eine Firma bei einer Maschine einen Ausschuss von 25%. Nun macht eine Maschinenfabrik ein Angebot zu einer neu entwickelten Maschine, die angeblich einen geringeren Ausschussanteil p produziert. Mit der Maschinenfabrik wird nun ein Test mit einer Zufallsstichprobe vom Umfang $n = 100$ vereinbart. Die Zufallsvariable X zähle die Anzahl der Ausschussstücke.
Die Nullhypothese ist $H_0 : p = 0{,}25$ und die Alternativhypothese $H_1 : p < 0{,}25$. Es handelt sich also um einen linksseitigen Test. Man legt nun auf dem Signifikanzniveau $\alpha = 0{,}05$ das folgende Entscheidungsverfahren fest:
Falls $X < k$ ist, dann entscheide man sich gegen die Nullhypothese, ansonsten dafür.
Aus $P(\text{Fehler 1. Art}|p = 0{,}25) = 0{,}05$ ergibt sich $F(100, 0{,}25; k-1) = 0{,}05$.
Der Tabelle I im Anhang entnimmt man $k-1 = 17$, also $k = 18$.
Falls also die Zufallsstichprobe mindestens 18 Ausschussstücke liefert, wird der Firmenbesitzer sich nach dem so festgelegten Entscheidungsverfahren auf dem Signifikanzniveau $\alpha = 0{,}05$ nicht für die neue Maschine entscheiden.

Die Anschaffung der neuen Maschine lohnt sich für die Firma aus Kostengründen nur dann, wenn diese (höchstens) einen Ausschuss von 20% produziert. Mit welcher Wahrscheinlichkeit entscheidet man sich im eben entwickelten Entscheidungsverfahren gegen die wahre Alternativhypothese, sofern der Ausschussanteil tatsächlich nur 20% beträgt? Gesucht ist also die Fehlerwahrscheinlichkeit 2. Art, falls $p = 0{,}2$ ist:

$$\begin{aligned} &P(\text{Fehler 2. Art}|p = 0{,}2) = P(X \geq 18|p = 0{,}2) \\ &= 1 - P(X \leq 17|p = 0{,}2) \;= 1 - F(100, 0{,}2; 17) \\ &\qquad\qquad\qquad\qquad\quad = 1 - 0{,}2712 = 0{,}7288. \end{aligned}$$

Mit etwa 73%iger Wahrscheinlichkeit entscheidet man sich dann also gegen die wahre Alternativhypothese, obwohl die neue Maschine immerhin 5 Prozentpunkte weniger Ausschuss produziert.

Bemerkung: Wir hätten diesen linksseitigen Test auch als rechtsseitigen Test formulieren können. Wenn nämlich die Zufallsvariable X die Anzahl der Nicht-Ausschussstücke zählt, so lauten die Nullhypothese H_0 sowie die Alternativhypothese H_1 so:

$$H_0 : p = 0{,}75; \quad H_1 : p > 0{,}75.$$

3. Beispiel zur Berechnung des Stichprobenumfangs

Dem Firmenbesitzer des Beispiels unter 2. ist die Fehlerwahrscheinlichkeit 2. Art für das wahre $p = 0{,}2$ zu groß. Er möchte sich mit einer geringen Wahrscheinlichkeit nicht nur gegen eine wahre Nullhypothese entscheiden, sondern auch gegen eine wahre Alternativhypothese, sofern der Ausschussanteil tatsächlich (höchstens) 20% beträgt. Er gibt sich also von vornherein die Fehlerwahrscheinlichkeit 1. und 2. Art vor und berechnet daraus den minimalen Stichprobenumfang n und den dazugehörigen kritischen Wert k für das Entscheidungsverfahren. Zur Vereinfachung der Rechnung arbeiten wir – in Erwartung eines hinreichend großen n – mit der Näherung von Laplace-Moivre. Denn in der Regel liegen die Werte der Binomialverteilung in einer für diesen Fall brauchbaren Form nicht tabelliert vor.

Nehmen wir an, dass der Firmenbesitzer sich bei der Fehlerwahrscheinlichkeit 1. Art auf 5% und bei der Fehlerwahrscheinlichkeit 2. Art (für ein „wahres“ $p=0{,}2$) auf 10% festlegt. Für n und k erhalten wir dann die beiden Bedingungen:

$$P(X<k|p=0{,}25)=0{,}05 \text{ und } P(X\geq k|p=0{,}2)=0{,}1, \quad \text{also}$$
$$P(X\leq k-1|p=0{,}25)=0{,}05 \text{ und } 1-P(X\leq k-1|p=0{,}2)=0{,}1$$

und somit

$$\Phi\left(\frac{k-1-0{,}25\cdot n}{\sqrt{0{,}25\cdot 0{,}75\cdot n}}\right)=0{,}05 \quad \text{und} \quad \Phi\left(\frac{k-1-0{,}2\cdot n}{\sqrt{0{,}2\cdot 0{,}8\cdot n}}\right)=0{,}9.$$

Mit der Tabelle II im Anhang erhält man in guter Näherung die Gleichungen:

$$\frac{k-1-0{,}25\cdot n}{\sqrt{0{,}1875\cdot n}}=-1{,}65 \quad \text{und} \quad \frac{k-1-0{,}2\cdot n}{\sqrt{0{,}16\cdot n}}=1{,}29, \text{ also}$$

$$(*) \quad k-1-0{,}25\cdot n=-1{,}65\cdot\sqrt{0{,}1875\cdot n} \quad \text{und} \quad k-1-0{,}2\cdot n=1{,}29\cdot\sqrt{0{,}16\cdot n}.$$

Subtrahiert man beide Gleichungen voneinander und faktorisiert $\sqrt{n}$, so erhält man:

$$n\cdot(0{,}25-0{,}2)=(1{,}65\cdot\sqrt{0{,}1875}+1{,}29\cdot\sqrt{0{,}16})\cdot\sqrt{n}.$$

Beiderseitige Division durch $\sqrt{n}$ ergibt schließlich:

$$\sqrt{n}\cdot 0{,}05=1{,}2305, \text{ also } n\approx 605{,}6.$$

Der minimale Stichprobenumfang, der den Wünschen des Firmenbesitzers hinsichtlich der Fehlerwahrscheinlichkeiten 1. und 2. Art gerecht wird, beträgt also $n=606$. Aus einer der Gleichungen (*) erhält man für den kritischen Wert $k=135$.
Ergibt also eine Zufallsstichprobe vom Umfang $n=606$ weniger als 135 Ausschussstücke, so wird sich der Firmenbesitzer für den Kauf der neuen Maschine entscheiden. Nicht bedacht worden ist allerdings in den bisherigen Überlegungen, dass eine größere Zufallsstichprobe größere Kosten verursacht.

IV. Vermischte Aufgaben

1. Man teste die Nullhypothese $H_0: p=\frac{1}{5}$ zweiseitig (rechtsseitig; linksseitig) auf dem Signifikanzniveau $\alpha=0{,}1$ ($\alpha=0{,}05$; $\alpha=0{,}01$) bei einem Stichprobenumfang von $n=100$
a) mit Hilfe der exakten Binominalverteilung,
b) mit Hilfe der Näherung von Laplace-Moivre.
c) Zeichne die Graphen der OC-Funktionen und vergleiche sie für die verschiedenen Werte von α.

2. Eine Münze wird 400-mal geworfen. In welchem Bereich muss die Häufigkeit des Ereignisses „Kopf“ liegen, damit im zweiseitigen Test die Nullhypothese $H_0: p=0{,}5$ über die Wahrscheinlichkeit p von „Kopf“ auf dem Signifikanzniveau $\alpha=0{,}05$ abgelehnt wird? Mit welcher Wahrscheinlichkeit entscheidet man sich für die Nullhypothese, wenn das „wahre“ $p=0{,}6$ ist?

3. Bei 1000 Geburten wurden 525 Jungengeburten gezählt. Teste die Hypothese $H_0: p = 0{,}5$ (d.h., die Wahrscheinlichkeit p für eine Jungengeburt ist 0,5) auf dem Signifikanzniveau $\alpha = 0{,}05$ ($\alpha = 0{,}01$). Berechne die Fehlerwahrscheinlichkeit 2. Art, falls das „wahre" $p = 0{,}514$ ist, und interpretiere das Ergebnis.

4. a) Bei einer Wahlumfrage entschieden sich unter 500 zufällig ausgewählten Personen 225 für einen bestimmten Kandidaten A. Kann der Kandidat A auf dem Signifikanzniveau $\alpha = 0{,}05$ (0,01) bei der Wahl noch mit einem Stimmenanteil von $p > 50\%$ rechnen? Berechne die Wahrscheinlichkeit, dass der Kandidat zu Unrecht mit einem Stimmenanteil von mehr als 50% rechnet, wenn dieser Stimmenanteil tatsächlich nur 45% beträgt, und interpretiere das Ergebnis.
b) Wie viele Personen müssen bei dem Test in a) der Nullhypothese $H_0 : p = 0{,}5$ gegen die Alternativhypothese $H_1 : p > 0{,}5$ mindestens befragt werden, damit die Fehlerwahrscheinlichkeit 1. Art und die Fehlerwahrscheinlichkeit 2. Art für ein „wahres" p von 0,6 jeweils höchstens 0,05 betragen? Wie lautet dann das Entscheidungsverfahren?

5. a) Es besteht der Verdacht, dass eine Münze zugunsten des Ergebnisses „Kopf" verfälscht ist. Diese Münze wurde nun probeweise 900-mal geworfen, wobei 480-mal „Kopf" fiel. Kann man auf dem Signifikanzniveau $\alpha = 0{,}05$ die Nullhypothese verwerfen, dass die Münze unverfälscht ist? Berechne die Fehlerwahrscheinlichkeit 2. Art unter der Bedingung, dass „Kopf" mit 60%iger Wahrscheinlichkeit auftritt, und interpretiere das Ergebnis.
b) Wie häufig müsste in der Situation von a) die Münze geworfen werden, damit beide Fehlerwahrscheinlichkeiten jeweils höchstens 0,05 betrügen? Wie lautet dann das Entscheidungsverfahren? (Hinweis: Teste rechtsseitig!)

6. Bei der Herstellung eines Massenartikels hat man erfahrungsgemäß einen Ausschussanteil von $p = 10\%$. Ein neues Herstellungsverfahren wird vorgeschlagen und probeweise bei der Produktion von n Stücken angewendet. Gesucht ist ein Entscheidungsverfahren zur Entscheidung zwischen der Nullhypothese $H_0 : p = 0{,}1$ und der Alternativhypothese $H_1 : p < 0{,}1$ über den Ausschussanteil p des neuen Verfahrens. Falls das neue Verfahren nicht besser ist, soll lediglich mit einer Wahrscheinlichkeit von 1% die Entscheidung zugunsten einer unsinnigen und kostenintensiven Umstellung des Produktionsverfahrens fallen. Eine Umstellung des Produktionsverfahrens erscheint aus Kostengründen nur sinnvoll, wenn der Ausschussanteil mindestens auf 5% gedrückt werden kann. Sollte dies das neue Verfahren leisten, so soll die Entscheidung mit einer Wahrscheinlichkeit von 90% zugunsten H_1 fallen.
a) Reicht für das gesuchte Entscheidungsverfahren eine Zufallsstichprobe von $n = 50$? Formuliere das Verfahren und skizziere die OC-Funktion.
b) Entwickle das gesuchte Entscheidungsverfahren, d.h., bestimme die erforderliche Stichprobengröße n und den zugehörigen kritischen Wert k.

7. Bei einer umfangreichen Warensendung behauptet der Hersteller, dass der Ausschussanteil höchstens 6% beträgt. Der Kunde macht die Annahme der Warensendung abhängig von der Prüfung einer Zufallsstichprobe von 200 Stück.
a) Wie lautet sein Entscheidungsverfahren, wenn er lediglich mit einer Wahrscheinlichkeit von 5% riskieren will, die Sendung zu Unrecht abzulehnen? Mit welcher Wahrscheinlichkeit wird die Sendung bei diesem Verfahren angenommen, obwohl der tatsächliche Ausschussanteil 8% beträgt?
b) Mit welcher Wahrscheinlichkeit nimmt der Kunde gemäß a) die Sendung an, obwohl der Ausschussanteil in Wirklichkeit 10% (16%; 20%) beträgt?

8. a) Ein Würfel wurde 1000-mal geworfen, wobei 480-mal eine gerade Augenzahl fiel. Kann man auf dem Signifikanzniveau $\alpha = 0{,}05$ behaupten, dass der Würfel unverfälscht ist?

b) Mit welcher Wahrscheinlichkeit fällt in diesem Signifikanztest die Entscheidung zugunsten der Nullhypothese, dass der Würfel unverfälscht ist, wenn in Wirklichkeit eine gerade Augenzahl mit der Wahrscheinlichkeit 0,48 fällt?

c) Der Würfel in der Situation von a) soll zweiseitig getestet werden, wobei die Fehlerwahrscheinlichkeit 1. Art und die Fehlerwahrscheinlichkeit 2. Art gemäß b) jeweils 5% betragen sollen.

1) Zeige, dass für die kritischen Werte k_l und k_r die Beziehungen

$$k_l - 1 = 0{,}5 \cdot n - 0{,}98 \cdot \sqrt{n} \text{ und } k_r = 0{,}5 \cdot n + 0{,}98 \cdot \sqrt{n}$$

gelten.

2) Für den Stichprobenumfang n gilt die Gleichung

$$\Phi\left(\frac{\sqrt{n}+49}{24{,}98}\right) - \Phi\left(\frac{\sqrt{n}-49}{24{,}98}\right) = 0{,}05.$$

Begründe das.

3) Begründe, dass man den Stichprobenumfang n berechnen kann, wenn in 2) $\Phi\left(\frac{\sqrt{n}-49}{24{,}98}\right) = 0{,}95$ gesetzt wird. Bestimme hieraus n und mit 1) die kritischen Werte k_l und k_r.

9. Der Betreiber einer Hühnerfarm möchte das Gewicht seiner Hühner erhöhen und mischt deshalb einer Zufallsstichprobe von 20 Hühnern für einen gewissen Zeitraum einen Futtermittelzusatz bei. Nach Ablauf dieses Zeitraums wird bei jedem Huhn Gewichtszunahme (+) oder Gewichtsabnahme (−) festgestellt.

a) Getestet wird auf dem Signifikanzniveau von 5% die Nullhypothese $H_0: p = 0{,}5$ gegen die Alternativhypothese $H_1: p > 0{,}5$ über die Wahrscheinlichkeit einer Gewichtszunahme. Wie lautet das Entscheidungsverfahren?

b) Das Versuchsprotokoll des Farmers sieht so aus:

Gewicht des Huhnes in Gramm										Teil 1
vorher	830	812	825	840	863	833	847	829	807	818
nachher	842	780	829	855	872	839	858	843	777	824
Zu- bzw. Abnahme	+	−	+	+	+	+	+	+	−	+

Gewicht des Huhnes in Gramm										Teil 2
vorher	789	802	811	843	774	769	812	834	769	846
nachher	763	807	817	852	786	779	787	843	775	825
Zu- bzw. Abnahme	−	+	+	+	+	+	−	+	+	−

Wie lautet die Entscheidung gemäß a)?

c) Berechne das Durchschnittsgewicht der 20 Versuchstiere vorher und nachher!

d) Ist das in a) entwickelte Entscheidungsverfahren (man nennt es auch **Vorzeichentest**) eigentlich angemessen, wenn es dem Hühnerfarmer um eine Steigerung des Durchschnittsgewichts seiner Hühner geht? Begründe deine Antwort ausführlich.

10. Bei einer Wahl ergab die Auszählung der ersten 10 000 Stimmzettel 49% der Stimmen für eine bestimmte Partei. Kann diese Partei auf dem Signifikanzniveau $\alpha = 0,05$ noch mit der absoluten Mehrheit rechnen?

11. Ein Waschmittelproduzent beauftragt eine Werbeagentur, für sein neues Waschmittel eine Werbeaktion durchzuführen. Nach Beendigung der Werbeaktion sollen mehr als 50% aller Hausfrauen das Waschmittel kennen. Um sich von der Wirksamkeit der Werbeaktion zu überzeugen, werden zufällig n Hausfrauen nach dem neuen Waschmittel befragt.
a) Es sei $n = 50$. Wie viele von diesen Hausfrauen müssen das Waschmittel kennen, damit die Werbeaktion auf dem Signifikanzniveau $\alpha = 0,05$ als erfolgreich bezeichnet werden kann?
b) Verfahre wie bei a) für $n = 500$.
c) Skizziere die OC-Funktionen zu a) und b) und vergleiche.

12. Die Hypothese $H_0 : p = 0,25$ soll auf dem Signifikanzniveau $\alpha = 0,05$ gegen die Alternativhypothese $H_1 : p < 0,25$ bei einem Stichprobenumfang $n = 80$ getestet werden.
a) Entwickle das entsprechende Entscheidungsverfahren.
b) Berechne die Wahrscheinlichkeit, sich gemäß a) für die Nullhypothese zu entscheiden, obwohl in Wahrheit $p = 0,2$ gilt. Interpretiere das Ergebnis.
c) Es wird ein neues Entscheidungsverfahren vorgeschlagen: Ist die Prüfgröße $X < 20$, so entscheide man sich gegen die Nullhypothese. Berechne die Fehlerwahrscheinlichkeiten 1. Art und 2. Art (für das „wahre“ $p = 0,2$) und vergleiche die Ergebnisse mit denen von b).
d) Überlege dir Situationen z. B. aus dem Wirtschaftsleben, in denen Entscheidungen wie die in a) bis c) berechneten eine Bedeutung haben könnten.

13. In einem der berühmt gewordenen Kreuzungsversuche an Erbsen und Bohnen fand *Gregor Mendel* (1822–1884) 6022 gelbe und 2001 grüne Erbsensamen. Man wusste, dass die Wahrscheinlichkeit p für das Auftreten grüner Erbsensamen gleich 0,75 ist.
a) Teste die Nullhypothese $H_0 : p = 0,75$ gegen die Alternativhypothese $H_1 : p \neq 0,75$ auf dem Signifikanzniveau $\alpha = 0,05$ ($\alpha = 0,01$).
b) Welcher Fehler 2. Art ergibt sich, wenn in Wirklichkeit $p = 0,755$ ist? Zeichne die OC-Funktion zu dem Test in a).

14. Ein Medikament besitzt eine Heilungswahrscheinlichkeit von 80%. Ein neues Medikament soll dann auf den Markt kommen, wenn seine Heilungswahrscheinlichkeit p größer als 0,8 ist. Um das zu überprüfen, wird es zunächst an 80 Patienten ausprobiert.
a) Teste die Nullhypothese $H_0 : p = 0,8$ gegen die Alternativhypothese $H_1 : p > 0,8$ auf dem Signifikanzniveau $\alpha = 0,01$. Welches Entscheidungsverfahren ergibt sich? Wie groß ist die Fehlerwahrscheinlichkeit 2. Art, wenn in Wirklichkeit $p = 0,9$ ist?
b) In den Situationen von Teil a) sollen die Fehlerwahrscheinlichkeiten 1. Art und 2. Art jeweils höchstens 0,05 betragen.
1) Zeige, dass für die kritische Zahl k und den Stichprobenumfang n näherungsweise die beiden folgenden Gleichungen gelten:

$$\frac{k - n \cdot 0,8}{\sqrt{n} \cdot 0,4} = 1,65 \quad \text{und} \quad \frac{k - n \cdot 0,9}{\sqrt{n} \cdot 0,3} = -1,65.$$

2) Berechne aus diesen beiden Gleichungen wie im Lehrtext auf Seite 158 den Stichprobenumfang n und den kritischen Wert k. Wie lautet nun das Entscheidungsverfahren?

§ 10 Exkurs: Sequentialstatistik

1. Ein Beispiel zum Einstieg

Greifen wir zurück auf das Beispiel aus §9, also auf das Problem, experimentell die Wirksamkeit einer neuen Therapie – im Vergleich zu der herkömmlichen Therapie – zu beurteilen. Entschieden werden soll also zwischen den beiden Hypothesen $H_0 : p = 0{,}5$ und $H_1 : p > 0{,}5$ über die Erfolgswahrscheinlichkeit p der neuen Therapie, und zwar wiederum zum Signifikanzniveau $\alpha = 0{,}05$. Die Forscher wollen nun mit einer Wahrscheinlichkeit von 90% eine Entscheidung zugunsten der (wahren) Alternativhypothese H_1 treffen, sofern die Erfolgswahrscheinlichkeit der neuen Therapie um mindestens 10 Prozentpunkte größer ist als die der herkömmlichen Therapie, sofern also p tatsächlich mindestens 0,6 beträgt. Eine tatsächliche Überlegenheit der neuen Therapie von mindestens 10 Prozentpunkten wollen sie also mit mindestens 90%iger Wahrscheinlichkeit – in Form eines signifikanten Ergebnisses – „entdecken". Wie groß muss zu diesem Zwecke die untersuchte Stichprobe sein?

Gesucht ist hier ein Stichprobenumfang n, so dass der entsprechende Signifikanztest zum Signifikanzniveau 5% eine OC-Funktion hat, die an der Stelle $p = 0{,}6$ gerade den Funktionswert $1 - 0{,}90$, also 0,10 annimmt. Beim Durchprobieren verschiedener Stichprobenumfänge stellt sich bald heraus, dass der gesuchte Stichprobenumfang bei etwa 200 liegt. Für $n = 200$ hat die OC-Funktion des entsprechenden Signifikanztestes (mit dem kritischen Wert $k = 111$) an der Stelle 0,6 einen Funktionswert von annähernd 0,10. Die Forscher müssen also 200 Patienten der neuen Therapie unterziehen – und damit einen ziemlich großen Aufwand betreiben. (Vgl. Bild 10.1!)

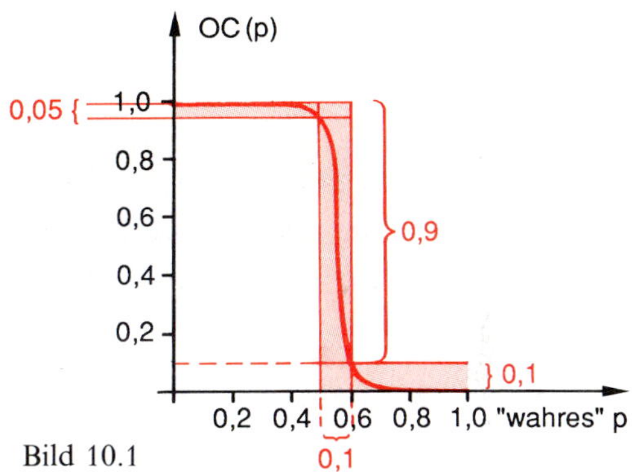

Bild 10.1

Es geht aber auch einfacher. Genau dasselbe nämlich wie der eben skizzierte Signifikanztest, nur aufgrund kleinerer Stichproben, leistet das folgende schrittweise Entscheidungsverfahren, dessen mathematische Begründung Thema dieses Paragraphen sein wird.

> Man unterziehe nach und nach zufällig ausgesuchte Patienten der neuen Therapie und notiere den Heilerfolg. Es sei n die Anzahl der auf diese Art bislang behandelten Patienten und m die Anzahl derjenigen davon, die geheilt wurden. Falls $m \geq 0{,}5503397\,n + 7{,}128534$ ist, so beende man die Versuchsserie und entscheide sich für H_1. Ist $m \leq 0{,}5503397\,n - 5{,}552368$, so beende man die Versuchsserie und entscheide sich für H_0. Gilt schließlich
>
> $$0{,}5503397\,n - 5{,}552368 < m < 0{,}5503397\,n + 7{,}128534,$$
>
> so setze man die Versuchsserie fort, unterziehe man also einen weiteren Patienten der neuen Therapie und entscheide erneut, jetzt aber mit einem um 1 erhöhten n.

Dieses Entscheidungsverfahren lässt sich sogar graphisch als „Entscheidungsspaziergang“ organisieren, wie in Bild 10.2 dargestellt ist.

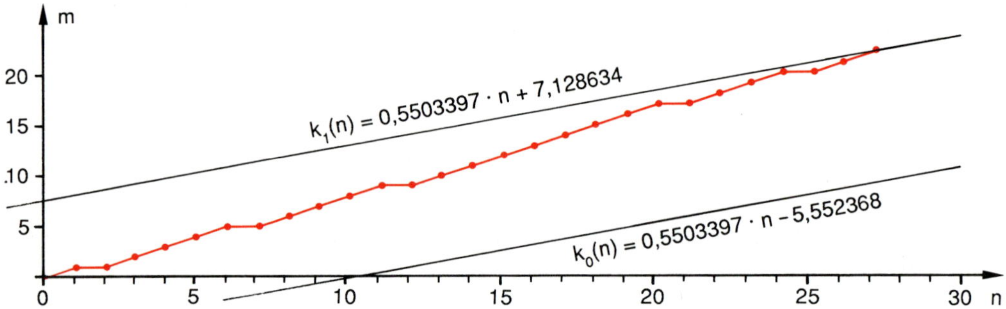

Bild 10.2: Plan für einen „Entscheidungsspaziergang“. Die Ergebnisse der Versuchsserie werden schrittweise eingetragen, und zwar eine Heilung durch einen Strich diagonal nach oben, eine Nichtheilung durch einen waagerechten Strich. Die Versuchsserie dauert so lange, bis man dabei eine der beiden Geraden erreicht. Gerät man in das Gebiet oberhalb der durch $k_1(n) = 0{,}5503397\,n + 7{,}128534$ definierten Geraden, so beende man die Datenerhebung mit einer Entscheidung für H_1. Gerät man in das Gebiet unterhalb der durch $k_0(n) = 0{,}5503397\,n - 5{,}552368$ definierten Geraden, so beende man die Datenerhebung mit einer Entscheidung für H_0.
Eingetragen ist zur exemplarischen Demonstration ein Versuchsverlauf, der nach nur 27 behandelten Patienten mit der Entscheidung für H_1 endet, nachdem 22 Patienten geheilt und fünf Patienten nicht geheilt wurden.

Wie wir dem exemplarischen Versuchsverlauf in Bild 10.2 entnehmen, kann dieses Entscheidungsverfahren mit viel kleineren Stichprobengrößen (im Beispiel $n = 27$) auskommen als der oben skizzierte entsprechende Signifikanztest, der eine Stichprobengröße von immerhin $n = 200$ erfordert. Die interessanten theoretischen Hintergründe für dieses überaus elegante und ökonomische schrittweise Entscheidungsverfahren seien daher in diesem Exkurs etwas näher untersucht.

Ergänzung

a) Führt das neue schrittweise Entscheidungsverfahren (arbeitsteilig) 100-mal durch, indem ihr „Heilung“ und „Nichtheilung“ eines „Patienten“ jeweils durch das Werfen einer Münze „ermittelt“ („Kopf“ entspricht „geheilt“, „Zahl“ entspricht „nicht geheilt“).
Ersetzt man übrigens in dieser Art ein schwierig durchzuführendes Zufallsexperiment, hier also die aufwendige Behandlung vieler Patienten, durch ein einfach durchzuführendes Zufallsexperiment, etwa den Münzwurf, so nennt man dies auch **Simulation**. Die hier vorgeschlagene Simulation geht natürlich davon aus, dass die Nullhypothese $H_0\!:p = 0{,}5$ gilt, dass also Heilung („Kopf“) und Nichtheilung („Zahl“) gleich wahrscheinlich sind, dass also insbesondere die neue Therapie nicht besser als die herkömmliche Therapie ist.
Wie oft fällt in den 100 Durchführungen die Entscheidung zugunsten der falschen Alternativhypothese? Wie groß mag also die Fehlerwahrscheinlichkeit erster Art dieses schrittweisen Verfahrens sein?
b) Simuliert in gleicher Weise weitere 100 Durchführungen des neuen Entscheidungsverfahrens, jetzt aber unter der Voraussetzung, dass die Wahrscheinlichkeit p der neuen Therapie 0,75 beträgt. Das bedeutet: Ihr werft für jeden „Patienten“ gleichzeitig zwei Münzen und notiert eine „Heilung“, sofern mindestens eine Münze Kopf zeigt.
Wie oft fällt jetzt eine falsche Entscheidung zugunsten der Nullhypothese? Wie steht es hier also um die Fehlerwahrscheinlichkeit zweiter Art?
Führt in a) und b) ausführlich Protokoll.

2. Rückschau auf den üblichen Signifikanztest

Ein statistischer Hypothesentest ist, wie wir gesehen haben, ein Entscheidungsverfahren, das *vor* der experimentellen Datenerhebung in der Zufallsstichprobe festlegt, wie *nach* der Sichtung der gewonnenen Daten zwischen der Null- und der Alternativhypothese zu entscheiden ist. Dabei wird die Entscheidungsregel gerade so festgelegt, dass die (nullhypothetische) Wahrscheinlichkeit für eine Fehlentscheidung erster Art, also eine Entscheidung gegen die wahre Nullhypothese, durch das Signifikanzniveau begrenzt ist und dass die (alternativhypothetische) Wahrscheinlichkeit für einen Fehler zweiter Art, also eine Entscheidung gegen eine wahre Alternativhypothese, möglichst klein ist.

Formuliert man diese Entscheidungsverfahren ausführlich, so beginnen sie eigentlich immer so:

„Erhebe eine Zufallsstichprobe vom Umfang n. Dann..."

Es wird also *vorab* eine Stichprobengröße n festgelegt und es wird erst dann zwischen den Hypothesen entschieden, wenn die Zufallsstichprobe ganz erhoben ist – oder wenn zumindest sicher ist, ob die Prüfgröße in den kritischen Bereich fällt.

Wir haben gesehen, dass eine „vernünftige" Wahl des Stichprobenumfanges n die Beziehungen zwischen diesem Umfang, der (bedingten) Fehlerwahrscheinlichkeit erster Art α und der (bedingten) Fehlerwahrscheinlichkeit zweiter Art – also der OC-Funktion – zu berücksichtigen hat. Daneben wird diese Wahl selbstverständlich auch die Kosten der Stichprobenerhebung ebenso wie die Kosten der beiden möglichen Fehlentscheidungen abzuwägen haben. „Kosten" meinen hier nicht nur im engeren Sinne finanzielle Kosten, sondern alle „unangenehmen" und „unerwünschten" Begleiterscheinungen wie Mühe, Arbeit, Verluste usw.

3. Die Idee sequentiellen Testens

Gerade im Hinblick auf die Kosten der Stichprobenerhebung erscheint indessen die Vorab-Festlegung des Stichprobenumfanges in den üblichen statistischen Hypothesentests nicht unbedingt sinnvoll. Nahe liegend ist hier vielmehr die folgende Idee: Der Forscher legt sich nicht vorab auf die Größe der Stichprobe fest, sondern er erhebt so lange sukzessive Stichprobendaten – Datum nach Datum –, bis er meint, genug zu wissen, um sich begründet zwischen den Hypothesen entscheiden zu können.

Ein solches Entscheidungsverfahren bedeutet also eine Folge („Sequenz") von Entscheidungen: Nach jedem erhobenen Datum wird nämlich erneut entschieden zwischen den *drei* Möglichkeiten

(1) Beendigung der Datenerhebung und Entscheidung für die Nullhypothese H_0,
(2) Beendigung der Datenerhebung und Entscheidung für die Alternativhypothese H_1,
(3) Fortsetzung der Datenerhebung und dann erneute Entscheidung.

Ein solcher Hypothesentest heißt, weil er eine Folge oder Sequenz von Entscheidungen festlegt, **sequentieller Hypothesentest**. Plausibel erscheint die Erwartung, dass ein solcher sequentieller Hypothesentest – im Vergleich zu den traditionellen, nicht sequentiellen Hypothesentests – mit kleineren Stichproben „auskommen" kann, weil er gleichsam zum

„frühest möglichen" Zeitpunkt zwischen den Hypothesen entscheidet. Ein sequentieller Test verspricht also den „ökonomischen" Vorteil kleinerer Stichproben und ist daher immer dann besonders empfehlenswert, wenn die Stichprobenziehung hohe Kosten – in welchem Sinne auch immer – verursacht.

Anmerkung: Gerade diese Hoffnung stand auch an der Wiege der sequentiellen Tests. Sie wurden nämlich im Zweiten Weltkrieg von dem amerikanischen Statistiker *Abraham Wald* (1902–1950) entwickelt, um die Stichprobengrößen bei der Qualitätskontrolle in der Produktion von Torpedos zu verringern. (Jeder zu prüfende Torpedo wurde bei der Qualitätskontrolle zerstört – eine sehr teure Angelegenheit.) Dieses Zusammenhangs wegen galt die von *Wald* entwickelte Sequentialstatistik bis Kriegsende als amerikanisches Militärgeheimnis.

4. Der sequentielle Quotiententest

Grundlegend für die gesamte Sequentialstatistik ist der **sequentielle Quotiententest**, der dem bisher behandelten Signifikanztest entspricht.
Betrachten wir zunächst – wie in §8 – ein Entscheidungsproblem mit einfacher Alternativhypothese. Gesucht ist ein sequentielles Entscheidungsverfahren zur Entscheidung zwischen der Nullhypothese

$$H_0: p = p_0$$

und der Alternativhypothese

$$H_1: p = p_1,$$

wobei p die unbekannte Wahrscheinlichkeit eines Merkmals in der Population sei. p_0 und p_1 seien zwei feste hypothetische Werte für diese Wahrscheinlichkeit. Es sei etwa, um an das Einstiegsbeispiel anzuknüpfen, p die (noch) unbekannte Heilungswahrscheinlichkeit einer bestimmten Krankheit mittels einer neu vorgeschlagenen Therapie, $p_0 = 0{,}5$ die bekannte Heilungsquote der bislang üblichen Therapie und $p_1 = 0{,}6$ die Höhe der Heilungswahrscheinlichkeit, die von den Vertretern der neuen Therapie für diese behauptet wird. In diesem Beispiel behauptet die Nullhypothese offensichtlich, dass die Heilungswahrscheinlichkeit der neuen Therapie dieselbe Höhe hat wie die der alten Therapie, während die Alternativhypothese vermutet, die Heilungswahrscheinlichkeit sei bei der neuen Therapie um 0,1, also um 10 Prozentpunkte, höher als bei der alten Therapie.

Gesucht ist nun ein sequentieller Hypothesentest zur Entscheidung zwischen der Null- und der Alternativhypothese aufgrund einer Stichprobenziehung. Dieses Entscheidungsverfahren soll nun zu vorab gewählten Größen α und β folgenden Forderungen genügen:

(F_1) Die bedingte Wahrscheinlichkeit für einen Fehler erster Art, also eine Entscheidung gegen eine wahre Nullhypothese, beträgt höchstens α:
$P(\text{Entscheidung für } H_1 | H_0) \leq \alpha$.

(F_2) Die bedingte Wahrscheinlichkeit für einen Fehler zweiter Art, also eine Entscheidung gegen eine wahre Alternativhypothese, beträgt höchstens β:
$P(\text{Entscheidung für } H_0 | H_1) \leq \beta$.

α und β sind im Hinblick auf die Konsequenzen der jeweiligen Fehlentscheidungen vernünftig zu wählen.

Der sequentielle Hypothesentest muss nun offensichtlich regeln, wie nach jedem der sukzessiv erhobenen Stichprobendaten zwischen den drei Möglichkeiten – Entscheidung für H_0, Entscheidung für H_1 oder Fortsetzung des Experimentes – zu entscheiden ist. Nehmen wir also an, wir haben nach und nach n Stichprobendaten erhoben – wir befinden uns also im n-ten Schritt des Experimentes – und haben dabei m-mal das fragliche Merkmal in einer bestimmten Reihenfolge vorgefunden – und damit (n – m)-mal nicht. Dieses Ereignis, diesen Experimentalverlauf wollen wir mit E abkürzen.

Im Beispiel: Wir haben nach und nach n zufällig ausgesuchte Patienten mit der neuen Therapie behandelt und dabei in einer bestimmten Reihenfolge m Heilungen erzielt. Die Wahrscheinlichkeit für dieses Ereignis E beträgt $p^m \cdot (1-p)^{n-m}$, denn es handelt sich hier formal um eine Bernoulli-Kette der Länge n mit Grundwahrscheinlichkeit p. Es sei $l_0(E)$ die bedingte Wahrscheinlichkeit für unser Ereignis E, falls H_0 gilt, und dementsprechend $l_1(E)$ die bedingte Wahrscheinlichkeit für unser Ereignis E, falls H_1 gilt. Beide bedingten Wahrscheinlichkeiten oder „Likelihoods" lassen sich offensichtlich leicht berechnen, denn es gilt:

$$l_0(E) = p_0^m \cdot (1-p_0)^{n-m} \quad \text{und} \quad l_1(E) = p_1^m \cdot (1-p_1)^{n-m}.$$

Walds sequentieller Quotiententest besteht nun aus folgender Entscheidungsregel:

(R_1) Falls $\frac{l_1(E)}{l_0(E)} \leq \frac{\beta}{1-\alpha}$, beende man die Datenerhebung und entscheide sich für H_0.

(R_2) Falls $\frac{l_1(E)}{l_0(E)} \geq \frac{1-\beta}{\alpha}$, beende man die Datenerhebung und entscheide sich für H_1.

(R_3) Andernfalls setze man die Datenerhebung fort und entscheide dann erneut.

Mit dieser Regel ist das Entscheidungsverfahren vollständig festgelegt. Sein Name „Quotiententest" – gelegentlich sagt man auch „Wahrscheinlichkeitsverhältnistest" – versteht sich, weil die Entscheidungsregel auf den Quotient beider bedingter Wahrscheinlichkeiten Bezug nimmt.

Es bleibt nun nachzuweisen, dass dieses Entscheidungsverfahren die oben formulierten Forderungen (F_1) und (F_2) an die Fehlerwahrscheinlichkeiten erfüllt, dass also dieses Verfahren höchstens mit einer (bedingten) Wahrscheinlichkeit α zu einem Fehler erster Art und höchstens mit einer (bedingten) Wahrscheinlichkeit β zu einem Fehler zweiter Art führt. Dieser nicht ganz einfache Beweis sei der Vollständigkeit halber in Unterabschnitt 5 ausgeführt.

5. Beweis zum sequentiellen Quotiententest

Zum Beweis folgen wir der Argumentation Walds: Einen Fehler erster Art begehen wir, wenn wir uns für H_1 entscheiden, obwohl H_0 gilt. E_1 sei die Menge aller möglichen Experimentalverläufe E, die im Quotiententest mit einer Entscheidung für H_1 enden. Für alle diese Experimentalverläufe E aus E_1 gilt also nach obiger Entscheidungsregel (R_2):

$$\frac{l_1(E)}{l_0(E)} \geq \frac{1-\beta}{\alpha}$$

und damit äquivalent $\left(\text{beidseitige Multiplikation mit } l_0(\mathrm{E}) \text{ und } \frac{\alpha}{1-\beta}\right)$

$$(1) \quad l_0(\mathrm{E}) \leq l_1(\mathrm{E}) \cdot \frac{\alpha}{1-\beta}.$$

Wir entscheiden uns für H_1, wenn irgendein Experimentalverlauf E aus E_1 beobachtet wird. Das Ereignis „Entscheidung für H_1" entspricht also einer Oder-Verknüpfung bzw. Vereinigung aller Experimentalverläufe E aus E_1. Die Wahrscheinlichkeit für dieses Ereignis ergibt sich somit als Summe der Wahrscheinlichkeiten für alle Experimentalverläufe E aus E_1; denn alle diese Experimentalverläufe „überschneiden" sich nicht, sie sind also unvereinbar. Damit ergibt sich für die Fehlerwahrscheinlichkeit erster Art:

$$\begin{aligned}
&\mathrm{P}(\text{Entscheidung für } \mathrm{H}_1|\mathrm{H}_0) \\
&= \mathrm{P}\Big(\bigcup_{\mathrm{E}\in E_1} \mathrm{E}|\mathrm{H}_0\Big) && \text{(nach (R2))} \\
&= \sum_{\mathrm{E}\in E_1} \mathrm{P}(\mathrm{E}|\mathrm{H}_0) && \text{(denn alle } \mathrm{E}\in E_1 \text{ sind unvereinbar)} \\
&= \sum_{\mathrm{E}\in E_1} l_0(\mathrm{E}) && \text{(Definition von } l_0(\mathrm{E})=\mathrm{P}(\mathrm{E}|\mathrm{H}_0)) \\
&\leq \sum_{\mathrm{E}\in E_1} \Big(l_1(\mathrm{E}) \cdot \frac{\alpha}{1-\beta}\Big) && \text{(denn die Abschätzung (1) gilt für jeden Summanden)} \\
&= \Big(\sum_{\mathrm{E}\in E_1} l_1(\mathrm{E})\Big) \cdot \frac{\alpha}{1-\beta} && \text{(Distributivgesetz („Ausklammern"))} \\
&= \Big(\sum_{\mathrm{E}\in E_1} \mathrm{P}(\mathrm{E}|\mathrm{H}_1)\Big) \cdot \frac{\alpha}{1-\beta} && \text{(Definition von } l_1(\mathrm{E})=\mathrm{P}(\mathrm{E}|\mathrm{H}_1)) \\
&= \mathrm{P}\Big(\bigcup_{\mathrm{E}\in E_1} \mathrm{E}|\mathrm{H}_1\Big) \cdot \frac{\alpha}{1-\beta} \\
&= \mathrm{P}(\text{Entscheidung für } \mathrm{H}_1|\mathrm{H}_1) \cdot \frac{\alpha}{1-\beta} && \text{(nach (R2))} \\
&\leq \frac{\alpha}{1-\beta} && \text{(denn P(Entscheidung für } \mathrm{H}_1|\mathrm{H}_1) \leq 1) \\
&\approx \alpha, \text{ sofern } \beta \text{ klein gewählt wurde.}
\end{aligned}$$

Ergebnis: Die (bedingte) Fehlerwahrscheinlichkeit erster Art beträgt, da β üblicherweise klein gewählt wird, höchstens ungefähr α. Die Forderung (F_1) wird also vom sequentiellen Quotiententest bis auf kleine Ungenauigkeiten erfüllt.

Völlig analog ergibt sich die Argumentation für die (bedingte) Fehlerwahrscheinlichkeit zweiter Art.
Es sei E_0 die Menge aller Experimentalverläufe E, die im Quotiententest mit einer Entscheidung für H_0 enden, für die also jeweils gilt (R_1):

$$\frac{l_1(\mathrm{E})}{l_0(\mathrm{E})} \leq \frac{\beta}{1-\alpha}$$

und dazu äquivalent

$$(2) \quad l_1(\mathrm{E}) \leq l_0(\mathrm{E}) \cdot \frac{\beta}{1-\alpha}.$$

Für die (bedingte) Fehlerwahrscheinlichkeit zweiter Art ergibt sich dann:

$$
\begin{aligned}
&P(\text{Entscheidung für } H_0|H_1)\\
&=P\left(\bigcup_{E\in\mathcal{E}_0} E|H_1\right)\\
&=\sum_{E\in\mathcal{E}_0} P(E|H_1)\\
&=\sum_{E\in\mathcal{E}_0} l_1(E)\\
&\leq \sum_{E\in\mathcal{E}_0}\left(l_0(E)\cdot\frac{\beta}{1-\alpha}\right) \qquad \text{(nach (2))}\\
&=\left(\sum_{E\in\mathcal{E}_0} l_0(E)\right)\cdot\frac{\beta}{1-\alpha}\\
&=\left(\sum_{E\in\mathcal{E}_0} P(E|H_0)\right)\cdot\frac{\beta}{1-\alpha}\\
&=P\left(\bigcup_{E\in\mathcal{E}_0} E|H_0\right)\cdot\frac{\beta}{1-\alpha}\\
&=P(\text{Entscheidung für } H_0|H_0)\cdot\frac{\beta}{1-\alpha}\\
&\leq\frac{\beta}{1-\alpha}\\
&\approx\beta, \text{ sofern } \alpha \text{ klein gewählt wurde.}
\end{aligned}
$$

Ergebnis: Die (bedingte) Fehlerwahrscheinlichkeit zweiter Art beträgt, da in der Regel auch α klein gewählt wird, höchstens ungefähr β. Der von Wald vorgeschlagene sequentielle Quotiententest genügt also – wie wir gezeigt haben – auch der Forderung (F_2), wiederum bis auf kleine Ungenauigkeiten. Insgesamt ist damit die Leistungsfähigkeit des Tests bewiesen.

Ergänzungen

1. Warum hieß es im Lehrtext im Unterabschnitt 4 ausdrücklich „in einer bestimmten Reihenfolge"? In welchem Sinne spielt die Reihenfolge in sequentiellen Hypothesentests eine Rolle? Wie steht es damit bei nicht sequentiellen Tests?

2. Die Argumentation in Unterabschnitt 5 des Lehrtextes, also der zentrale Beweis dieses Paragraphen, war nicht ganz exakt. Denn die Menge $\mathcal{E}_1$ besteht offensichtlich aus *unendlich* vielen Experimentalverläufen E.

a) Zeige, dass $\mathcal{E}_1$ abzählbar ist, indem du eine Regel angibst, wie der Reihe nach *alle* Experimentalverläufe $E\in\mathcal{E}_1$ abgezählt werden können. (Sie müssen also in eine Reihe gebracht werden).

b) Der Ausdruck $\sum_{E\in\mathcal{E}_1} P(E|H_1)$ bedeutet also eine unendliche Reihe, also eine Summe aus unendlich vielen Summanden.

Begründe, wieso diese Reihe konvergent ist. (Du musst dabei allerdings über das kolmogorowsche Axiomensystem aus § 3 hinausgehend voraussetzen, dass auch die Vereinigung von *unendlich* vielen Ereignissen, hier also $\bigcup_{E\in\mathcal{E}_1} E$, ein Ereignis ist und daher eine Wahrscheinlichkeit hat. Dies erscheint aber unmittelbar einleuchtend.)

6. Eine praktische Vereinfachung des sequentiellen Quotiententest

Die *praktische Durchführung* dieses leistungsfähigen sequentiellen Quotiententests gestaltet sich nun sehr einfach, wenn wir die in den Entscheidungsregeln (R_1) und (R_2) enthaltenen Ungleichungen äquivalent durch jeweils beiderseitiges Logarithmieren umformen. Denn dann gehen Produkte in Summen, Quotienten in Differenzen und Potenzen in Produkte über, was die rechnerische Handhabung erleichtert.

Führen wir dies für die Entscheidungsregel (R_1) aus:

$$\frac{l_1(E)}{l_0(E)} \leq \frac{\beta}{1-\alpha}$$

$$\Leftrightarrow \quad \ln \frac{l_1(E)}{l_0(E)} \leq \ln \frac{\beta}{1-\alpha} \quad \text{(denn die Funktion } f(x)=\ln x \text{ ist monoton steigend)}$$

$$\Leftrightarrow \quad \ln \frac{p_1^m(1-p_1)^{n-m}}{p_0^m(1-p_0)^{n-m}} \leq \ln \frac{\beta}{1-\alpha} \quad \text{(Definitionen von } l_1(E) \text{ und } l_0(E))$$

$$\Leftrightarrow m \cdot \ln \frac{p_1}{p_0} + n \cdot \ln \frac{1-p_1}{1-p_0} - m \cdot \ln \frac{1-p_1}{1-p_0} \leq \ln \frac{\beta}{1-\alpha}$$

$$\Leftrightarrow m \cdot \left(\ln \frac{p_1}{p_0} - \ln \frac{1-p_1}{1-p_0}\right) \leq \ln \frac{1-p_0}{1-p_1} \cdot n + \ln \frac{\beta}{1-\alpha} \quad \left(\text{denn: } -\ln \frac{1-p_1}{1-p_0} = \ln \frac{1-p_0}{1-p_1}\right)$$

$$\Leftrightarrow \begin{cases} m \leq \dfrac{\ln \frac{1-p_0}{1-p_1}}{\ln \frac{p_1}{p_0} - \ln \frac{1-p_1}{1-p_0}} \cdot n + \dfrac{\ln \frac{\beta}{1-\alpha}}{\ln \frac{p_1}{p_0} - \ln \frac{1-p_1}{1-p_0}}, & \text{falls } p_1 > p_0 \text{ ist,} \\ & \text{(Vergleiche folgende Bemerkung!)} \\ m \geq \dfrac{\ln \frac{1-p_0}{1-p_1}}{\ln \frac{p_1}{p_0} - \ln \frac{1-p_1}{1-p_0}} \cdot n + \dfrac{\ln \frac{\beta}{1-\alpha}}{\ln \frac{p_1}{p_0} - \ln \frac{1-p_1}{1-p_0}}, & \text{falls } p_1 < p_0 \text{ ist.} \end{cases}$$

(Bemerkung zur Fallunterscheidung: Falls $p_1 > p_0$ ist, dividieren wir beide Seiten der Ungleichung durch einen Term, der nur positive Werte annehmen kann; denn es ist dann
$\ln \frac{p_1}{p_0} - \ln \frac{1-p_1}{1-p_0} > 0.$
Falls $p_1 < p_0$ ist, dividieren wir durch einen Term, der nur negative Werte annehmen kann; denn dann ist $\ln \frac{p_1}{p_0} - \ln \frac{1-p_1}{1-p_0} < 0.$)

Für die Entscheidungsregel (R_2) ergibt sich im Kern dieselbe äquivalente Umformung; wir brauchen lediglich den Term $\frac{\beta}{1-\alpha}$ durch den Term $\frac{1-\beta}{\alpha}$ zu ersetzen.

Hier ergibt sich:

$$\frac{l_1(E)}{l_0(E)} \geq \frac{1-\beta}{\alpha} \Leftrightarrow \begin{cases} m \geq \dfrac{\ln \dfrac{1-p_0}{1-p_1}}{\ln \dfrac{p_1}{p_0} - \ln \dfrac{1-p_1}{1-p_0}} \cdot n + \dfrac{\ln \dfrac{1-\beta}{\alpha}}{\ln \dfrac{p_1}{p_0} - \ln \dfrac{1-p_1}{1-p_0}}, & \text{falls } p_1 > p_0, \\[2ex] m \leq \dfrac{\ln \dfrac{1-p_0}{1-p_1}}{\ln \dfrac{p_1}{p_0} - \ln \dfrac{1-p_1}{1-p_0}} \cdot n + \dfrac{\ln \dfrac{1-\beta}{\alpha}}{\ln \dfrac{p_1}{p_0} - \ln \dfrac{1-p_1}{1-p_0}}, & \text{falls } p_1 < p_0. \end{cases}$$

Damit lässt sich nun der Test in einfacher Form formulieren:

Sequentieller Quotiententest von Wald

Entschieden wird zwischen der Nullhypothese $H_0: p = p_0$ und der Alternativhypothese $H_1: p = p_1$ über die Wahrscheinlichkeit p eines Merkmals in der Population.

Als (ungefähre) Schranke für die (bedingte) Fehlerwahrscheinlichkeit erster Art, also die bedingte Wahrscheinlichkeit, gegen die Nullhypothese H_0 zu entscheiden unter der Bedingung, dass H_0 wahr ist, wird α gewählt.

Als (ungefähre) Schranke für die (bedingte) Fehlerwahrscheinlichkeit zweiter Art, also die bedingte Wahrscheinlichkeit, gegen die Alternativhypothese H_1 zu entscheiden unter der Bedingung, dass H_1 wahr ist, wird β gewählt.

Es werden nach Zufall sequentiell – also nach und nach – Elemente aus der Population entnommen und jeweils auf Vorliegen bzw. Nichtvorliegen des interessierenden Merkmals geprüft.

Haben nun von n geprüften Elementen m das Merkmal, so berechne man zunächst die kritischen Größen

$$k_0(n) = \frac{\ln \dfrac{1-p_0}{1-p_1}}{\ln \dfrac{p_1}{p_0} - \ln \dfrac{1-p_1}{1-p_0}} \cdot n + \frac{\ln \dfrac{\beta}{1-\alpha}}{\ln \dfrac{p_1}{p_0} - \ln \dfrac{1-p_1}{1-p_0}} \qquad \text{und}$$

$$k_1(n) = \frac{\ln \dfrac{1-p_0}{1-p_1}}{\ln \dfrac{p_1}{p_0} - \ln \dfrac{1-p_1}{1-p_0}} \cdot n + \frac{\ln \dfrac{1-\beta}{\alpha}}{\ln \dfrac{p_1}{p_0} - \ln \dfrac{1-p_1}{1-p_0}}.$$

Man entscheide sich dann wie folgt:

Im Falle $p_1 > p_0$:	**Im Falle $p_1 < p_0$:**
(1) Falls $m \leq k_0(n)$ ist,	**(1) Falls $m \geq k_0(n)$ ist,**

beende man die Datenerhebung und entscheide sich für H_0.

(2) Falls $m \geq k_1(n)$ ist,	**(2) Falls $m \leq k_1(n)$ ist,**

beende man die Datenerhebung und entscheide sich für H_1.

(3) Andernfalls erhebe man ein weiteres Datum und entscheide sich dann erneut.

Ergänzung

a) Wiederhole die Rechenregeln zum Logarithmus und die Eigenschaften der Logarithmus-Funktion.
b) Führe unter Bezug auf a) ausführlich die Argumentation des Unterabschnittes 6 für die Regel (R_2) durch.
c) Spielt es hier eigentlich eine Rolle, ob der Logarithmus zur Basis e oder zur Basis 10 benutzt wird? Begründung!

7. Zurück zum Einstiegsbeispiel zur Sequentialstatistik

Wenden wir dies nun an auf unser oben schon skizziertes Ausgangsbeispiel.
Es geht um die Heilungswahrscheinlichkeit der neuen Therapie. $H_0: p = p_0 = 0{,}5$ behauptet, diese Heilungswahrscheinlich betrage – wie bei der alten Therapie – 50%. $H_1: p = p_1 = 0{,}6$ dagegen behauptet, sie betrage 10 Prozentpunkte mehr, also 60%. Ein Fehler zweiter Art bedeutet hier in der Konsequenz, dass den an einer Krankheit leidenden Patienten eine wirkungsvollere Therapie vorenthalten bleibt. Ein Fehler erster Art bedeutet die „sinnlose“ Umstellung auf eine neue Therapie und damit verbundene Vergeudungen.

Eine vernünftige Abwägung – wie schwer ist die Krankheit, wie hoch sind die Mehrkosten der neuen Therapie? – habe zur Wahl von $\alpha = 0{,}05$ und $\beta = 0{,}10$ geführt.

Entsprechendes Einsetzen der nun festliegenden Werte für p_0, p_1, α und β führt zu den kritischen Werten

$$k_0(n) = 0{,}5503397 \cdot n - 5{,}552368 \text{ und } k_1(n) = 0{,}5503397 \cdot n + 7{,}128534.$$

Die folgende Tabelle zeigt die ersten Werte für $k_0(n)$ und $k_1(n)$ sowie einen Experimentalverlauf, der nach $n = 27$, also nach der Behandlung von 27 zufällig ausgesuchten Patienten, zur Entscheidung für H_1 geführt hat, nachdem $m = 22$ Patienten geheilt wurden.

n	$k_0(n)$	Merkmal*)	m	$k_1(n)$	Entscheidung
1	−5,00	+	1	7,68	weiter!
2	−4,45	−	1	8,23	weiter!
3	−3,90	+	2	8,78	weiter!
4	−3,35	+	3	9,33	weiter!
5	−2,80	+	4	9,88	weiter!
6	−2,25	+	5	10,43	weiter!
7	−1,70	+	6	10,98	weiter!
8	−1,15	−	6	11,53	weiter!
9	−0,60	+	7	12,08	weiter!
10	−0,05	+	8	12,63	weiter!
11	0,50	+	9	13,18	weiter!
12	1,05	−	9	13,73	weiter!
13	1,60	+	10	14,28	weiter!

14	2,15	+	11	14,83	weiter!
15	2,70	+	12	15,38	weiter!
16	3,25	+	13	15,93	weiter!
17	3,80	+	14	16,48	weiter!
18	4,35	+	15	17,03	weiter!
19	4,90	+	16	17,58	weiter!
20	5,45	+	17	18,14	weiter!
21	6,00	−	17	18,69	weiter!
22	6,56	+	18	19,24	weiter!
23	7,11	+	19	19,79	weiter!
24	7,66	+	20	20,34	weiter!
25	8,21	−	20	20,89	weiter!
26	8,76	+	21	21,44	weiter!
27	9,31	+	22	21,99	für H_1 und Ende!

*) Merkmal vorhanden (+) (also Heilung),
Merkmal nicht vorhanden (−) (also keine Heilung)

Tabelle: Entscheidungsplan im sequentiellen Quotiententest für $p_0=0{,}5$, $p_1=0{,}6$, $\alpha=0{,}05$ und $\beta=0{,}10$

Das Experiment endet also nach 27 behandelten Patienten, von denen 22 geheilt wurden und fünf nicht, mit einer Entscheidung für H_1.

Es gibt nun auch noch die Möglichkeit, den sequentiellen Quotiententest graphisch zu organisieren.
Die kritischen Werte $k_0(n)$ und $k_1(n)$ sind offensichtlich lineare Funktionen von n und damit in einem Koordinatensystem als Geraden darstellbar. Diese Geraden sind überdies parallel, denn sie haben dieselbe Steigung. Für unser Beispiel zeigt Bild 10.3 eine solche graphische Organisation des sequentiellen Quotiententests, der als „Entscheidungsspaziergang" mit Papier und Bleistift gänzlich ohne Zwischenberechnungen abläuft.

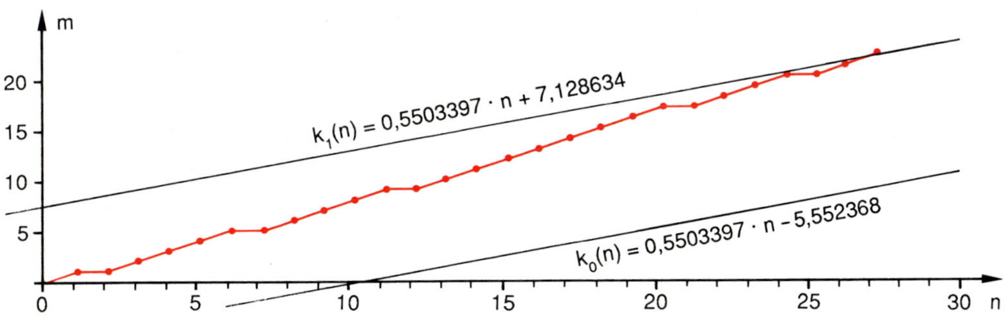

Bild 10.3: Plan für einen „Entscheidungsspaziergang" zum sequentiellen Quotiententest des Beispiels im Text. Jedes erhaltene Datum wird eingetragen, bei Vorliegen des Merkmals diagonal, bei Ausbleiben des Merkmals horizontal. Gerät man dabei in das Gebiet oberhalb der durch $k_1(n)=0{,}5503397\,n+7{,}128534$ definierten Geraden, so beende man die Datenerhebung und entscheide sich für H_1. Gerät man in das Gebiet unterhalb der durch $k_0(n)=0{,}5503397\,n-5{,}552368$ definierten Geraden, so beende man die Datenerhebung und entscheide sich für H_0. Eingetragen ist – wie in Bild 10.2 – als Beispiel ein Experimentalverlauf, der nach 27 Durchgängen mit der Entscheidung für H_1 endet, nachdem das Merkmal 22-mal aufgetreten ist und fünfmal nicht.

Ergänzung

a) Man kann zeigen, dass der sequentielle Quotiententest mit der Wahrscheinlichkeit 1 irgendwann einmal in einer Entscheidung zwischen den Hypothesen endet. Versuche, dir dies plausibel zu machen, indem du die Gegenwahrscheinlichkeit untersuchst, dass der sequentielle Quotiententest nie in einer Entscheidung zwischen den beiden Hypothesen endet. Es reichen Plausibilitätsüberlegungen. Hinweis: Denke dir im graphischen Entscheidungsplan die n-Achse eingeteilt in Abschnitte mit einer Länge von beispielsweise 100 Einheiten und überlege dir, mit welcher Wahrscheinlichkeit der „Entscheidungsspaziergang" jeweils in diesem Abschnitt zwischen den kritischen Geraden bleibt. Was folgt dann für „ganz viele" solche Abschnitte?
b) Bedeutet der Sachverhalt aus a), dass man als Forscher sicher sein kann, das Ende der sequentiellen Datenerhebung noch zu erleben?

8. Erweiterung zum sequentiellen Quotiententest

Wir haben bei unseren Betrachtungen zum sequentiellen Quotiententest bislang eine einfache Alternativhypothese $H_1: p = p_1$ unterstellt. Viel wichtiger für die Anwendung sind indessen Entscheidungsprobleme mit *zusammengesetzter* Alternativhypothese der Form $H_1: p \geq p_1$ (im Falle $p_1 > p_0$) bzw. $H_1: p \leq p_1$ (im Falle $p_1 < p_0$).

So dürfte etwa in unserem Beispiel vor allem eigentlich die Entscheidung interessieren zwischen der Nullhypothese $H_0: p = 0{,}5$ und der zusammengesetzten Alternativhypothese $H_1: p \geq 0{,}6$. Denn man wäre daran interessiert, ob die Erfolgsquote bei der neuen Therapie *mindestens* (und nicht nur genau) 0,6 beträgt, ob also die Einführung der neuen Therapie sich lohnen könnte, weil sie die Erfolgsquote um *mindestens* (und nicht nur genau) 10 Prozentpunkte verbessert.

Nun machen einfache Überlegungen plausibel, dass der oben definierte sequentielle Quotiententest sich auch als Test der Nullhypothese gegen eine derartige zusammengesetzte Alternativhypothese eignet.
Betrachten wir ohne Beschränkung der Allgemeingültigkeit den Fall $p_1 > p_0$ (wie im Beispiel). Die zusammengesetzte Alternativhypothese lautet hier $H_1: p \geq p_1$. Wir müssen also begründen, dass die bedingte Fehlerwahrscheinlichkeit zweiter Art durch das vorgewählte β (in etwa) beschränkt ist nicht nur, wenn das „wahre" p mit p_1 übereinstimmt, sondern für alle „wahren" p größer oder gleich p_1. Dies dürfte aber unmittelbar einleuchten: Die Wahrscheinlichkeit für eine (fälschliche) Entscheidung zugunsten der Nullhypothese ergibt sich im sequentiellen Quotiententest jeweils aus den Wahrscheinlichkeiten, höchsten $k_0(n)$-mal das Merkmal in der erhobenen Stichprobe vorzufinden. Diese Wahrscheinlichkeiten, höchstens $k_0(n)$-mal das Merkmal in der Zufallsstichprobe zu beobachten, sind aber offensichtlich desto kleiner, je größer die „wahre" Wahrscheinlichkeit p des Merkmals in der Population ist. Je wahrscheinlicher ein Merkmal in der Population ist, desto unwahrscheinlicher ist es, dieses Merkmal in einer Zufallsstichprobe nur selten zu beobachten.

Daraus ergibt sich: Ist dieses „wahre" p noch größer als p_1, dann ist die Wahrscheinlichkeit, sich im Quotiententest zu Unrecht für die Nullhypothese zu entscheiden, noch geringer als im Falle eines „wahren" p gleich p_1. Die gewählte Grenze β beschränkt also die (bedingten) Fehlerwahrscheinlichkeiten zweiter Art auch (und sogar „erst Recht") im Falle zusammengesetzter Alternativhypothesen. Wir notieren also:

Sequentieller Quotiententest bei einer zusammengesetzten Alternativhypothese

Der sequentielle Quotiententest von Wald eignet sich auch als Test der Nullhypothese $H_0: p = p_0$ gegen die *zusammengesetzte* Alternativhypothese

im Falle $p_1 > p_0$	im Falle $p_1 < p_0$
$H_1: p \geq p_1$.	$H_1: p \leq p_1$.

Ergänzung

Die bedingten Fehlerwahrscheinlichkeiten erster und zweiter Art werden im sequentiellen Quotiententest durch die gewählten Grenzen α und β nicht exakt begrenzt. Wenn du nun aber Wert darauf legst, dass beide Fehlerwahrscheinlichkeiten höchstens *genau* 0,05 betragen, mit welchen Größen α und β müsstest du dann arbeiten?

Übungen und Aufgaben

1. Gib für folgende sequentielle Quotiententests jeweils die Gleichungen für $k_0(n)$ und $k_1(n)$ in Form von Geradengleichungen an:
a) $H_0: p=0,3$; $H_1: p \geq 0,7$; $\alpha=\beta=0,05$ **b)** $H_0: p=0,7$; $H_1: p \leq 0,3$; $\alpha=\beta=0,05$
c) $H_0: p=0,3$; $H_1: p=0,7$; $\alpha=\beta=0,01$ **d)** $H_0: p=0,5$; $H_1: p \geq 0,51$; $\alpha=\beta=0,01$
e) $H_0: p=0,5$; $H_1: p \geq 0,6$; $\alpha=0,01$; $\beta=0,10$

2. a) Teste mit Hilfe des sequentiellen Quotientests zu $\alpha=0,05$ und $\beta=0,10$, ob eine Münze fair ist, also mit 50%iger Wahrscheinlichkeit „Kopf" zeigt, oder ob sie so gefälscht ist, dass sie mit mindestens 60%iger Wahrscheinlichkeit „Kopf" zeigt.
b) Führe dieselbe Prüfung zu $\alpha=0,10$ und $\beta=0,05$ durch.
Arbeite bei a) und b) sowohl rechnerisch als auch graphisch.

3. a) Führt (in mehreren Gruppen) den Test von Aufg. 2.a) mit einer fairen Münze einhundertmal durch und notiert jeweils die Länge der Stichprobe, also die Anzahl der Würfe bis zur Entscheidung zwischen den Hypothesen.
b) Schätzt aufgrund von a), wie lange es „im Schnitt" dauert, bis eine Entscheidung zwischen den Hypothesen fällt.
c) Führt (Arbeitsteilung in Gruppen) den Test von Aufg. 2.a) einhundertmal wie in a) durch, jetzt aber mit einer simulierten, unfairen Münze: Werft jeweils mit zwei fairen Münzen und notiert das Ergebnis „Kopf", wenn mindestens eine der beiden Münzen Kopf zeigt, d.h. also mit einer „wahren" Wahrscheinlichkeit von 0,75.
d) Schätzt auch in c) wieder die „durchschnittliche" Länge bis zur Entscheidung zwischen den Hypothesen.
e) Vergleicht die Schätzwerte in b) und d) und interpretiert sie. Wie hängt die „durchschnittliche" Stichprobenlänge bis zur endgültigen Entscheidung vom „wahren" p ab?
(Hinweis: Ihr könnt ggf. auch auf eure Ergebnisprotokolle zur Ergänzung nach Unterabschnitt 1 zurückgreifen.)

4. Wie ihr sicherlich auch in Aufgabe 3 gesehen habt, bietet die Sequentialstatistik in der Regel den Vorteil kleinerer Stichproben. Skizziert einige Anwendungsfälle, in denen dieser Vorteil besonders wichtig ist. (Denkt dabei nicht nur an die ökonomischen Kosten, sondern auch an die ethisch-moralischen Probleme mancher Forschung.)

5. Diskutiere die Zusammenhänge zwischen α, β, p_0 und p_1 einerseits, den Steigungen und Achsenabschnitten der kritischen Geraden $k_0(n)$ und $k_1(n)$ im graphischen Entscheidungsplan andererseits. Orientiere dich ggf. auch an den Lösungen zu Aufgabe 1.

6. Die übliche Praxis nicht sequentiellen Hypothesentestens in den Wissenschaften wird vor allem zweifach kritisiert:
Erstens werde häufig erst *nach* der Sichtung der Daten ein Hypothesentest festgelegt. Zweitens besage häufig die statistische Signifikanz eines Ergebnisses (also die Tatsache der Entscheidung gegen die Nullhypothese) wenig über die praktische Relevanz des Ergebnisses, also darüber, wie stark die „Realität" von der Nullhypothese abweiche. Beurteile die Sequentialstatistik im Hinblick auf diese Kritik.

§ 11 Ein weiterer Signifikanztest: Der Vorzeichenrangtest

I. Der Vorzeichentest

1. Problemstellung

Der Betriebspsychologe eines Großunternehmens vermutet, dass die Fehlzeiten von Angestellten einen Grund in Gefühlen von Stress und Überforderung haben könnten. Vorausgesetzt, diese Vermutung trifft zu, dann müssten die Fehlzeiten geringer werden, wenn die Angestellten besser mit diesen Gefühlen umgehen könnten – etwa mit Hilfe von Stressbewältigungs- oder Entspannungstechniken. Der Psychologe vermutet deshalb, dass ein intensives Entspannungstraining die Fehlzeiten vermindern könnte. Bevor aber der Unternehmensleitung vorgeschlagen wird, zur Senkung der Fehlzeiten allen Angestellten ein Entspannungstraining anzubieten, möchte der Psychologe seine Vermutung überprüfen.

Er führt deshalb mit einer kleinen Zufallsstichprobe von 9 Angestellten aus den vielen tausend Angestellten der Firma ein Entspannungstraining durch und vergleicht später die Fehlzeiten (in Stunden) dieser Trainingsteilnehmer im Jahr nach dem Training mit ihren Fehlzeiten im Jahr vor dem Training. Gesucht ist ein Entscheidungsverfahren zu der Frage, ob der Firmenleitung die Einrichtung von Entspannungstrainings für alle Angestellten empfohlen werden soll oder nicht.

Ergänzungen

1. Konstruiere für diese Situation einen Signifikanztest.

2. Beschreibe für diesen Signifikanztest die Konsequenzen eines Fehlers 1. und 2. Art. Wie würdest du das Signifikanzniveau wählen?

2. Der Vorzeichentest und seine Grenzen

Die Ergebnisse des Experimentes zeigt folgende Tabelle. Die erste Spalte enthält die Nummer des Trainingsteilnehmers, die zweite Spalte dessen Fehlzeit in Stunden im Jahr vor dem Training, die dritte Spalte die entsprechende Fehlzeit im Jahr nach dem Training. In der vierten Spalte findet sich schließlich die Differenz beider Fehlzeiten mit dem entsprechenden Vorzeichen: Ein Pluszeichen bedeutet eine Verringerung der Fehlzeiten, also eine Verbesserung – jedenfalls aus der Sicht der Firmenleitung –, ein Minuszeichen eine Erhöhung der Fehlzeiten.

Teilnehmer-Nr.	Fehlzeit in Stunden vorher	Fehlzeit in Stunden nachher	Differenz
1	95	20	+75
2	10	2	+ 8
3	8	13	− 5
4	18	0	+18
5	45	20	+25
6	0	14	−14
7	50	10	+40
8	30	40	−10
9	64	16	+48

Als Entscheidungsverfahren bietet sich ein (einseitiger) Signifikanztest wie in § 9 an, dessen Hypothesen sich auf die Wahrscheinlichkeit p einer Verbesserung, also einer Verringerung der Fehlzeiten nach dem Entspannungstraining, sprich einer *positiven* Differenz im Versuchsprotokoll, beziehen.

Der Forschungshypothese oder Vermutung des Psychologen entspricht dann die Alternativhypothese H_1: $p > 0{,}5$, dass also (in der Population aller Firmenangestellten) eine Fehlzeitenabnahme nach einem Entspannungstraining wahrscheinlicher ist als eine Fehlzeitenzunahme. Die Nullhypothese lautet H_0: $p = 0{,}5$ und bedeutet, dass (in der Population) Fehlzeitenabnahme und Fehlzeitenzunahme nach einem Entspannungstraining gleich wahrscheinlich sind, dass also im Versuchsprotokoll Plus- und Minuszeichen mit gleicher Wahrscheinlichkeit zu erwarten sind. Der Psychologe gesteht sich nach Abwägen der Konsequenzen möglicher Fehlentscheidungen ein Signifikanzniveau von maximal 5% zu. Dies ergibt nach unseren Überlegungen in § 9 mit Hilfe der Binomialtabelle im Anhang folgenden konkreten Signifikanztest (vgl. auch Bild 11.1.).

Falls bei mehr als 7 von den insgesamt 9 Trainingsteilnehmern die Fehlzeit nach dem Training geringer ist als vorher, falls also mehr als 7 Pluszeichen im Versuchsprotokoll auftauchen, entscheide man sich für H_1 (Empfehlung an die Firmenleitung). Andernfalls entscheide man sich für H_0 (keine Empfehlung an die Firmenleitung).

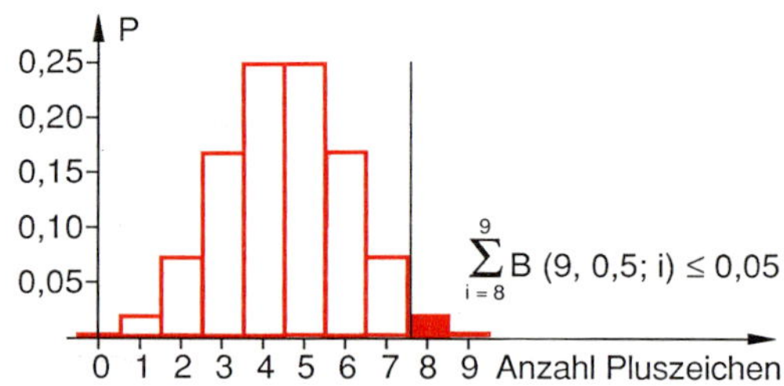

Bild 11.1: B (9; 0,5)-Verteilung der Pluszeichen

Da in obiger Tabelle nur 6 Pluszeichen auftauchen, müsste der Psychologe sich bei diesem Signifikanztest für die Nullhypothese entscheiden und von einer entsprechenden Empfehlung an die Firmenleitung Abstand nehmen.

Prüfgröße dieses Signifikanztestes ist die **Anzahl der Pluszeichen** in der vierten Spalte des obigen Versuchsprotokolls. Dieser Test „interessiert“ sich also nur für die Vorzeichen der Differenzen in dieser Spalte, nicht aber für die *betragsmäßige* Größe dieser Differenzen. Die Differenz „ + 75“ des ersten Teilnehmers etwa „zählt“ für diesen Test

genauso viel wie die Differenz „+8" des zweiten Teilnehmers. Der Test „prüft" also nur, welches Vorzeichen eine Differenz hat, nicht aber, wie groß sie ist. Deshalb nennt man diesen Test auch **Vorzeichentest**.
Der Vorzeichentest prüft, wie sich in Verbindung mit den Überlegungen aus § 9 ergibt, Hypothesen über die Wahrscheinlichkeit p eines (positiven bzw. negativen) Vorzeichens einer Differenz, Hypothesen also nur über die *Wahrscheinlichkeit*, dass eine Veränderung in die eine bzw. andere Richtung erfolgt.
Betrachten wir noch einmal die obige Tabelle mit den Versuchsergebnissen: Hier fällt auf, dass die positiven Differenzen vom Betrag her zumeist größer sind als die negativen Differenzen. Das aber heißt: Die Fehlzeitenabnahmen sind – in der Zufallsstichprobe – vom *Ausmaß* her zumeist viel größer als die Fehlzeitenzunahmen. Es könnte also sein, dass in der Population zwar, wie der Vorzeichentest andeutet, Fehlzeitenzunahme und Fehlzeitenabnahme gleich wahrscheinlich sind, dass aber die Fehlzeitenabnahme vom Betrag her zumeist viel größer ist als die Fehlzeitenzunahme. Dies würde aber dafür sprechen, der Firmenleitung die Einrichtung eines Entspannungstrainings für alle zu empfehlen. Für die Summe aus den Fehlzeiten aller Angestellten – also für den jährlichen Gesamtverlust der Firma aufgrund von Fehlzeiten – wäre dann nämlich eine Verringerung zu erwarten.
Offenkundig kann aber dies von dem Vorzeichentest nicht „entdeckt" werden. Gesucht ist daher für die Entscheidungssituation des Betriebspsychologen in Alternative zum Vorzeichentest ein Signifikanztest, der sich auch für das *Ausmaß* der Fehlzeitenveränderung nach dem Training interessiert, und nicht nur – wie der Vorzeichentest – für die *Richtung* dieser Veränderung.

Ergänzung

1. Vergleiche im Ergebnisprotokoll die Mittelwerte der zweiten und dritten Spalte und interpretiere den Unterschied zwischen diesen Mittelwerten inhaltlich.

2. Kann man davon ausgehen, dass sich auch in der Population aller (denkbaren) Trainingsteilnehmer die Mittelwerte in den Fehlzeiten vor und nach dem Training so wie in der Stichprobe unterscheiden?

II. Der Vorzeichenrangtest

1. Die Grundidee

Wir greifen zurück auf das tabellarische Ergebnisprotokoll und ordnen die Differenzen aus der vierten Spalte nach der Größe ihrer Beträge, also unter Missachtung ihres Vorzeichens. Dazu notieren wir der Einfachheit halber in einer zusätzlichen fünften Spalte die Rangplätze, die die jeweiligen Beträge der Differenzen in dieser der Größe nach geordneten Reihe einnehmen (Rangplatz 1 für den kleinsten, Rangplatz 9 für den größten Betrag).

Teilnehmer-Nr.	Fehlzeit in Stunden vorher	nachher	Differenz	Rangplatz	davon positiv	davon negativ
1	95	20	+75	**9**	**9**	
2	10	2	+ 8	**2**	**2**	
3	8	13	− 5	**1**		**1**
4	18	0	+18	**5**	**5**	
5	45	20	+25	**6**	**6**	
6	0	14	−14	**4**		**4**
7	50	10	+40	**7**	**7**	
8	30	40	−10	**3**		**3**
9	64	16	+48	**8**	**8**	
				+	+	+
			Summe:	**45** ($=R^+ + R^-$)	**37** ($=R^+$)	**8** ($=R^-$)

In einer sechsten und siebenten Spalte sind zusätzlich die Rangplatznummern nur der positiven bzw. nur der negativen Differenzen herausgestellt und schließlich am unteren Spaltenrand summiert. R^+ ist dabei die Rangplatzsumme der positiven Differenzen, R^- die Rangplatzsumme der negativen Differenzen. $R^+ + R^- = 1 + 2 + 3 + \ldots + 9 = 45$.

Schreiben wir die der Größe nach geordneten Differenzbeträge nebeneinander und darunter jeweils die zugehörigen Vorzeichen der Differenzen auf, so erhalten wir folgende Reihe:

Rangplatz	1	2	3	4	5	6	7	8	9
Betrag der Differenz	5	8	10	14	18	25	40	48	75
Vorzeichen der Differenz	−	+	−	−	+	+	+	+	+

Die letzte Zeile zeigt – als Zusammenfassung oder Ergebnis der Versuchsauswertung – eine bestimmte Anordnung von 9 Plus- und Minuszeichen, also ein 9-Tupel mit Wiederholung aus der zweielementigen Menge $\{+, -\}$.

Auf diese Anordnung von Plus- und Minuszeichen – letztlich also auf die „Ränge" dieser Vorzeichen – wollen wir unsere weiteren Überlegungen beschränken; darüber hinaus werden wir keine weiteren Informationen aus dem Versuchsprotokoll entnehmen.

Aufgrund unserer kombinatorischen Überlegungen aus § 2 ergibt sich, dass man insgesamt $2^9 = 512$ verschiedene 9-Tupel (mit Wiederholung) aus den beiden Elementen „+" und „−" bilden kann, dass also „rein theoretisch" als Ergebnis des Experimentes des Psychologen 512 verschiedene solcher Abfolgen von insgesamt 9 Plus- oder Minuszeichen möglich sind.

Nehmen wir nun an, das Entspannungstraining hätte keinen systematischen Einfluss auf die Fehlzeiten, dann müssten sich die Veränderungen in den Fehlzeiten – also die vierte Spalte des Ergebnisprotokolls – rein „zufällig" ergeben. Insbesondere müsste dann auf jeden Rangplatz in der eben erstellten Reihe mit gleicher Wahrscheinlichkeit ein Plus- oder ein Minuszeichen kommen; die Verteilung der Plus- und Minuszeichen auf die 9 Plätze der Rangreihe der Differenzbeträge könnte gleichsam als Ergebnis neun unabhängiger fairer Münzwürfe gedacht werden. Eine bestimmte Reihe, also ein bestimmtes 9-Tupel aus Plus- und Minuszeichen, hätte dann folgerichtig die Wahrscheinlichkeit $0{,}5^9 = \frac{1}{512} = 0{,}001953125$. Alle bei der Versuchsauswertung möglichen 9-Tupel hätten dann diese gleiche Wahrscheinlichkeit.

Wir nehmen weiterhin an, dass das Entspannungstraining keinen Effekt auf die Fehlzeiten hat. Dieser Annahme entsprach im Vorzeichentest die Nullhypothese. Auch hier wählen wir daher als Nullhypothese:

H_0: Alle Anordnungen von Plus- und Minuszeichen (aufgrund der Rangreihe der Differenzbeträge) ergeben sich mit gleicher Wahrscheinlichkeit.

Unterstellen wir also weiterhin die Gültigkeit dieser Nullhypothese H_0, d.h. die Gleichwahrscheinlichkeit aller als Ergebnis der Versuchsauswertung möglichen 9-Tupel aus „+" und „−". Wie wahrscheinlich ist es dann, dass – wie es dem Versuchsprotokoll gemäß tatsächlich der Fall ist – die Rangsumme R^+ der Pluszeichen genau 37 beträgt, die Rangsumme R^- der Minuszeichen also $45 - 37 = 8$ ist? Im Sinne von Laplace müssen wir nur die dafür „günstigen" Ergebnisse abzählen, also feststellen, welche 9-Tupel zu $R^+ = 37$ bzw. $R^- = 8$ führen. Offensichtlich sind das die folgenden sechs Tupel:

	1 2 3 4 5 6 7 8 9	„Minusplätze"
1.	+ + + + + + + − +	8
2.	− + + + + + − + +	1, 7
3.	+ − + + + − + + +	2, 6
4.	+ + − + − + + + +	3, 5
5.	− − + + − + + + +	1, 2, 5
6.	− + − − + + + + +	1, 3, 4

Diese Tupel lassen sich bequem durch die Angabe der Plätze kennzeichnen, die durch ein Minuszeichen besetzt sind; nennen wir diese Plätze kurz „Minusplätze". (Die Summe aus den Platznummern dieser Minusplätze muss gerade 8 ergeben.)

Da genau sechs 9-Tupel die Rangsumme $R^+ = 37$ bzw. $R^- = 8$ ergeben, können wir festhalten:

$$P(R^+ = 37 \mid H_0) = P(R^- = 8 \mid H_0) = \tfrac{6}{512}.$$

In gleicher Weise können wir für jeden beliebigen anderen Wert durch Abzählen der entsprechenden Tupel jeweils die bedingte Wahrscheinlichkeit bestimmen, dass die Rangsumme R^+ bzw. R^- diesen Wert annimmt.

Gegen die Nullhypothese und für die Wirksamkeit des Entspannungstrainings sprechen offensichtlich große Werte von R^+ – wie hier etwa der im Vergleich zum Maximalwert 45 recht große Wert 37 – bzw. äquivalent dazu kleine Werte von R^- (hier 8). Denn diese Werte deuten darauf hin, dass die positiven Veränderungen aufgrund des Trainings, also Fehlzeitenabnahmen, in der „Größenordnung“ insgesamt höher angesiedelt sind als die negativen Veränderungen, also Fehlzeitenzunahmen. Es interessieren also die (nullhypothetischen) Wahrscheinlichkeiten, mit denen R^+ bzw. R^- extreme Werte annimmt. Diese bedingten Wahrscheinlichkeiten erhalten wir in folgender Tabelle:

j	„Minusplätze“ der Tupel mit $R^-=j$	Anzahl der Tupel mit $R^-=j$	$P(R^-=j\mid H_0)$	$P(R^-\leq j\mid H_0)$	$R^+=45-j$
0	keiner	1	$\frac{1}{512}$	$\frac{1}{512}$	45
1	1	1	$\frac{1}{512}$	$\frac{2}{512}$	44
2	2	1	$\frac{1}{512}$	$\frac{3}{512}$	43
3	3 oder 1 und 2	2	$\frac{2}{512}$	$\frac{5}{512}$	42
4	4 oder 1 und 3	2	$\frac{2}{512}$	$\frac{7}{512}$	41
5	5 oder 1 und 4 oder 2 und 3	3	$\frac{3}{512}$	$\frac{10}{512}$	40
6	6 oder 1 und 5 oder 2 und 4 oder 1, 2 und 3	4	$\frac{4}{512}$	$\frac{14}{512}$	39
7	7 oder 1 und 6 oder 2 und 5 oder 3 und 4 oder 1, 2 und 4	5	$\frac{5}{512}$	$\frac{19}{512}$	38
8	8 oder 1 und 7 oder 2 und 6 oder 3 und 5 oder 1, 2 und 5 oder 1, 3 und 4	6	$\frac{6}{512}$	$\frac{25}{512}=0{,}0488$	37
9	9 oder 1 und 8 oder 2 und 7 oder 3 und 6 oder 4 und 5 oder 1, 2 und 6 oder 1, 3 und 5 oder 2, 3 und 4	8	$\frac{8}{512}$	$\frac{33}{512}=0{,}0644$	36

Fazit: Die bedingte Wahrscheinlichkeit, dass die Rangsumme R^- höchstens 8 – bzw. die Rangsumme R^+ mindestens 37 – erreicht, unter der Bedingung, dass die Nullhypothese H_0 gilt, dass also das Entspannungstraining wirkungslos ist, beträgt 0,0488, also gerade etwas weniger als das vorgewählte Signifikanzniveau 5%, das sich der Psychologe als bedingte Wahrscheinlichkeit dafür zugestanden hat, der Firmenleitung ein in Wahrheit wirkungsloses Entspannungstraining zu empfehlen.

Die Forschungshypothese des Psychologen, also die vermutete Wirksamkeit des Entspannungstrainings, lässt sich nun in Abgrenzung zur Nullhypothese H_0 als Alternativhypothese H_1 etwa so formulieren:

H_1: Die Anordnungen von Plus- und Minuszeichen (aufgrund der Rangreihe der Differenzbeträge im Ergebnisprotokoll) ergeben sich nicht mit gleicher Wahrscheinlichkeit. Und zwar sind die Anordnungen, bei denen die Rangsumme R^- der negativen Vorzeichen kleiner ist als die Rangsumme R^+ der positiven Vorzeichen, wahrscheinlicher als Anordnungen, bei denen umgekehrt R^- größer als R^+ ist.

Nun lässt sich das gesuchte Entscheidungsverfahren für den Psychologen formulieren:

Falls die aus dem Versuchsprotokoll berechnete Rangsumme R^- höchstens 8 beträgt, so entscheide man sich für H_1 (Empfehlung an die Firmenleitung). Andernfalls entscheide man sich für H_0 (keine Empfehlung an die Firmenleitung). Die Prüfgröße in diesem Entscheidungsverfahren ist also die Rangsumme R^+ bzw. R^-.

Dieses Entscheidungsverfahren ist ein Signifikanztest zum Signifikanzniveau 5%. Denn es gilt ja nach unseren Überlegungen auch für dieses Verfahren:

$$\begin{aligned} &P\,(\text{Fehler 1. Art} \mid H_0) \\ &= P\,(\text{Entscheidung für } H_1 \mid H_0) \\ &= P\,(R^- \leq 8 \mid H_0) \\ &= 0{,}0488 \approx 0{,}05\,. \end{aligned}$$

Auch bei diesem Hypothesentest riskiert der Psychologe also mit einer Wahrscheinlichkeit von etwa 5%, der Firmenleitung ein tatsächlich unwirksames Entspannungstraining vorzuschlagen.

Der hier entwickelte Test heißt, weil er sich für die Rangplätze in einer Reihe von Vorzeichen „interessiert", **Vorzeichenrangtest**, genauer: Matched-pairs-signed-ranks-Test von F. Wilcoxon.
Das Ergebnisprotokoll des Psychologen oben erbrachte konkret $R^- = 8$. Im Vorzeichenrangtest fällt damit die Entscheidung zugunsten der Alternativhypothese. Hiernach sollte der Psychologe – anders als beim Vorzeichentest – der Firmenleitung das Entspannungstraining für alle empfehlen.

Ergänzungen

1. Wenn sich der Psychologe nur ein Signifikanzniveau von 1% zugestanden hätte: Wie hätte dann das Entscheidungsverfahren, der Vorzeichenrangtest, aussehen müssen?

2. Konstruiere einen Vorzeichenrangtest zum Niveau 5% für eine Stichprobengröße $n = 8$.

3. a) Betrachte noch einmal obigen Test: Der Unterschied zwischen Teilnehmer 4 und 5 beträgt $25 - 18 = 7$ Stunden, d.h., bei Teilnehmer 5 nahm die Fehlzeit nach dem Training um 7 Stunden mehr ab als bei Teilnehmer 4. Der entsprechende Unterschied zwischen Teilnehmer 9 und 1

beträgt demgegenüber erheblich mehr, $75-48=27$ Stunden. Spielt diese Unterschiedlichkeit der Unterschiede für den Vorzeichenrangtest eine Rolle oder behandelt der Vorzeichenrangtest diese Unterschiede gleich?
b) Hätte es eine Konsequenz im Vorzeichenrangtest, wenn die Fehlzeitenabnahme des Teilnehmers 1 statt 75 nur 50 Stunden betragen hätte?

4. a) Wäre folgendes Ergebnis im obigen Vorzeichenrangtest möglich: $R^+=23$ und $R^-=22$, d.h die beiden Rangsummen sind nahezu gleich – und die Entscheidung fällt somit natürlich für die Nullhypothese – und zugleich ist „trotzdem" die durchschnittliche Fehlzeit der Teilnehmer nach dem Training deutlich geringer als vor dem Training?
b) Was bedeutet dies für die Leistungsfähigkeit des Vorzeichenrangtests?

5. Der obige Vorzeichenrangtest macht die Voraussetzung, dass für jede Person aus der Zufallsstichprobe entweder (mit Wahrscheinlichkeit p) ein Pluszeichen oder (mit der Gegenwahrscheinlichkeit $1-p$) ein Minuszeichen erscheint. Daraus folgt: Die Wahrscheinlichkeit dafür, dass sich bei einer Person weder ein Plus- noch ein Minuszeichen ergibt, weil sie nämlich vorher genauso lange fehlt wie nachher, diese Wahrscheinlichkeit beträgt 0. Welches Vorgehen erscheint dir angemessen, wenn nun doch in der Zufallsstichprobe vereinzelt bzw. sogar vermehrt solche Nulldifferenzen ohne Vorzeichen auftauchen?

6. Zeige allgemein: $1+2+3+\ldots+n=\frac{n}{2}\cdot(n+1)$.

2. Die Praxis

Die Auflistung aller Tupel aus „+" und „−" mit entsprechend großen bzw. kleinen Rangsummen R^+ und R^- wie oben ist mühsam, insbesondere bei größeren Stichprobenumfängen. In der Praxis benutzt man daher – sofern man nicht ohnehin mit dem Computer arbeitet (vgl. Ergänzung 3; S. 186) – Tabellen zum Nachschlagen, welche die Durchführung des Tests ungemein vereinfachen, weil sie bereits das Ergebnis der „Auflistungsarbeit" enthalten. Tabelle III im Anhang enthält für verschiedene Signifikanzniveaus α und verschiedene Stichprobenumfänge n kritische Werte für die Prüfgröße des Vorzeichenrangtestes. Prüfgröße ist dabei diejenige Rangsumme, für die bei Geltung der Alternativhypothese eher kleine als große Werte zu erwarten sind. Nimmt diese Prüfgröße in der Zufallsstichprobe höchstens den entsprechenden kritischen Wert aus Tabelle III an, so fällt die Entscheidung im Vorzeichenrangtest zugunsten der Alternativhypothese; andernfalls wird für die Nullhypothese entschieden.

Beispiel

In Kreisen von Mathematiklehrern wird die Vermutung geäußert, dass Stochastikunterricht die weit verbreitete Abneigung von Schülern gegenüber Mathematikunterricht ein wenig verringert. Zur Überprüfung dieser Vermutung werden daher von einem Lehrer 15 zufällig ausgesuchte Schüler (verschiedener Schulen) darum gebeten, durch eine Zahl zwischen 1 und 1000 anzugeben, wie viel Promille ihres verfügbaren Geldes sie zu zahlen bereit wären, wenn sie keinen Mathematikunterricht mehr besuchen müssten. Diese Befragung erfolgt einmal vor Beginn des Stochastikunterrichtes, ein zweites Mal nach Abschluss des Stochastikunterrichtes. Ausgewertet werden soll diese kleine Untersuchung mit Hilfe des Vorzeichenrangtestes zum Signifikanzniveau 5%.

Die Ergebnisse zeigt, schon aufbereitet für den Vorzeichenrangtest, folgende Tabelle:

Schüler-Nr.	Angabe vorher	Angabe nachher	Differenz	Rang-platz	davon negativ	davon positiv
1	150	100	+ 50	8,5		8,5
2	200	250	− 50	8,5	8,5	
3	50	40	+ 10	2		2
4	500	700	−200	14	14	
5	80	85	− 5	1	1	
6	20	0	+ 20	4		4
7	100	130	− 30	6	6	
8	300	50	+250	15		15
9	150	175	− 25	5	5	
10	199	144	+ 55	10		10
11	70	55	+ 15	3		3
12	90	130	− 40	7	7	
13	180	100	+ 80	13		13
14	200	140	+ 60	11,5		11,5
15	150	90	+ 60	11,5		11,5
				+	+	+
			Summe:	120 ($=R^+ + R^-$)	41,5 ($=R^-$)	78,5 ($=R^+$)

Die Differenzbeträge der Schüler mit den Nummern 1 und 2 sind gleich; sie lassen sich also nicht eindeutig untereinander ordnen. Aber sie nehmen beide zusammen in der Rangreihe aller Differenzbeträge die Plätze 8 und 9 ein, gleichgültig, wie man sie nun untereinander anordnet. Es ist deshalb nahe liegend, beiden Differenzbeträgen den Durchschnitt dieser beiden Rangplätze zuzuordnen, also 8,5. So wird keiner der beiden Differenzbeträge und damit letztlich keine der beiden Rangsummen R^+ und R^- „bevorzugt". In gleicher Weise wird mit den Differenzbeträgen der Schüler mit den Nummern 14 und 15 verfahren.
Die Forschungshypothese behauptet eine Abnahme der Geldbeträge, mit denen sich die Schüler vom Mathematikunterricht freikaufen würden. Sie erwartet also für die Rangsumme R^- der negativen Vorzeichen – diese stehen ja für eine Zunahme – eher kleine als große Werte. Prüfgröße ist hier also R^-.
In der Zufallsstichprobe ergibt sich für diese Prüfgröße R^- der Wert 41,5. Für das Signifikanzniveau $\alpha = 0{,}05$ (also in der entsprechenden Spalte) und für die gegebene Stichprobengröße $n = 15$ (also in der entsprechenden Zeile) finden wir in Tabelle III des Anhangs den kritischen Wert 30. Die Prüfgröße R^- nimmt also einen Wert an, der größer ist als dieser kritische Wert. Die Entscheidung im Vorzeichenrangtest fällt somit zugunsten der Nullhypothese, also zugunsten der Vermutung, dass auch die Stochastik nicht die Abneigung der Schüler gegen den Mathematikunterricht zu verringern vermag.

Ergänzungen

1. Schlage in Tabelle III die kritischen Werte für
a) $\alpha = 0{,}05$; $n = 20$, **b)** $\alpha = 0{,}01$; $n = 17$, **c)** $\alpha = 0{,}01$; $n = 25$ nach.

2. Wir haben bislang nur den einseitigen Vorzeichenrangtest behandelt. Es ist aber ohne weiteres möglich, aufgrund derselben Überlegungen einen zweiseitigen Vorzeichenrangtest zu konstruieren. Konstruiere einen solchen zweiseitigen Signifikanztest zum Niveau 5% bei einer Stichprobengröße von 15.
a) Formuliere die Null- und die Alternativhypothese.
b) Formuliere die Entscheidungsregel.
c) Werte die obige Ergebnistabelle mit Hilfe dieses zweiseitigen Vorzeichenrangtestes aus.

3. Untersuche den Algorithmus, den das folgende – in der Programmiersprache BASIC formulierte, aber sicherlich auch allgemein verständliche – Programm beschreibt:

```
10 INPUT R, N :DIM Q(R,N)
20 FOR J=0 TO R :Q(J,0)=1 :NEXT
30 FOR I=1 TO N
40   FOR J=0 TO R
50     IF J<I THEN Q(J,I)=Q(J,I-1) :GO TO 70
60     Q(J,I)=Q(J,I-1)+Q(J-I,I-1)
70   NEXT J
80 NEXT I
90 PRINT Q(R,N)/2^N
```

Zeige: Dieses kurze Programm berechnet die Wahrscheinlichkeit unter der Nullhypothese, dass die Prüfgröße des Vorzeichenrangtests in einer Stichprobe vom Umfang N höchstens den Wert R annimmt.

Mit Hilfe dieses kleinen Programmes ist es also möglich, den Vorzeichenrangtest unabhängig von Tabellen bei beliebiger Stichprobengröße durchzuführen. (Vergleiche einschränkend allerdings wieder das Rechenzeitproblem bei kombinatorischen Aufgabenstellungen, wie in der Ergänzung zu § 2.I.4 demonstriert wurde.)

3. Reflexion

Wir schließen mit einigen Reflexionen zum Vorzeichenrangtest gerade im Vergleich zum Vorzeichentest.

Noch gar nicht erwähnt wurde nämlich bislang in diesem Paragraphen über den Vorzeichenrangtest der Fehler 2. Art, also gerade das eine von den zwei Übeln, zwischen denen doch jede Konstruktion eines Signifikanztestes abzuwägen hat. Warum wurde dies vernachlässigt?

In § 9 wurde die grundlegende Logik eines Signifikanztestes erarbeitet am Beispiel einer Verallgemeinerung des Vorzeichentestes, nämlich anhand eines **Binomialtestes**, d.h. eines Testes über den Parameter p einer Binomialverteilung. Dort war es sehr einfach, die (bedingte) Wahrscheinlichkeit für einen Fehler 2. Art, also eine fälschliche Entscheidung zugunsten der Nullhypothese bei Geltung der Alternativhypothese, in Form der Operationscharakteristik zu beschreiben. Diese Operationscharakteristik war dort eine Funktion **einer** Veränderlichen, nämlich des *einen* „wahren" Parameters p. Die Alternativhypothese des Vorzeichentestes – etwa H_1: $p > 0{,}5$ – bezog sich dort nur auf diesen *einen* Parameter p, die Grundwahrscheinlichkeit einer Bernoulli-Kette; die OC-Funktion war daher eine Funktion dieses *einen* Parameters p. Auf wie viel Parameter bezieht sich aber die Alternativhypothese des Vorzeichenrangtestes, also die Hypothese, „die Anordnungen von Plus- und Minuszeichen seien nicht gleich wahrscheinlich"? Nun, diese Hypothese bezieht sich bei einer Stichprobengröße n auf genau 2^n Wahrscheinlichkeitswerte oder „Parameter". Denn es gibt, wie wir gesehen haben, genau 2^n mögliche „Anordnungen von Plus- und Minuszeichen". Jede Abweichung von der Nullhypothese – also die Geltung der Alternativhypothese – lässt sich beschreiben durch die Angabe, wie wahrscheinlich eine jede dieser 2^n Anordnungen von Plus- und Minuszeichen ist, also durch die Angabe von 2^n Wahrscheinlichkeitswerten, von 2^n „wahren" Parametern. Die Operationscharakteristik ist damit aber eine Funktion von 2^n Veränderlichen und somit nur noch sehr schwierig zu beschreiben und zu untersuchen. (Bei $n = 9$ handelt es sich immerhin schon um 512 Veränderliche!) Auf die nähere Untersuchung dieser OC-Funktion wird daher hier verzichtet. Es sei aber darauf hingewiesen, dass diese Untersuchung auch für den Vorzeichenrangtest tendenziell jene wichtigen Zusammenhänge zwischen Stichprobengröße, Signifkanzniveau und (bedingter) Fehlerwahrscheinlichkeit 2. Art bestätigen würde, die wir in § 9.I.3. am Beispiel des Vorzeichentestes erarbeitet haben.

Mit dem Vorzeichentest und dem Vorzeichenrangtest haben wir nun zwei verschiedene Signifikanztests kennengelernt. Beide Hypothesentests folgen derselben Grundidee eines Signifikanztestes: Es sind Entscheidungsverfahren zur Entscheidung zwischen Null- und Alternativhypothese auf der Basis einer Stichprobenziehung mit dem Ziel, auf Dauer nur mit einer (durch das Signifikanzniveau) begrenzten Häufigkeit gegen die Nullhypothese zu entscheiden, wenn sie richtig ist, und zugleich möglichst selten für die Nullhypothese zu entscheiden, wenn die Wirklichkeit in der Population (deutlich) von der Nullhypothese abweicht.
Während diese grundlegende Idee beiden Tests gemeinsam ist, unterscheiden sie sich dennoch deutlich darin, worauf sich ihre Hypothesen beziehen, wofür sie sich also „interessieren". Der Vorzeichentest „interessiert" sich nur für die Wahrscheinlichkeit positiver bzw. negativer Veränderungen; der Vorzeichenrangtest „interessiert" sich darüber hinaus auch für das Ausmaß dieser Veränderungen – und setzt damit übrigens voraus, dass nicht nur die Richtung, sondern auch das Ausmaß der Veränderung messbar sind. Dementsprechend verwerten beide Tests aus den Daten der Stichprobe verschiedene Information – und können daher, wie oben gesehen, in verschiedene Entscheidungen münden: Der Vorzeichentest „sieht" nur die Häufigkeit von Plus- und Minuszeichen, der Vorzeichenrangtest „sieht" demgegenüber die Rangsummen von Plus- und Minuszeichen. Welche von diesen beiden Informationen die wesentliche, die wichtigste Information ist, dies – und damit die Eignung des einen oder des anderen Testes – hängt nun ganz von der konkreten Entscheidungssituationen ab, also davon, wofür sich jeweils der Entscheidungsträger überhaupt interessiert.

Neben den beiden hier vorgestellten Signifikanztests gibt es heute für unterschiedliche Entscheidungssituationen und Fragestellungen, für unterschiedliche Interessen und Interessenten eine Fülle weiterer Signifikanztests. Alle diese Signifikanztests folgen – daher überhaupt ihr gemeinsamer Name – demselben grundlegenden Entscheidungsprinzip, sie „interessieren" sich aber für verschiedene Aspekte und entnehmen daher den Stichprobendaten verschiedene Information.

Anmerkungen: 1. Eine Funktion von nur – aber immerhin – noch 9 veränderlichen Parametern ist die Fehlerwahrscheinlichkeit zweiter Art in unserem Vorzeichenrangtest dann, wenn wir die Abweichung von der Nullhypothese beschreiben durch die 9 irgendwie von 0,5 abweichenden Wahrscheinlichkeiten, mit denen jeweils – unabhängig voneinander – auf Rangplatz 1, 2,... und 9 ein Pluszeichen landet. (Vgl. Ergänzung 1 und 2.)

2. Angesichts der Schwierigkeiten, beim Vorzeichenrangtest die Fehlerwahrscheinlichkeit zweiter Art in den Griff zu bekommen, ja überhaupt „Abweichungen“ von der Nullhypothese zu quantifizieren, empfiehlt sich eine weitere Anmerkung: Der Vorzeichenrangtest entstammt der ursprünglichen Signifikanztestidee von *Fisher* (vgl. § 9.II.2.), in der von einer Fehlerwahrscheinlichkeit zweiter Art überhaupt nicht die Rede ist, sondern lediglich von der Frage, ob der empirische Befund aus der Perspektive der Nullhypothese „überzufällig“ erscheint oder nicht (vgl. § 9.I.1., 2. Anmerkung), ob also die Nullhypothese zu verwerfen ist oder nicht. Ist es nämlich unter der Nullhypothese sehr unwahrscheinlich, dass im Experiment ein so extremes Datum eintritt, wie wir es tatsächlich beobachtet haben, sollten wir – so die Grundidee *Fishers* – die Nullhypothese als unplausibel verwerfen. „Every experiment may be said to exist only to give the facts a chance of disproving the null-hypothesis.“ Da in dieser *Fisher*'schen Konzeption eine Nicht-Verwerfung der Nullhypothese aber eben nicht als eine Entscheidung *für* die Nullhypothese interpretiert wird – eine solche Entscheidung für die Nullhypothese sieht *Fisher* grundsätzlich nicht vor –, ist hier die Frage nach der Fehlerwahrscheinlichkeit zweiter Art, also nach der Wahrscheinlichkeit einer fälschlichen Entscheidung für die Nullhypothese, bedeutungslos. Erst wenn ein Signifikanztest auch die Möglichkeit vorsieht, *für* die Nullhypothese zu entscheiden – wie in der auch diesem Buch zugrunde liegenden späteren Testkonzeption von *Neyman* und *Pearson* (vgl. § 9.II.2.) –, wird die Frage nach und die Kontrolle der Fehlerwahrscheinlichkeit zweiter Art wichtig.

3. Die Alternativhypothese des Vorzeichenrangtestes beziehe sich – so hieß es oben im Lehrtext – auf 2^n Parameter. Eine Abweichung von der Nullhypothese können wir indessen schon beschreiben durch die Festlegung von nur $2^n - 1$ Parametern: Denn der „letzte“ Parameter ergibt sich dann automatisch, weil sich alle Parameter als Wahrscheinlichkeiten zu 1 summieren müssen. Man sagt dazu auch: Die **Anzahl der Freiheitsgrade** (engl. „degrees of freedom“) beträgt hier $2^n - 1$. Wir sind, darauf spielt diese Bezeichnung an, lediglich in der Wahl von $2^n - 1$ Parametern frei. Solche Freiheitsgrade spielen in der Statistik eine wichtige Rolle.

Ergänzungen

1. Zur exemplarischen Berechnung der β-Fehlerwahrscheinlichkeit beim Vorzeichenrangtest: Wie wahrscheinlich ist im Vorzeichenrangtest des ersten Abschnitts ($n = 9$, $\alpha = 0{,}05$) ein Fehler 2. Art, also eine fälschliche Entscheidung zugunsten der Nullhypothese, wenn in Wahrheit abweichend von der Nullhypothese Folgendes gilt:
a) Im Ergebnisprotokoll sind alle Anordnungen von Plus- und Minuszeichen mit $R^- \leq 22$ doppelt so wahrscheinlich wie alle Anordnungen mit $R^- \geq 23$.
b) Auf Rangplatz 1 „landet“ ein Minuszeichen mit Wahrscheinlichkeit 10%, auf Rangplatz 2 mit Wahrscheinlichkeit 20%,..., auf Rangplatz 9 mit Wahrscheinlichkeit 90%.

2. Betrachte noch einmal die zwei unterschiedlichen Weisen, in denen eben in Ergänzung 1 unter a) im Vergleich zu b) die Geltung der Alternativhypothese beschrieben wurde: Worin besteht der wesentliche Unterschied? Welche Weise ist umfassender und allgemeiner?

3. Eine Regierung geht davon aus, dass sie wieder gewählt wird, wenn sich nur die finanzielle Situation einer Mehrheit, also von mehr als 50% der Wahlbevölkerung, im letzten Jahr vor der Wahl verbessert hat – gleichgültig um wie viel oder wie wenig. Sie beauftragt daher, um sich schon vor den Wahlen entsprechend einzustellen, ein Forschungsinstitut, 100 zufällig ausgesuchte Wähler nach ihrer finanziellen Situation zu befragen, und zwar ein erstes Mal ein Jahr und ein zweites Mal vier Wochen vor der Wahl. Welcher Signifikanztest scheint hier als Entscheidungsverfahren eher angemessen: der Vorzeichentest oder der Vorzeichenrangtest?

4. In der Begrifflichkeit der linearen Algebra lassen sich Null- und Alternativhypothese auffassen als Mengen von Punkten in einem 2^n-dimensionalen Parameterraum. Jeder Punkt wird dabei durch einen 2^n-dimensionalen Parametervektor beschrieben. Anmerkung 3 über die Freiheitsgrade machte allerdings darauf aufmerksam, dass hier gewisse Restriktionen zu beachten sind. Welche geometrische Form ergibt sich daher im 2^n-dimensionalen Parameterraum für die Menge von Punkten, die der Alternativhypothese entspricht?

Übungen und Aufgaben

1. Man vermutet, dass die Erträge zweier Getreidesorten ungleich sind, und möchte sie deshalb vergleichen. Dazu wählt man 50 (20) Felder aus, auf denen jeweils die Hälfte mit der Getreidesorte I und der Getreidesorte II bepflanzt wird.
a) Welches Testverfahren wird man anwenden?
b) Formuliere die Nullhypothese sowie die Alternativhypothese.
c) Berechne zum Signifikanzniveau $\alpha = 0{,}05$ (0,01) den kritischen Bereich.

2. Die Wirksamkeit des Schlafmittels „Schlafe gut" wird an 16 Patienten getestet. Dazu wird eine Woche lang die Schlafzeit der Patienten mit Schlafmittel und anschließend ohne Schlafmittel (ohne dass dies die Patienten wissen) gemessen. Die Schlafzeiten (in h pro Woche) sind in der folgenden Tabelle festgehalten.

Patient Nr.	1	2	3	4	5	6	7	8
mit Schlafmittel	53	54,7	52,9	51,3	55,1	54,9	51,6	55,8
ohne Schlafmittel	51,6	55,2	53,5	49,7	56,3	53,7	50,2	54,2

Patient Nr.	9	10	11	12	13	14	15	16
mit Schlafmittel	55,3	49,8	53,5	56,3	51,8	49,9	52,9	51,7
ohne Schlafmittel	56,2	48,4	54,6	54,5	50,2	51,4	52,6	50,8

Untersuche auf dem Signifikanzniveau $\alpha = 0{,}05$ (0,01)
a) mit dem Vorzeichentest,
b) mit dem Vorzeichenrangtest,
ob das Schlafmittel zu einer Verlängerung der Schlafzeit führt.

3. Eine Getränkefirma hat eine neue Limonade entwickelt. Um festzustellen, ob es sich lohnt, die Herstellung der bisherigen Limonade einzustellen und nur noch die neue zu produzieren, werden 80 Personen ausgewählt, die von beiden Limonadensorten jeweils probieren, wobei man dafür gesorgt hat, dass beide Limonadensorten äußerlich nicht zu unterscheiden sind. Jedesmal, wenn die neue Limonadensorte als besser empfunden wurde, wird ein Pluszeichen notiert, andernfalls ein Minuszeichen.
a) Entwickle einen Signifikanztest zum Signifikanzniveau $\alpha = 0{,}05$.
b) Das Ergebnisprotokoll enthält 45 Pluszeichen. Wie lautet die Entscheidung?
c) Die Firmenleitung beschließt die Umstellung auf die neue Limonadensorte, falls das Ergebnisprotokoll mehr als 50 Pluszeichen aufweist. Welches Signifikanzniveau wird damit zugrunde gelegt?
d) Wie würde auf dem Signifikanzniveau $\alpha = 0{,}01$ bei 50 Pluszeichen entschieden?

4. Es soll die Beeinträchtigung der Reaktionszeit bei mäßigem Alkoholgenuss an 100 zufällig ausgewählten Personen getestet werden. Dazu wird die Reaktionszeit jeder einzelnen Person auf einen gewissen Reiz vor Einnahme von Alkohol sowie nach Verabreichung einer geringen Menge eines alkoholischen Getränks gemessen. Anschließend wird das Vorzeichen der Differenz „Reaktionszeit nach Alkoholgenuss minus Reaktionszeit vor Alkoholgenuss" notiert.

a) Man nimmt an, dass der Alkoholgenuss die Reaktionszeit verlängert. Entwickle einen Signifikanztest zum Signifikanzniveau $\alpha = 0{,}05$ (0,01).
b) Wie entscheidet man in der Situation von a), wenn das Ergebnisprotokoll 61 Pluszeichen aufweist?
c) Aus den 100 Personen werden zufällig 12 Testpersonen zu einem besonderen Reaktionstest ausgewählt: Den Testpersonen werden schnell bewegte Bilder auf einem Fernsehschirm gezeigt, die – nachdem ein akustisches Signal ertönt – durch einen Knopfdruck zum Stillstand gebracht werden können. Gemessen werden die Reaktionszeiten (in s) nach bzw. vor Alkoholgenuss.

Testperson Nr.	1	2	3	4	5	6	7	8	9	10	11	12
Reaktionszeit nach Alkohol	0,95	0,82	0,70	0,89	0,92	0,96	1,09	0,97	1,10	0,99	1,04	1,03
Reaktionszeit vor Alkohol	0,80	0,75	0,72	0,95	0,87	1,01	1,04	0,92	1,02	0,89	0,98	1,07

Untersuche auf dem Signifikanzniveau $\alpha = 0{,}05$ (0,01) mit dem
1) Vorzeichentest,
2) Vorzeichenrangtest,
ob man auf Grund dieses Ergebnisprotokolles auf die Verlängerung der Reaktionszeit nach Alkoholgenuss schließen kann.

5. Ein Batteriehersteller behauptet, dass die Lebensdauer einer von ihm produzierten Batterie mehr als 200 Stunden beträgt. Eine Warentestfirma misst die Lebensdauer von 20 zufällig ausgewählten Batterien mit den folgenden Ergebnissen.

Batterie Nr.	1	2	3	4	5	6	7	8	9	10
Lebensdauer in h	221	203	214	180	166	245	148	212	161	225

Batterie Nr.	11	12	13	14	15	16	17	18	19	20
Lebensdauer in h	238	189	232	244	175	241	193	203	212	218

a) Entwickle einen Vorzeichentest zum Signifikanzniveau $\alpha = 0{,}05$. Welche Entscheidung wird getroffen?
b) Entwickle einen Vorzeichenrangtest zum Signifikanzniveau $\alpha = 0{,}05$. Welche Entscheidung wird nun getroffen?
c) Verfahre wie bei a) und b) auf dem Signifikanzniveau $\alpha = 0{,}01$.

6. Es wird der Unterschied in der Kilometerleistung zwischen zwei Benzinsorten A und B getestet. Die folgende Tabelle gibt die Kilometerleistung pro 10 Liter von 16 gleichartigen PKW für jede Benzinsorte an.

PKW Nr.	1	2	3	4	5	6	7	8
Sorte A	117,4	115,7	116,2	119,5	118,7	116,5	117,8	118,1
Sorte B	120,5	116,8	117,1	118,4	120,8	117,9	117,8	117,1

PKW Nr.	9	10	11	12	13	14	15	16
Sorte A	117,7	118,8	120,5	114,2	121,5	119,3	112,4	119,5
Sorte B	119,8	120,2	118,7	118,3	120,8	120,3	115,8	117,9

a) Untersuche mit dem Vorzeichentest auf dem Signifikanzniveau $\alpha = 0{,}05$, ob ein Unterschied in der Kilometerleistung der beiden Benzinsorten A und B besteht.
b) Entwickle einen Vorzeichenrangtest auf dem Signifikanzniveau $\alpha = 0{,}05$ und entscheide, ob die Benzinsorte B zu einer größeren Kilometerleistung als die Benzinsorte A führt.
c) Verfahre wie bei a) und b) auf dem Signifikanzniveau $\alpha = 0{,}01$.

7. Ein Bauer möchte feststellen, ob die Erträge der Weizensorte I besser als die der Weizensorte II sind. Die folgende Tabelle zeigt die Weizenerträge pro Flächeneinheit beider Weizensorten.

Flächeneinheit	1	2	3	4	5	6	7	8	9	10	11
Sorte I	14,5	13,8	14,9	13,4	13,8	14,5	13,1	13,8	13,0	14,9	15,1
Sorte II	14,9	15,3	15,4	13,2	16,5	13,7	13,5	12,9	14,1	13,7	15,7

a) Kann der Bauer auf dem Signifikanzniveau $\alpha = 0{,}05$ (0,01) auf einen Unterschied zwischen den Erträgen schließen?
b) Kann der Bauer auf dem Signifikanzniveau $\alpha = 0{,}05$ (0,01) auf einen größeren Ertrag der Sorte II schließen?
c) Bearbeite die Teilaufgaben a) und b) auch mit dem Vorzeichentest.

8. Auf der Basis einer Stichprobe von 18 Seilen eines Herstellers soll die Reißfestigkeit von Seilen getestet werden. Dabei ergab sich das folgende Versuchsprotokoll.

Seil Nr.	1	2	3	4	5	6	7	8	9
Reißfestigkeit	42	27	34	23	31	37	22	46	29

Seil Nr.	10	11	12	13	14	15	16	17	18
Reißfestigkeit	26	35	22	41	37	27	28	31	24

An Hand dieses Versuchsprotokolls ist auf dem Signifikanzniveau $\alpha = 0{,}05$ (0,01) die Behauptung des Herstellers zu überprüfen, dass die Reißfestigkeit eines Seils symmetrisch um einen Mittelwert von mindestens 25 kp/mm^2 (30; 40) schwankt
a) mit dem Vorzeichentest,
b) mit dem Vorzeichenrangtest.

§ 12 Ein Blick zurück: Wahrscheinlichkeit und Häufigkeit

1. Die Ungleichung von Tschebyscheff

In unseren Ausführungen zum statistischen Wahrscheinlichkeitsbegriff in § 3 haben wir als empirisches Gesetz der großen Zahlen das uns aus langer Erfahrung bekannte Phänomen beschrieben, dass sich die relative Häufigkeit eines Ereignisses bei zunehmender Wiederholung eines Zufallsexperimentes „stabilisiert“, und zwar bei einem Wert, den wir dann die Wahrscheinlichkeit des Ereignisses genannt haben. In diesem Paragraphen werden wir nun diese bislang etwas vage formulierte Beziehung zwischen relativer Häufigkeit und Wahrscheinlichkeit etwas präziser zu fassen suchen. Dazu betrachten wir zunächst eine wichtige Ungleichung über die Varianz einer Zufallsvariablen (vgl. § 4), die wir dem russischen Mathematiker *Pafnuti Lwowitsch Tschebyscheff* (1821–1894, Bild 12.1) verdanken.

Bild 12.1: *P. L. Tschebyscheff* (1821–1894)

Wie wahrscheinlich ist es höchstens, so fragte sich Tschebyscheff, dass eine Zufallsvariable X von ihren möglichen Werten $x_1, x_2, \ldots, x_m$ einen Wert annimmt, der von ihrem Erwartungswert $\mathscr{E}(X)$ um einen bestimmten positiven Mindestbetrag, sagen wir a, abweicht? Formaler: Wie groß ist die Wahrscheinlichkeit $P(|X - \mathscr{E}(X)| \geq a)$? Die hier auftauchende Differenz $X - \mathscr{E}(X)$ kennen wir schon aus der Definition der Varianz $\mathscr{V}(X)$ der Zufallsvariablen X, nämlich

$$\mathscr{V}(X) = \mathscr{E}((X - \mathscr{E}(X))^2) = \sum_{i=1}^{m} (x_i - \mathscr{E}(X))^2 P(X = x_i).$$

Nun lassen sich die möglichen Werte x_i, $i = 1, \ldots, m$, unterteilen in einerseits diejenigen, die um mindestens a vom Erwartungswert abweichen, für die also $|x_i - \mathscr{E}(X)| \geq a$ ist, und andererseits diejenigen, die um weniger als a vom Erwartungswert abweichen, für die also $|x_i - \mathscr{E}(X)| < a$ ist. Entsprechend können wir dann die obige Summe in zwei Teilsummen aufspalten, indem wir zunächst über die einen x_i und dann über die anderen x_i summieren:

$$\mathscr{V}(X) = \sum_{|x_i - \mathscr{E}(X)| \geq a} (x_i - \mathscr{E}(X))^2 P(X = x_i) + \sum_{|x_i - \mathscr{E}(X)| < a} (x_i - \mathscr{E}(X))^2 P(X = x_i).$$

Die zweite Teilsumme enthält lauter nicht negative Summanden; lassen wir diese Teilsumme weg, so wird die Gesamtsumme allenfalls kleiner:

$$\mathscr{V}(X) \geq \sum_{|x_i - \mathscr{E}(X)| \geq a} (x_i - \mathscr{E}(X))^2 P(X = x_i).$$

Nun ist $|x_i - \mathscr{E}(X)| \geq a$, wie man sich leicht überlegt, äquivalent mit $(x_i - \mathscr{E}(X))^2 \geq a^2$. Wir können also in allen Summanden den Faktor $(x_i - \mathscr{E}(X))^2$ durch a^2 abschätzen und wir erhalten:

$$\mathscr{V}(X) \geq \sum_{|x_i - \mathscr{E}(X)| \geq a} a^2 \cdot P(X = x_i) = a^2 \cdot \sum_{|x_i - \mathscr{E}(X)| \geq a} P(X = x_i)$$

$$= a^2 \cdot P(|X - \mathscr{E}(X)| \geq a).$$

Daraus erhalten wir sofort die

Ungleichung von Tschebyscheff

Für jede Zufallsvariable X mit Erwartungswert $\mathscr{E}(X)$ und Varianz $\mathscr{V}(X)$ und jede positive Zahl a gilt die Ungleichung:

$$\mathbf{P(|X - \mathscr{E}(X)| \geq a) \leq \frac{\mathscr{V}(X)}{a^2}}.$$

Beispiel

Eine faire Münze wird 50-mal geworfen. Worauf würdest du eher setzen: Dass die Anzahl der Würfe mit dem Ergebnis „Zahl" im Intervall von 20 bis 30 (einschließlich) liegt oder dass sie außerhalb dieses Intervalles liegt?

Also: Wie wahrscheinlich ist es höchstens, in einer Bernoulli-Kette der Länge $n = 50$ und Trefferwahrscheinlichkeit $p = 0{,}5$ eine Trefferzahl X zu erzielen, die vom Erwartungswert $n \cdot p = 50 \cdot 0{,}5 = 25$ um mindestens $a = 6$ – gleich ob nach oben oder unten – abweicht?

Wir erhalten mit der Ungleichung von Tschebyscheff unter Beachtung von $\mathscr{V}(X) = np(1-p) = 12{,}5$ (vgl. § 6.I.2.) die Abschätzung

$$P(|X - 25| \geq 6) = P(X \leq 19 \text{ oder } X \geq 31) \leq \frac{12{,}5}{6^2} \approx 0{,}35.$$

Die Anzahl der Treffer – im Münzwurf also die Anzahl der „Zahl"-Würfe – wird demnach mit einer Wahrscheinlichkeit von mindestens $1 - 0{,}35 = 0{,}65$ zwischen 20 und 30 liegen. Es wäre vernünftiger, hierauf als auf das Gegenereignis zu wetten.

Ergänzungen

1. Vergleiche für das Beispiel oben die Abschätzungen mit Hilfe der Ungleichung von Tschebyscheff mit den entsprechenden genauen Wahrscheinlichkeiten, die sich hier mit Hilfe der Binomialverteilung ergeben. Du wirst feststellen, dass die Tschebyscheff-Abschätzung sehr grob sein kann.

2. Diesem Nachteil steht aber ein großer Vorteil gegenüber: Die Tschebyscheff-Ungleichung erlaubt Wahrscheinlichkeitsabschätzungen bei *allen* möglichen Zufallsvariablen, gleich welcher Verteilung, sofern nur Erwartungswert und Varianz bekannt sind. Beispiel: Du liest, das

Lebensalter, das du erreichen wirst, sei eine Zufallsvariable mit Erwartungswert 75 und Standardabweichung 5, also Varianz $5^2 = 25$. Die genaue Verteilung dieser – vermutlich nicht binomial- oder normalverteilten – Zufallsvariable ist dir unbekannt. Schätze dennoch ab die Wahrscheinlichkeiten (und Gegenwahrscheinlichkeiten), dass du

a) zwischen 60 und 90 Jahre alt wirst,
b) zwischen 65 und 85 Jahre alt wirst,
c) zwischen 70 und 80 Jahre alt wirst.

Formuliere deine Erkenntnisse als allgemeine Regeln für die Abschätzung der Wahrscheinlichkeit, dass eine beliebige Zufallsvariable mit Standardabweichung σ um höchstens plus/minus 2σ bzw. 3σ vom Erwartungswert abweicht. Diese Regeln geben dem Begriff Standardabweichung anschauliche Bedeutung.

3. Lässt sich für Ergänzung 2 mit Hilfe der Ungleichung von Tschebyscheff auch die Wahrscheinlichkeit berechnen, dass du älter als 85 Jahre wirst? Wenn nein: Welche Voraussetzung müsste man zusätzlich über die Verteilung der Zufallsvariablen machen, damit dies möglich wäre?

4. Intelligenztests werden in der Regel auf den Erwartungswert 100 und die Standardabweichung 15 geeicht. Wie wahrscheinlich ist es demnach mindestens, einen IQ zwischen 80 und 120 (einschließlich) zu haben?

5. Wir haben im Beispiel des Textes eine Formel über die Varianz einer $B(n, p)$-verteilten Zufallsvariable benutzt, nämlich $\mathscr{V}(X) = np(1-p)$, die in § 6.I.2. ohne Beweis mitgeteilt wurde. Wem sehr trickreiche mathematische Tüfteleien Spaß machen und genügend Muße zur Verfügung steht, der mag sich an dem komplizierten Beweis dieser Formel versuchen, möglichst aber erst, nachdem er Aufg. 10.a) aus § 4.II. gelöst hat. Mit auf den Weg gegeben seien ihm weiterhin folgende, zunächst getrennt zu beweisende Zusammenhänge:

1) Für jede Zufallsvariable X gilt der **Verschiebungssatz**: $\mathscr{V}(X) = \mathscr{E}(X^2) - (\mathscr{E}(X))^2$;
2) $k\binom{n}{k} = n\binom{n-1}{k-1}$.

Und auch mit diesen Tips ist der Beweisweg noch beschwerlich.

2. Das Gesetz der großen Zahlen

Zurück zur Frage des Zusammenhangs zwischen Wahrscheinlichkeit und relativer Häufigkeit: Die Ungleichung von Tschebyscheff erlaubt es nun, die Wahrscheinlichkeit abzuschätzen dafür, dass die relative Häufigkeit eines Ereignisses bei Versuchswiederholungen um weniger als einen beliebigen positiven Betrag von der Wahrscheinlichkeit des Ereignisses abweicht. Bezeichnen wir die Wahrscheinlichkeit des Ereignisses mit p, dann ist die absolute Häufigkeit H_n dieses Ereignisses bei n unabhängigen Versuchswiederholungen eine $B(n, p)$-verteilte Zufallsvariable mit Erwartungswert np und Varianz $np(1-p)$; ein Treffer in der entsprechenden Bernoulli-Kette ist jeweils das Eintreten des fraglichen Ereignisses. Die Ungleichung

$$P(|H_n - np| \geq a) \leq \frac{np(1-p)}{a^2}$$

gilt demnach gemäß Tschebyscheff für jede beliebige positive Zahl a, also auch zu jeder beliebigen festen positiven Zahl η („Eta") für die Zahl $a = n\eta$. Mit $a = n\eta$ gilt also

$$P(|H_n - np| \geq n\eta) \leq \frac{np(1-p)}{(n\eta)^2} \quad \text{und damit}$$

$$P(|H_n - np| < n\eta) \geq 1 - \frac{np(1-p)}{n^2\eta^2} = 1 - \frac{p(1-p)}{n\eta^2}.$$

Dividieren wir die absolute Häufigkeit H_n durch die Anzahl n der Versuchswiederholungen, so ergibt sich bekanntlich die relative Häufigkeit h_n. Damit liegt folgende Äquivalenzumformung nahe:

$$|H_n - np| < n\eta \Leftrightarrow |h_n - p| < \eta.$$

Mit dieser Äquivalenzumformung ergibt sich somit für jedes noch so kleine positive η

$$P(|h_n - p| < \eta) \geq 1 - \frac{p(1-p)}{n\eta^2}.$$

Der Term auf der rechten Seite dieser Ungleichung konvergiert für n gegen unendlich gegen 1, wobei p, $1-p$ und η feste Werte sind. Da für alle n der Term auf der linken Seite – als Wahrscheinlichkeit – höchstens 1 sein kann, muss demnach auch dieser Term für n gegen unendlich gegen 1 konvergieren. Wir erhalten damit das

Gesetz der großen Zahlen von Jakob Bernoulli

Ist p die Wahrscheinlichkeit eines Ereignisses und h_n die relative Häufigkeit dieses Ereignisses bei n unabhängigen Versuchswiederholungen, so gilt für jede beliebige noch so kleine positive Zahl η: $\lim\limits_{n\to\infty} P(|h_n - p| < \eta) = 1$.

Was heißt das? Die Wahrscheinlichkeit dafür, dass die relative Häufigkeit eines Ereignisses um weniger als eine noch so kleine feste positive Zahl η von der Wahrscheinlichkeit des Ereignisses abweicht, diese Wahrscheinlichkeit kommt mit zunehmender Anzahl der Versuchswiederholungen dem Wert 1 beliebig nahe, „strebt" also gegen 1. Man sagt dafür auch: Die relative Häufigkeit h_n **konvergiert stochastisch** nach der Wahrscheinlichkeit p.

Ergänzungen

1. In diesem Gesetz der großen Zahlen ist – ebenso wie im angedeuteten Begriff der stochastischen Konvergenz – die Rede von einem Grenzwert im Sinne der Analysis. Formuliere das Gesetz der großen Zahlen noch ausführlicher ohne Benutzung dieses Begriffs, also beginnend mit: „Zu jeder noch so kleinen positiven Zahl ε existiert..." Vergleiche diese Formulierung mit der „Definition" aus Ergänzung 4 zu § 3.I.

2. Betrachte ein Ereignis mit der Wahrscheinlichkeit $p = 0{,}5$. Wie oft müsste man das entsprechende Zufallsexperiment wiederholen, damit die Wahrscheinlichkeit mindestens 99% beträgt dafür, dass die relative Häufigkeit h_n des Ereignisses von der Ereigniswahrscheinlichkeit p um höchstens 0,01 abweicht?

3. Betrachte noch einmal den Ausdruck $P(|h_n - p| < \eta)$. Was ist in dieser Wahrscheinlichkeit die Zufallsgröße, also vom Zufall abhängig und veränderlich, h_n oder p?

4. Wie wurde im Lehrtext die Konvergenz der Folge $P(|h_n - p| < \eta)$ für n gegen unendlich begründet? Arbeite noch einmal die Argumentationslogik heraus und nenne insbesondere die Lehrsätze über Konvergenz von Folgen, auf die sich die Argumentation eigentlich stützt.

5. Vergleiche das Gesetz der großen Zahlen von Jakob Bernoulli mit dem empirischen Gesetz der großen Zahlen aus § 3.I.2. sowohl hinsichtlich der begrifflichen Präzision als auch der Begründung.

3. Reflexion

Was hat das eben abgeleitete Gesetz der großen Zahlen von Bernoulli eigentlich mit dem früher formulierten *empirischen* Gesetz der großen Zahlen zu tun? Es scheint, als ginge es in beiden Gesetzen um das gleiche Phänomen, nämlich die – freilich wiederum nur wahrscheinliche, nicht völlig sichere – „Konvergenz" der relativen Häufigkeit zur Wahrscheinlichkeit mit zunehmender Versuchsanzahl. Während dieses Phänomen bislang nur sehr vage als Erfahrungstatsache beschrieben wurde, handelt es sich beim Gesetz von Bernoulli demgegenüber um eine mathematisch präzise formulierte, rein logische Folgerung letztlich aus dem kolmogorowschen Axiomensystem. Was haben wir damit gewonnen? Für die Praxis offenbar – wie so oft bei infinitesimalen Grenzwertbetrachtungen – sehr wenig, denn die statistische Bestimmung oder „Schätzung" einer unbekannten Wahrscheinlichkeit p durch eine bekannte relative Häufigkeit h_n wird dadurch weder präziser noch sicherer. Das n nämlich ist in der Praxis des überaus kurzen menschlichen Lebens immer endlich, Bernoulli zeigt aber stochastische Konvergenz nur „gegen unendlich" – und die Konvergenzgeschwindigkeit bleibt zunächst unbekannt. Für die Theorie indessen ist das Gesetz von Bernoulli eine Bestätigung, gerade weil es – obwohl rein logisch aus den Axiomen hergeleitet – inhaltlich dem empirischen Gesetz der großen Zahlen entspricht: Es dient so als ein weiterer Beleg dafür, dass sich in der kolmogorowschen Axiomatik der statistische Wahrscheinlichkeitsbegriff angemessen „widerspiegelt". Stünde nämlich die aus den kolmogorowschen Axiomen ableitbare Beziehung zwischen relativer Häufigkeit und Wahrscheinlichkeit im Widerspruch zu unserer Erfahrung, so müssten wir die Angemessenheit dieser Axiome bezweifeln.

Anmerkung: Das diskutierte Gesetz von Bernoulli heißt auch *schwaches Gesetz der großen Zahlen* in Abgrenzung von dem *starken Gesetz der großen Zahlen:* $P\left(\lim\limits_{n\to\infty} h_n = p\right) = 1$. Dieses starke Gesetz der großen Zahlen lässt sich aber nur mit Hilfe unendlicher Ereignisräume beweisen, wie wir sie in diesem Buch nicht behandeln.

Übungen und Aufgaben

1. Zeige, dass aus der tschebyscheffschen Ungleichung folgt:

a) $P(|X - \mathscr{E}(X)| < a) \geq 1 - \frac{\mathscr{V}(X)}{a^2}$ **b)** $P(|X - \mathscr{E}(X)| \geq k \cdot \sigma(X)) \leq \frac{1}{k^2}$.

2. Eine Zufallsvariable X habe den Erwartungswert $\mathscr{E}(X) = 5$ und die Varianz $\mathscr{V}(X) = 4$.

a) Berechne eine untere Schranke für die Wahrscheinlichkeit $P(|X - \mathscr{E}(X)| < 3)$.

b) Ermittle ein Intervall, in dem die Werte von X mit der Wahrscheinlichkeit von mindestens 0,9 liegen.

c) Wie groß muss man a in der Tschebyscheffschen Ungleichung wählen, damit $P(|X - 5| \geq a) = 0{,}81$ ist?

d) Für welche Zahlen a nimmt die Zufallsvariable X Werte aus dem Intervall $[5 - a;\ 5 + a]$ mit einer Wahrscheinlichkeit von mindestens 0,95 an?

e) Schätze die folgenden Wahrscheinlichkeiten mit Hilfe der tschebyscheffschen Ungleichung ab.

1) $P(|X - 5| \geq 3)$ **2)** $P(|X - 5| < 10)$
3) $P(1 < X < 9)$ **4)** $P(-2 < X < 12)$

3. a) Die Zufallsvariable X gebe die Augenzahl beim Werfen eines Würfels an. Vergleiche die exakten Werte von $P(|X - \mathscr{E}(X)| < k \cdot \sigma(X))$ mit den Abschätzungen, die sich aus der tschebyscheffschen Ungleichung ergeben für

1) $k = 1$, **2)** $k = 2$, **3)** $k = 2{,}5$.

b) Verfahre wie bei a), wenn die Zufallsvariable X die Augensumme beim Werfen zweier Würfel angibt.
Hinweis: Verwende die Ergebnisse von Aufgabe 10, S. 66 und Aufgabe 2, S. 72.

4. Bei der automatischen Herstellung von Metallbolzen wird ein Durchmesser von 5,6 mm verlangt bei einer maximalen Abweichung von 0,1 mm. Eine Stichprobe ergab den Erwartungswert 5,6 mm bei einer Standardabweichung von 0,04 mm.
a) Mit welchem Anteil von unbrauchbaren Metallbolzen muss höchstens gerechnet werden?
b) Bei welcher Toleranzgrenze kann man sicher sein, dass durchschnittlich höchstens 8% der Metallbolzen unbrauchbar sind?

5. Bei einer Befragung hatte ein Produkt einen Bekanntheitsgrad von 27%. Jahre später soll durch eine Befragung von 1000 Personen überprüft werden, ob sich der Bekanntheitsgrad für das Produkt geändert hat. Wie groß ist die Wahrscheinlichkeit, dass der Bekanntheitsgrad dieses Produktes in dieser Stichprobe um mehr als 7% (7 „Prozentpunkte“) von 27% abweicht, wenn man in der Population unverändert einen Bekanntheitsgrad von 27% unterstellt?

6. Die Zufallsvariable X habe die in der Tabelle angegebene Wahrscheinlichkeitsverteilung ($k \geq 1$).

a) Berechne $Z = P(X = 0)$.

b) Berechne $\mathscr{E}(X)$ und $\sigma(X)$.

$X = x$:	$-k$	$-\frac{k}{2}$	0	$\frac{k}{2}$	k
$P(X = x)$:	$\frac{1}{4k^2}$	$\frac{1}{4k^2}$	Z	$\frac{1}{4k^2}$	$\frac{1}{4k^2}$

c) Berechne $P(|X - \mathscr{E}(X)| \geq k \cdot \sigma(X))$ und vergleiche das Ergebnis mit dem entsprechenden Wert der tschebyscheffschen Ungleichung.

7. Frauen haben eine mittlere Größe von 168 cm bei einer Standardabweichung von 2 cm. Mit welcher Wahrscheinlichkeit ist eine Frau größer als 171 cm oder kleiner als 165 cm?

8. Ein Schütze hat eine Trefferwahrscheinlichkeit $p = \frac{1}{2}$ ($p = \frac{1}{3}$). Er schießt auf ein Ziel 1000-mal (300-mal). Ermittle eine Schranke für die Wahrscheinlichkeit, dass die Zahl der Treffer zwischen 400 und 600 (80 und 120) liegt.

9. Eine Firma stellt Stahlkugeln her. Der Erwartungswert der Kugeldurchmesser beträgt 8,5 mm, die Standardabweichung 0,02 mm.
a) Welche Abweichungen vom Erwartungswert muss die Firma zulassen, wenn der Ausschussanteil höchstens 5% betragen soll?
b) Wie groß ist die Wahrscheinlichkeit höchstens dafür, dass die Abweichung vom Erwartungswert 0,05 mm oder mehr beträgt?

10. a) Die Zufallsvariable X nehme nur nicht negative Werte x_i an. Beweise analog zum Beweis der tschebyscheffschen Ungleichung, dass für alle positiven Zahlen a gilt: $P(X \geq a) \leq \frac{1}{a} \cdot \mathscr{E}(X)$.
b) Welche Abschätzung ergibt sich aus a) für $P(X < a)$?
c) Überprüfe die Genauigkeit dieser Ungleichung am Beispiel des einmaligen Würfelwurfs. Vergleiche die Abschätzungen mit den entsprechenden exakten Ergebnissen.

11. a) Zeige mit Hilfe der Abschätzung $p \cdot (1-p) \leq \frac{1}{4}$ die Gültigkeit der folgenden Ungleichungen für positive Zahlen η:

1) $P(|h_n - p| < \eta) \geq 1 - \frac{1}{4n \cdot \eta^2}$; **2)** $P(|h_n - p| \geq \eta) \leq \frac{1}{4n \cdot \eta^2}$.

b) Bei einer Landtagswahl lässt eine Partei eine Woche vor der Wahl eine Umfrage durchführen, um auf 1% genau ihren Stimmenanteil zu ermitteln. Das beauftragte Meinungsinstitut befragt 3000 zufällig ausgewählte Personen. Mit welcher Mindestwahrscheinlichkeit beträgt der Unterschied zwischen dem in der Stichprobe ermittelten Stimmenanteil h_{3000} und dem wahren Stimmenanteil p der Bevölkerung höchstens 1%?
c) Wie oft muss mit einer echten Münze mindestens geworfen werden, damit mit der Wahrscheinlichkeit von mindestens 0,95 die Zufallsvariable der relativen Häufigkeit für „Wappen“ von $p = 0{,}5$ um höchstens

1) 0,01; **2)** 0,001 abweicht?

§ 13 Schätzen

I. Intervallschätzung

1. Die Grundidee des Konfidenzintervalles

Ein Meinungsforschungsinstitut stellt einer Zufallsstichprobe von $n = 100$ Wahlberechtigten die „Sonntagsfrage“, nämlich welche Partei sie wählen würden, wenn am kommenden Sonntag Wahlen wären. Ein Parteimanager interessiert sich verständlicherweise für den Anteil p der Wähler in der - nahezu unendlich großen - wahlberechtigten Gesamtbevölkerung, die seine Partei wählen zu wollen angeben. Natürlich lässt sich p auch auffassen als Wahrscheinlichkeit, mit der sich ein zufällig befragter Bürger für diese Partei entscheidet. Es ist nun nahe liegend, auf diese unbekannte Wahrscheinlichkeit p in der Population zu schließen aufgrund der entsprechenden relativen Häufigkeit h_n in der Zufallsstichprobe, also aufgrund des „Stimmenanteils“ für diese Partei bei den Befragten. Und zwar soll nun auf der Basis der Stichprobendaten ein möglichst enges Intervall so konstruiert oder „geschätzt“ werden, dass dieses - zufallsabhängige - Intervall mindestens mit einer vorgegebenen hohen Wahrscheinlichkeit $1-\alpha$, beispielsweise 90%, die unbekannte Wahrscheinlichkeit p überdeckt. Von einer „Schätzung“, also einem irgendwie „ungewissen“ Vorgehen, spricht man hier deshalb, weil man aufgrund der Zufallsschwankungen in der Stichprobe eben nicht sicher sein kann, ob das Intervall die unbekannte Wahrscheinlichkeit tatsächlich enthalten wird oder nicht.

Wir erinnern uns aus der Herleitung des bernoullischen Gesetzes der großen Zahlen in § 12.2. der – letztlich auf Tschebyscheff zurückgehenden – Ungleichung

$$P(|h_n - p| < \eta) \geq 1 - \frac{p(1-p)}{n\eta^2}.$$

Das Ereignis $|h_n - p| < \eta$ ist gleichbedeutend mit $h_n - \eta < p < h_n + \eta$, und das heißt insbesondere: Die unbekannte Wahrscheinlichkeit p wird vom Intervall $[h_n - \eta, h_n + \eta]$ überdeckt. Wir müssen nun also das die Breite dieses Intervalls definierende η kleinstmöglich so wählen, dass die Wahrscheinlichkeit für das Ereignis $|h_n - p| < \eta$ mindestens $1-\alpha$ beträgt. Dazu müssen wir lediglich dafür sorgen, dass die rechte Seite der obigen Ungleichung, in der ja genau diese Wahrscheinlichkeit abgeschätzt wird, also

$$1 - \frac{p(1-p)}{n\eta^2},$$

mindestens $1-\alpha$ beträgt. Nun ist gerade die hier auftauchende Wahrscheinlichkeit p unbekannt - sonst hätten wir das ganze Problem gar nicht. Sei's drum: Gleich wie groß diese unbekannte Wahrscheinlichkeit p sein mag, so ist doch in jedem Falle das Produkt $p(1-p)$ höchstens 0,25 (vgl. Bild 13.1). Damit können wir fortfahren:

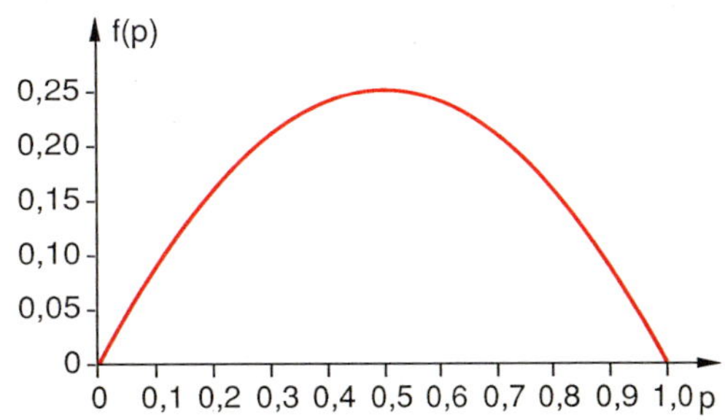

Bild 13.1: Graph der Funktion f zu $f(p) = p(1-p)$

$$1-\frac{p(1-p)}{n\eta^2} \geq 1-\frac{0{,}25}{n\eta^2} \geq 1-\alpha, \qquad \text{also } \alpha \geq \frac{0{,}25}{n\eta^2}.$$

Daraus folgt für das gesuchte positive η: $\eta^2 \geq \frac{0{,}25}{n\alpha}$, d.h. $\boldsymbol{\eta} \geq \sqrt{\frac{\mathbf{0{,}25}}{\mathbf{n}\boldsymbol{\alpha}}}$.

Wählen wir – an einem möglichst engen Intervall interessiert – η so klein wie möglich, also η *gleich* der Wurzel auf der rechten Seite, so können wir unsere Überlegungen nun zusammenfassen in der Ungleichung:

$$\mathbf{P}\left(|\mathbf{h}_n - \mathbf{p}| < \sqrt{\frac{\mathbf{0{,}25}}{\mathbf{n}\boldsymbol{\alpha}}}\right) \geq \mathbf{1} - \boldsymbol{\alpha}.$$

Für unser Beispiel mit $n = 100$ und $\alpha = 0{,}1$ ergibt sich dann

$$\eta = \sqrt{\frac{0{,}25}{n\alpha}} = \sqrt{\frac{0{,}25}{100 \cdot 0{,}1}} = 0{,}158.$$

Als Fazit der Überlegung erhalten wir damit die Ungleichung:

$$P(p \in [h_n - 0{,}158;\ h_n + 0{,}158]) \geq 1 - \alpha = 0{,}9.$$

Die Wahrscheinlichkeit also, dass das nach der Datenerhebung zu berechnende Intervall von $h_n - 0{,}158$ bis $h_n + 0{,}158$ den unbekannten Parameter p überdecken wird, beträgt mindestens 90%. Ein solches Intervall nennen wir **Konfidenzintervall oder Vertrauensintervall für p zum (Konfidenz-)Niveau $1-\alpha$**. Genau genommen handelt es sich noch nicht um ein konkretes Intervall, sondern um eine *Vorschrift* oder *Formel* zur Bestimmung eines Intervalls. Diese Konstruktions- oder Schätzvorschrift führt nun mindestens mit der Wahrscheinlichkeit $1 - \alpha = 0{,}9$ zu einem Intervall, das den unbekannten Parameter p überdeckt. Anders formuliert: Wiederholen wir die geschilderte Befragung an vielen Stichproben des Umfanges $n = 100$ und berechnen wir jeweils das Intervall $[h_n - 0{,}158;\ h_n + 0{,}158]$, so wird auf lange Sicht in mindestens 90% der Fälle das so berechnete Intervall den – nach wie vor natürlich unbekannten – Parameter p überdecken; in lediglich höchstens 10% der Fälle werden wir das unbekannte p mit dem Intervall nicht „treffen“ (vgl. Bild 13.2). Daher der Name Konfidenz- oder Vertrauensintervall.

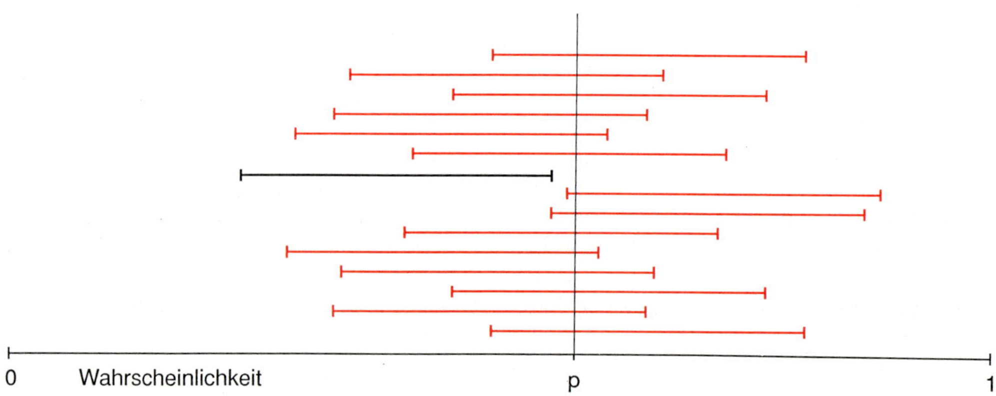

Bild 13.2: Viele Realisationen des Konfidenzintervalles zum Niveau 90%

In der Stichprobe bekunden nun beispielsweise $h_{100} = 43\%$ der Befragten die entsprechende Wahlabsicht. Demnach konstruieren wir zur Schätzung das Intervall $[0{,}430 - 0{,}158;\ 0{,}430 + 0{,}158] = [0{,}272;\ 0{,}588]$, also das – recht breite – Intervall von 27,2% bis 58,8% für den gesuchten Anteil p. Auch dieses konkrete Intervall nennt man üblicherweise Konfidenz- oder Vertrauensintervall; korrekterweise indessen müsste man hier von der „Realisierung" eines Konfidenz- oder Vertrauensintervalles, also von der „Verwirklichung" einer Vorschrift, sprechen. Wir betrachten ein weiteres

Beispiel

Gesucht ist ein Konfidenzintervall zum Niveau 85% für die unbekannte Wahrscheinlichkeit p für „Kopf" beim Wurf einer möglicherweise unfairen Münze, und zwar auf der Basis der relativen Häufigkeit h_{80} von „Kopf" in 80 Würfen.

Der Ansatz $P\left(|h_{80} - p| < \sqrt{\frac{0{,}25}{80 \cdot 0{,}15}}\right) \geq 1 - 0{,}15 = 85\%$ ergibt mit $\sqrt{\frac{0{,}25}{80 \cdot 0{,}15}} = 0{,}144$ das gesuchte Konfidenzintervall $[h_{80} - 0{,}144;\ h_{80} + 0{,}144]$. Zeigt sich nun also in 80 Würfen tatsächlich 27-mal „Kopf", so ergibt sich hier das konkrete Intervall $\left[\frac{27}{80} - 0{,}144;\ \frac{27}{80} + 0{,}144\right] = [0{,}193;\ 0{,}481]$. Heißt das nun, dass mit mindestens 85-prozentiger Wahrscheinlichkeit der wahre Parameter zwischen 0,193 und 0,481 (einschließlich) liegt, insbesondere also nicht wie bei einer fairen Münze 0,5 beträgt? Nein. Wir können lediglich sagen: Führten wir sehr viele Male 80 Würfe durch und würden jeweils aufgrund der beobachteten, zufällig schwankenden relativen Häufigkeiten nach obiger Vorschrift das Konfidenzintervall bestimmen, so würden auf lange Sicht mindestens 85% dieser Intervalle den „wahren" – aber nach wie vor unbekannten – Wert p überdecken.

Ergänzungen

1. Begründe ausführlich, dass allgemein für jede beliebige reelle Zahl p gilt: $p(1-p) \leq 0{,}25$.

2. Üblicherweise sind Konfidenzintervalle *abgeschlossene* Intervalle. Wir sind daher im Lehrtext von der Ungleichung $h_n - \eta < p < h_n + \eta$ nicht etwa – wie nahe liegend – zu dem *offenen* Intervall $]h_n - \eta;\ h_n + \eta[$ übergegangen, sondern zu dem *abgeschlossenen* Intervall $[h_n - \eta;\ h_n + \eta]$. Warum war dies möglich?

3. Führt – arbeitsteilig in Gruppen oder in Simulation auf dem Computer – viele 100fache Würfe mit einer fairen Münze durch und bestimmt jeweils das Konfidenzintervall für die Wahrscheinlichkeit p von „Kopf" zum Niveau 90%. Kontrolliert, ob der Anteil der Konfidenzintervalle, die den „wahren" Wert $p = 0{,}5$ nicht überdecken, tatsächlich ungefähr höchstens 10% beträgt.

4. Berechne für die Fragestellung im Lehrtext das Konfidenzintervall zu folgenden Bedingungen:
a) $\alpha = 0{,}1,\ n = 500$,
b) $\alpha = 0{,}05,\ n = 100$.
Formuliere dann allgemeine Regeln zu der Frage: Wie ist die Breite eines Konfidenzintervalles vom Niveau $1 - \alpha$ und der Stichprobengröße n abhängig? Hängt das Konfidenzintervall übrigens von der unbekannten Wahrscheinlichkeit p ab?

5. a) Noch einmal: Welche Größe ist eigentlich in dem Ausdruck $P(|h_n - p| < \eta)$ im Lehrtext zufällig: h_n oder p?
b) Können wir, nachdem wir im Lehrtext nach Beobachtung der relativen Häufigkeit 43% das konkrete Konfidenzintervall [0,272; 0,588] für p zum Niveau 90% bestimmt haben, Folgendes behaupten: Die Wahrscheinlichkeit, dass das unbekannte p, also der fragliche Stimmenanteil in der Population, zwischen 27,2% und 58,8% (einschließlich) liegt, beträgt mindestens 90%?
c) Anders gefragt: Warum macht die Aussage $P(p \in [h_n - 0{,}158;\ h_n + 0{,}158]) \geq 0{,}9$ im Lehrtext Sinn, *bevor* die Stichprobe erhoben und ein bestimmtes h_n beobachtet wurde, ganz und gar nicht aber die Aussage $P(p \in [0{,}430 - 0{,}158;\ 0{,}430 + 0{,}158] \geq 0{,}9$, *nachdem* die Untersuchung durchgeführt wurde und sich dabei als relative Häufigkeit 43% ergeben haben?

6. Vergleiche das Konfidenzintervall mit einer Fliegenklatsche. Was entspricht bei der Fliegenklatsche dem unbekannten p, welche Wahrscheinlichkeit dem Konfidenzniveau und was der Breite des Konfidenzintervalles?

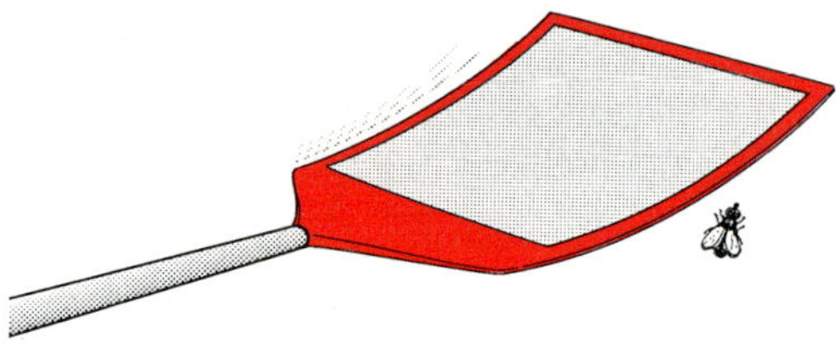

7. Vergleiche die Schätzung eines Konfidenzintervalles mit der Durchführung eines Signifikanztestes: Welche Gemeinsamkeiten gibt es, welche Unterschiede? Kläre insbesondere folgende Fragen:
a) Das Signifikanzniveau α begrenzt beim Signifikanztest die nullhypothetische Wahrscheinlichkeit für einen Fehler erster Art. Worin besteht der „Fehler", dessen Wahrscheinlichkeit durch die Größe α beim Konfidenzintervall beschränkt sein wird?
b) Beim Signifikanztest wird durch das Signifikanzniveau α nur eine *hypothetische* oder *bedingte* Fehlerwahrscheinlichkeit beschränkt, nämlich die Wahrscheinlichkeit für einen Fehler erster Art vorausgesetzt oder unter der Bedingung, dass die Nullhypothese gilt. Wie sieht dies beim Konfidenzintervall aus: Begrenzt dort α auch nur die *hypothetische* oder *bedingte* Wahrscheinlichkeit für einen „Fehler"?
c) Berechne die exakte Wahrscheinlichkeit dafür, dass das im Lehrtext entwickelte Konfidenzintervall $[h_n - 0{,}158;\ h_n + 0{,}158]$ den Parameter p überdeckt, unter der Voraussetzung, p habe in Wahrheit den Wert 0,1 bzw. 0,3 bzw. 0,5. Welche Regelmäßigkeit stellst du fest?
Angesichts der Parallelen zwischen Signifikanztest und Konfidenzintervall überrascht es übrigens auch nicht, dass auch die Idee des Konfidenzintervalles von den Theoretikern des Signifikanztestes stammt, nämlich von *Neyman und Pearson* (vgl. § 9.II.2.).

8. Im Lehrtext wurde das Produkt $p(1-p)$ durch 0,25 abgeschätzt. Um die Varianz welcher Zufallsvariablen handelt es sich bei diesem Produkt?

9. a) Beschreibe als Funktion der Stichprobengröße n die Breite des Konfidenzintervalles für p zum Niveau 0,9. Stelle diese Funktion auch graphisch dar.
b) Um welchen Faktor muss man den Stichprobenumfang erhöhen, um die Breite des Konfidenzintervalles zu halbieren?
c) Beschreibe als Funktion von α die Breite des Konfidenzintervalles für p zum Niveau $1-\alpha$ bei einer festen Stichprobengröße $n = 100$.

10. Der Parteimanager will es auf 5% genau wissen, d.h., er wünscht ein Konfidenzintervall für p zum Niveau 90% mit einer Breite von höchstens 0,05. Wie groß müsste dafür die befragte Stichprobe sein?

11. Betrachte noch einmal das abschließende Beispiel im Lehrtext, in dem es um das Konfidenzintervall für die „Kopf"-Trefferwahrscheinlichkeit einer *einzelnen* möglicherweise unfairen Münze ging. Nehmen wir nun an, in einer „Münzprüfanstalt" würden *sehr viele* Münzen – mit möglicherweise sehr unterschiedlichen Trefferwahrscheinlichkeiten – auf ihre Fairness geprüft, indem jede Münze 80-mal geworfen und dann das entsprechende Konfidenzintervall wie oben zum 85%-Niveau bestimmt wird. Ist hier nun zu erwarten, dass mindestens (etwa) 85% der berechneten Konfidenzintervalle die *jeweilige* Trefferwahrscheinlichkeit der betreffenden Münze überdecken? (Hier lässt sich also offensichtlich im Unterschied zum Lehrtext nicht mehr von *einem* „wahren" Parameter p reden.) Begründe ausführlich!

2. Ergänzungen zum Konfidenzintervall

Wir haben oben letztlich mit Hilfe der Ungleichung von Tschebyscheff ein Konfidenzintervall für den unbekannten Parameter p einer Binomialverteilung konstruiert. Die Ungleichung von Tschebyscheff liefert nun leider oft nur recht grobe Abschätzungen. Wir wollen daher versuchen, für dieselbe Problemsituation wie oben ein besseres, also schmaleres Konfidenzintervall für p zum Niveau 90% zu konstruieren, indem wir diesmal mit der Approximation der Binomialverteilung durch die gaußsche Normalverteilung arbeiten (vgl. § 6.II.2.).

Es sei X die B(100, p)-verteilte Anzahl der Befragten, die die interessierende Wahlabsicht bekunden. Gesucht ist nun ein Intervall $[g_u; g_o]$, so dass die Zufallsvariable X mit einer Wahrscheinlichkeit von 90% in dieses Intervall fällt. Wir wählen die Grenzen g_u und g_o dieses Intervalles aus Symmetriegründen so, dass $P(X < g_u) = P(X > g_o) = 0{,}05$, dass also X mit einer Wahrscheinlichkeit von jeweils 5% aus dem Intervall unten bzw. oben herausfällt. $n = 100$ erscheint hinreichend groß, um mit der Näherungsformel von Laplace und de Moivre, also mit Tabelle II im Anhang zu arbeiten:

$$P(X < g_u) \approx P(X \leq g_u) = F(100, p; g_u) \approx \Phi\left(\frac{g_u - np}{\sqrt{np(1-p)}}\right) = \Phi(-1{,}64) = 0{,}05$$

$$P(X > g_o) = 1 - F(100, p; g_o) \approx 1 - \Phi\left(\frac{g_o - np}{\sqrt{np(1-p)}}\right) = 1 - \Phi(1{,}64) = 0{,}05.$$

Wir lösen auf:

$$\frac{g_u - np}{\sqrt{np(1-p)}} = -1{,}64 \Leftrightarrow g_u = np - 1{,}64\sqrt{np(1-p)}$$

$$\frac{g_o - np}{\sqrt{np(1-p)}} = 1{,}64 \Leftrightarrow g_o = np + 1{,}64\sqrt{np(1-p)}.$$

Es gilt also für diese untere Intervallgrenze g_u und diese obere Intervallgrenze g_o:

$$P(g_u \leq X \leq g_o) = P(np - 1{,}64\sqrt{np(1-p)} \leq X \leq np + 1{,}64\sqrt{np(1-p)}) \approx 0{,}90.$$

Dividieren wir auf allen Seiten der das Ereignis beschreibenden Ungleichung durch n und schreiben wir ab jetzt statt „≈" der Einfachheit halber „=", so erhalten wir:

$$P\left(p - 1{,}64\,\frac{1}{n}\sqrt{np(1-p)} \leq \frac{X}{n} \leq p + 1{,}64\,\frac{1}{n}\sqrt{np(1-p)}\right) = 0{,}90.$$

$\frac{X}{n}$ entspricht natürlich der relativen Häufigkeit h_n. Wir formen die Ungleichung noch einmal äquivalent um und erhalten:

$$P\left(h_n - 1{,}64\,\frac{1}{n}\sqrt{np(1-p)} \leq p \leq h_n + 1{,}64\,\frac{1}{n}\sqrt{np(1-p)}\right) = 0{,}90.$$

Hier deutet sich nun ein Konfidenzintervall an. Leider aber sind die Grenzen des Intervalles noch von dem gerade unbekannten p abhängig – also konkret nicht berechenbar. Ebenso wie oben hilft hier wieder die Abschätzung $p(1-p) \leq 0{,}25$, wodurch sich das Intervall allenfalls verbreitert, sich die zugehörige Wahrscheinlichkeit also allenfalls erhöht:

$$P\left(h_n - 1{,}64\,\frac{\sqrt{0{,}25\,n}}{n} \leq p \leq h_n + 1{,}64\,\frac{\sqrt{0{,}25\,n}}{n}\right) \geq 0{,}90\,.$$

Für unser $n = 100$ ergibt sich also als neues Konfidenzintervall für p zum Niveau $1-\alpha = 0{,}9$ das – wegen der Annäherung durch die Normalverteilung nur – **asymptotische Konfidenzintervall** $[h_n - 1{,}64 \cdot 0{,}05;\ h_n + 1{,}64 \cdot 0{,}05] = [h_n - 0{,}082;\ h_n + 0{,}082]$. Für ein beobachtetes $h_{100} = 0{,}43$ ergibt sich also das konkrete Intervall [0,348; 0,512]. Das Konfidenzintervall hier ist offensichtlich viel besser, weil enger, als das entsprechende Konfidenzintervall oben.

Wir haben nun zwei Methoden kennengelernt, ein Konfidenzintervall zu bestimmen für eine unbekannte Wahrscheinlichkeit p, d.h. für den unbekannten Parameter p einer Binomialverteilung (freilich mit bekanntem Parameter n). Darüber hinaus gibt es heute in der inferenzstatistischen Praxis für eine Fülle weiterer Wahrscheinlichkeitsverteilungen vergleichbare Konfidenzintervalle für viele Parameter wie z.B. Erwartungswert oder Varianz.

Ergänzungen

1. Berechne wie im Lehrtext das Konfidenzintervall für p, nun aber zu
a) $\alpha = 0{,}1$, $n = 500$,
b) $\alpha = 0{,}05$, $n = 100$.
Vergleiche mit den entsprechenden Intervallen von Ergänzung 4 auf Seite 201.

2. Die Fähigkeit eines Schülers sei die Wahrscheinlichkeit p, mit der er jede zufällig ausgesuchte Aufgabe aus dem Stoffgebiet zu lösen weiß. Zur „Messung" dieser Fähigkeit wird dem Schüler ein Test mit 50 zufällig ausgesuchten Aufgaben vorgelegt; als Maß dient die Anzahl der richtig gelösten Aufgaben.
a) Entwickle ein Konfidenzintervall zum Niveau 90% für p.
b) Entwickle ein Konfidenzintervall zum Niveau 90% für den Erwartungswert der Anzahl der richtig gelösten Aufgaben.

3. Eine B(50, p)-verteilte Zufallsvariable X – etwa die Trefferzahl im 50fachen Münzwurf mit einer möglicherweise unfairen Münze – wird 100-mal realisiert. Bestimme das Konfidenzintervall zum Niveau 90% für den Erwartungswert $\mathscr{E}(X)$. (Tip: Fasse zunächst X selbst auf als Summe aus 50 B(1, p)-verteilten Variablen.)

4. Die Approximation der Binomialverteilung durch die Normalverteilung gilt, so hieß es in § 6.II.2., „als befriedigend, wenn $np(1-p) \geq 9$". Welches Problem ergibt sich daraus eigentlich für die Argumentation im Lehrtext?

Übungen und Aufgaben

Vorbemerkung: Statt „Realisation eines Konfidenzintervalles" schreiben wir kürzer „Konfidenzintervall".

1. a) Welche Länge des Konfidenzintervalles für eine Wahrscheinlichkeit p ergibt sich bei einer Stichprobe vom Umfang $n = 625$, wenn man Aussagen auf dem Konfidenzniveau 0,95 (0,99; 0,999) machen möchte?
b) Wie muss man den Umfang einer Stichprobe verändern, um die Länge des Konfidenzintervalles zu halbieren?

2. Berechne den Mindeststichprobenumfang auf dem Konfidenzniveau 0,99 so, dass das Konfidenzintervall für eine unbekannte Wahrscheinlichkeit eine Länge von höchstens 0,02 (0,01) hat. Wie ändert sich die Länge des Konfidenzintervalles, wenn man von der unbekannten Wahrscheinlichkeit noch die Vorinformation $0{,}3 \leq p \leq 0{,}4$ hat?

3. Von einem Würfel ist nicht bekannt, ob er fair oder gezinkt ist. Durch eine Stichprobe vom Umfang 8000 soll ein Schätzwert für die unbekannte Wahrscheinlichkeit $p = P$ (Augenzahl 6) ermittelt werden. Berechne ein Konfidenzintervall auf dem Niveau 0,99. Welches Konfidenzintervall lässt sich angeben, falls Augenzahl 6 genau 1423-mal erscheint?

4. Eine Münze wurde zehnmal geworfen, wobei keinmal „Wappen" fiel. Berechne ein Konfidenzintervall auf dem Niveau 0,95 für die unbekannte Wahrscheinlichkeit $p = P$ (Wappen) und erläutere das Ergebnis.

5. Bei einer Wahl ergab die Auszählung von 10 000 Stimmen 49% der Stimmen für eine Partei.
a) Bestimme ein Konfidenzintervall auf dem Niveau 0,95 für den unbekannten Anteil p der Stimmen dieser Partei bei der Wahl.
b) Kann die Partei auf dem Niveau 0,95 (0,99) noch mit der absoluten Mehrheit rechnen?

6. Bei 1000 Geburten wurden 530 Knaben gezählt. Überprüfe auf dem Niveau 0,95, ob die Wahrscheinlichkeit 0,5 für eine Knabengeburt noch im Konfidenzintervall liegt!

7. Eine Blutuntersuchung unter 1500 Personen einer Bevölkerungsgruppe ergab, dass 549 Personen dieser Stichprobe Blutgruppe A haben. Ermittle auf dem Niveau 0,95 ein Konfidenzintervall für den Anteil p der Bevölkerungsgruppe mit der Blutgruppe A.

8. Von 1000 zufällig befragten Stahlarbeitern waren 860 für die 35-Stunden-Woche. Bestimme ein Konfidenzintervall zum Niveau 0,95 für den tatsächlichen Anteil aller Stahlarbeiter, die für die 35-Stunden-Woche sind.

9. a) In einer Urne befinden sich rote und grüne Kugeln, insgesamt 1000 Kugeln. Bei einer Stichprobe mit Zurücklegen vom Umfang 60 zählt man 16 grüne Kugeln. Wie viele grüne Kugeln kann man auf dem Konfidenzniveau 0,95 annehmen?
b) Kann man aus dem Ergebnis von a) schließen, dass die Urne 250 grüne Kugeln enthält?

10. a) Unter 800 befragten männlichen Personen über 18 Jahre waren 250 Raucher. Ermittle ein Konfidenzintervall auf dem Niveau 0,95 für den tatsächlichen Anteil der männlichen Raucher über 18 Jahre.

b) Man möchte den Anteil p der Raucher auf dem Niveau 0,95 auf 5 Prozentpunkte genau bestimmen. Welchen Umfang muss die Stichprobe haben?

11. Um festzustellen, wie viele Hausfrauen in einer Stadt das Waschmittel „Wasche gern" schon ausprobiert haben, werden 1000 zufällig ausgesuchte Hausfrauen mit dem Ergebnis befragt, dass bereits 336 das Waschmittel verwendet haben. Ermittle auf dem Niveau 0,95 ein Konfidenzintervall für den tatsächlichen Anteil der Hausfrauen in der betreffenden Stadt, die das Waschmittel bereits kennen.

12. Ein großer Automobilhersteller möchte durch eine Meinungsumfrage den prozentualen Anteil der mit der Marke zufriedenen Kunden ermitteln. Wie viele zufällig ausgewählte Kunden müssen mindestens befragt werden, um für den prozentualen Anteil der zufriedenen Kunden ein Konfidenzintervall auf dem Niveau 0,95 zu erhalten, dessen Länge höchstens 0,02 beträgt?

13. a) Eine Partei möchte vor einer Wahl durch eine Befragung den voraussichtlichen Anteil der auf sie entfallenden Stimmen ermitteln. Wie viele wahlberechtigte Personen müssen nach ihrem voraussichtlichen Wahlverhalten befragt werden, damit die aus dieser Stichprobe ermittelte relative Häufigkeit mit einer Wahrscheinlichkeit von 0,95 (0,99) nicht mehr als 0,01 vom tatsächlichen auf die betreffende Partei entfallenden Anteil p abweicht?
b) Wie groß ist im Falle von a) die Stichprobe, wenn man schon aus früheren Wahlen weiß, dass der Stimmenanteil dieser Partei zwischen 0,12 und 0,14 liegt?

II. Punktschätzung

Nun soll es darum gehen, für einen unbekannten Parameter einer Wahrscheinlichkeitsverteilung aufgrund einer Zufallsstichprobe nicht mehr ein ganzes Schätzintervall anzugeben, sondern nur noch einen einzigen Wert oder Punkt. Auf welchen Wert $\hat{p}$ – sprich: p Dach – etwa sollen wir möglichst sinnvoll die Wahrscheinlichkeit p eines Merkmals in einer Population – z.B. einer bestimmten Wahlabsicht – schätzen, wenn in einer Stichprobe vom Umfange $n = 100$ genau 42 Personen das Merkmal haben?

1. Maximum-Likelihood-Schätzer

Dass 42 zufällig gegriffene Leute das Merkmal haben, wäre sehr unwahrscheinlich, wenn die Wahrscheinlichkeit des Merkmals in der Population etwa 0,9 wäre. Es wäre also kaum sinnvoll, für p angesichts dieses Stichprobenergebnisses den Schätzwert $\hat{p} = 0{,}9$ zu wählen. Vielmehr erscheint es sinnvoll, den Schätzwert $\hat{p}$ für p doch so zu wählen, dass das beobachtete Stichprobenergebnis möglichst große Wahrscheinlichkeit hat, wenn tatsächlich $p = \hat{p}$ ist. Diese Wahrscheinlichkeit für das beobachtete Datum „42 Leute haben das Merkmal" unter der Hypothese „$p = \hat{p}$" heißt, wie wir aus §7 über Bayes-Statistik wissen, auch Likelihood. Unsere Idee läuft also darauf hinaus, unter allen möglichen Hypothesen „$p = \hat{p}$" jene mit der maximalen Likelihood herauszugreifen. Das entsprechende Schätzverfahren – man spricht auch kurz von einem Schätzer – nennt man dann **Maximum-Likelihood-Schätzer**.

Die Anzahl der Merkmalträger in der Stichprobe vom Umfange $n = 100$ ist $B(100, p)$-verteilt, d.h., die Likelihood $L(p)$ für das beobachtete Datum „42 Leute haben das Merkmal" berechnet sich in Abhängigkeit von dem unbekannten p als

$$L(p) = B(100, p; 42) = \binom{100}{42} p^{42}(1-p)^{100-42}.$$

Bild 13.3 zeigt den Graphen dieser Likelihoodfunktion von p. Wir suchen das Maximum dieser Funktion. Die erste Ableitung ergibt sich mit Hilfe der bekannten Produkt- und Kettenregel aus der Differentialrechnung als

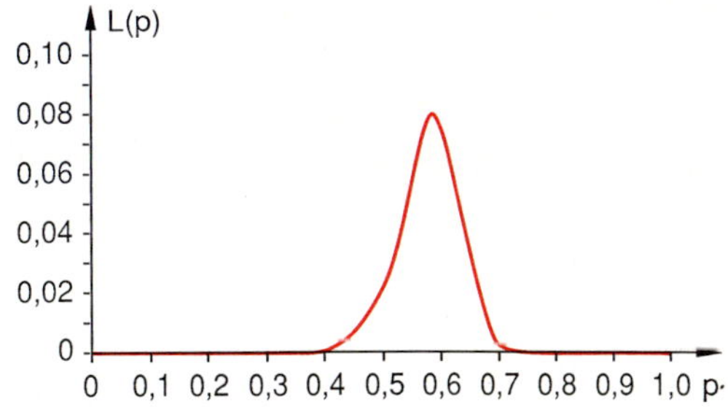

Bild 13.3: Graph der Likelihoodfunktion

$$\begin{aligned}
L'(p) = \frac{dL}{dp} &= \binom{100}{42}(42\,p^{41}(1-p)^{58} - 58\,p^{42}(1-p)^{57}) \\
&= \binom{100}{42}(42\,p^{41}(1-p)^{57}(1-p) - 58\,p^{42}(1-p)^{57}) \\
&= \binom{100}{42}(42\,p^{41}(1-p)^{57} - 42\,p^{42}(1-p)^{57} - 58\,p^{42}(1-p)^{57}) \\
&= \binom{100}{42}(42\,p^{41}(1-p)^{57} - 100\,p^{42}(1-p)^{57}) \\
&= \binom{100}{42}(p^{41}(1-p)^{57}(42 - 100\,p)).
\end{aligned}$$

Setzen wir den Faktor $42 - 100\,p$ gleich null, so erhalten wir als eine Nullstelle der Ableitung $p = \frac{42}{100} = 0{,}42$. Weitere Überlegungen zum Vorzeichenwechsel oder zur zweiten Ableitung zeigen dann, dass 0,42 Maximalstelle der Likelihoodfunktion $L(p)$ ist. Als Maximum-Likelihood-Schätzer $\hat{p}$ für die Wahrscheinlichkeit p erhalten wir also gerade die relative Häufigkeit 0,42 der Merkmalträger in der Stichprobe, was nicht sonderlich überrascht.

Anmerkung: Es ist üblich, den in der Stichprobe zu berechnenden Schätzer für einen unbekannten Parameter durch denselben Buchstaben wie diesen Parameter zu bezeichnen, aber mit einem kleinen aufgesetzten Dach.

Ergänzungen

1. Die Extremwertsuche für $L(p)$ war etwas aufwendig. Betreibe diese Extremwertsuche etwas bequemer, indem du zunächst die Likelihoodfunktion logarithmierst, also $\ln L(p)$ auf Extremwerte untersuchst. Denn der Monotonie des Logarithmus wegen sind die Maximalstellen von $L(p)$ und $\ln L(p)$ identisch.

2. Beweise allgemein: Für eine Wahrscheinlichkeit p ist die entsprechende relative Häufigkeit h_n ein Maximum-Likelihood-Schätzer.

3. Die Varaible X sei B(50, p)-verteilt. Sie wird in einer Zufallsstichprobe 100-mal realisiert. Zeige: Der empirische Mittelwert $\bar{x}$ der in der Stichprobe enthaltenen 100 Messwerte von X ist ein Maximum-Likelihood-Schätzer für den Erwartungswert $\mathscr{E}(X)$. (Vgl. Ergänzung 3 auf Seite 204.)

4. Neben Maximum-Likelihood-Schätzern sind auch sog. **Kleinst-Quadrate-Schätzer** verbreitet. Sie werden durch die Forderung bestimmt, die Summe der quadrierten Differenzen des Schätzwertes von den Messwerten in der Stichprobe solle minimal sein. Zeige:
a) Die relative Häufigkeit h_n ist ein Kleinst-Quadrate-Schätzer, wenn das Vorliegen des Merkmals mit 1, sein Fehlen mit 0 ausgedrückt wird.
b) Der empirische Mittelwert $\bar{x}$ ist ein Kleinst-Quadrate-Schätzer.

5. Wir haben im Lehrtext als Datum betrachtet, dass *insgesamt* 42 von 100 Leuten das Merkmal hatten. Nun könnte man einwenden, damit hätten wir ohne Not auf vorhandene Information verzichtet, nämlich auf die Information darüber, in welcher Reihenfolge die 42 Merkmalträger bei der Untersuchung aufgetreten sind. Würde sich in der Argumentation Wesentliches ändern, wenn wir von dem informationsreicheren Datum ausgingen: In der Zufallsstichprobe vom Umfang 100 zeigten sich *in einer bestimmten Reihenfolge* 42 Merkmalträger?

2. Erwartungstreue und Konsistenz

Welche Wünsche haben wir an einen Schätzer? Die Konstruktion nach dem Maximum-Likelihood-Prinzip folgt beispielsweise dem Wunsch, unsere „theoretische“ Welt so einzurichten, dass die tatsächliche beobachtete „empirische“ Welt im Lichte der Theorie möglichst hohe Wahrscheinlichkeit hat. Dieses eher philosophische Prinzip – das, was tatsächlich geschieht, sollte nicht unwahrscheinlich sein! – mag sinnvoll sein; es bleiben aber andere Wünsche offen.
So wird man von einem guten Schätzer $\hat{p}_n$ für einen unbekannten Parameter p, berechnet in einer Zufallsstichprobe vom Umfange n, erwarten, dass er, wenn man die Stichprobenziehung und Schätzung wiederholt, zwar nach beiden Seiten um den unbekannten Parameter streuen wird, aber so, dass auf lange Sicht im Mittel die Schätzwerte mit dem unbekannten Parameter übereinstimmen; denn sonst hätte der Schätzer einen systematischen Fehler (englisch: bias) nach oben oder unten. Der Mittelwert auf lange Sicht entspricht dem Erwartungswert $\mathscr{E}(\hat{p}_n)$ der Zufallsgröße $\hat{p}_n$. Wir fassen unseren Wunsch in die Definition:

Definition der Erwartungstreue

Ein Schätzer $\hat{p}_n$ für einen Parameter p heißt erwartungstreu (oder unverzerrt oder biasfrei oder unbiased), wenn $\mathscr{E}(\hat{p}_n) = p$ für jedes mögliche p ist.

Untersuchen wir wieder die relative Häufigkeit h_n als Schätzer für die Wahrscheinlichkeit p. Ist h_n ein erwartungstreuer Schätzer? Die zugehörige absolute Häufigkeit H_n ist B(n, p)-verteilt und h_n kann lediglich die Werte $\frac{k}{n}$ mit $k = 0, 1, \ldots, n$ annehmen. Wir erhalten so für den Erwartungswert:

$$\mathscr{E}(h_n) = \sum_{k=0}^{n} \frac{k}{n} P\left(h_n = \frac{k}{n}\right) = \frac{1}{n} \sum_{k=1}^{n} kP(H_n = k) = \frac{1}{n} \sum_{k=1}^{n} k \binom{n}{k} p^k (1-p)^{n-k}$$

$$= \frac{1}{n} \sum_{k=1}^{n} n \binom{n-1}{k-1} p^k (1-p)^{n-k}, \text{ da allgemein } k\binom{n}{k} = n\binom{n-1}{k-1} \text{ ist,}$$

$$= \sum_{k=1}^{n} \binom{n-1}{k-1} p^k (1-p)^{n-k} = p \sum_{k=1}^{n} \binom{n-1}{k-1} p^{k-1} (1-p)^{(n-1)-(k-1)}$$

$$= p \underbrace{\sum_{i=0}^{m} \binom{m}{i} p^i (1-p)^{m-i}}_{1} = p \sum_{i=0}^{m} B(m, p; i) = pF(m, p; m) \quad \text{mit} \quad i = k-1 \quad \text{und} \quad m = n-1,$$

$= p$; denn die Summe ist die Wahrscheinlichkeit, dass eine $B(m, p)$-verteilte Zufallsvariable einen Wert zwischen 0 und m annimmt und damit gleich 1 ist.

Der Erwartungswert der relativen Häufigkeiten h_n stimmt also mit dem zu schätzenden Parameter p überein: h_n ist ein erwartungstreuer Schätzer für p.

Ein weiterer Wunsch an einen guten Schätzer schließlich wäre: Die Wahrscheinlichkeit, dass der Schätzer in die unmittelbare Nähe des unbekannten Parameters trifft, wächst mit zunehmender Stichprobengröße gegen 1. Formal:

Definition der Konsistenz

Ein Schätzer $\hat{p}_n$ für einen Parameter p aus einer Zufallsstichprobe vom Umfange n heißt konsistent, wenn für jedes p und für jedes noch so kleine positive η gilt:

$$\lim_{n \to \infty} P(|\hat{p}_n - p| < \eta) = 1.$$

Vergleichen wir diese Formulierung mit dem Gesetz der großen Zahlen von Jakob Bernoulli, so erkennen wir sofort, dass die relative Häufigkeit h_n ein konsistenter Schätzer für die entsprechende Wahrscheinlichkeit p ist. Wir fassen unsere Erkenntnisse über die offensichtlich guten Eigenschaften der relativen Häufigkeit als Schätzer für eine Wahrscheinlichkeit zusammen:

Satz über die relative Häufigkeit als Schätzer einer Wahrscheinlichkeit

Die relative Häufigkeit h_n ist ein erwartungstreuer und konsistenter Maximum-Likelihood-Schätzer für die entsprechende Wahrscheinlichkeit p.

Anmerkung: Ohne Beweis sei angemerkt: Der empirische Mittelwert $\bar{x}$ in einer Zufallsstichprobe ist ein erwartungstreuer und konsistenter Schätzer für den Erwartungswert $\mathscr{E}(X)$. Die empirische Varianz s_X^2 ist zwar ein konsistenter, aber kein erwartungstreuer Schätzer für die Varianz $\mathscr{V}(X)$. Aber $\frac{n}{n-1} s_X^2$ ist ein konsistenter und erwartungstreuer Schätzer für $\mathscr{V}(X)$.

Ergänzungen

1. In der Population sei die Zufallsgröße X, der Punktwert in einem Fragebogen mit 50 Fragen, B(50, p)-verteilt. Der Fragebogen wird nun einer Zufallsstichprobe vom Umfang n präsentiert, bei jeder der n Personen also der Wert von X ermittelt. Geschätzt werden soll der Erwartungswert (oder Populationsmittelwert) $\mathscr{E}(X)$.
Beweise: Der Mittelwert $\bar{x}$ in der Stichprobe ist hierfür ein erwartungstreuer Schätzer.

2. Es soll wieder geschätzt werden die Wahrscheinlichkeit p eines Merkmals aufgrund einer Zufallsstichprobe vom Umfange $n=9$. Das Vorliegen des Merkmals wird durch den Wert 1 ausgedrückt, das Nichtvorliegen des Merkmals durch den Wert 0. Festgehalten wird nun nicht die relative Häufigkeit, sondern der **empirische Modus** oder **Modalwert** m: Das ist einfach der in der Stichprobe am häufigsten vorkommende Wert. (Ergibt sich in der Stichprobe etwa 0, 1, 0, 0, 1, 1, 1, 0, 1, so ist $m=1$, weil die 1 am häufigsten vorkommt. Im Falle 0, 0, 1, 0, 0, 1, 0, 1, 0 demgegenüber ist $m=0$.) Untersuche hier den Modus m als Schätzer für p auf Erwartungstreue und Konsistenz.

3. a) Führt – arbeitsteilig oder in Simulation auf dem Computer – vielfach den 5fachen Wurf mit einem fairen Würfel durch und bestimmt nach jedem 5er Wurf folgende Kennwerte für die – bekanntlich gleichverteilte – Augenzahl X:

1) Den Mittelwert $\bar{x}$ in den 5 Würfen.

2) Den sog. **empirischen Median** M der fünf Würfe. Dazu bringt ihr die 5 geworfenen Augenzahlen in eine Rangreihe, beginnend mit der niedrigsten, endend mit der höchsten Augenzahl, und greift als Median M heraus genau die Augenzahl, die in der Mitte, also auf dem 3. Platz steht.
Beispiel: Geworfen wurde 5, 1, 4, 2, 2. Dies ergibt die Rangreihe 1, 2, 2, 4, 5. Auf dem mittleren Platz steht 2, der Median ist also $M=2$.

In euren Versuchsprotokollen werdet ihr zu Recht den Eindruck gewinnen, dass hier sowohl der Mittelwert als auch der Median ein erwartungstreuer und konsistenter Schätzer für den – diesmal schon bekannten – Erwartungswert $\mathscr{E}(X)=3{,}5$ ist. Eure Versuchsprotokolle sollten aber auch zeigen, welcher dieser beiden Schätzer dennoch besser ist – und warum.
(Hinweis: Man wünscht von einem Schätzer nicht nur, dass er symmetrisch um den wahren Parameter streut (Erwartungstreue), und weiterhin nicht nur, dass die Breite diese Streuens mit zunehmender Stichprobengröße immer kleiner wird (Konsistenz), sondern auch, dass die Streubreite des Schätzers schon bei kleinen Stichprobengrößen möglichst klein ist – was man als **Effizienz** des Schätzers bezeichnet.)

b) Bestätige den in a) gewonnenen Eindruck über die Erwartungstreue des Medians M, indem du seinen Erwartungswert berechnest und mit $\mathscr{E}(X)=3{,}5$ vergleichst.

4. Empirischer Modus und Median in der Stichprobe dienen üblicherweise nicht wie oben zur Schätzung von Wahrscheinlichkeiten oder Erwartungswerten, sondern zur Schätzung der *ihnen* entsprechenden Populationsparameter von Wahrscheinlichkeitsverteilungen, die leicht zu definieren sind, wenn wir in den Begriffserklärungen oben von Häufigkeiten zu Wahrscheinlichkeiten übergehen: Der **Modus** oder **Modalwert** $m(X)$ einer Zufallsvariablen X ist definiert als der Wert maximaler Wahrscheinlichkeit von X, d.h. also als der Wert, für den die Wahrscheinlichkeit maximal ist, dass X ihn annimmt. Und **Median** $\mathscr{M}(X)$ einer Zufallsvariablen X nennt man einen Wert von X – oder ggf. den Mittelwert zweier benachbarter Werte von X –, wenn X *gleichzeitig* mit jeweils mindestens 50%iger Wahrscheinlichkeit einen Wert annimmt, der größer oder gleich diesem Wert bzw. kleiner oder gleich diesem Wert ist. Genauer: $P(X \geq \mathscr{M}(X)) \geq 0{,}5$ *und* $P(X \leq \mathscr{M}(X)) \geq 0{,}5$.

a) Betrachte die nebenstehend als Säulendiagramm dargestellte Verteilung einer Zufallsvariablen X. Bestimme den Erwartungswert $\mathscr{E}$(X), den Modus m(X) und den Median $\mathscr{M}$(X).
b) Untersuche ebenso die Binomialverteilungen in den Bildern 6.2, 6.3 und 6.4 auf den Seiten 97 bis 99 auf die Lage von Erwartungswert, Modus und Median.
c) Arbeite eine allgemeine Gesetzmäßigkeit heraus: Wann stimmen Median und Erwartungswert überein?
d) Warum also ließ sich in Ergänzung 3 der Erwartungswert durch den empirischen Median schätzen?

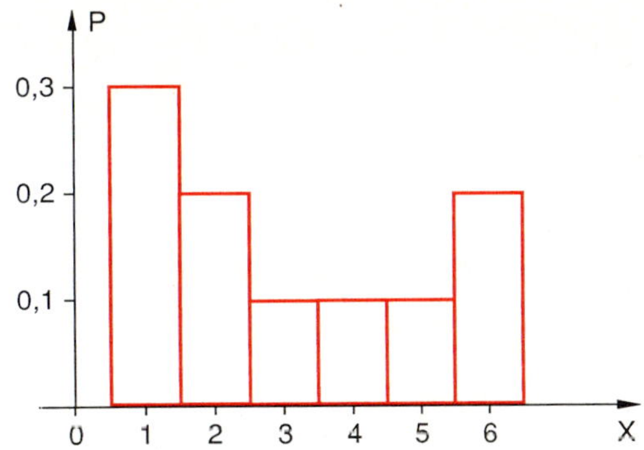

Bild 13.4: Verteilung einer Zufallsvariablen X

5. Wie steht es eigentlich mit dem Schätzen in der Bayes-Statistik, also dann, wenn man schon a priori für den zu schätzenden Parameter eine Wahrscheinlichkeitsverteilung angeben kann? Nun, dann enthält die A-posteriori-Verteilung die relevanten Informationen über den Parameter: Sie gibt an, mit welcher Wahrscheinlichkeit der Parameter in welche Intervalle fällt, und sie gibt an, welchen Wert der Parameter am wahrscheinlichsten hat.
a) Gib für die Ergänzung c) aus § 7.II. auf Seite 125 an, wie wahrscheinlich es nach der Datenerhebung ist, dass der fragliche Parameter p, nämlich die Bekanntheitsquote der Marke, in dem Intervall von 25% bis 45% liegt. Inwiefern unterscheidet sich diese Wahrscheinlichkeit grundsätzlich von der Wahrscheinlichkeit $1-\alpha$ eines Konfidenzintervalls zum Niveau $1-\alpha$?
b) Welche Punktschätzung scheint dir für die Ergänzung c) auf Seite 125 sinnvoll?
c) Unter welchen Bedingungen bezüglich der A-priori-Verteilung stimmt der a posteriori wahrscheinlichste Parameterwert im Sinne von Bayes mit dem üblichen Maximum-Likelihood-Schätzer überein?

Übungen und Aufgaben

1. Man wirft eine Münze einmal; die Zufallsvariable X zähle hierbei die Anzahl von „Kopf". Man nimmt X als Schätzer für $p = P(\text{Kopf})$. Welche Werte kommen also bei diesem Schätzer stets heraus? Zeige, dass X
a) erwartungstreu,
b) ein Maximum-Likelihood-Schätzer, aber
c) nicht konsistent ist.

2. Ein Schätzer X sei nicht erwartungstreu bezüglich des Parameters p. Warum kann man nicht einfach

a) $X_1 = X - \mathscr{E}(X) + p$ **b)** $X_2 = \frac{p}{\mathscr{E}(X)} \cdot X$

als neuen erwartungstreuen Schätzer für p benutzen?
(Hinweis: Benutze Aufgabe 10a), S. 73.)

§ 14 Stochastik und Rationalität

Als „Kunst des vernünftigen Vermutens“ in Situationen der Ungewissheit wurde in der Einführung Stochastik charakterisiert – sicherlich etwas zu anspruchsvoll, wie nun am Ende des Buches erscheinen mag. Denn im Vordergrund unserer Betrachtungen stand – der bislang dominierenden „objektivistischen“ Tradition in der mathematischen Stochastik folgend – doch eher eine sehr kleine Auswahl von „Situationen der Ungewissheit“, nämlich nur von solchen Situationen, in denen die Ungewissheit in Form klassischer oder statistischer Wahrscheinlichkeit, also eher „objektiv“, gefasst werden konnte. Damit aber reduziert sich Stochastik auf die Kunst des vernünftigen Vermutens und rationalen Verhaltens nur in solchen Situationen, in denen von vornherein Gleichwahrscheinlichkeit oder unabhängige Wiederholbarkeit gegeben sind. Für alle anderen Situationen der Ungewissheit verheißt diese Stochastik keinen Rationalitätsgewinn, insbesondere also nicht für die vielen Situationen, in denen allenfalls subjektive Wahrscheinlichkeiten verfügbar sind.

Gegen diese enge „objektivistische“ Mehrheitsposition behauptet eine – ihrer Berufung auf Thomas Bayes wegen häufig „bayessch“ genannte – Minderheitenposition, mathematische Stochastik verspreche einen Rationalitätsgewinn auch in all den für das Leben so typischen Situationen, in denen sich Ungewissheit lediglich in subjektiven Wahrscheinlichkeiten quantifizieren lasse. Die sehr unterschiedliche Denk- und Argumentationsweise der Objektivisten einerseits, der Bayesianer andererseits sei deshalb abschließend an einem kleinen Beispiel demonstriert. Letztlich geht es dabei um unterschiedliche Vorstellungen von Rationalität.

Die Situation

Du nimmst an einer Spielshow im Fernsehen teil, bei der du eine von drei verschlossenen Türen auswählen sollst. Hinter einer Tür wartet der Preis, ein Auto, hinter den beiden anderen Türen stehen Ziegen. Du zeigst auf eine Tür, sagen wir Nummer 1. Sie bleibt vorerst geschlossen. Der Moderator weiß, hinter welcher Tür sich das Auto befindet; mit den Worten „Ich zeig Ihnen mal was“ öffnet er eine andere Tür, zum Beispiel Nummer 3, und eine meckernde Ziege schaut ins Publikum. Er fragt: „Bleiben Sie bei Nummer 1 oder wählen Sie jetzt doch lieber Nummer 2?“ – Ja, was tust du jetzt?

Die Bayessche Argumentation

Du hast drei Hypothesen, nämlich

H_1: Das Auto steht hinter Tür Nummer 1,
H_2: Das Auto steht hinter Tür Nummer 2,
H_3: Das Auto steht hinter Tür Nummer 3.

Wenn du keinerlei weitere Informationen oder Indizien hast, beispielsweise über die „Eignung" der drei Türen für Auto oder Ziege, über die Vorlieben der Studiohilfsarbeiter usw., dann haben für dich diese drei Hypothesen a priori gleiche Wahrscheinlichkeit, nämlich jeweils von einem Drittel. Quelle für diese Wahrscheinlichkeiten ist dein subjektiver Wissensstand ober besser: dein Zustand völligen Unwissens. (Diese Wahrscheinlichkeiten beruhen nicht etwa auf der Annahme, das Auto sei mit gleicher Wahrscheinlichkeit, beispielsweise aufgrund eines Würfelwurfs, hinter eine der drei Türen platziert worden!) Du hast nun willkürlich deinen ersten Tipp auf Tür Nummer 1 abgegeben und erlebst nun, wie der Moderator Tür Nummer 3 öffnet. Wie wahrscheinlich ist dieses eintretende Ereignis oder Datum, nennen wir es D, nämlich dass der Moderator – nach deinem Tipp – Tür Nummer 3 öffnet, jeweils unter Annahme von H_1, H_2 oder H_3? Sicher dürfte angesichts der theatralischen Logik der Show sein, dass der Moderator nur eine Tür öffnet, auf die du nicht getippt hast *und* hinter der eine Ziege wartet. Befindet sich das Auto tatsächlich hinter der Tür Nummer 2 oder 3, dann hat der Moderator keine Wahl, welche Tür er öffnet. Befindet sich indessen das Auto tatsächlich hinter der Tür Nummer 1, auf die du ja getippt hast, so kann der Moderator nach Belieben Tür Nummer 2 oder 3 öffnen. Wenn du nichts Weiteres über das „Belieben" des Moderators weißt, so haben für dich – subjektiv – beide Möglichkeiten gleiche Wahrscheinlichkeit. Damit ergeben sich also für dich folgende Likelihoods:

$$P(D \mid H_1) = 0{,}5,$$
$$P(D \mid H_2) = 1,$$
$$P(D \mid H_3) = 0.$$

Mit diesen deinen subjektiven Likelihoods und A-priori-Wahrscheinlichkeiten ergeben sich nun mit Hilfe des Satzes von Bayes die A-posteriori-Wahrscheinlichkeiten

$$P(H_1 \mid D) = \frac{\frac{1}{3} \cdot 0{,}5}{\frac{1}{3} \cdot 0{,}5 + \frac{1}{3} \cdot 1 + \frac{1}{3} \cdot 0} = \frac{1}{3} \quad \text{und}$$

$$P(H_2 \mid D) = \frac{\frac{1}{3} \cdot 1}{\frac{1}{3} \cdot 0{,}5 + \frac{1}{3} \cdot 1 + \frac{1}{3} \cdot 0} = \frac{2}{3}.$$

Nach dem Verhalten des Moderators ist nun also für dich H_2 doppelt so wahrscheinlich wie H_1. Es ist also vernünftig, den Tipp zu wechseln und nun auf Tür Nummer 2 zu zeigen. Du erwartest dahinter den Gewinn mit einer Wahrscheinlichkeit von $\frac{2}{3}$.

So weit die Argumentation im Sinne der Bayesianer. Für einen Objektivisten ist diese Argumentation nicht überzeugend, also ganz und gar nicht rational. Nicht nur wird er auf die Fraglichkeit, Subjektivität und Unverbindlichkeit der Wahl der A-priori-Wahrscheinlichkeiten $\frac{1}{3}$ verweisen. Nein, viel grundsätzlicher noch: Für ihn macht es schon überhaupt keinen Sinn, von der „Wahrscheinlichkeit" (im kolmogoroffschen Sinne) der drei Hypothesen H_1, H_2 und H_3 zu reden. Für den Objektivisten ist nämlich eine jede dieser Hypothesen entweder wahr oder falsch, sie hat aber keine „Wahrscheinlichkeit". Wahrscheinlichkeiten gibt es für den Objektivisten nicht als Maß subjektiv empfundener Glaubensstärke, Überzeugtheit oder Plausibilität, sondern nur im Sinne des klassischen oder statistischen Wahrscheinlichkeitsbegriffes; und im Sinne dieser Begriffe lassen sich hier kaum die Hypothesenwahrscheinlichkeiten bestimmen, es sei denn, es lägen statistische Erfahrungen über die Platzierung des Autos vor oder diese Platzierung werde mit einem bekannten Zufallsmechanismus, beispielsweise einem

Würfel, bestimmt. Von beidem ist nicht die Rede. Auch die Likelihood $P(D \mid H_1) = 0{,}5$ wird den Objektivisten nicht überzeugen; überzeugend wäre sie für ihn erst, wenn man ihm die Annahme plausibel machen könnte, dass der Türwahlprozess im Kopf des Moderators nach dem Modell des fairen Münzwurfs abläuft.
Nun fragt sich, wie der Objektivist für die geschilderte Situation dann überhaupt noch zu nicht subjektiven Wahrscheinlichkeiten kommen will. Sein Trick ist: Er führt einfach einen mit klassischer Wahrscheinlichkeit beschreibbaren Zufallsmechanismus, beispielsweise den Würfel, in diese Situation ein. (Wir kennen dies bereits aus den klassischen „objektivistischen“ Verfahren Signifikanztest und Konfidenzintervall: Der dort grundlegende Begriff der Zufallsstichprobe beinhaltet nämlich einen solchen Zufallsmechanismus, ist nämlich eine Zufallsstichprobe eine solche, bei der für jedes Element der Population die Wahrscheinlichkeit bekannt – und zumeist gleich – ist, für die Stichprobe ausgewählt zu werden.) Diese Einführung des klassisch oder statistisch beschreibbaren Zufalls – man spricht von Randomisierung – gelingt dem Objektivisten indessen nur, indem er die Problemsituation etwas anders formuliert: Er fragt nämlich nicht mehr wie der Bayesianer *nach* Ablauf des Geschehens danach, wie wahrscheinlich das Auto nun hinter der Tür Nummer 1 bzw. 2 ist, sondern er fragt *vor* dem Ablauf des Geschehens: Gibt es für diese Situation eine Verhaltensregel, eine Strategie, die mit hinreichend hoher Wahrscheinlichkeit zum Gewinn führt (zumindest unter allen relevanten möglichen „wahren“ Gegebenheiten)? Dies ist seine Antwort:

Die Objektivistische Argumentation

Betrachte folgende „Wechsel“-Strategie: Du gibst deinen ersten Tipp nicht ab nach Belieben, sondern mit kontrollierten klassischen Wahrscheinlichkeiten, beispielsweise nach dem Wurf eines Würfels: Bei „·“ oder „.·“ zeigst du auf Tür Nummer 1, bei „.˙·“ oder „::“ zeigst du auf Tür Nummer 2 und bei „:·:“ oder „:::“ schließlich auf Tür Nummer 3. Nach der Frage des Moderators wechselst du dann den Tipp. Wie wahrscheinlich ist nun für diese Strategie der Gewinn, jeweils die Geltung der Hypothese H_1, H_2 oder H_3 vorausgesetzt?

Im Falle H_1 gilt: Du gewinnst genau dann, wenn entweder

1. du anfangs auf Tür Nummer 2 tippst (und der Moderator notgedrungen Tür Nummer 3 öffnet) oder
2. du anfangs auf Tür Nummer 3 tippst (und der Moderator notgedrungen Tür Nummer 2 öffnet).

Diese beiden disjunkten Ereignisse haben aufgrund deines Würfelwurfs (!) jeweils die Wahrscheinlichkeit ein Drittel. Im Falle der Geltung von H_1 gewinnst du also bei dieser Strategie mit Wahrscheinlichkeit $\frac{2}{3}$.

Wie sieht es im Falle H_2 aus: Du gewinnst genau dann, wenn entweder

1. du anfangs auf Tür Nummer 1 tippst (und der Moderator notgedrungen Tür Nummer 3 öffnet) oder
2. du anfangs auf Tür Nummer 3 tippst (und der Moderator notgedrungen Tür Nummer 1 öffnet).

Auch im Falle H_2 führt die Wechselstrategie mit einer Wahrscheinlichkeit von $\frac{2}{3}$ zum Gewinn.

Völlig analog ergibt sich dann auch für den Fall H_3 eine Zwei-Drittel-Gewinnwahrscheinlichkeit.
Die hier skizzierte „Wechsel"-Strategie führt also in jedem Falle mit 66,6%iger Wahrscheinlichkeit zum Gewinn. Demgegenüber führt die „Nicht-Wechsel"-Strategie nur mit 33,3%iger Wahrscheinlichkeit zum Gewinn, nämlich in jedem Falle nur dann, wenn der erste Tipp richtig ist. Deshalb ist die Strategie vernünftig und rational, den Tipp zu wechseln.

So weit die objektivistische Argumentation. Sie kommt gänzlich ohne subjektive Wahrscheinlichkeiten aus, denn ihre Wahrscheinlichkeiten sind letztlich die klassischen eines bekannten Zufallsmechanismus, nämlich des Würfels. Damit ist aber auch klar: Kommst du unvorbereitet in die geschilderte Situation und gibst du daher insbesondere deinen ersten Tipp nicht mit den kontrollierten Wahrscheinlichkeiten des Würfels ab, sondern unkontrolliert beispielsweise einfach aufgrund deiner Vorlieben, deiner momentanen Stimmung, auf Zuruf aus dem Publikum usw., dann spielst du nicht mehr die entsprechende Strategie; ohne die Randomisierung bricht die Argumentation über die Gewinnwahrscheinlichkeit der Strategie zusammen. Insofern antwortet der Objektivist auch nicht genau auf die ursprüngliche Frage, die ja darauf zielte, was zu tun sei, nachdem du bereits – ohne den Würfel – deinen ersten Tipp abgegeben hast. Auf diese ursprüngliche Frage aber, so würde der Objektivist einwenden, gibt es – zumindest mit den Mitteln der Mathematik – keine rationale Antwort.
Objektivisten sehen daher den Anwendungsbereich mathematisch-stochastischer Argumentation viel enger und bescheidener als die Bayesianer. Einen Rationalitätsgewinn gibt es nach objektivistischer Auffassung dann, wenn eine *im Vorhinein* festgelegte Strategie *mit Randomisierung* durchgespielt werden kann, wie es beispielsweise der Signifikanztest und das Konfidenzintervall vorsehen. Und auch dann mag der Rationalitätsgewinn noch hypothetisch bleiben: Denn typischerweise ist die „Gewinnwahrscheinlichkeit" der Strategie leider nicht wie in unserem einfachen Beispiel unabhängig, sondern vielmehr wie beim Signifikanztest und Konfidenzintervall überaus abhängig davon, welche Hypothese in Wahrheit gilt. Und damit ist die „Gewinnwahrscheinlichkeit" typischerweise eben nicht bekannt, sondern allenfalls durch eine Schranke abschätzbar.

Im Vorhinein festgelegte Strategien *mit Randomisierung* durchzuspielen mag in bestimmten Anwendungsbereichen problemlos möglich sein, beispielsweise in der industriellen Qualitätskontrolle. Signifikanztests und Konfidenzintervalle werden indessen heute in vielen Wissenschaften und Praxisfeldern – unter Missachtung ihrer inneren Logik – „angewandt", ohne dass diese Bedingungen „im Vorhinein" und „Randomisierung" beachtet würden: Weder wird dort mit Zufallsstichproben gearbeitet – sondern stattdessen mit Stichproben, die gut verfügbar sind – noch wird die Strategie im Vorhinein festgelegt, insbesondere also nicht (bei nicht sequentiellen Verfahren) der Stichprobenumfang. Zumeist scheint es bei den durchgeführten „Signifikanztests" auch gar nicht im Ernst um die Entscheidung zwischen zwei Handlungsalternativen zu gehen, denn eine Notwendigkeit zur endgültigen und handlungswirksamen „Annahme" oder „Verwerfung" einer wissenschaftlichen Hypothese ist zumeist nirgendwo in Sicht. Und so wundert es dann auch nicht weiter, dass die Fehlerwahrscheinlichkeit zweiter Art zumeist überhaupt keiner Erwägung wert befunden wird, obwohl sie doch das eine der beiden Übel benennt, zwischen denen die Wahl eines Signifikanztestes vernünftig abzuwägen hätte. Kurzum: Heutige inferenzstatistische Praxis bedient sich häufig –

wenngleich nur dem Anscheine nach – objektivistischer Verfahren auch weit außerhalb des leider nur sehr engen Anwendungsbereiches, für den diese Verfahren erdacht sind; bayessche Verfahren werden indessen ihrer Subjektivität wegen gemieden. Diese Praxis ist kaum mehr durch mathematische Argumentation als rational zu rechtfertigen, sondern allenfalls durch eine Reihe soziologischer, psychologischer und politischer Überlegungen zu erklären und zu verstehen. Mit Blick auf diese fragliche Praxis mag sich schließlich folgende Neudefinition aufdrängen: „Das Signifikanzniveau ist die Wahrscheinlichkeit, dass ein Signifikanztest einer rationalen Entscheidung dient".

Anmerkung

Die Wahrscheinlichkeit 66,6% in der bayesschen Argumentation ergibt sich erst gegen Ende der geschilderten Situation, nämlich nach Beobachtung des Datums D; bayessche Verfahren heißen daher auch Verfahren mit „final precision". Demgegenüber steht die Gewinnwahrscheinlichkeit 66,6% in der objektivistischen Argumentation für die „Wechsel"-Strategie schon von Anfang an fest, gleich was in der Situation passiert. Solche objektivistischen Verfahren – wie etwa der Signifikanztest und das Konfidenzintervall – heißen daher auch Verfahren mit „initial precision".

Ergänzungen

1. Sowohl die bayessche, als auch die objektivistische Argumentation gipfelten in einer Wahrscheinlichkeit von 66,6%. Formuliere noch einmal deutlich, inwiefern diese Wahrscheinlichkeit, obwohl zahlenmäßig gleich, in beiden Argumentationen völlig Verschiedenes meint.

2. Warum eigentlich mag es, wie im Beispiel des Textes, sinnvoll sein, sich auch dann an Wahrscheinlichkeiten zu orientieren, wenn die Situation einmalig, eine Gewinnmaximierung auf lange Sicht also gar nicht möglich ist?

3. Was solltest du – nach bayesscher Vorstellung – im Beispiel tun, wenn sich für dich aufgrund von bestimmten Indizien (z.B. seltsame dumpfe Meckergeräusche, die noch am ehesten aus Richtung der Tür Nummer 2 zu kommen scheinen) die A-priori-Verteilung $P(H_1) = P(H_3) = 0{,}45$ und $P(H_2) = 0{,}1$ ergibt?

§ 15 Stochastik und Analysis

Ein ins Rot verliebter junger Mann besucht mit dem festen Vorsatz, genau so lange beim Roulett auf Rot zu setzen, bis er genau einmal gewonnen hat – um danach sofort die Spielbank zu verlassen, damit er sich nicht in seiner Leidenschaft verliere. Wie wahrscheinlich ist es, dass er das Spiel beendet, dass also irgendwann einmal Rot fällt? Formal könnten wir die möglichen Ergebnisse des Spielabends jeweils durch unendlich lange Tupel oder Folgen aus den Buchstaben R (für „Rot") und S (für „Schwarz" bzw. „Null") für die denkbaren Spielabläufe notieren, etwa (S, S, S, R, S, R,...) für einen Spielverlauf, bei dem im vierten Durchgang erstmals das gesetzte Rot fällt, so dass unser Spieler nach dem vierten Durchgang aussteigt und den weiteren Verlauf des Spiels nicht mehr erlebt. Der Ergebnisraum schreibt sich dann: $\Omega = \{(a_1, a_2, a_3, \ldots) \mid a_n \in \{R, S\}\}$. Dieser Ergebnisraum hat offensichtlich abzählbar unendlich viele Elemente. Wir interessieren uns nun für das Ereignis E, dass irgendwann einmal Rot fällt. Es sei E_1 das Ereignis, dass im ersten Durchgang Rot erscheint. E_1 ist also die Menge aller unendlichen Folgen aus R und S, die mit R beginnen. E_2 sei analog das Ereignis, dass im zweiten Durchgang zum ersten Mal Rot erscheint, also die Menge aller Folgen, die an erster Stelle ein S, an zweiter Stelle ein R zeigen. Und so weiter für $E_3, E_4\ldots$. Offensichtlich sind diese Ereignisse (paarweise) disjunkt. Für ihre Wahrscheinlichkeiten berechnen wir sofort mit Laplace:

$$P(E_n) = \left(\frac{19}{37}\right)^{n-1} \cdot \frac{18}{37}.$$

Das Ereignis E ist – mengentheoretisch formuliert – die „disjunkte" Vereinigung der unendlich vielen Ereignisse $E_1, E_2, E_3, \ldots$.

$$E = E_1 \cup E_2 \cup E_3 \cup \ldots = \bigcup_{n=1}^{\infty} E_n$$

Damit berechnet sich die Wahrscheinlichkeit von E naheliegenderweise als Grenzwert der Folge der Summen der Einzelwahrscheinlichkeiten:

$$P(E) = \lim_{n\to\infty} \sum_{k=1}^{n} P(E_k) = \lim_{n\to\infty} \sum_{k=1}^{n} \left(\frac{19}{37}\right)^{k-1} \cdot \frac{18}{37} = \frac{18}{37} \cdot \lim_{n\to\infty} \sum_{k=1}^{n} \left(\frac{19}{37}\right)^{k-1}$$

$$= \frac{18}{37} \cdot \lim_{n\to\infty} \sum_{k=0}^{n-1} \left(\frac{19}{37}\right)^{k} = \frac{18}{37} \cdot \lim_{n\to\infty} \frac{1-\left(\frac{19}{37}\right)^n}{1-\frac{19}{37}} = \frac{18}{37} \cdot \frac{1}{1-\frac{19}{37}} = 1.$$

Dieses Ergebnis überrascht wenig: Natürlich kann unser Spieler „mit Sicherheit" darauf rechnen, dass er irgendwann einmal Rot erwischt, wenn er es nur lange genug versucht. Angesichts der Endlichkeit eines Spielabends mag unsere Modellierung – wie jede mathematische Rede vom Unendlichen – wenig realitätsangemessen erscheinen. Allein, jede endliche Begrenzung hätte hier etwas Willkürliches. Es erscheint also zumindest nicht ganz abwegig, auch im Rahmen stochastischer Fragen jene infinitesimalen Begrifflichkeiten heranzuziehen, wie sie für die Analysis so typisch sind.

Dazu bedarf es aber einer Erweiterung der in § 3.III. nur für endliche Ereignisräume entwickelten Axiomatik von Kolmogorow, über die wir uns eben – wie eigentlich auch schon in § 10 über die in ihrer Schrittzahl unbegrenzten sequentiellen Tests – hinaus bewegt haben, indem wir etwa die Wahrscheinlichkeiten von unendlich vielen disjunkten Ereignissen zu einer Gesamtwahrscheinlichkeit „aufsummiert" haben, obwohl dies durch die Axiomatik in § 3 eigentlich nur für endlich viele Wahrscheinlichkeiten erlaubt wäre. Hilfreich sind hier folgende zwei Erweiterungen:

1. Der Ereignisraum über Ω ist nicht mehr notwendig die Menge *aller* Teilmengen von Ω, sondern erfüllt lediglich folgende Bedingungen: Erstens ist mit jedem Ereignis E auch das Komplement $\bar{E}$ von E zu Ω ein Ereignis, also Element des Ereignisraumes. Zweitens ist zu jeweils unendlich vielen Ereignissen $E_1, E_2, E_3, \ldots$ auch ihre Vereinigung $E_1 \cup E_2 \cup E_3 \cup \ldots$ ein Ereignis, also Element des Ereignisraumes. Ein nicht leeres System von Teilmengen von Ω, das diesen Bedingungen genügt, heißt eine **σ-Algebra** („Sigma-Algebra") über Ω.
2. Analog wird die in Axiom 3 geforderte Additivität zur **σ-Additivität** erweitert: Sind $E_1, E_2, E_3, \ldots$ (paarweise) disjunkte Ereignisse, so hat ihre Vereinigung die Wahrscheinlichkeit

$$P\left(\bigcup_{n=1}^{\infty} E_n\right) = \lim_{n\to\infty} \sum_{k=1}^{n} P(E_k).$$

Viele Definitionen und Sätze, die wir für endliche Wahrscheinlichkeitsräume formuliert hatten, lassen sich nun analog auf unendlich große Wahrscheinlichkeitsräume erweitern, indem von endlichen auf unendliche Summen übergegangen wird. Kann etwa eine Zufallsvariable X die unendlich vielen Werte $x_1, x_2, x_3, \ldots$ annehmen, so verstehen wir unter dem **Erwartungswert** von X den Grenzwert

$$\lim_{n\to\infty} \sum_{k=1}^{n} x_k \cdot P(X = x_k).$$

Nach dieser Erweiterung des kolmogorowschen Axiomensystems werden nun aber auch Wahrscheinlichkeitsräume möglich, deren Ergebnismengen nicht nur – wie im Beispiel eben – abzählbar unendlich, sondern sogar überabzählbar unendlich sind. Dazu betrachten wir folgendes Zufallsexperiment: Eine Präzisionsmaschine produziert Werkstücke, deren Länge möglichst genau 1 m betragen soll. Der Produktion werden fortlaufend nach Zufall Stücke entnommen und in der Qualitätskontrolle auf ihre tatsächliche Länge kontrolliert. Als Ergebnis wird jeweils die positive („zu lang") oder negative („zu kurz") Abweichung beispielsweise in mm notiert. Die möglichen Ergebnisse bilden hier – „unendlich" genaues Messen vorausgesetzt – ein Kontinuum, so dass als Ergebnisraum die überabzählbar unendliche Menge $\mathbb{R}$ der reellen Zahlen nahe liegt. Nun dürften hier aber alle Elementarereignisse, also alle einelementigen Teilmengen von $\mathbb{R}$, unterschiedslos die Wahrscheinlichkeit 0 haben, denn es ist für jede reelle Zahl x so gut wie unmöglich, dass die Abweichung des Werkstücks *genau* x mm beträgt. Obwohl wir also die Elementarereignisse hinsichtlich ihrer Wahrscheinlichkeit nicht sinnvoll unterscheiden können, gelingt dies aber durchaus bei Ereignissen, die aus Intervallen bestehen. Es dürfte etwa viel wahrscheinlicher sein, dass die Abweichung im Intervall zwischen 0,00 mm und 1,00 mm liegt, als dass sie im Intervall von 1,00 mm bis 2,00 mm liegt. Wenn die Maschine nämlich halbwegs vernünftig arbeitet, sollte sie Fehler eher von kleinem als großem Ausmaß produzieren. Es ist daher nahe liegend, hier die Wahrscheinlichkeitsverteilung festzulegen durch die Angabe, mit welcher Wahrscheinlichkeit jeweils die zufallsabhängige Abweichung in einem beliebigen festen Intervall liegt. Dazu bedient man sich zweckmäßigerweise einer auf $\mathbb{R}$ definierten reellwertigen Funktion f, genannt **Dichtefunktion**, **Wahrscheinlichkeitsdichte** oder kurz nur **Dichte**, deren Graph beispielsweise so wie in Abb. 15.1 aussehen und deren Funktionsterm lauten könnte:

$$f(x) = \frac{1}{\sqrt{2\pi}} \cdot e^{-\frac{1}{2}x^2}.$$

Dies ist nun so zu interpretieren: Die Wahrscheinlichkeit irgendeines Intervalls $[a, b[$, also die Wahrscheinlichkeit, dass die Abweichung einen Wert aus irgendeinem Intervall von a bis b annimmt, ist gleich dem Inhalt der Fläche über diesem Intervall zwischen der x-Achse und dem Graphen der Dichte f. Diese Fläche zeigt Abb. 15.1 in Rot. Solche Flächen lassen sich bekanntlich über Integrale angeben.

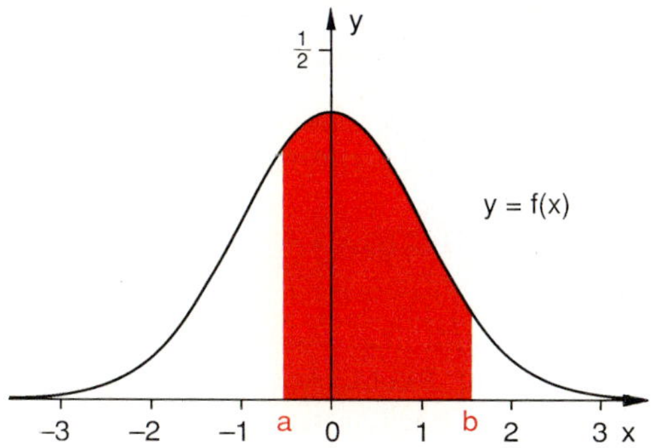

Abb. 15.1: Dichte

Formal liest sich das dann etwa so:

$$P([a, b[) = \int_a^b f(x)\,dx.$$

So ist es also möglich, lediglich durch Angabe *einer* Dichtefunktion gleichzeitig *allen* unüberschaubar vielen Intervallen jeweils eine Wahrscheinlichkeit zuzuordnen – und damit, dies sei hier ohne weitere Begründung erwähnt, zugleich *allen* Elementen jener σ-Algebra über $\Omega = \mathbb{R}$, deren „Kern" die Menge aller Intervalle ist, und das heißt schließlich *allen* Ereignissen des Ereignisraumes. Wird in dieser Weise die Wahrscheinlichkeitsverteilung über eine Dichtefunktion beschrieben, so nennt man diese Wahrscheinlichkeitsverteilung **stetig**. Demgegenüber bezeichnet man die bisher in diesem Buch behandelten Wahrscheinlichkeitsverteilungen als **diskret**. Diese Benennungen sind üblich nicht nur für die Wahrscheinlichkeitsverteilungen, sondern auch für die entsprechenden Wahrscheinlichkeitsräume und Zufallsvariablen. Bei diskreten Wahrscheinlichkeitsverteilungen gibt es im Unterschied zu stetigen Verteilungen ein Ereignis mit der Wahrscheinlichkeit 1, das nur aus endlich oder abzählbar unendlich vielen Ergebnissen besteht. Bei diskreten Wahrscheinlichkeitsverteilungen wird also die Gesamtwahrscheinlichkeit 1 auf endlich oder abzählbar unendlich viele Ergebnisse „verteilt", bei stetigen dagegen auf überabzählbar viele. Wo wir in der diskreten Wahrscheinlichkeitsrechnung mit endlichen oder unendlichen Summen arbeiten, benötigen wir bei stetigen Verteilungen Integrale. Wird etwa die Verteilung einer – reelle Werte zwischen $-\infty$ und $+\infty$ annehmenden – stetigen Zufallsvariablen X durch eine Dichte f beschrieben, so verstehen wir unter dem **Erwartungswert** von X das Integral

$$\int_{-\infty}^{+\infty} x \cdot f(x)\,dx = \lim_{a \to -\infty} \int_a^0 x \cdot f(x)\,dx + \lim_{b \to \infty} \int_0^b x \cdot f(x)\,dx.$$

Etwas anschaulicher wird der Übergang von diskreten zu stetigen Verteilungen, also von Summen zu Integralen, bei einem Rückblick etwa auf Bild 6.16 auf S. 109: Dort ergeben sich im Säulendiagramm die Wahrscheinlichkeiten der diskreten B(50; 0,5)-Verteilung einer Zufallsvariablen X als Summen der Flächeninhalte von Rechtecken; denn für jedes $x \in \{0; 1; 2; \ldots; 50\}$ berechnet sich die Fläche der entsprechenden Säule als Produkt aus der Höhe der Säule, also $P(\{x\}) = P(X = x)$, und der Breite der Säule, genannt dx und überall gleich 1. Kurz:

$$P(a \leq X \leq b) = \sum_{x=a}^{b} P(\{x\})\,dx\,.$$

Offensichtlich ergeben sich ähnliche Wahrscheinlichkeiten, wenn wir in Bild 6.16 die Inhalte der entsprechenden Flächen unter dem roten Graphen der Dichte φ – oder allgemeiner f – bestimmen. Kurz:

$$P(a \leq X \leq b) = \int_a^b f(x)\,dx\,.$$

Dieses Integral aber lässt sich bekanntlich verstehen als Grenzwert von Summen über Flächen von Rechtecken, deren Breite dx gegen null geht und deren Höhe jeweils durch die Dichte f festgelegt ist. Als Höhen von Rechtecken spielen hier die Werte f(x) der Dichte f offensichtlich dieselbe Rolle wie die Elementarwahrscheinlichkeiten $P(\{x\})$ in der Summe oben.

Unbeschadet einer hier in Kürze ganz und gar nicht zu leistenden begrifflichen Präzisierung und zwingenden Begründung mögen diese Hinweise zumindest plausibel machen, warum sich viele Definitionen und Sätze von diskreten Verteilungen auf stetige Verteilungen übertragen lassen, indem man die Summe $\sum$ durch das Integral $\int$ und die Elementarwahrscheinlichkeiten P durch die Dichte f „ersetzt" – wie oben im Beispiel der Definition des Erwartungswertes.

Angesichts der Endlichkeit jeder Realität könnte diese infinitesimale Erweiterung der stochastischen Modellsprache überaus müßig erscheinen. Ähnlich aber wie in der nur endlich genau messenden Physik erweist sich auch in der Stochastik die infinitesimale Begrifflichkeit trotz ihrer „Realitätsferne" gelegentlich als nützlich, um abstrakte Zusammenhänge in der Theorie einfach und ökonomisch zu beschreiben – und zwar in der Hoffnung, dass die Theorie gerade dadurch praktisch werde. So kennen wir die eben als Beispiel angegebene Dichte f just aus Hinweisen zum *praktischen* Umgang mit der Binomialverteilung bei großem n in § 6.II.2. (vgl. S. 109, insbesondere die Bilder 6.14 bis 6.16 sowie die Tabelle II im Anhang). Dort nämlich beschreibt die Dichtefunktion φ die gaußsche Glockenkurve der Standardnormalverteilung, mit deren Hilfe wir sehr bequem Wahrscheinlichkeiten in Bernoulli-Ketten großer Länge annähernd berechnen können. Dieser bequemen Praxis liegt ein sehr weit reichender theoretischer Zusammenhang zu Grunde, der sich überhaupt nur in infinitesimalen Begriffen beschreiben lässt und als **Zentraler Grenzwertsatz** Berühmtheit erlangt hat, nämlich: Sind $X_1, X_2, X_3, \ldots$ irgendwelche beliebigen Zufallsvariablen mit endlichen Erwartungswerten $\mu_1, \mu_2, \mu_3, \ldots$ und positiven endlichen Standardabweichungen $\sigma_1, \sigma_2, \sigma_3, \ldots$, so gilt – unter recht schwachen weiteren Voraussetzungen – für die Variablen

$$S_n = \frac{\sum_{i=1}^{n} X_i - \sum_{i=1}^{n} \mu_i}{\sqrt{\sum_{i=1}^{n} \sigma_i^2}} \text{ die Aussage: } \lim_{n\to\infty} P(S_n \in [a, b[) = \int_a^b \varphi(x)\,dx = \int_a^b \frac{1}{\sqrt{2\pi}} \cdot e^{-\frac{1}{2}x^2}\,dx\,.$$

Die „standardisierten Summenvariablen“ S_n konvergieren also – in einem bestimmten stochastischen Sinne – für n gegen ∞ gegen die Normalverteilung – und zwar im Allgemeinen, nicht nur im speziellen Falle von Binomialverteilungen, wie wir ihn in § 6.II.2. betrachteten. Der infinitesimale und überaus theoretische Zentrale Grenzwertsatz erlaubt es also, mit Hilfe der stetigen, also „unendlichen“ Normalverteilung Wahrscheinlichkeiten auch für „endliche“ Verteilungen praktisch annähernd zu berechnen.

Ergänzungen

1. a) Der ins Rot verliebte Spieler verdoppelt von Spiel zu Spiel seinen Einsatz, beginnend mit einem Einsatz von 10 € im ersten Spiel. Fällt im ersten Spiel Rot, so geht er also mit einem Nettogewinn von 10 € nach Hause. Fällt im ersten Spiel noch kein Rot, so setzt er im zweiten Spiel zweimal 10 €, also 20 €. Fällt jetzt Rot, geht er wieder mit einem Nettogewinn von 10 € nach Hause. Und so weiter. Garantiert diese Strategie dem Spieler einen Nettogewinn von 10 €? Berechne den Erwartungswert für diesen Nettogewinn.
b) Hat diese „Verdoppelungsstrategie“ für den Nettogewinn auch dann noch einen positiven Erwartungswert, wenn man realistischerweise angesichts der – selbst auch Verliebte fesselnden – Endlichkeit von Zeit und Geld unterstellt, dass der Spieler irgendwann einmal, also nach endlich vielen Spielen, aufhören muss, auch wenn er noch nicht gewonnen hat?
2. Der Ereignisraum E sei eine σ-Algebra über dem Ergebnisraum Ω. Zeige:
a) $\Omega \in E$, **b)** $\varnothing \in E$, **c)** $E_1 \in E$ und $E_2 \in E \Rightarrow E_1 \cap E_2 \in \Omega$.
Das heißt also: Es sind in jedem Falle Ω und $\varnothing$ Ereignisse und jeweils mit zwei Ereignissen auch deren Schnittmenge.
3. Alle halb offenen Intervalle $[a, b[$ mit reellen Zahlen a und b gehören zu einer σ-Algebra über $\mathbb{R}$. Zeige: Auch alle einelementigen Mengen $\{c\}$ mit reellem c gehören dann zu dieser σ-Algebra.
4. Zeige: Das Axiom der σ-Additivität ist eine Erweiterung des Axioms der Additivität.
5. $\Omega = [0; 1]$, f gegeben durch $f(x) = ax$ sei eine Dichte über Ω und a eine konstante reelle Zahl.
Beachte: $P(\Omega) = \int_0^1 f(x)\,dx = 1$.
a) Wie groß ist a? Die durch f gegebenen Wahrscheinlichkeitsverteilung nennt man übrigens **Dreiecksverteilung**.
b) Berechne den Erwartungswert einer Zufallsvariablen X, deren Verteilung durch f beschrieben ist.
6. a) Analog zur diskreten Gleichverteilung (vgl. S. 71) spricht man auch von einer **stetigen Gleichverteilung** über einen Intervall $[a, b]$ als Ergebnisraum, wenn die Dichte f für alle Ergebnisse aus diesem Intervall gleichen Wert hat, also über die Länge des Intervalles konstant ist, $f(x) = c$ für alle $x \in [a, b]$. Wie groß ist c? Gib ein Zufallsexperiment an, für das diese stetige Gleichverteilung angemessen erscheint.
b) Bestimme den Erwartungswert einer auf $[a, b]$ gleichverteilten Zufallsvariablen X.
c) Bestimme die Varianz der auf $[a, b]$ gleichverteilten Zufallsvariablen X.
7. Es sei $\Omega = [0; 1]$ ein Ergebnisraum und durch die Funktion f mit $f(x) = 1$ für alle halb offenen Intervalle $[a, b[\subset \Omega$ die Wahrscheinlichkeit erklärt vermittels $P([a, b[) = \int_a^b f(x)\,dx = \int_a^b 1\,dx = 1 \cdot (b - a)$.
a) Wie folgt daraus, dass jedes einelementige Ereignis, beispielsweise $E = \{1\}$, die Wahrscheinlichkeit 0 hat? Begründe deine Aussage ausführlich.
b) Wie wahrscheinlich ist es, dass sich als Ergebnis irgendeine rationale Zahl aus Ω ergibt?
8. Diskutiere die Dichte φ der Standardnormalverteilung und berechne den Erwartungswert!
9. In der Natur trifft man häufig auf normalverteilte Zufallsgrößen wie beispielsweise die Größe oder das Gewicht von erwachsenen Männern oder mancher ihrer Körperteile. Woran mag dies liegen?

§ 16 Stochastik und Computer

I. Eigenschaften programmierbarer Rechner

Programmierbare Rechner zeichnen sich durch Eigenschaften aus, die es nahe legen, Rechnerprogramme im Rahmen der Stochastik einzusetzen. Dies gilt besonders auch für den Stochastik*unterricht*, wo der Computer durch seine Möglichkeit, stochastische Situationen simulieren und deren Verläufe sowie Ergebnisse am Bildschirm demonstrieren zu können, in sinnvoller Weise genutzt werden kann. Die Frage, wie man solche Programme erstellt, wird hier nicht erörtert.

1) Computer können mit hoher Geschwindigkeit die in der Stochastik nicht selten anfallenden aufwendigen, eintönigen und daher fehleranfälligen *numerischen Rechnungen* sicher ausführen. Ihr Einsatz ist daher in allen Situationen sinnvoll, in denen diese Fähigkeiten hilfreich sind. (Berechnung von Mittelwerten, Varianzen, Standardabweichungen, Funktionswerten von Operationscharakteristiken usw.)

2) Computer sind nicht nur hervorragende Rechner, sie können auch mit Hilfe von entsprechenden Programmen in gespeicherten Listen jeder Art, also auch in *Listen* von Funktionswerten, schnell nach bestimmten Merkmalen suchen und die entsprechenden Daten verwerten oder ausgeben. Davon kann man im Rahmen von Signifikanztests mit großem Stichprobenumfang Gebrauch machen, um für β-Fehler, Funktionswerte der OC-Funktion u.a. Näherungswerte mit Hilfe der gespeicherten Funktionswerte der Normalverteilung zu ermitteln.

3) Da man die mit Hilfe von Computern errechneten Ergebnisse in kurzer Zeit *graphisch* darstellen kann, eröffnen sich weitere Möglichkeiten für den Einsatz von Computerprogrammen.
Gerade in der Stochastik sind häufig die Zwischenergebnisse bei Simulationsprozessen interessant, weil sie Aufschluss über den Verlauf des simulierten Prozesses geben. Eine graphische Darstellung dieser Zwischenergebnisse ergibt einen hervorragenden Überblick über den Prozess selbst, also z.B. beim Münzwurf über die Schwankungen der relativen Häufigkeiten der Ergebnisse (Kopf oder Zahl) und ihre Stabilisierung bei großem Stichprobenumfang. Solche Übersichten helfen, die oft fehlerhaften Vorstellungen über Wahrscheinlichkeiten und relative Häufigkeiten zu korrigieren.
Dass man alle Ergebnisse, auch die Zwischenergebnisse, in Tabellen zahlenmäßig ausgeben und anschließend ausdrucken kann, versteht sich.

4) Die Stochastik beschäftigt sich mit Vorgängen, bei denen sich Ereignisse nicht mit Sicherheit vorhersagen lassen. Solchen Vorgängen nachzugehen oder sie zu erzeugen ist in der Regel mit großem Zeitaufwand verbunden. Die Zeit, die man aufwenden muss, um z.B. 2000-mal einen Würfel zu werfen und die Ergebnisse für eine statistische Auswertung zu notieren, ist recht groß.
Computer besitzen einen sogenannten *Zufallsgenerator* (Randomfunktion), der mit Hilfe eines komplizierten Rechenverfahrens aus einem Startwert „Pseudozufallszahlen“ er-

zeugt, die tatsächlichen Zufallszahlen, die z.B. durch „Ziehen mit Zurücklegen" von nummerierten Kugeln aus einer Urne gewonnen werden können, für viele Zwecke hinreichend nahe kommen. Um unerwünschte Wiederholungen der Zufallszahlen möglichst zu vermeiden, wird der Startwert ständig, z.B. mit Hilfe der Uhrzeit, gewechselt. Der Zufallsgenerator gestattet es, Vorgänge wie den Münzwurf, das Würfeln u.a.m. zu simulieren. Man kann die relativen Häufigkeiten, mit denen bestimmte Merkmale, z.B. Kopf oder Zahl oder beim Würfeln die Zahl 2 usw., auftreten, berechnen und in einer Graphik durch Säulendiagramme auf dem Bildschirm ausgeben. Auch hier werden durch die Geschwindigkeit, mit der der Rechner durch Simulation Daten erzeugen kann, Möglichkeiten eröffnet, die es ohne Benutzung eines Rechners nicht geben würde.

Die Simulation eines stochastischen Vorganges wird auch *Monte-Carlo-Methode* genannt.

Programme, die die dargestellten Möglichkeiten nutzen, sind auf Disketten erhältlich. Die folgenden Ausführungen beschränken sich darauf, einen Eindruck von der angebotenen Software zu vermitteln, ohne auf alle auf den Disketten vorhandenen Programme im Einzelnen einzugehen.
Die Programme werden, wie es auch in diesem Buch geschehen ist, stets an Beispielen erläutert. Es können natürlich auch Daten eingegeben werden, die sich auf andere Probleme mit gleicher Struktur beziehen.

II. Beispiele

1. Relative Häufigkeiten

1) Der Wurf mit einer fairen Münze oder mit einem fairen Würfel kann mit einem Rechnerprogramm simuliert werden. Die Säulendiagramme der Bilder 16.1 und 16.2 geben einen Überblick über die relativen Häufigkeiten während des Programmablaufs, in dem 5000-mal der Wurf mit einer Münze bzw. 480-mal der Wurf mit einem Würfel simuliert wurde. Die Tabellen geben die in bestimmten Abständen notierten Zwischenergebnisse aus.

2) Man kann mit Hilfe der relativen Häufigkeiten die Maßzahl des Inhalts einer beliebigen Fläche bestimmen. Dazu bettet man diese Fläche in eine zweite Fläche ein, deren Inhalt bekannt ist. Mit Hilfe von gleichverteilten Zufallszahlen wird die zweite Fläche (und damit auch die erste) mit vielen Punkten belegt. Aus der relativen Häufigkeit der Punkte, die auf der Fläche liegen, deren Inhalt bestimmt werden soll, lässt sich ein Näherungswert für den Inhalt dieser Fläche bestimmen.

3) Es wird ein Wurf mit fünf fairen Würfeln simuliert und nach jedem Wurf die Augensumme gebildet. Die Augensumme ist die *Zufallsvariable* mit der Wertemenge $\{5, 6, 7, \ldots, 30\}$. Die Verteilung der relativen Häufigkeiten der verschiedenen Augensummen wird für N Würfe als Säulendiagramm ausgegeben.
Für „große" N nähert sich die Verteilung der relativen Häufigkeiten der Zufallsvariablen „Augensumme von fünf Würfeln" der *Normalverteilung*.

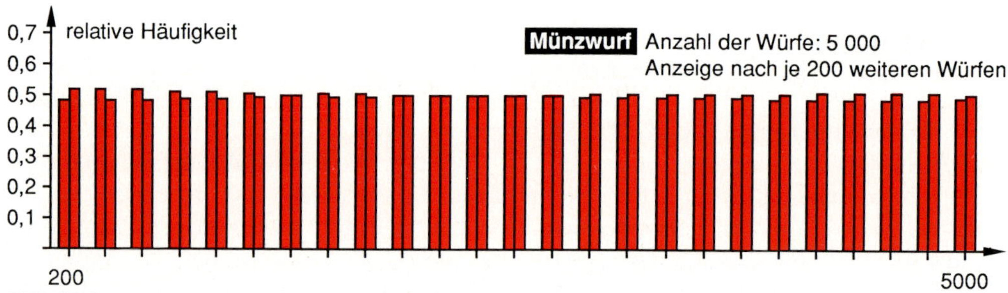

Bild 16.1

Münzwurf; Anzahl der Würfe N = 5000		
Bei M Würfen gab es K-mal "Kopf":		
M: 200	K: 97	in %: 48,5
400	207	51,8
600	310	51,7
800	410	51,3
1000	509	50,9
1200	606	50,5
1400	704	50,3
1600	807	50,4
1800	912	50,7
2000	996	49,8
2200	1099	50,0
2400	1197	49,9
2600	1295	49,8
2800	1392	47,9
3000	1481	49,4
3200	1585	49,5
3400	1686	49,6
3600	1780	49,4
3800	1877	49,4
4000	1961	49,0
4200	2056	49,0
4400	2159	49,1
4600	2250	48,9
4800	2356	49,1
5000	2457	49,1

Tabelle zu Bild 16.1

Fairer Würfel; 480 Würfe						
Bilanz nach je 24 weiteren Würfen:						
24	5	3	3	4	6	3
48	9	7	8	5	12	7
72	13	7	11	15	16	10
96	19	8	14	20	18	17
120	21	13	18	26	21	21
144	25	17	22	29	28	23
168	30	23	24	33	30	28
192	34	28	29	37	34	30
216	37	32	32	44	39	32
240	41	38	36	47	45	33
264	44	42	37	51	51	39
288	47	47	41	56	53	44
312	49	53	46	57	59	48
336	54	58	52	58	60	54
360	57	61	55	61	64	62
384	62	64	57	66	68	67
408	65	65	62	70	73	73
432	69	68	70	72	77	76
456	72	72	76	76	81	79
480	81	76	80	79	83	81
in %	16,9	15,8	16,7	16,5	17,3	16,9

Tabelle zu Bild 16.2

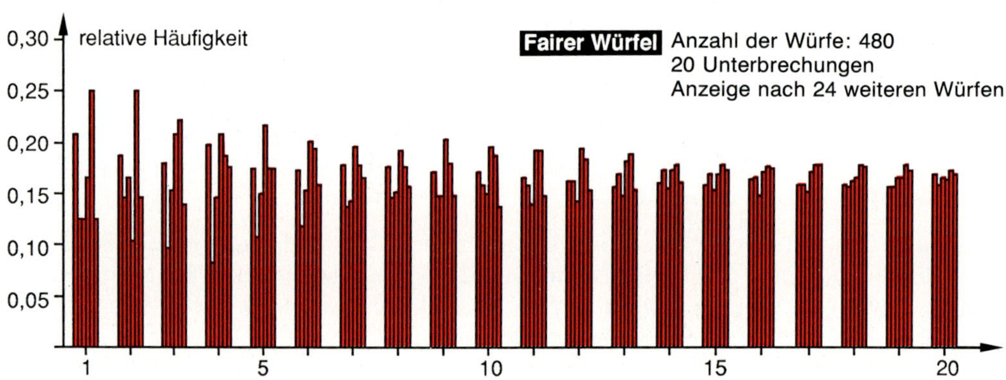

Bild 16.2

2. Stichproben

Der Zufallsgenerator kann in einem Programm bezogen auf Populationen Merkmale erzeugen, deren Verteilung in der Population dem Benutzer des Programms unbekannt ist. Der Benutzer kann mit Hilfe von Zufallsstichproben versuchen, die Verteilung in der Population zu schätzen.

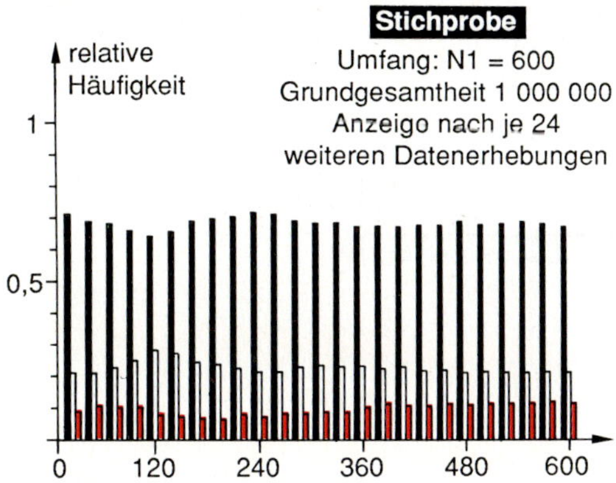

Stichprobe aus einer Population vom Umfang 1 000 000 mit 3 zufällig verteilten Merkmalen A, B und C.			
Umfang der Stichprobe: N1 = 600			
Merkmale:	A (%)	B (%)	C (%)
relative Häufigkeit	67,7	21,3	11
tatsächliche Verteilung	66,4	21,1	12,5
Abweichung der erhobenen Daten:			
absolut relativ in %	1,3 1,9	0,2 1,3	-1,5 -12

Bild 16.3

In Bild 16.3 werden in einem Säulendiagramm die während der Datenerhebung für die Stichprobe ermittelten relativen Häufigkeiten von drei Merkmalen A, B und C gezeigt, die in einer Population vom Umfang 1 000 000 erzeugt worden ist. In der Tabelle werden die Ergebnisse der Stichprobe mit der tatsächlichen Verteilung in der Population verglichen.

Weitere Programme: „unfaire" Münze, Taxiproblem.

3. Die Binomialverteilung

Das Programm stellt die Binomialverteilung B(n, p) für beliebige Werte der Parameter n und p graphisch dar. Der folgenden Simulation wurde das Urnenmodell – Ziehen mit Zurücklegen – unterlegt. Die Wahrscheinlichkeit, aus einer Urne mit schwarzen und weißen Kugeln eine schwarze Kugel zu ziehen, sei p. Dann ist die Wahrscheinlichkeit, eine weiße Kugel zu ziehen, 1 – p. Die einzelnen Ziehungen werden mit Hilfe des Zufallsgene-

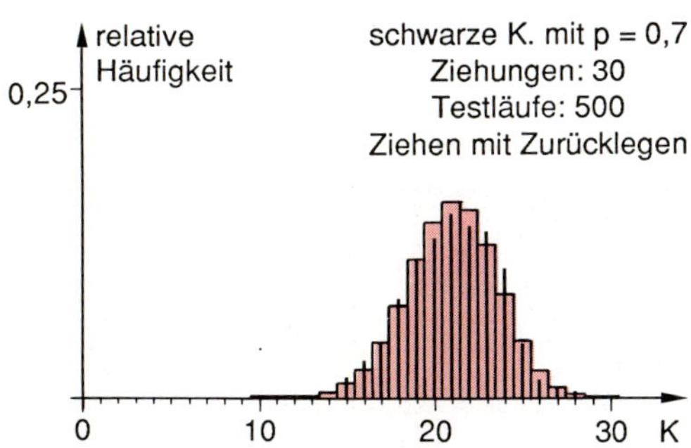

Ziehen mit Zurücklegen

schwarze Kugeln mit p = 0,7
Anzahl der Ziehungen: 30
Anzahl der Testläufe: 500

empirischer Mittelwert: 21
emp. Standardabweichung: 2,53
theor. Mittelwert: 21
theor. Standardabweichung: 2,5

Bild 16.4: Binomialverteilung

rators simuliert. Die relativen Häufigkeiten, mit denen in einem Testlauf der Länge n genau k schwarze Kugeln gezogen worden sind, werden in den Graphen der zugehörigen Verteilung B(n, p; k) eingezeichnet (Bild 16.4).
Für eine große Zahl von Testläufen nähert sich die Verteilung der relativen Häufigkeiten der Binomialverteilung.
Weitere Programme: Bernoulli-Kette, hypergeometrische Verteilung.

4. Bayes; zur Diagnostik seltener Ereignisse

Bild 16.5 zeigt die Graphik zur Diagnostik seltener Ereignisse. Das Programm und die Bildschirmausgabe (Auszug) beziehen sich auf das Beispiel im Lehrtext in § 7, Seite 114f.

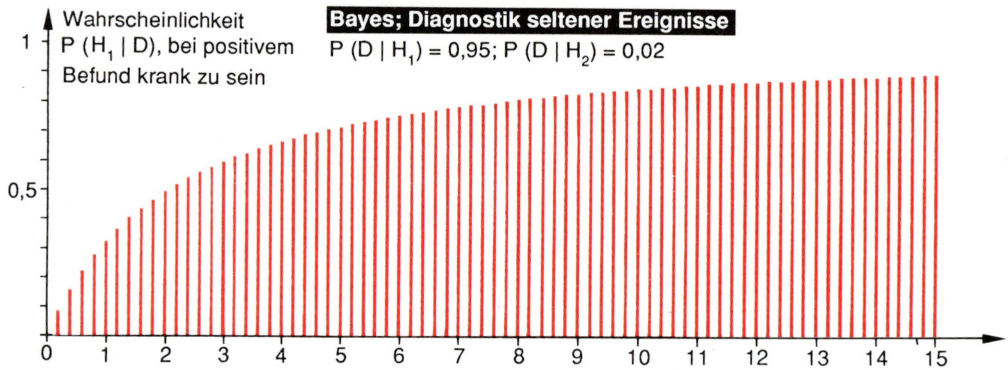

Bild 16.5

$P(H_1)$ in %	$P(H_1\|D)$ in %	$P(H_1)$ in %	$P(H_1\|D)$ in %	$P(H_1)$ in %	$P(H_1\|D)$ in %
0,1	4,5	2,5	54,9	4,9	71
0.2	8,7	2,6	55,9	5	71,4
0,3	12,5	2,7	56,9	5,1	71,9
0,4	16	2,8	57,8	5,2	72,3
0,5	19,3	2,9	58,7	5,3	72,7
0,6	22,3	3	59,5	5,4	73,1
0,7	25,1	3,1	60,3	5,5	73,4
0,8	27,7	3,2	61,1	5,6	73,8
0,9	30,1	3,3	61,8	5,7	74,2
1	32,4	3,4	62,6	5,8	74,5
1,1	34,6	3,5	63,3	5,9	74,9
1,2	36,6	3,6	63,9	6	75,2
1,3	38,5	3,7	64,6	6,1	75,5
1,4	40,3	3,8	65,2	6,2	75,8
1,5	42	3,9	65,8	6,3	76,2
1,6	43,6	4	66,4	6,4	76,5
1,7	45,1	4,1	67	6,5	76,8
1,8	46,5	4,2	67,6	6,6	77
1,9	47,9	4,3	68,1	6,7	77,3
2	49,2	4.4	68,6	6,8	77,6
2,1	50,5	4,5	69,1	6,9	77,9
2,2	51,7	4,6	69,6	7	78,1
2,3	52,8	4,7	70,1	7,1	78,4
2,4	53,9	4,8	70,5	7,2	78,7

Bild 16.6: Zahlenwerte

5. Testen von Hypothesen

Die Gruppe von Programmen zum Testen von Hypothesen behandelt die Beispiele in den §§ 8, 9 und 10, mit denen die Lehrtexte entwickelt wurden. Die Bilder 16.7 bis 16.10 zeigen die Graphiken zur Wahrscheinlichkeit von Fehlern 1. Art und zur OC-Funktion. Solange der Stichprobenumfang es zulässt, werden die Wahrscheinlichkeiten für Fehler 1. und 2. Art (Funktionswerte der OC-Funktion) mit Hilfe der Binomialverteilung ermittelt. Im anderen Fall werden Näherungswerte für die Fehlerwahrscheinlichkeiten nach Laplace-Moivre bestimmt.

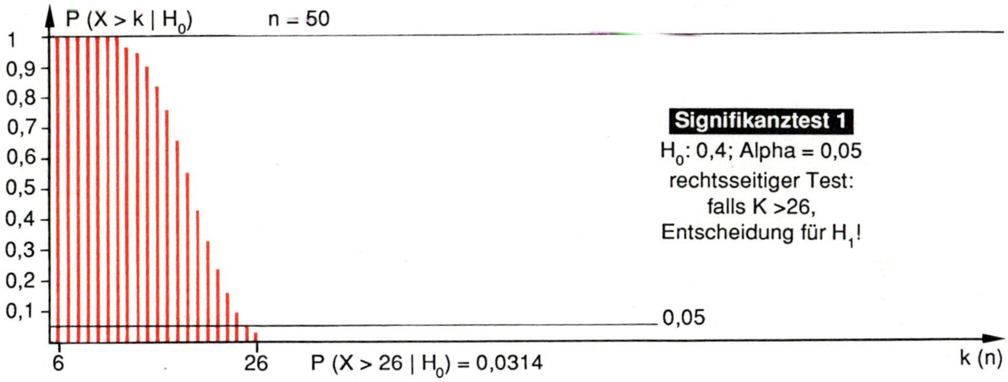

Bild 16.7

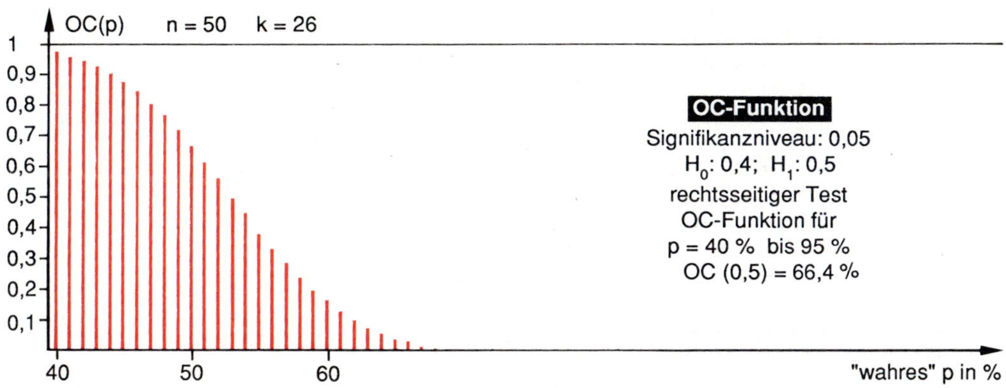

Bild 16.8

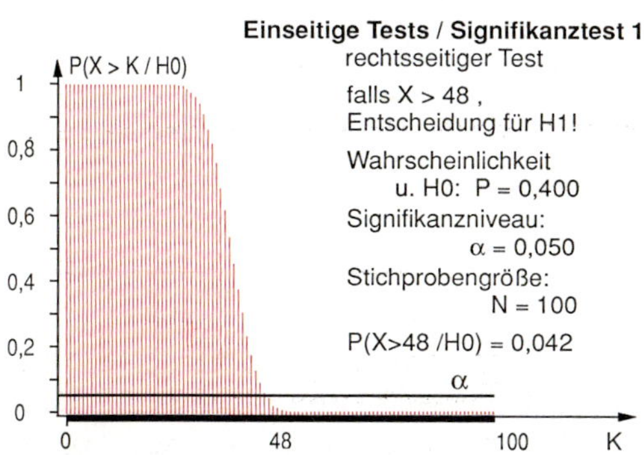

Bild 16.9

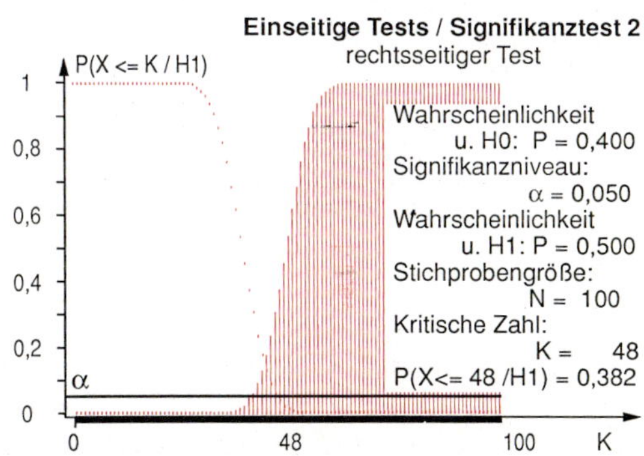

Bild 16.10

Bild 16.11 zeigt Bildschirmausgaben zum vierfach durchgeführten Quotiententest nach *Wald* (vgl. Exkurs § 10).

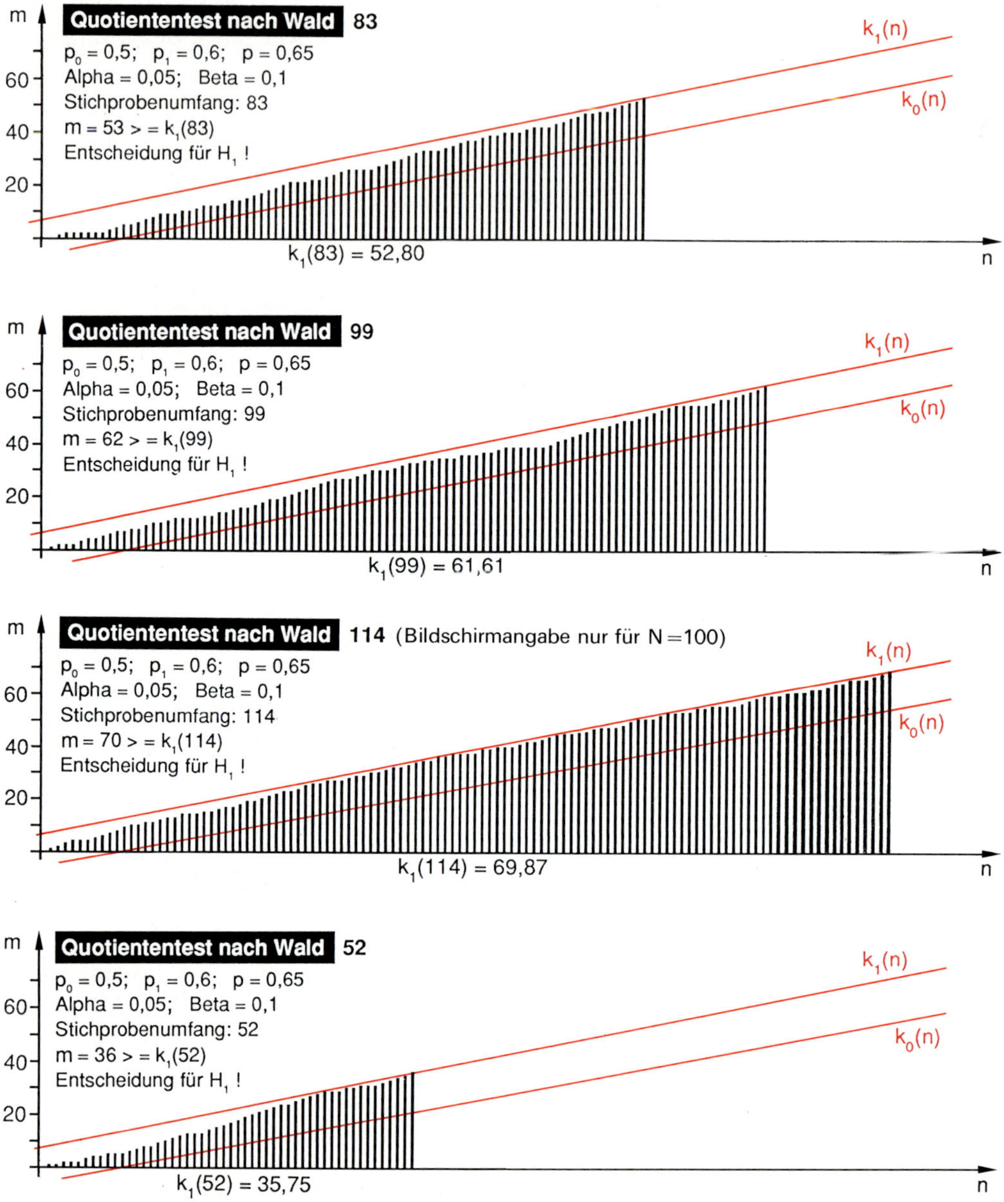

Bild 16.11

Der Quotiententest nach *Wald* wurde viermal mit denselben Eingaben wiederholt. So kann man den unterschiedlichen Verlauf der Datenerhebung, der unter Umständen auch zu unterschiedlichen Ergebnissen führt, zeigen und abschätzen, wie „lange" der Test im Schnitt bis zur Entscheidung zwischen den Hypothesen braucht.

6. Zweiseitige Signifikanztests

Die Bilder 16.12 und 16.13 zeigen die Bildschirmausgabe für den zweiseitigen Test mit der dazugehörigen OC-Funktion.

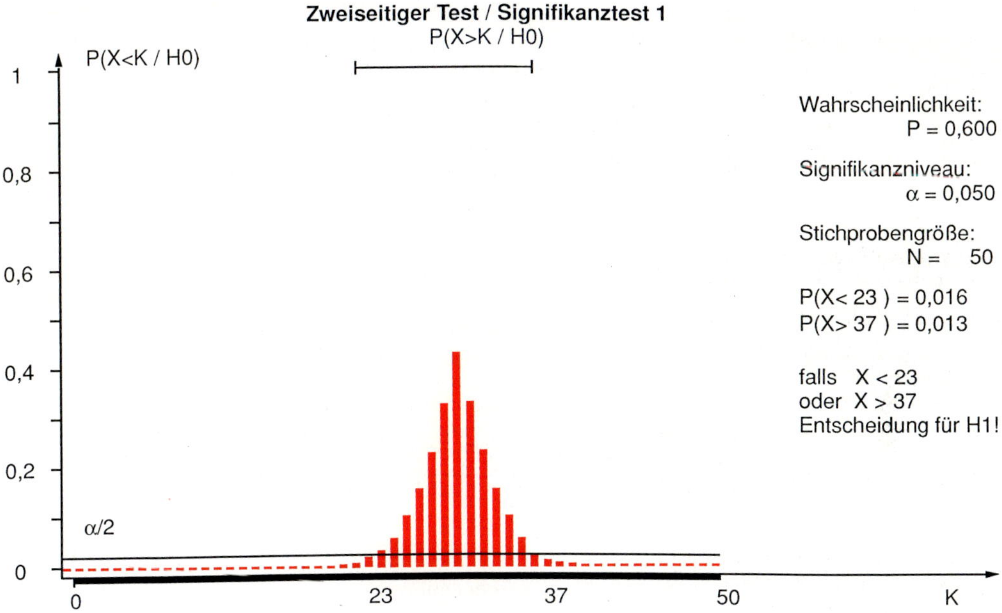

Bild 16.12

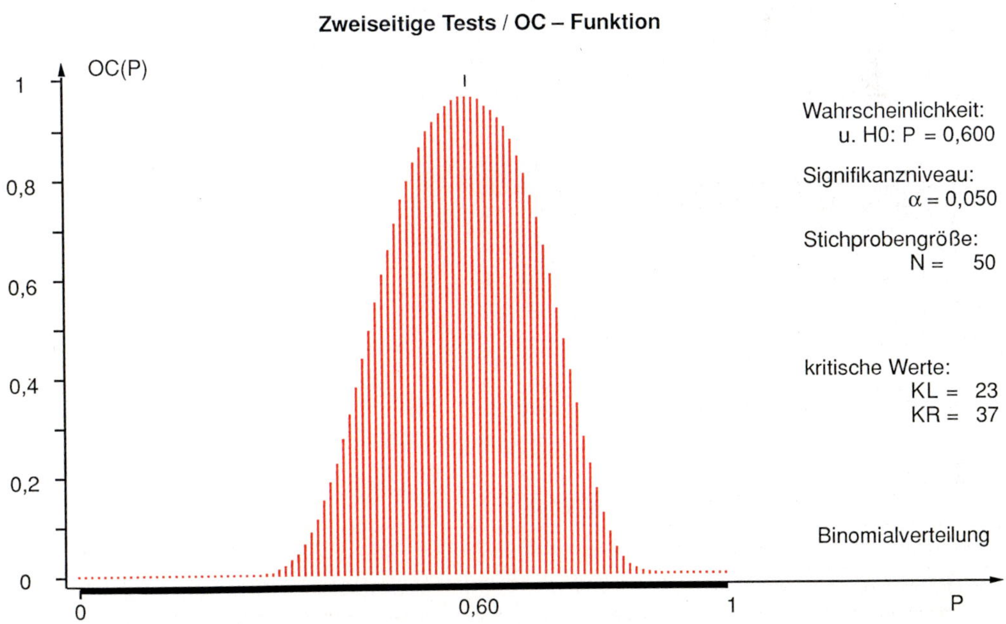

Bild 16.13

7. Der Vorzeichenrangtest

Der Vorzeichenrangtest nach Wilcoxon erfordert einen relativ hohen Rechenaufwand, der von einem programmierbaren Rechner leicht zu leisten ist. Die Bilder 16.14 und 16.15 beziehen sich auf das im Lehrtext (S. 177ff.) ausgeführte Beispiel.
Das Programm berechnet aufgrund der eingegebenen Zahlenpaare (vorher-nachher) die Differenzen, den jeweiligen Rang und die verschiedenen Rangsummen (Bild 16.14). Ferner werden die Vorzeichen der der Größe nach geordneten Differenzbeträge ausgegeben.
In der zweiten Bildschirmausgabe (Bild 16.15) werden die zu den verschiedenen Rängen berechneten Wahrscheinlichkeiten aufgelistet und dem vorgegebenen Signifikanzniveau für den Fehler 1. Art (hier 0,05) entsprechend ausgewertet.

1 vorher: 95	nachher: 20	Differ.: 75	Rang: 9
2 vorher: 10	nachher: 2	Differ.: 8	Rang: 2
3 vorher: 8	nachher: 13	Differ.: −5	Rang: 1
4 vorher: 18	nachher: 0	Differ.: 18	Rang: 5
5 vorher: 45	nachher: 20	Differ.: 25	Rang: 6
6 vorher: 0	nachher: 14	Differ.: −14	Rang: 4
7 vorher: 50	nachher: 10	Differ.: 40	Rang: 7
8 vorher: 30	nachher: 40	Differ.: −10	Rang: 3
9 vorher: 64	nachher: 16	Differ.: 48	Rang: 8

Rangsumme der pos. Diff.: 37
Rangsumme der neg. Diff.: 8
Rangsumme 45

Reihenfolge der Vorzeichen der geordneten Differenzbeträge − + − − + + + + +

Wahrscheinlichkeit unter H0: 0,04883, Signifikanzniveau: 0,050

Entscheidung für H1!

Bild 16.14: Vorzeichenrangtest

Rang	Wahrsch.	Rang	Wahrsch.	Rang	Wahrsch.	Rang	Wahrsch.	Rang	Wahrsch.
0	0,0020	15	0,2129	30	0,8203	45	1,0000		
1	0,0039	16	0,2480	31	0,8496				
2	0,0059	17	0,2852	32	0,8750				
3	0,0098	18	0,3262	33	0,8984				
4	0,0137	19	0,3672	34	0,9180				
5	0,0195	20	0,4102	35	0,9355				
6	0,0273	21	0,4551	36	0,9512				
7	0,0371	22	0,5000	37	0,9629				
8	0,0488	23	0,5449	38	0,9727				
9	0,0645	24	0,5898	39	0,9805				
10	0,0820	25	0,6328	40	0,9863				
11	0,1016	26	0,6738	41	0,9902				
12	0,1250	27	0,7148	42	0,9941				
13	0,1504	28	0,7520	43	0,9961				
14	0,1797	29	0,7871	44	0,9980				

Wahrscheinlichkeit unter H0: 0,04883, Signifikanzniveau: 0,050

Entscheidung für H1!

Bild 16.15: Vorzeichenrangtest

8. Das Konfidenzintervall; Simulation

Durch Simulation werden zu einer durch den Benutzer oder den Zufallsgenerator vorgegebenen Verteilung n_1 Stichproben von beliebigem Umfang n bei gleich bleibender Verteilung erzeugt. Die relativen Häufigkeiten in den einzelnen Stichproben streuen um den wahren Wert der Verteilung (Bild 16.16). Um die relativen Häufigkeiten der einzelnen Stichproben, die durch einen kleinen Kreis markiert werden, wird jeweils ein Intervall von der halben Länge 0,05 gelegt. Das Programm zählt, wie oft der wahre Wert der Verteilung in diesen Intervallen liegt. Das Intervall um die relativen Häufigkeiten der Stichproben kann so verändert werden, dass der Anteil der Intervalle, in denen der wahre Wert der Verteilung liegt, ca. 90%, (95%; 99%) beträgt. Die halbe Länge dieser Intervalle kommt dem theoretisch auf dem entsprechenden Konfidenzniveau (0.95; 0.90; 0.99 usw.) berechneten Konfidenzintervall (vgl. 9.!) um so näher, je größer die Anzahl n_1 der Stichproben ist. Man kann zeigen, dass die Länge des Konfidenzintervalls mit wachsendem Stichprobenumfang n gegen null geht. (Bilder 16.16 und 16.17)

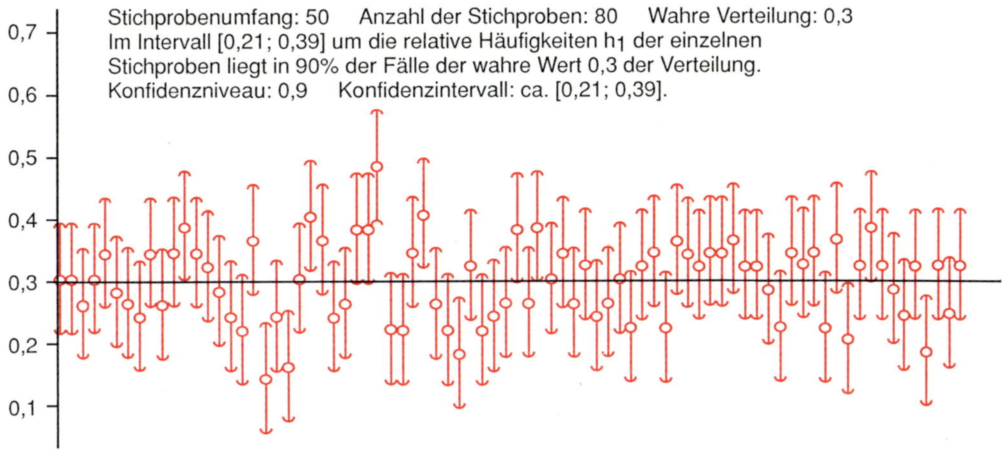

Bild 16.16

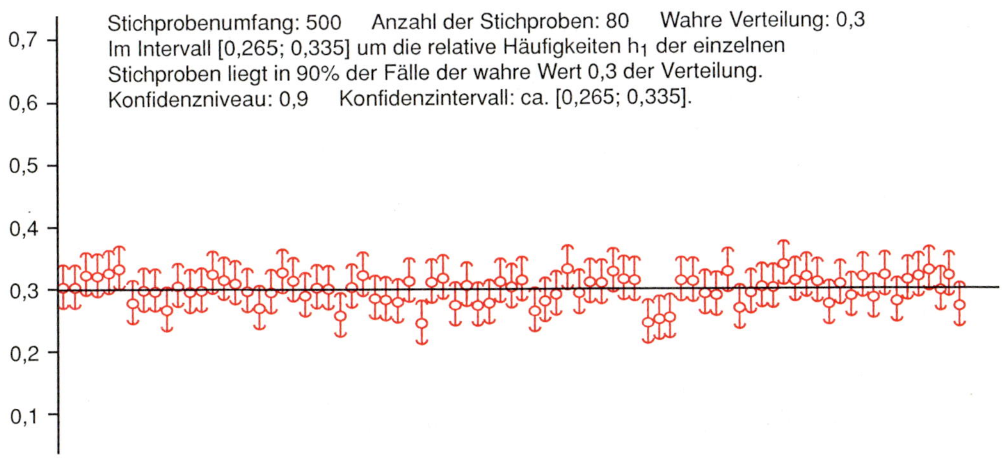

Bild 16.17

9. Konfidenzintervall einer unbekannten Wahrscheinlichkeit

In vielen Fällen ist ein Schätzwert für die unbekannte Wahrscheinlichkeit zu ermitteln. Die relative Häufigkeit h(E) ist ein erwartungstreuer Schätzwert für die unbekannte Wahrscheinlichkeit P(E). Das Programm beantwortet die Frage, wie genau ein solcher Schätzwert ist, es gibt also zu einem vorgegebenen Konfidenzniveau (0,90; 0,95; 0,99 usw.) ein Konfidenzintervall für P an. In der Rechnung wird für $n < 100$ die Binomialverteilung, im anderen Fall die Normalverteilung benutzt.
Man kann zeigen, dass die Länge des Konfidenzintervalls mit wachsendem Stichprobenumfang gegen null geht. (Bilder 16.18 und 16.19)

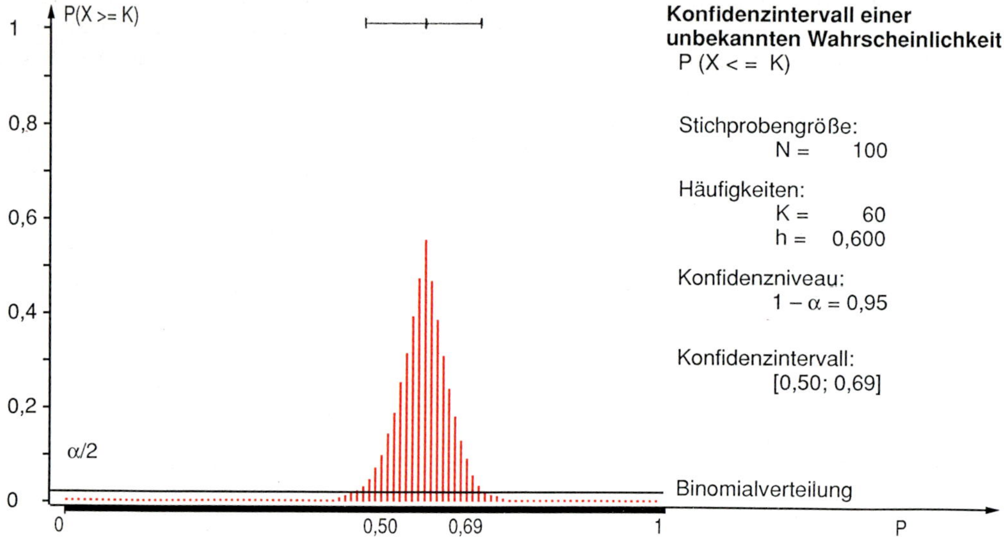

Bild 16.18

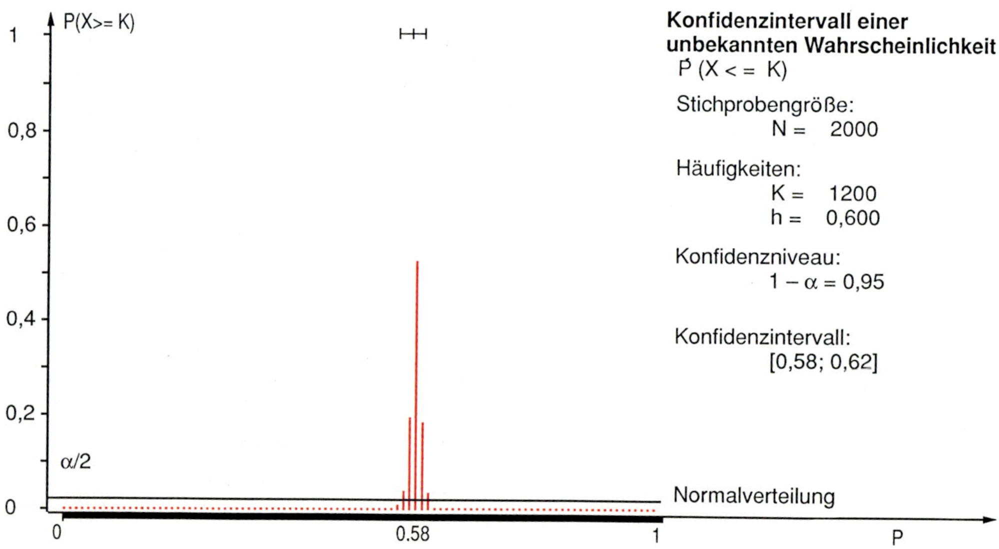

Bild 16.19

10. Schätzung unbekannter Wahrscheinlichkeiten

Steht z.B. bei der Erprobung eines Medikamentes kein Material zur Verfügung, mit dem die Wirkung eines neuen Medikamentes verglichen werden kann, so kann man eine Gruppe von Patienten, die mit dem neuen Medikament behandelt werden, mit einer anderen, gleich großen Gruppe vergleichen, der Placebos verabreicht werden. Man geht dann von der Behauptung aus, dass die Wahrscheinlichkeit p_0, einen Heilungserfolg mit Placebos zu erzielen, und die Wahrscheinlichkeit p_1, mit dem neuen Medikament Patienten zu heilen, am Ende der Behandlungszeit gleich groß sind.
Aus dem Stichprobenumfang und den relativen Häufigkeiten derjenigen, die in beiden Gruppen nach einer bestimmten Zeit als geheilt gelten können, lassen sich bei vorgegebenem Konfidenzniveau Konfidenzintervalle berechnen. Überschneiden sich die Konfidenzintervalle nicht, so erhält man auf dem gewählten Niveau Schranken für die Wahrscheinlichkeiten p_0 und p_1. (Bilder 16.20 und 16.21)

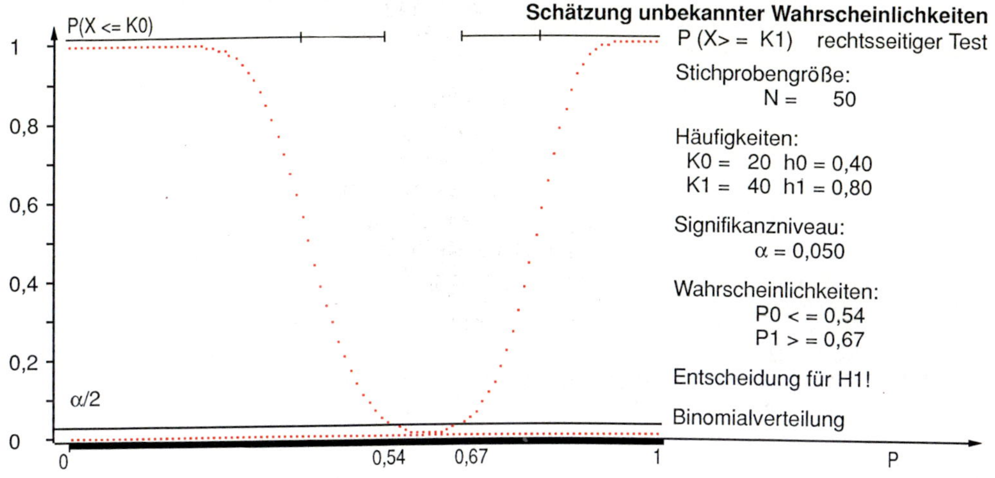

Bild 16.20

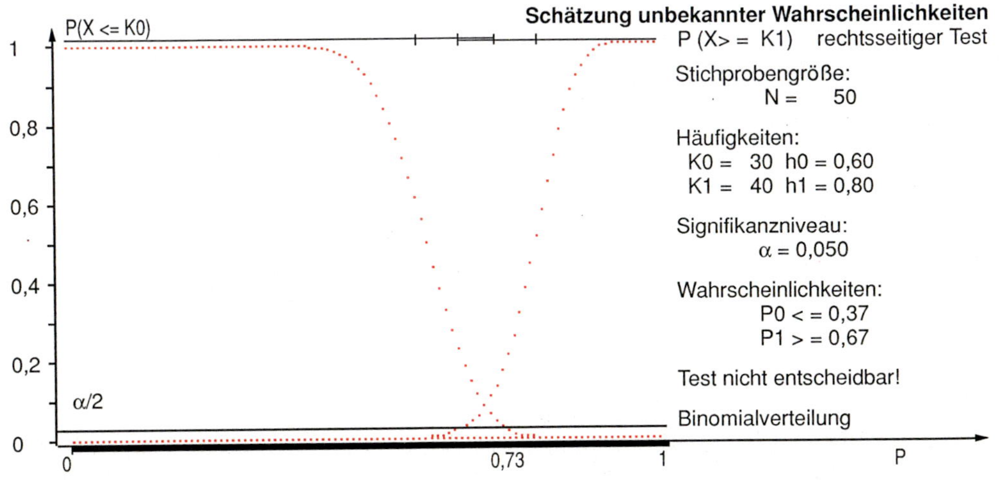

Bild 16.21

§ 17 Übergreifende Aufgaben

1. a) Eine Maschine I stellt Schrauben mit einem Ausschussanteil von 20% her. Der Produktion wird eine Zufallsstichprobe vom Umfang 10 entnommen. Berechne die Wahrscheinlichkeit dafür, dass man genau 2 (höchstens 2, mindestens 2) Ausschussstücke erhält.

b) Die Ereignisse A und B sind wie folgt erklärt:

A: In der Stichprobe sind genau 2 Ausschussstücke,
B: Die letzten beiden gezogenen Schrauben sind Ausschussstücke.

Berechne $P(A|B)$.

c) Eine Maschine II stellt Schrauben mit einem Ausschussanteil von 10% her. Sie produziert im gleichen Zeitraum dreimal so viele Schrauben wie die Maschine I. Die produzierten Schrauben einer jeden Maschine werden in Kartons zu 100 Stück verpackt. Ein Karton wird zufällig ausgewählt und vollständig überprüft. Er enthält 15 Ausschussstücke. Mit welcher Wahrscheinlichkeit stammt der Karton von der Maschine II?

d) Die Kartons der Schrauben von Maschine I werden als 2. Qualität, die Kartons mit von Maschine II hergestellten Schrauben als 1. Qualität etikettiert. Bei einer größeren Lieferung aus mehreren Kartons gleicher Qualität fehlen die Etiketten. Daraufhin werden die Schrauben aus *einem* Karton vollständig einer Qualitätsprüfung unterzogen. Berechne den kritischen Bereich für den Test der Nullhypothese H_0: „Es liegt 1. Qualität vor" gegen die Alternativhypothese H_1: „Es liegt 2. Qualität vor" ($\alpha = 0{,}05$).

2. In einer Urne sind 16 rote und 4 grüne Kugeln. Der Urne werden 3 Kugeln ohne Zurücklegen entnommen. Die Zufallsvariable X zählt die dabei gezogenen grünen Kugeln.

a) Gib die Wertmenge W(X) von X an sowie ihre Wahrscheinlichkeitsverteilung.

b) Berechne den Erwartungswert (die Varianz und die Standardabweichung) der Zufallsvariablen X.

c) Die Ziehung einer Kugel erfolgt nun mit Zurücklegen. Die Zufallsvariable Y zähle die dabei gezogenen grünen Kugeln. Gib die Wahrscheinlichkeitsverteilung von Y an, wenn wieder drei Kugeln gezogen werden.

d) Wie oft muss mindestens eine Kugel mit Zurücklegen der Urne entnommen werden, damit man mit einer Wahrscheinlichkeit von mindestens 90% mindestens eine grüne Kugel zieht?

e) Der Urne werden 20 Kugeln mit Zurücklegen entnommen. Wie wahrscheinlich ist es, dass davon mehr als 6 Kugeln grün sind?

3. In einer großen Warenlieferung von Spielwürfeln befinden sich solche, die in folgender Weise verfälscht sind: Bei einem verfälschten Würfel treten die Augenzahl Sechs mit der Wahrscheinlichkeit 0,2, die Augenzahl Eins mit der Wahrscheinlichkeit 0,13 und die übrigen Augenzahlen mit derselben Wahrscheinlichkeit $\frac{1}{6}$ auf.

a) Die Zufallsvariable X gebe die Augenzahl beim einmaligen Wurf mit einem verfälschten Würfel an. Berechne die Wahrscheinlichkeitsverteilung von X sowie ihren Erwartungswert.

b) Ein Würfel wird 1000-mal geworfen. Entwickle einen Signifikanztest, der die Nullhypothese $H_0: p=0{,}2$ gegen die Alternativhypothese $H_1: p \neq 0{,}2$ über die Wahrscheinlichkeit p, eine 6 zu werfen, auf dem Signifikanzniveau $\alpha=0{,}05$ testet.

c) Ein Händler erhält von 2 Herstellern A und B in gleichen Teilen zwei umfangreiche Würfellieferungen. Die Würfel sind dabei zu Einheiten von 100 Stück verpackt. Aus Erfahrung weiß der Händler, dass bei A 10% der Würfel verfälscht sind, B dagegen 20% verfälschte Würfel liefert (die dann aber auch billiger sind). Wie groß ist die Wahrscheinlichkeit dafür, dass sich in einer zufällig nicht gekennzeichneten Packung genau 10 verfälschte Würfel befinden? Mit welcher Wahrscheinlichkeit stammt diese Packung vom Hersteller A?

4. Eine Eisenwarenhandlung wird von zwei verschiedenen Herstellern A und B mit Schrauben beliefert. Erfahrungsgemäß sind 4% der Schrauben des Herstellers A und 10% der Schrauben des Herstellers B schadhaft. $\frac{2}{3}$ aller Schrauben bezieht die Eisenwarenhandlung vom Hersteller A.

a) Mit welcher Wahrscheinlichkeit ist eine zufällig ausgewählte Schraube defekt? Mit welcher Wahrscheinlichkeit stammt sie dann vom Hersteller A?

b) Hersteller B behauptet, dass nach Änderung des Produktionsverfahrens nun der Anteil der schadhaften Schrauben gesenkt wurde. Diese Behauptung soll durch eine Zufallsstichprobe vom Umfang 80 getestet werden. Entwickle einen entsprechenden Signifikanztest auf dem Signifikanzniveau $\alpha=0{,}05$.

c) Berechne unter den Bedingungen von b) die bedingte Wahrscheinlichkeit für einen Fehler 2. Art, falls nach Produktionsumstellung in Wirklichkeit 10% (5%, 2%) der Schrauben schadhaft sind. Zeichne die Operationscharakteristik.

5. Eine Krankheit in einem ostasiatischen Land hat eine Verbreitung von 3%.

a) Mit welcher Wahrscheinlichkeit ist unter 50 Personen höchstens eine erkrankt? Mit welcher Wahrscheinlichkeit befinden sich unter 100 Personen mindestens 3 kranke? Wie viele Personen muss man mindestens untersuchen, um mit einer Wahrscheinlichkeit von 0,95 mindestens eine Erkrankung festzustellen?

b) Mit einem speziellen Testverfahren werden 95% der erkrankten Personen als solche identifiziert. Dasselbe Verfahren stuft aber auch 10% der nicht erkrankten Personen als erkrankt ein. Eine Person wird durch den Test als nicht erkrankt (erkrankt) diagnostiziert. Mit welcher Wahrscheinlichkeit ist sie dennoch erkrankt (nicht erkrankt)?

c) Ein altes Medikament gegen die Krankheit hat die Heilungswahrscheinlichkeit p von 10%. Eine Arzneimittelfabrik bringt das neue Medikament Seuchin auf den Markt und behauptet, dass es eine höhere Heilungswahrscheinlichkeit p habe. Wie viele von 100 erkrankten Personen müssen mit dem neuen Medikament mindestens geheilt werden, damit die Nullhypothese $H_0: p=0{,}1$ auf dem Signifikanzniveau $\alpha=0{,}05$ ($\alpha=0{,}01$) zugunsten der Alternativhypothese $H_1: p>0{,}1$ verworfen werden kann? Wie groß ist die bedingte Wahrscheinlichkeit für einen Fehler 2. Art, wenn das Medikament Seuchin in Wirklichkeit die Heilungswahrscheinlichkeit von 25% hat?

d) Wie groß müsste die Stichprobengröße eines Signifikanztestes gemäß c) zum 1%-Niveau sein, damit eine tatsächliche Erhöhung der Heilungswahrscheinlichkeit auf 15% durch das neue Mittel Seuchin mit einer Wahrscheinlichkeit von mindestens 95% „erkannt" wird?

6. Es wird mit zwei Würfeln gleichzeitig gewürfelt. Jeder Würfel, der bei diesem Wurf eine Sechs zeigt, bleibt liegen. Mit dem anderen Würfel wird – falls nicht schon beide Würfel eine Sechs zeigen – ein zweites Mal geworfen. Dann ist das Spiel zu Ende.

a) Zeichne einen Ergebnisbaum zu diesem Spiel. Die Zufallsvariable X zähle die Anzahl der geworfenen Sechsen. Gib die Wahrscheinlichkeitsverteilung von X an.

b) Es wird der folgende Spielplan vereinbart: Ein Spieler zahlt an die Bank 2 €. Tritt beim Spiel das Ereignis E: „Mindestens eine Sechs" ein, so zahlt die Bank an den Spieler den Betrag von y € aus. Anderenfalls behält sie den Einsatz. Wie groß muss der Auszahlungsbetrag y sein, damit die Bank auf lange Sicht durchschnittlich 0,50 € pro Spiel gewinnt? (Hinweis: $P(E)=\frac{671}{1296}$)

c) Zwei neue Würfel werden getestet, indem man das Spiel 1296-mal durchführt. Prüfgröße ist die Anzahl der Spielverläufe, bei denen das Ereignis E eintritt. Berechne den kritischen Bereich für den zweiseitigen Test der Nullhypothese $H_0: P(E)=\frac{671}{1296}$ auf dem Signifikanzniveau $\alpha=0{,}05$.

d) Ist die Nullhypothese H_0 aus c) äquivalent mit der Hypothese, dass beide Würfel fair sind? Begründe deine Antwort.

7. Auf einer verkehrsreichen vierspurigen Straße soll der (unbekannte) Anteil p der Autos, die mit überhöhter Geschwindigkeit fahren (sogenannte Raser), festgestellt werden, indem bei einer Zufallsstichprobe aus allen während eines Tages vorbeifahrenden Autos die Geschwindigkeit gemessen wird.

a) Bestimme in Abhängigkeit von p die Wahrscheinlichkeit dafür, dass in einer Zufallsstichprobe von 10 Autos genau das 2. und das 7. Auto zu schnell fahren.

b) Berechne wie bei a) die Wahrscheinlichkeit, dass die ersten 5 Autos keine Raser sind und dennoch unter den 10 Autos genau 2 Raser sind.

c) Wie groß muss die Wahrscheinlichkeit p mindestens sein, damit in der Zufallsstichprobe von 10 vorbeifahrenden Autos mit einer Wahrscheinlichkeit von mindestens 0,95 mindestens 1 Raser ist?

d) Von einer anderen Straße kennt man aus langer Erfahrung den Anteil der Raser. Er beträgt $p=0{,}2$. Mit dem Ziel, diesen Anteil zu senken, werden probeweise bestimmte verkehrsberuhigende Maßnahmen eingeführt. Anhand einer Zufallsstichprobe von $n=100$ Autos soll nun ermittelt werden, ob diese Maßnahmen zu einer signifikanten Senkung der Raserrate geführt haben. Entwickle einen entsprechenden Signifikanztest auf dem Signifikanzniveau $\alpha=0{,}05$.

8. Lehrer D. ist daran interessiert, die Überlegenheit einer von ihm entwickelten Konzeption eines Statistikunterrichtes gegenüber der herkömmlichen Form im Hinblick auf ein bestimmtes Lernziel nachzuweisen. Dieses Lernziel wurde bisher in der herkömmlichen Konzeption nur von etwa einem Drittel der Schüler erreicht.
Lehrer D. unterrichtet nun nach seiner neuen Konzeption eine Zufallsstichprobe von 20 Schülern. Das fragliche Lernziel erreichen dabei genau 10 Schüler.
Herr D. entschließt sich daraufhin zu einer Überprüfung auf einem Signifikanzniveau von 5%. Die Nullhypothese besagt, dass die Wahrscheinlichkeit der Lernzielerreichung auch bei dem neuen Verfahren $\frac{1}{3}$ beträgt. Prüfgröße ist die Anzahl X der Schüler aus der Stichprobe, die das Lernziel erreichen. Nun wählt Herr D. als kritischen Bereich seines Testes die einelementige Menge mit dem Element 10 und nennt damit sein Ergebnis signifikant bei 5%.

a) Wie wahrscheinlich ist es, dass, falls die Nullhypothese gilt, genau 10 Schüler das Lernziel erreichen?
b) Berechne für das Entscheidungsverfahren „Falls $X=10$ ist, dann entscheide dich für die Alternativhypothese $H_1: p>\frac{1}{3}$, anderenfalls entscheide dich für die Nullhypothese $H_0: p=\frac{1}{3}$" das Signifikanzniveau α, also die Fehlerwahrscheinlichkeit 1. Art. Skizziere die zugehörige OC-Funktion, interpretiere ihren Verlauf und bewerte dieses Entscheidungsverfahren im Vergleich zu dem entsprechenden normalen Signifikanztest.

9. a) Eine faire Münze wird viermal geworfen. Die Zufallsvariable X zähle die Anzahl von „Kopf" in den 4 Würfen. Gib die Wahrscheinlichkeitsverteilung von X an. Mit welcher Wahrscheinlichkeit fällt „Kopf" häufiger als „Zahl"?
b) Eine faire Münze wird 100-mal geworfen. X zähle die Anzahl von „Kopf". Bestimme $P(|X-\mathscr{E}(X)|<\varepsilon)$ für $\varepsilon=1; 2; \ldots; 10$.
c) Eine angeblich faire Münze wird 50-mal geworfen. Berechne ein möglichst kleines Intervall $[25-k; 25+k]$, so dass die Anzahl von „Kopf" mit einer Wahrscheinlichkeit von mindestens 0,95 in diesem Intervall liegt.
d) Später stellt sich heraus, dass die Münze gar nicht fair ist, sondern „Kopf" mit 60%iger Wahrscheinlichkeit auftritt. Mit welcher Wahrscheinlichkeit fällt die Anzahl „Kopf" nun in das eben bestimmte Intervall?

10. Ein für den Fall des Verlustes seiner Berufsfähigkeit hoch versicherter Pilot behauptet, rot-grün-farbenblind geworden zu sein, was die Fliegeruntauglichkeit bedeuten würde. Die Versicherung zweifelt diese Behauptung jedoch an und macht ihre Zahlung von einer gesonderten Überprüfung abhängig: Dem Piloten werden in zufälliger und schneller Folge gleich viele rote und grüne Lichtreize (insgesamt 500, ohne dass diese Zahl der Pilot vorher kennt) geboten mit der Bitte, jeweils sofort nur mit „Ja" oder nur mit „Nein" anzugeben, ob ein Lichtreiz rot ist. Es sei p die Wahrscheinlichkeit einer richtigen Antwort. Es soll über die Nullhypothese $H_0: p=0{,}5$ entschieden werden, denn wenn der Pilot tatsächlich farbenblind ist, wird er seine Antworten raten und somit gleich wahrscheinlich richtig oder falsch raten.
a) Begründe, ob hier ein einseitiger oder zweiseitiger Signifikanztest angemessen ist.
b) Welche Konsequenz hätte für die Versicherung (für den Piloten) ein Fehler 1. Art? Hat die Versicherung Interesse an einem großen α oder an einem kleinen α?
c) Entwickle gemäß a) einen Signifikanztest zum Niveau von $\alpha=0{,}05$ und skizziere die zugehörige OC-Funktion.
d) Mit welcher Wahrscheinlichkeit gibt der Pilot 249 (250, 251) richtige Antworten, wenn die Nullhypothese richtig ist, der Pilot also tatsächlich farbenblind ist?

11. Es sei p die Wahrscheinlichkeit eines bestimmten Merkmals in einer Population. Entschieden werden soll zwischen der Nullhypothese $H_0: p=0{,}5$ und der einseitigen Alternativhypothese $H_1: p>0{,}5$ aufgrund einer Zufallsstichprobe vom Umfang 20. X sei die Anzahl der Merkmalsträger in der Stichprobe.
a) Entwickle einen Signifikanztest zum Niveau 5%.
b) In der Zufallsstichprobe ergibt sich das Datum $X=15$, d.h., 15 von den 20 Stichprobenelementen haben das Merkmal. Ist das Ergebnis signifikant?
c) Plausibel erscheinen aufgrund begründeten Vorwissens folgende A-priori-Wahrscheinlichkeiten: $P(H_0)=0{,}9$; $P(p=0{,}6)=0{,}05$; $P(p=0{,}7)=0{,}05$.
Welche A-posteriori-Wahrscheinlichkeiten ergeben sich daraus nach Beobachtung des Datums aus b) (vgl. im § 7 den Satz von Bayes)?

d) Vergleiche b) und c). Erscheint mit den Ergebnissen von c) die Entscheidung im Signifikanztest sinnvoll?

12. Ein Unterrichtsforscher vermutet, dass Schülerinnen diese Aufgabe hier schneller lösen als männliche Schüler. Um diese Vermutung empirisch zu prüfen, gibt er diese Aufgabe einer Zufallsstichprobe von 10 Schülerinnen und 10 Schülern – und zwar abwechselnd jeweils einer Schülerin und dann einem Schüler –, misst die zur richtigen Lösung benötigte Zeit und notiert nach jedem „Paar" aus Schülerin und Schüler im Versuchsprotokoll, ob die Schülerin schneller war als der Schüler – Pluszeichen – oder umgekehrt der Schüler schneller als die Schülerin – Minuszeichen. (Aufgrund genauer Zeitmessung kann es als ausgeschlossen gelten, dass beide gleich schnell sind.) Es sei p die Wahrscheinlichkeit eines Pluszeichens, also die Wahrscheinlichkeit dafür, dass in einem Vergleichspaar die Schülerin schneller ist als der Schüler.
a) Formuliere sinnvoll Null- und Alternativhypothese über p und entwickle den entsprechenden Signifikanztest zum Niveau 5%.
b) Im Versuchsprotokoll werden 6 Pluszeichen und 4 Minuszeichen notiert. Wie lautet die Entscheidung?
c) Der Forscher ist mit diesem Befund nicht zufrieden und setzt deshalb sein Experiment fort, indem er weiteren 40 Schülerinnen und 40 Schülern diese Aufgabe präsentiert. Danach stehen im Versuchsprotokoll 32 Pluszeichen und 18 Minuszeichen. Hochzufrieden veröffentlicht der Forscher nun diesen „signifikanten" Befund für seine Forschungshypothese. Erscheint dir dieses Verfahren korrekt? Begründe deine Stellungnahme.

13. Die Bewohner einer Stadt mit 225 000 Einwohnern sollen durch Blutuntersuchungen auf Blutmerkmale (wie weiße Blutkörperchen, Leberschäden usw.) untersucht werden. Es werden 100 Personen zufällig ausgewählt und auf das Merkmal A untersucht.
a) Die Untersuchung stellte bei 9 Personen das Merkmal A fest. Mit welcher Anzahl von Personen mit dem Merkmal A kann man unter den Bewohnern auf dem Niveau 0,95 rechnen?
b) Die Untersuchung auf das Merkmal B bei der gleichen Stichprobe ergab, dass 42 Personen das Merkmal B aufweisen. Ermittle – auch hier – auf dem Niveau 0,95 (0,99) ein Konfidenzintervall für den unbekannten Anteil p der Personen mit dem Merkmal B.

14. Eine Charterfluggesellschaft hat ein Flugzeug für 250 Fluggäste nach Torkenien geleast. Die Gesellschaft weiß aus langer Erfahrung, dass ein gebuchter Platz nun mit der Wahrscheinlichkeit 0,9 tatsächlich auch belegt wird, die Rücktrittswahrscheinlichkeit eines gebuchten Platzes also 0,1 beträgt.
a) Berechne für 1500 Buchungen einen möglichst kleinen symmetrischen Bereich für den Erwartungswert der Rücktritte, in dem dieser mit mindestens 95%- (99%)iger Wahrscheinlichkeit liegt

1) mit der tschebyscheffschen Ungleichung (als „Grobinformation"),
2) mit der Normalverteilung.

Welche Schlussfolgerung könnte die Chartergesellschaft ziehen, wenn tatsächlich 122 Rücktritte gezählt werden?
b) Die Rücktrittswahrscheinlichkeit p sei nun unbekannt. Schätze mit Hilfe der tschebyscheffschen Ungleichung ab, um wie viel die relative Häufigkeit der Reiserücktritte bei 1500 Buchungen höchstens von der Reiserücktrittswahrscheinlichkeit p auf dem Niveau 0,95 (0,99) abweicht.

15. Ein Computer durchläuft eine „Unendlichschleife“ und druckt dabei Wörter in einer zufälligen Reihenfolge. Jedes Wort, das den Buchstaben E enthält, heiße ein „E-Wort“. Die Wahrscheinlichkeit für den Ausdruck eines E-Wortes sei 0,4. Der Computer drucke 100 000 Wörter.
a) Berechne mit Hilfe der tschebyscheffschen Ungleichung ein möglichst kleines Intervall symmetrisch zum Erwartungwert, in dem mit mindestens 90%- (95%, 99%)iger Wahrscheinlichkeit die Anzahl der E-Wörter liegt.
b) Bearbeite Aufgabe a) mit Hilfe der Normalverteilung und erläutere die unterschiedlichen Ergebnisse.
c) 1) Die Wahrscheinlichkeit p für ein E-Wort sei nun unbekannt. Berechne ein Konfidenzintervall auf dem Niveau 0,9 (0,95), wenn der Computer 100 000 Wörter ausdruckt.
2) Wie viele Wörter muss der Computer mindestens ausdrucken, damit ein Konfidenzintervall auf dem Niveau 0,9 (0,95) für die unbekannte Wahrscheinlichkeit p eines E-Wortes höchstens die Länge 0,02 hat?

16. In einer Urne befinden sich 16 grüne und 4 rote Kugeln. Aus der Urne werden mit Zurücklegen n Kugeln gezogen. Die Zufallsvariable X zähle hierbei die Anzahl der roten gezogenen Kugeln.
a) Gib für $n = 3$ die Werte der Zufallsvariablen X an und berechne die Wahrscheinlichkeitsverteilung von X.
b) Wie groß muss n mindestens sein, damit man mit wenigstens 90%- (95%, 99%)iger Wahrscheinlichkeit eine rote Kugel zieht?
c) Es sei nun $n = 50$. Berechne den Erwartungswert und die Varianz der Zufallsvariablen X und bestimme mit Hilfe der tschebyscheffschen Ungleichung eine obere Schranke für $P(X > 20)$. Welcher Näherungswert ergibt sich für $P(X > 20)$, wenn man die zugrunde liegende Verteilung durch die Normalverteilung ersetzt? Berechne $P(X > 20)$ auch mit Hilfe der Binomialverteilung und erläutere die drei berechneten Wahrscheinlichkeiten.

17. Beim Werfen eines Würfels stellt ein Spieler fest, dass Augenzahl 1 mit der Wahrscheinlichkeit 0,2 und Augenzahl 6 mit der Wahrscheinlichkeit 0,1 fallen. Die übrigen Augenzahlen treten mit gleichen Wahrscheinlichkeiten auf.
a) Der Würfel werde 1000-mal geworfen. Die Zufallsvariable X zähle hierbei die auftretende Anzahl von Augenzahl 6. Berechne eine möglichst kleine natürliche Zahl k, so dass die Anzahl der Sechsen mit der Wahrscheinlichkeit von mindestens 0,9 (0,95) in das Intervall $[\mathscr{E}(X) - k;\ \mathscr{E}(X) + k]$ fällt. Benutze die Tschebyscheffsche Ungleichung sowie die Normalverteilung und vergleiche die Ergebnisse.
b) Die Vermutung, das Augenzahl 6 mit der Wahrscheinlichkeit 0,1 fällt, wird bezweifelt und in einem zweiseitigen Test auf dem Signifikanzniveau $\alpha = 0{,}05$ überprüft. Dazu wird der Würfel 2000-mal geworfen. Berechne den kritischen Bereich sowie den Fehler 2. Art, falls der Würfel tatsächlich fair ist. Erläutere das Ergebnis.

18. Von einer Firma wird behauptet, dass nach Zugabe ihres Additivs „Weiterfahrt“ zu einer Lastwagentankfüllung sich der Kraftstoffverbrauch vermindern wird. Um diese Behauptung zu überprüfen, werden 16 gleichartige Lastwagen ausgewählt und ihre Kilometerleistung pro 10 Liter Kraftstoff mit und ohne Additiv getestet. Das Ergebnis ist in der folgenden Tabelle festgehalten.

Lastwagen Nr.	1	2	3	4	5	6	7	8
mit Additiv	34,6	28,3	25,4	22,8	25,7	26,8	28,7	24,7
ohne Additiv	31,7	29,7	26,7	21,9	24,9	24,8	26,9	25,6

Lastwagen Nr.	9	10	11	12	13	14	15	16
mit Additiv	26,3	29,8	30,2	25,6	25,9	28,5	27,4	26,5
ohne Additiv	26,1	29,1	28,8	23,1	24,6	29,4	27,4	23,7

a) Untersuche mit dem Vorzeichentest auf dem Signifikanzniveau $\alpha = 0{,}1$ (0,05; 0,01), ob die Kilometerleistung mit Additiv besser ist als ohne Additiv.
b) Stelle eine vollständige Tabelle für den Vorzeichenrangtest auf und untersuche wiederum auf dem Signifikanzniveau $\alpha = 0{,}1$ (0,05; 0,01) die Kilometerleistung mit und ohne Additiv.
c) Welches der bearbeiteten Testverfahren scheint das angemessenere zu sein?

19. Eine Maschine stellt Dichtungsringe her, deren Durchmesser binomialverteilt sind mit dem Mittelwert 60,0 mm und der Standardabweichung 6 mm.
a) Wie viel % Ausschuss produziert die Maschine langfristig, wenn Ringe, deren Durchmesser um mehr als 10 mm vom Durchmesser abweichen, als Ausschuss gelten? Verwende zunächst die grobe tschebyscheffsche Unglcichung sowie dann die genaue Normalverteilung und vergleiche die Ergebnisse.
b) Die Ringe werden in Schachteln zu je 50 Stück an den Einzelhandel verkauft. Dabei werden Schachteln mit mehr als 8 Ausschussringen nicht berechnet. Wie viel Prozent der ausgelieferten Schachteln müssen als unberechnet kalkuliert werden, wenn durchschnittlich 10% (5%) der Ringe fehlerhaft sind?
c) Eine Stichprobe von 100 Ringen ergab einen mittleren inneren Durchmesser $\bar{x} = 60{,}1$ mm bei gleich bleibender Standardabweichung von 6 mm. Berechne ein Konfidenzintervall auf dem Niveau 0,95 (0,99) für den mittleren Innendurchmesser.

20. Ein Glücksspielautomat liefert Lose, auf denen siebenstellige Dualzahlen gedruckt sind. Dabei wird die Ziffer 0 mit der Wahrscheinlichkeit 0,7 erzeugt. Ein Spiel beginnt mit dem Kauf eines Loses zu 1 €. Die Zufallsvariable X gebe die Auszahlung in € für ein Los an:

Anzahl k der Ziffer 1	$k < 4$	4	5	6	7
Auszahlung in €	0	3	10	40	100

a) Berechne die Wahrscheinlichkeitsverteilung von X sowie ihren Erwartungswert und ihre Varianz.
b) Berechne den Erwartungswert und die Varianz der Gewinnzufallsvariablen G = Auszahlung − Loskosten.
Hinweis: Benutze Aufgabe 10.a), S. 73.
c) Berechne mit Hilfe der tschebyscheffschen Ungleichung, nach wie viel Spielen sich das arithmetische Mittel der Gewinne eines Spielers vom Erwartungswert $\mathscr{E}(G)$ mit einer Wahrscheinlichkeit von mindestens 0,9 höchstens um 0,5 € unterscheidet.
Hinweis: Ist $\bar{G}$ die Zufallsvariable des arithmetischen Mittels des Gewinnes eines Spielers, so gilt:

$$\mathscr{E}(\bar{G}) = \mathscr{E}(G) \quad \text{und} \quad \mathscr{V}(\bar{G}) = \frac{1}{n}\,\mathscr{V}(G).$$

d) Es wird die Wahrscheinlichkeit P(Ziffer 1) = 0,3 angezweifelt. Daher werden aus dem Glücksspielautomaten 10 000 Lose gezogen und die Anzahlen von Ziffer 1 notiert. Ermittle ein Konfidenzintervall zum Niveau 0,95 für diese Stichprobe. Welche Schlüsse könnte der Automatenbesitzer schließen, wenn die Stichprobe insgesamt 3 123 Einsen liefert?

e) Der Besitzer des Glücksspielautomaten vermutet, dass der Anteil der Gewinnlose mit der Auszahlung 10 € größer als 0,025 ist. Zur Überprüfung zieht er 1000 Lose und bestimmt die Anzahl der Lose mit einem 10-€-Gewinn. Teste die Nullhypothese H_0: $P(X = 10) = 0{,}025$ gegen die Alternativhypothese H_1: $P(X = 10) > 0{,}025$ auf dem Signifikanzniveau $\alpha = 0{,}05$. Welche Wahrscheinlichkeit für einen Fehler 2. Art ergibt sich, wenn tatsächlich $P(X = 10) = 0{,}03$ ist?

Anhang

Tabelle I: Binomialverteilung

$$F(n, p; k) = B(n, p; 0) + \cdots + B(n, p; k) = \binom{n}{0} p^0 (1-p)^{n-0} + \cdots + \binom{n}{k} p^k (1-p)^{n-k}$$

n	k	p: 0,02	0,03	0,04	0,05	0,10	1/6	0,20	0,25	0,30	1/3	0,40	0,50	k	n
2	0	0,9604	9409	9216	9025	8100	6944	6400	5625	4900	4444	3600	2500	1	2
	1	9996	9991	9984	9975	9900	9722	9600	9375	9100	8889	8400	7500	0	
3	0	0,9412	9127	8847	8574	7290	5787	5120	4219	3430	2963	2160	1250	2	3
	1	9988	9974	9953	9928	9720	9259	8960	8438	7840	7407	6480	5000	1	
	2			9999	9999	9990	9954	9920	9844	9730	9630	9360	8750	0	
4	0	0,9224	8853	8493	8145	6561	4823	4096	3164	2401	1975	1296	0625	3	4
	1	9977	9948	9909	9860	9477	8681	8192	7383	6517	5926	4752	3125	2	
	2		9999	9998	9995	9963	9838	9728	9492	9163	8889	8208	6875	1	
	3					9999	9992	9984	9961	9919	9877	9744	9375	0	
5	0	0,9039	8587	8154	7738	5905	4019	3277	2373	1681	1317	0778	0313	4	5
	1	9962	9915	9852	9774	9185	8038	7373	6328	5282	4609	3370	1875	3	
	2	9999	9997	9994	9988	9914	9645	9421	8965	8369	7901	6826	5000	2	
	3					9995	9967	9933	9844	9692	9547	9130	8125	1	
	4						9999	9997	9990	9976	9959	9898	9688	0	
6	0	0,8858	8330	7828	7351	5314	3349	2621	1780	1176	0878	0467	0156	5	6
	1	9943	9875	9784	9672	8857	7368	6554	5339	4202	3512	2333	1094	4	
	2	9998	9995	9988	9978	9842	9377	9011	8306	7443	6804	5443	3438	3	
	3				9999	9987	9913	9830	9624	9295	8999	8208	6563	2	
	4					9999	9993	9984	9954	9891	9822	9590	8906	1	
	5							9999	9998	9993	9986	9959	9844	0	
7	0	0,8681	8080	7514	6983	4783	2791	2097	1335	0824	0585	0280	0078	6	7
	1	9921	9829	9706	9556	8503	6698	5767	4450	3294	2634	1586	0625	5	
	2	9997	9991	9980	9962	9743	9042	8520	7564	6471	5706	4199	2266	4	
	3			9999	9998	9973	9824	9667	9294	8740	8267	7102	5000	3	
	4					9998	9980	9953	9871	9712	9547	9037	7734	2	
	5						9999	9996	9987	9962	9931	9812	9375	1	
	6								9999	9998	9995	9984	9922	0	
8	0	0,8508	7837	7214	6634	4305	2326	1678	1001	0576	0390	0168	0039	7	8
	1	9897	9777	9619	9428	8131	6047	5033	3670	2553	1951	1064	0352	6	
	2	9996	9987	9969	9942	9619	8652	7969	6786	5518	4682	3154	1445	5	
	3		9999	9998	9996	9950	9693	9457	8862	8059	7414	5941	3633	4	
	4					9996	9954	9896	9727	9420	9121	8263	6367	3	
	5						9996	9988	9958	9887	9803	9502	8555	2	
	6							9999	9996	9987	9974	9915	9648	1	
	7									9999	9998	9993	9961	0	
9	0	0,8337	7602	6925	6302	3874	1938	1342	0751	0404	0260	0101	0020	8	9
	1	9869	9718	9222	9288	7748	5427	4362	3003	1960	1431	0705	0195	7	
	2	9994	9980	9955	9916	9470	8217	7382	6007	4628	3772	2318	0898	6	
	3		9999	9997	9994	9917	9520	9144	8343	7297	6503	4826	2539	5	
	4					9991	9911	9804	9511	9012	8552	7334	5000	4	
	5					9999	9989	9969	9900	9747	9576	9006	7461	3	
	6						9999	9997	9987	9957	9917	9750	9102	2	
	7								9999	9996	9990	9962	9805	1	
	8	Nicht aufgeführte Werte sind (auf 4 Dez.) 1,0000.									9999	9997	9980	0	
n		p: 0,98	0,97	0,96	0,95	0,90	5/6	0,80	0,75	0,70	2/3	0,60	0,50	k	n

Bei rot unterlegtem Eingang, d.h. $p \geq 0,5$ gilt: $F(n, p; k) = 1 -$ abgelesener Wert.

Tabelle I: Binomialverteilung

$$F(n,p;k)=B(n,p;0)+\dots+B(n,p;k)=\binom{n}{0}p^0(1-p)^{n-0}+\dots+\binom{n}{k}p^k(1-p)^{n-k}$$

n	k	p: 0,02	0,03	0,04	0,05	0,10	1/6	0,20	0,25	0,30	1/3	0,40	0,50	k	n
10	0	0,8171	7374	6648	5987	3487	1615	1074	0563	0282	0173	0060	0010	9	10
	1	9838	9655	9418	9139	7361	4845	3758	2440	1493	1040	0464	0107	8	
	2	9991	9972	9938	9885	9298	7752	6778	5256	3828	2991	1673	0547	7	
	3		9999	9996	9990	9872	9303	8791	7759	6496	5593	3823	1719	6	
	4				9999	9984	9845	9672	9219	8497	7869	6331	3770	5	
	5					9999	9976	9936	9803	9527	9234	8338	6230	4	
	6						9997	9991	9965	9894	9803	9452	8281	3	
	7							9999	9996	9984	9966	9877	9453	2	
	8									9999	9996	9983	9893	1	
	9											9999	9990	0	
11	0	0,8007	7153	6382	5688	3138	1346	0859	0422	0198	0116	0036	0005	10	11
	1	9805	9587	9308	8981	6974	4307	3221	1971	1130	0751	0302	0059	9	
	2	9988	9963	9917	9848	9104	7268	6174	4552	3127	2341	1189	0327	8	
	3		9998	9993	9984	9815	9044	8389	7133	5696	4726	2963	1133	7	
	4				9999	9972	9755	9496	8854	7897	7110	5328	2744	6	
	5					9997	9954	9883	9657	9218	8779	7535	5000	5	
	6						9994	9980	9925	9784	9614	9006	7256	4	
	7						9999	9998	9989	9957	9912	9707	8867	3	
	8									9994	9986	9941	9673	2	
	9										9999	9993	9941	1	
	10												9995	0	
12	0	0,7847	6938	6127	5404	2824	1122	0687	0317	0138	0077	0022	0002	11	12
	1	9769	9514	9191	8816	6590	3813	2749	1584	0850	0540	0196	0032	10	
	2	9985	9952	9893	9804	8891	6774	5583	3907	2528	1811	0834	0193	9	
	3	9999	9997	9990	9978	9744	8748	7946	6488	4925	3931	2253	0730	8	
	4			9999	9998	9957	9637	9274	8424	7237	6315	4382	1938	7	
	5					9995	9921	9806	9456	8822	8223	6652	3872	6	
	6						9987	9961	9857	9614	9336	8418	6128	5	
	7						9998	9994	9972	9905	9812	9427	8062	4	
	8							9999	9996	9983	9961	9847	9270	3	
	9									9998	9995	9972	9807	2	
	10											9997	9968	1	
	11												9998	0	
13	0	0,7690	6730	5882	5133	2542	0935	0550	0238	0097	0051	0013	0001	12	13
	1	9730	9436	9068	8646	6213	3365	2336	1267	0637	0385	0126	0017	11	
	2	9980	9938	9865	9755	8661	6281	5017	3326	2025	1387	0579	0112	10	
	3	9999	9995	9986	9969	9658	8419	7473	5843	4206	3224	1686	0461	9	
	4			9999	9997	9935	9488	9009	7940	6543	5520	3520	1334	8	
	5					9991	9873	9700	9198	8346	7587	5744	2905	7	
	6					9999	9976	9930	9757	9376	8965	7712	5000	6	
	7						9997	9988	9943	9818	9653	9023	7095	5	
	8							9998	9990	9960	9912	9679	8666	4	
	9								9999	9993	9984	9922	9539	3	
	10									9999	9998	9987	9888	2	
	11											9999	9983	1	
	12	Nicht aufgeführte Werte sind (auf 4 Dez.) 1,0000.											9999	0	
n		p: 0,98	0,97	0,96	0,95	0,90	5/6	0,80	0,75	0,70	2/3	0,60	0,50	k	n

Bei rot unterlegtem Eingang, d.h. $p \geq 0{,}5$ gilt: $F(n,p;k)=1-$ abgelesener Wert.

Tabelle I: Binomialverteilung

$$F(n,p;k)=B(n,p;0)+\cdots+B(n,p;k)=\binom{n}{0}p^0(1-p)^{n-0}+\cdots+\binom{n}{k}p^k(1-p)^{n-k}$$

n	k	0,02	0,03	0,04	0,05	0,10	1/6	0,20	0,25	0,30	1/3	0,40	0,50	k	n
14	0	0,7536	6528	5647	4877	2288	0779	0440	0178	0068	0034	0008	0001	13	14
	1	9690	9355	8941	8470	5846	2960	1979	1010	0475	0274	0081	0009	12	
	2	9975	9923	9823	9699	8416	5795	4481	2812	1608	1053	0398	0065	11	
	3	9999	9994	9981	9958	9559	8063	6982	5214	3552	2612	1243	0287	10	
	4			9998	9996	9908	9310	8702	7416	5842	4755	2793	0898	9	
	5					9985	9809	9561	8884	7805	6898	4859	2120	8	
	6					9998	9959	9884	9618	9067	8505	6925	3953	7	
	7						9993	9976	9898	9685	9424	8499	6047	6	
	8						9999	9996	9980	9917	9826	9417	7880	5	
	9								9998	9983	9960	9825	9102	4	
	10									9998	9993	9961	9713	3	
	11										9999	9994	9935	2	
	12											9999	9991	1	
	13												9999	0	
15	0	0,7386	6333	5421	4633	2059	0649	0352	0134	0047	0023	0005	0000	14	15
	1	9647	9270	8809	8290	5490	2596	1671	0802	0353	0194	0052	0005	13	
	2	9970	9906	9797	9638	8159	5322	3980	2361	1268	0794	0271	0037	12	
	3	9998	9992	9976	9945	9444	7685	6482	4613	2969	2092	0905	0176	11	
	4		9999	9998	9994	9873	9102	8358	6865	5155	4041	2173	0592	10	
	5				9999	9978	9726	9389	8516	7216	6184	4032	1509	9	
	6					9997	9934	9819	9434	8689	7970	6098	3036	8	
	7						9987	9958	9827	9500	9118	7869	5000	7	
	8						9998	9992	9958	9848	9692	9050	6964	6	
	9							9999	9992	9963	9915	9662	8491	5	
	10								9999	9993	9982	9907	9408	4	
	11									9999	9997	9981	9824	3	
	12											9997	9963	2	
	13												9995	1	
	14													0	
16	0	0,7238	6143	5204	4401	1853	0541	0281	0100	0033	0015	0003	0000	15	16
	1	9601	9182	8673	8108	5147	2272	1407	0635	0261	0137	0033	0003	14	
	2	9963	9887	9758	9571	7892	4868	3518	1971	0994	0594	0183	0021	13	
	3	9998	9989	9968	9930	9316	7291	5981	4050	2459	1659	0651	0106	12	
	4		9999	9997	9991	9830	8866	7982	6302	4499	3391	1666	0384	11	
	5				9999	9967	9622	9183	8103	6598	5469	3288	1051	10	
	6					9995	9899	9733	9204	8247	7374	5272	2272	9	
	7					9999	9979	9930	9729	9256	8735	7161	4018	8	
	8						9996	9985	9925	9743	9500	8577	5982	7	
	9							9998	9984	9929	9841	9417	7728	6	
	10								9997	9984	9960	9809	8949	5	
	11									9997	9992	9951	9616	4	
	12										9999	9991	9894	3	
	13											9999	9979	2	
	14												9997	1	
	15	Nicht aufgeführte Werte sind (auf 4 Dez.) 1,0000.												0	
n		0,98	0,97	0,96	0,95	0,90	5/6	0,80	0,75	0,70	2/3	0,60	0,50	k	n

(Kopfzeile: p; Fußzeile: p)

Bei rot unterlegtem Eingang, d.h. $p \geq 0{,}5$ gilt: $F(n,p;k)=1-$ abgelesener Wert.

Tabelle I: Binomialverteilung

$$F(n,p;k)=B(n,p;0)+\cdots+B(n,p;k)=\binom{n}{0}p^0(1-p)^{n-0}+\cdots+\binom{n}{k}p^k(1-p)^{n-k}$$

n	k	p: 0,02	0,03	0,04	0,05	0,10	1/6	0,20	0,25	0,30	1/3	0,40	0,50	k	n
17	0	0,7093	5958	4996	4181	1668	0451	0225	0075	0023	0010	0002	0000	16	17
	1	9554	9091	8535	7922	4818	1983	1182	0501	0193	0096	0021	0001	15	
	2	9956	9866	9714	9497	7618	4435	3096	1637	0774	0442	0123	0012	14	
	3	9997	9986	9960	9912	9174	6887	5489	3530	2019	1304	0464	0064	13	
	4		9999	9996	9988	9779	8604	7582	5739	3887	2814	1260	0245	12	
	5				9999	9953	9496	8943	7653	5968	4777	2639	0717	11	
	6					9992	9853	9623	8929	7752	6739	4478	1662	10	
	7					9999	9965	9891	9598	8954	8281	6405	3145	9	
	8						9993	9974	9876	9597	9245	8011	5000	8	
	9						9999	9995	9969	9873	9727	9081	6855	7	
	10							9999	9994	9968	9920	9652	8338	6	
	11								9999	9993	9981	9894	9283	5	
	12									9999	9997	9975	9755	4	
	13											9995	9936	3	
	14											9999	9988	2	
	15												9999	1	
18	0	0,6951	5780	4796	3972	1501	0376	0180	0056	0016	0007	0001	0000	17	18
	1	9505	8997	8393	7735	4503	1728	0991	0395	0142	0068	0013	0001	16	
	2	9948	9843	9667	9419	7338	4027	2713	1353	0600	0326	0082	0007	15	
	3	9996	9982	9950	9891	9018	6479	5010	3057	1646	1017	0328	0038	14	
	4		9999	9994	9985	9718	8318	7164	5187	3327	2311	0942	0154	13	
	5				9998	9936	9347	8671	7175	5344	4122	2088	0481	12	
	6					9988	9794	9487	8610	7217	6085	3743	1189	11	
	7					9998	9947	9837	9431	8593	7767	5634	2403	10	
	8						9989	9957	9807	9404	8924	7368	4073	9	
	9						9998	9991	9946	9790	9567	8653	5927	8	
	10							9998	9988	9939	9856	9424	7597	7	
	11								9998	9986	9961	9797	8811	6	
	12									9997	9991	9943	9519	5	
	13										9999	9987	9846	4	
	14											9998	9962	3	
	15												9993	2	
	16												9999	1	
19	0	0,6812	5606	4604	3774	1351	0313	0144	0042	0011	0005	0001	0000	18	19
	1	9454	8900	8249	7547	4203	1502	0829	0310	0104	0047	0008	0000	17	
	2	9939	9817	9616	9335	7054	3643	2369	1113	0462	0240	0055	0004	16	
	3	9995	9978	9939	9868	8850	6070	4551	2631	1332	0787	0230	0022	15	
	4		9998	9993	9980	9648	8011	6733	4654	2822	1879	0696	0096	14	
	5			9999	9998	9914	9176	8369	6678	4739	3519	1629	0318	13	
	6					9983	9719	9324	8251	6655	5431	3081	0835	12	
	7					9997	9921	9767	9225	8180	7207	4878	1796	11	
	8						9982	9933	9713	9161	8538	6675	3238	10	
	9						9996	9984	9911	9674	9352	8139	5000	9	
	10						9999	9997	9977	9895	9759	9115	6762	8	
	11								9995	9972	9926	9648	8204	7	
	12								9999	9994	9981	9884	9165	6	
	13									9999	9996	9969	9682	5	
	14										9999	9994	9904	4	
	15											9999	9978	3	
	16												9996	2	
	17													1	
n		p: 0,98	0,97	0,96	0,95	0,90	5/6	0,80	0,75	0,70	2/3	0,60	0,50	k	n

Nicht aufgeführte Werte sind (auf 4 Dez.) 1,0000.

Bei rot unterlegtem Eingang, d.h. $p \geq 0{,}5$ gilt: $F(n,p;k)=1-$abgelesener Wert.

Tabelle I: Binomialverteilung

$$F(n,p;k)=B(n,p;0)+\cdots+B(n,p;k)=\binom{n}{0}p^0(1-p)^{n-0}+\cdots+\binom{n}{k}p^k(1-p)^{n-k}$$

n	k	p: 0,02	0,03	0,04	0,05	0,10	1/6	0,20	0,25	0,30	1/3	0,40	0,50	k	n
20	0	0,6676	5438	4420	3585	1216	0261	0115	0032	0008	0003	0000	0000	19	20
	1	9401	8802	8103	7358	3917	1304	0692	0243	0076	0033	0005	0000	18	
	2	9929	9790	9561	9245	6769	3287	2061	0913	0355	0176	0036	0002	17	
	3	9994	9973	9926	9841	8670	5665	4114	2252	1071	0604	0160	0013	16	
	4		9997	9990	9974	9568	7687	6296	4148	2375	1515	0510	0059	15	
	5			9999	9997	9887	8982	8042	6172	4164	2972	1256	0207	14	
	6					9976	9629	9133	7858	6080	4793	2500	0577	13	
	7					9996	9887	9679	8982	7723	6615	4159	1316	12	
	8					9999	9972	9900	9591	8867	8095	5956	2517	11	
	9						9994	9974	9861	9520	9081	7553	4119	10	
	10						9999	9994	9960	9829	9624	8725	5881	9	
	11							9999	9990	9949	9870	9435	7483	8	
	12								9998	9987	9963	9790	8684	7	
	13									9997	9991	9935	9423	6	
	14										9998	9984	9793	5	
	15											9997	9941	4	
	16												9987	3	
	17												9998	2	
50	0	0,3642	2181	1299	0769	0052	0001	0000	0000	0000	0000	0000	0000	49	50
	1	7358	5553	4005	2794	0338	0012	0002	0000	0000	0000	0000	0000	48	
	2	9216	8108	6767	5405	1117	0066	0013	0001	0000	0000	0000	0000	47	
	3	9822	9372	8609	7604	2503	0238	0057	0005	0000	0000	0000	0000	46	
	4	9968	9832	9510	8964	4312	0643	0185	0021	0002	0000	0000	0000	45	
	5	9995	9963	9856	9622	6161	1388	0480	0070	0007	0001	0000	0000	44	
	6	9999	9993	9964	9882	7702	2506	1034	0194	0025	0005	0000	0000	43	
	7		9999	9992	9968	8779	3911	1904	0453	0073	0017	0000	0000	42	
	8			9999	9992	9421	5421	3073	0916	0183	0050	0002	0000	41	
	9				9998	9755	6830	4437	1637	0402	0127	0008	0000	40	
	10					9906	7986	5836	2622	0789	0284	0022	0000	39	
	11					9968	8827	7107	3816	1390	0570	0057	0000	38	
	12					9990	9373	8139	5110	2229	1035	0133	0002	37	
	13					9997	9693	8894	6370	3279	1715	0280	0005	36	
	14					9999	9862	9393	7481	4468	2612	0540	0013	35	
	15						9943	9692	8369	5692	3690	0955	0033	34	
	16						9978	9856	9017	6839	4868	1561	0077	33	
	17						9992	9937	9449	7822	6046	2369	0164	32	
	18						9998	9975	9713	8594	7126	3356	0325	31	
	19						9999	9991	9861	9152	8036	4465	0595	30	
	20							9997	9937	9522	8741	5610	1013	29	
	21							9999	9974	9749	9244	6701	1611	28	
	22								9990	9877	9576	7660	2399	27	
	23								9997	9944	9778	8438	3359	26	
	24								9999	9976	9892	9022	4439	25	
	25									9991	9951	9427	5561	24	
	26									9997	9979	9686	6641	23	
	27									9999	9992	9840	7601	22	
	28										9997	9924	8389	21	
	29										9999	9960	8987	20	
	30											9986	9405	19	
	31											9995	9675	18	
	32											9998	9836	17	
	33											9999	9923	16	
	34												9967	15	
	35												9987	14	
	36												9995	13	
	37												9998	12	
n		p: 0,98	0,97	0,96	0,95	0,90	5/6	0,80	0,75	0,70	2/3	0,60	0,50	k	n

Nicht aufgeführte Werte sind (auf 4 Dez.) 1,0000.

Bei rot unterlegtem Eingang, d.h. $p \geq 0,5$ gilt: $F(n,p;k)=1-$ abgelesener Wert.

Tabelle I: Binomialverteilung

$$F(n,p;k)=B(n,p;0)+\cdots+B(n,p;k)=\binom{n}{0}p^0(1-p)^{n-0}+\cdots+\binom{n}{k}p^k(1-p)^{n-k}$$

n	k	p = 0,02	0,03	0,04	0,05	0,10	1/6	0,20	0,25	0,30	1/3	0,40	0,50	k	n
80	0	0,1986	0874	0382	0165	0002	0000	0000	0000	0000	0000	0000	0000	79	80
	1	5230	3038	1654	0861	0022	0000	0000	0000	0000	0000	0000	0000	78	
	2	7844	5681	3748	2306	0107	0001	0000	0000	0000	0000	0000	0000	77	
	3	9231	7807	6016	4284	0353	0004	0000	0000	0000	0000	0000	0000	76	
	4	9776	9072	7836	6289	0880	0015	0001	0000	0000	0000	0000	0000	75	
	5	9946	9667	8988	7892	1769	0051	0005	0000	0000	0000	0000	0000	74	
	6	9989	9897	9588	8947	3005	0140	0018	0001	0000	0000	0000	0000	73	
	7	9998	9972	9853	9534	4456	0328	0053	0002	0000	0000	0000	0000	72	
	8		9993	9953	9816	5927	0672	0131	0006	0000	0000	0000	0000	71	
	9		9999	9987	9935	7234	1221	0287	0018	0001	0000	0000	0000	70	
	10			9997	9979	8266	2002	0565	0047	0002	0000	0000	0000	69	
	11			9999	9994	8996	2995	1006	0106	0006	0001	0000	0000	68	
	12				9998	9462	4137	1640	0221	0015	0002	0000	0000	67	
	13					9732	5333	2470	0421	0036	0005	0000	0000	66	
	14					9877	6476	3463	0740	0079	0012	0000	0000	65	
	15					9947	7483	4555	1208	0161	0029	0000	0000	64	
	16					9979	8301	5664	1841	0302	0063	0001	0000	63	
	17					9992	8917	6707	2636	0531	0126	0003	0000	62	
	18					9997	9348	7621	3563	0873	0237	0007	0000	61	
	19					9999	9629	8366	4572	1352	0418	0016	0000	60	
	20						9801	8934	5597	1978	0693	0035	0000	59	
	21						9899	9340	6574	2745	1087	0072	0000	58	
	22						9951	9612	7447	3627	1616	0136	0000	57	
	23						9978	9783	8180	4579	2282	0245	0001	56	
	24						9990	9885	8761	5549	3073	0417	0002	55	
	25						9996	9942	9195	6479	3959	0675	0005	54	
	26						9998	9972	9501	7323	4896	1037	0011	53	
	27						9999	9987	9705	8046	5832	1521	0024	52	
	28							9995	9834	8633	6719	2131	0048	51	
	29							9998	9911	9084	7514	2860	0091	50	
	30							9999	9954	9412	8190	3687	0165	49	
	31								9978	9640	8735	4576	0283	48	
	32								9990	9789	9152	5484	0464	47	
	33								9995	9881	9455	6363	0728	46	
	34								9998	9936	9665	7174	1092	45	
	35								9999	9967	9803	7885	1571	44	
	36									9984	9889	8477	2170	43	
	37									9993	9940	8947	2882	42	
	38									9997	9969	9301	3688	41	
	39									9999	9985	9555	4555	40	
	40									9999	9993	9729	5445	39	
	41										9997	9842	6312	38	
	42										9999	9912	7118	37	
	43										9999	9953	7830	36	
	44											9976	8428	35	
	45											9988	8907	34	
	46											9994	9272	33	
	47											9997	9535	32	
	48											9999	9717	31	
	49											9999	9835	30	
	50												9908	29	
	51												9951	28	
	52												9976	27	
	53												9988	26	
	54												9995	25	
	55												9998	24	
	56												9999	23	
n		0,98	0,97	0,96	0,95	0,90	5/6	0,80	0,75	0,70	2/3	0,60	0,50 = p	k	n

Nicht aufgeführte Werte sind (auf 4 Dez.) 1,0000.

Bei rot unterlegtem Eingang, d.h. $p \geq 0{,}5$ gilt: $F(n,p;k)=1-$ abgelesener Wert.

Tabelle I: Binomialverteilung

$$F(n,p;k)=B(n,p;0)+\cdots+B(n,p;k)=\binom{n}{0}p^0(1-p)^{n-0}+\cdots+\binom{n}{k}p^k(1-p)^{n-k}$$

n	k	0,02	0,03	0,04	0,05	0,10	1/6	0,20	0,25	0,30	1/3	0,40	0,50	k	n
	0	0,1326	0476	0169	0059	0000	0000	0000	0000	0000	0000	0000	0000	99	
	1	4033	1946	0872	0371	0003	0000	0000	0000	0000	0000	0000	0000	98	
	2	6767	4198	2321	1183	0019	0000	0000	0000	0000	0000	0000	0000	97	
	3	8590	6472	4295	2578	0078	0000	0000	0000	0000	0000	0000	0000	96	
	4	9492	8179	6289	4360	0237	0001	0000	0000	0000	0000	0000	0000	95	
	5	9845	9192	7884	6160	0576	0004	0000	0000	0000	0000	0000	0000	94	
	6	9959	9688	8936	7660	1172	0013	0001	0000	0000	0000	0000	0000	93	
	7	9991	9894	9525	8720	2061	0038	0003	0000	0000	0000	0000	0000	92	
	8	9998	9968	9810	9369	3209	0095	0009	0000	0000	0000	0000	0000	91	
	9		9991	9932	9718	4513	0213	0023	0000	0000	0000	0000	0000	90	
	10		9998	9978	9885	5832	0427	0057	0001	0000	0000	0000	0000	89	
	11			9993	9957	7030	0777	0126	0004	0000	0000	0000	0000	88	
	12			9998	9985	8018	1297	0253	0010	0000	0000	0000	0000	87	
	13				9995	8761	2000	0469	0025	0001	0000	0000	0000	86	
	14				9999	9274	2874	0804	0054	0002	0000	0000	0000	85	
	15					9601	3877	1285	0111	0004	0000	0000	0000	84	
	16					9794	4942	1923	0211	0010	0001	0000	0000	83	
	17					9900	5994	2712	0376	0022	0002	0000	0000	82	
	18					9954	6965	3621	0630	0045	0005	0000	0000	81	
	19					9980	7803	4602	0995	0089	0011	0000	0000	80	
	20					9992	8481	5595	1488	0165	0024	0000	0000	79	
	21					9997	8998	6540	2114	0288	0048	0000	0000	78	
	22					9999	9370	7389	2864	0479	0091	0001	0000	77	
	23						9621	8109	3711	0755	0164	0003	0000	76	
	24						9783	8686	4617	1136	0281	0006	0000	75	
	25						9881	9125	5535	1631	0458	0012	0000	74	
	26						9938	9442	6417	2244	0715	0024	0000	73	
	27						9969	9658	7224	2964	1066	0046	0000	72	
	28						9985	9800	7925	3768	1524	0084	0000	71	
	29						9993	9888	8505	4623	2093	0148	0000	70	
	30						9997	9939	8962	5491	2766	0248	0000	69	
	31						9999	9969	9307	6331	3525	0398	0001	68	
	32							9985	9554	7107	4344	0615	0002	67	
	33							9993	9724	7793	5188	0913	0004	66	
100	34							9997	9836	8371	6019	1303	0009	65	100
	35							9999	9906	8839	6803	1795	0018	64	
	36							9999	9948	9201	7511	2386	0033	63	
	37								9973	9470	8123	3068	0060	62	
	38								9986	9660	8630	3822	0105	61	
	39								9993	9790	9034	4621	0176	60	
	40								9997	9875	9341	5433	0284	59	
	41								9999	9928	9566	6225	0443	58	
	42									9960	9724	6967	0666	57	
	43									9979	9831	7635	0967	56	
	44									9989	9900	8211	1356	55	
	45									9995	9943	8689	1841	54	
	46									9997	9969	9070	2421	53	
	47									9999	9983	9362	3087	52	
	48									9999	9991	9577	3822	51	
	49										9996	9729	4602	50	
	50										9998	9832	5398	49	
	51										9999	9900	6178	48	
	52											9942	6914	47	
	53											9968	7579	46	
	54											9983	8159	45	
	55											9991	8644	44	
	56											9996	9033	43	
	57											9998	9334	42	
	58											9999	9557	41	
	59												9716	40	
	60												9824	39	
	61												9895	38	
	62												9940	37	
	63												9967	36	
	64												9982	35	
	65												9991	34	
	66												9996	33	
	67												9998	32	
	68												9999	31	
n		0,98	0,97	0,96	0,95	0,90	5/6	0,80	0,75	0,70	2/3	0,60	0,50	k	n

Nicht aufgeführte Werte sind (auf 4 Dez.) 1,0000.

p

Bei rot unterlegtem Eingang, d.h. $p \geq 0{,}5$ gilt: $F(n,p;k)=1-$abgelesener Wert.

Tabelle II: Normalverteilung

$\phi(z) = 0,\ldots$
$\phi(-z) = 1 - \phi(z)$

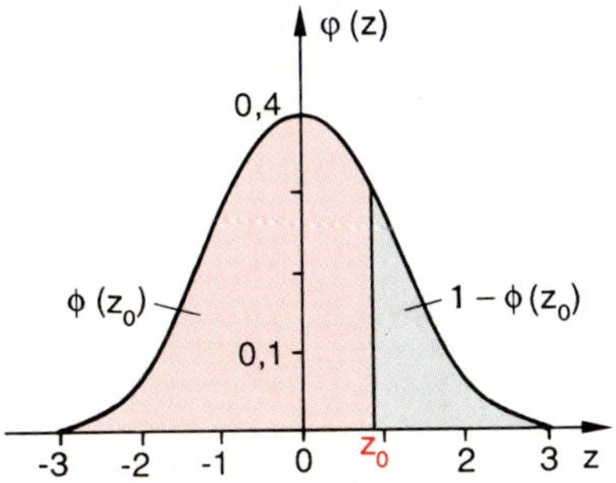

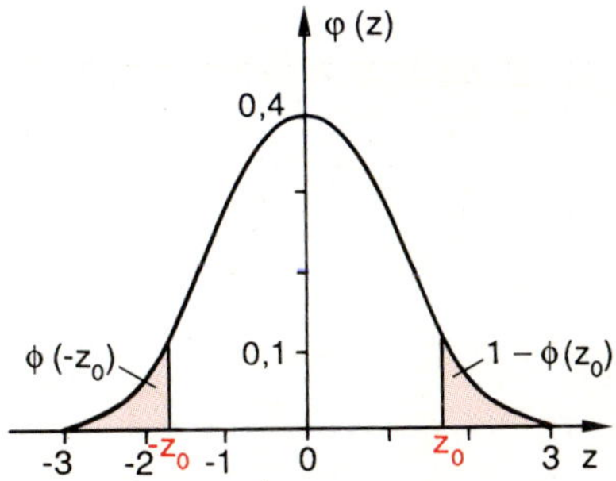

z	0	1	2	3	4	5	6	7	8	9
0,0	5000	5040	5080	5120	5160	5199	5239	5279	5319	5359
0,1	5398	5438	5478	5517	5557	5596	5636	5675	5714	5753
0,2	5793	5832	5871	5910	5948	5987	6026	6064	6103	6141
0,3	6179	6217	6255	6293	6331	6368	6406	6443	6480	6517
0,4	6554	6591	6628	6664	6700	6736	6772	6808	6844	6879
0,5	6915	6950	6985	7019	7054	7088	7123	7157	7190	7224
0,6	7257	7291	7324	7357	7389	7422	7454	7486	7517	7549
0,7	7580	7611	7642	7673	7703	7734	7764	7794	7823	7852
0,8	7881	7910	7939	7967	7995	8023	8051	8078	8106	8133
0,9	8159	8186	8212	8238	8264	8289	8315	8340	8365	8389
1,0	8413	8438	8461	8485	8508	8531	8554	8577	8599	8621
1,1	8643	8665	8686	8708	8729	8749	8770	8790	8810	8830
1,2	8849	8869	8888	8907	8925	8944	8962	8980	8997	9015
1,3	9032	9049	9066	9082	9099	9115	9131	9147	9162	9177
1,4	9192	9207	9222	9236	9251	9265	9279	9292	9306	9319
1,5	9332	9345	9357	9370	9382	9394	9406	9418	9429	9441
1,6	9452	9463	9474	9484	9495	9505	9515	9525	9535	9545
1,7	9554	9564	9573	9582	9591	9599	9608	9616	9625	9633
1,8	9641	9649	9656	9664	9671	9678	9686	9693	9699	9706
1,9	9713	9719	9726	9732	9738	9744	9750	9756	9761	9767
2,0	9772	9778	9783	9788	9793	9798	9803	9808	9812	9817
2,1	9821	9826	9830	9834	9838	9842	9846	9850	9854	9857
2,2	9861	9864	9868	9871	9875	9878	9881	9884	9887	9890
2,3	9893	9896	9898	9901	9904	9906	9909	9911	9913	9916
2,4	9918	9920	9922	9925	9927	9929	9931	9932	9934	9936
2,5	9938	9940	9941	9943	9945	9946	9948	9949	9951	9952
2,6	9953	9955	9956	9957	9959	9960	9961	9962	9963	9964
2,7	9965	9966	9967	9968	9969	9970	9971	9972	9973	9974
2,8	9974	9975	9976	9977	9977	9978	9979	9979	9980	9981
2,9	9981	9982	9982	9983	9984	9984	9985	9985	9986	9986
3,0	9987	9987	9987	9988	9988	9989	9989	9989	9990	9990
3,1	9990	9991	9991	9991	9992	9992	9992	9992	9993	9993
3,2	9993	9993	9994	9994	9994	9994	9994	9995	9995	9995
3,3	9995	9995	9996	9996	9996	9996	9996	9996	9996	9997
3,4	9997	9997	9997	9997	9997	9997	9997	9997	9997	9998

Beispiele für den Gebrauch der Tabelle:

$\phi(2{,}37) = 0{,}9911$; $\phi(-2{,}37) = 1 - \phi(2{,}37) = 1 - 0{,}9911 = 0{,}0089$;

$\phi(z) = 0{,}7910 \Rightarrow z = 0{,}81$; $\phi(z) = 0{,}2090 = 1 - 0{,}7910 \Rightarrow z = -0{,}81$

Tabelle III: Kritische Werte beim Vorzeichenrangtest (einseitig)

n	α = 0,05	0,025	0,01	0,005
4				
5	0			
6	2	0		
7	3	2	0	
8	5	3	1	0
9	8	5	3	1
10	10	8	5	3
11	13	10	7	5
12	17	13	9	7
13	21	17	12	9
14	25	21	15	12
15	30	25	19	15
16	35	29	23	19
17	41	34	27	23
18	47	40	32	27
19	53	46	37	32
20	60	52	43	37
21	67	58	49	42
22	75	65	55	48
23	83	73	62	54
24	91	81	69	61
25	100	89	76	68
26	110	98	84	75
27	119	107	92	83
28	130	116	101	91
29	140	126	110	100
30	151	137	120	109

Übersicht vorkommender Zeichen

Zeichen	Bedeutung	Erläuterung / Beispiel	Seitenhinweis
Ω *(Omega)*	Ergebnisraum	Menge aller möglichen Ergebnisse eines Zufallsexperimentes	S. 13
ω *(omega)*	Ergebnis	Element von Ω	S. 13
$A, B, E, F, \ldots$	Ereignis	Teilmenge von Ω	S. 14
$\emptyset$	unmögliches Ereignis	leere Menge	S. 14
$A \cup B$	Ereignis A oder B	Vereinigung von A und B	S. 15
$A \cap B$	Ereignis A und B	Durchschnitt von A und B	S. 15
$\bar{A}$	Gegenereignis zu A	$A \cup \bar{A} = \Omega$, $A \cap \bar{A} = \emptyset$	S. 14
$P(E)$	Wahrscheinlichkeit von E	—	S. 16
$\|E\|$	Mächtigkeit von E	Anzahl der Elemente von E	S. 16
$n!$	n Fakultät	$n! = 1 \cdot 2 \cdot 3 \cdot \ldots \cdot n$	S. 32
$\binom{n}{k}$	n über k oder k aus n	$\binom{n}{k} = \frac{n!}{k!(n-k)!}$	S. 34
$H_n(E)$	absolute Häufigkeit von E	—	S. 50
$h_n(E)$	relative Häufigkeit von E	—	S. 50
$X, Y, \ldots$	Zufallsvariable	Abbildung von Ω nach $\mathbb{R}$	S. 61
$X(\omega)$	Funktionswert von X	—	S. 62
$P(X = x)$	Wahrscheinlichkeit, dass die Zufallsvariable X den Wert x annimmt	$P(\{\omega \in \Omega \text{ mit } X(\omega) = x\})$	S. 62
$\mathscr{E}(X)$	Erwartungswert von X	—	S. 64
$\mathscr{V}(X)$	Varianz von X	—	S. 69
$\sigma(X)$ *(sigma)*	Standardabweichung von X	$\sigma(X) = \sqrt{\mathscr{V}(X)}$	S. 70
$\bar{x}$	Mittelwert von X	Schätzung von $\mathscr{E}(X)$	S. 74
s_X^2	empirische Varianz von X	Schätzung von $\mathscr{V}(X)$	S. 74
s_X	empirische Standardabweichung von X	Schätzung von $\sigma(X)$	S. 74
$P(A\|B)$	bedingte Wahrscheinlichkeit von A unter der Bedingung B	$P(A\|B) = \frac{P(A \text{ und } B)}{P(B)}$	S. 78
$B(n, p)$	Binomialverteilung mit den Parametern n und p	$B(n, p; k) = \binom{n}{k} p^k (1-p)^{n-k}$	S. 97
$F(n, p)$	summierte Binomialverteilung	$F(n, p; k) = \sum_{i=1}^{k} B(n, p; i)$	S. 105
$\Phi(z)$	Näherungsformel von *Laplace* und *de Moivre*	$\Phi\left(\frac{k - n \cdot p}{\sqrt{n \cdot p \cdot (1-p)}}\right) \approx F(n, p; k)$	S. 108
H_0	Nullhypothese	—	S. 138
H_1	Alternativhypothese	—	S. 138
α *(alpha)*	Signifikanzniveau; bedingte Wahrscheinlichkeit für einen Fehler erster Art	—	S. 127, 140
β *(beta)*	bedingte Wahrscheinlichkeit für einen Fehler zweiter Art	—	S. 127, 143
OC	Operationscharakteristik, OC-Funktion	—	S. 143
OC(p)	Wert der OC-Funktion an der Stelle p	—	S. 143

Register